Der Fahrzeugantrieb

Herausgegeben von Helmut List

Hermann Hiereth
Peter Prenninger

Aufladung der Verbrennungskraftmaschine

Der Fahrzeugantrieb

Springer-Verlag Wien GmbH

Dipl.-Ing. Dr. Hermann Hiereth
Esslingen, Bundesrepublik Deutschland

Dipl.-Ing. Dr. Peter Prenninger
AVL List GmbH, Graz, Österreich

Ursprünglich erschienen bei Springer-Verlag Wien New York 2003

Datenkonvertierung: Thomson Press (India) Ltd., Chennai

Gedruckt auf säurefreiem, chlorfrei gebleichtem Papier – TCF
SPIN 10684791

Mit 363 Abbildungen

Bibliografische Information Der Deutschen Bibliothek
Die Deutsche Bibliothek verzeichnet diese Publikation in der Deutschen Nationalbibliografie; detaillierte bibliografische Daten sind im Internet über http://dnb.ddb.de abrufbar.

ISSN 1617-8920

ISBN 978-3-211-83747-4 ISBN 978-3-7091-0650-1 (eBook)
DOI 10.1007/978-3-7091-0650-1

Vorwort

Die Aufladung der Kolben-Verbrennungskraftmaschine ist so alt wie diese selbst. Anfangs zur Verbesserung der Höhenleistung bei Flugmotoren und dann zur Steigerung der Kurzzeitleistung bei sportlichen oder Hochpreisfahrzeugen eingesetzt, hat es beinahe 30 Jahre gedauert, bis sie in Form der effizienzsteigernden Abgasturboaufladung bei Groß- und mittelschnell laufenden Dieselmotoren wirtschaftliche Bedeutung erlangte. Es dauerte weitere 30 Jahre, bis sie, sowohl mit mechanisch angetriebenen Verdrängerladern als auch modernen Abgasturbo-Aufladesystemen, Einzug in den Großserien-Fahrzeugmotorenbau halten konnte.

Da der Verbrennungsmotor trotz erfolgversprechender Alternativentwicklungen im mobilen Bereich auch für die absehbare Zukunft von beherrschender Bedeutung sein wird, ist seine Weiterentwicklung unerlässlich. Heute, mit der Forderung nach extremer Wirtschaftlichkeit einerseits und den gesetzlichen Vorgaben – wie Geräusch- und Abgasemissionswerten – andererseits, ist die Aufladung im größten Teil des Anwendungsspektrums von Verbrennungsmotoren eine unabdingbare Voraussetzung zur Erfüllung dieser Aufgabe.

Das vorliegende Buch soll dazu dienen, die Eigenschaften von Aufladegeräten sowohl hinsichtlich ihrer physikalischen Wirkprinzipien als auch ihres Zusammenwirkens mit Kolbenmotoren besser kennenzulernen und zu verstehen. Dies gilt sowohl für Verdrängerlader als auch für die zum Teil sehr komplexen Abgasturboaufladesysteme.

Dabei geht es nicht um die Auslegung, Berechnung und Konstruktion von Aufladegeräten als solchen – dieses Spezialgebiet ist der einschlägigen Fachliteratur vorbehalten –, sondern um jene Fragestellungen, die für ein effektives Zusammenwirken von Motor und Aufladesystem von Bedeutung sind, sowie um die für die Darstellung einer optimalen Motor-Lader-Kombination erforderlichen Werkzeuge.

Besonderes Augenmerk wird auf eine verständliche Darstellung der Zusammenhänge in möglichst einfacher Form sowie auf die Beschreibung und beispielhafte Vertiefung moderner Aufladesystementwicklungsabläufe gelegt. Soweit irgend möglich sind die prinzipiellen Zusammenhänge beschrieben und mathematische Formulierungen auf das notwendige Minimum begrenzt, ohne dabei außer Acht zu lassen, wie unabdingbar Simulations- und Auslegungsprogramme für eine schnelle, kostengünstige und weitgehend einsatzoptimierte Motor-Lader-Adaption heute sind.

Vom Aufbau und Inhalt des Buches her wollen wir uns dabei sowohl an Studenten als auch an Entwicklungsingenieure wenden, wobei hinsichtlich des Verbrennungsmotors deutlich mehr Grundkenntnisse vorausgesetzt werden als hinsichtlich der Aufladesysteme.

Bei der Erstellung des Literaturverzeichnisses werden – wegen der großen Zahl einschlägiger Veröffentlichungen – vorzugsweise jene Texte dokumentiert, die Darstellungen und Aussagen des Buches beeinflussen oder belegen.

Wir haben einer großen Zahl von Personen und Firmen zu danken, die dieses Buch durch Anregungen und Zurverfügungstellung von Bildmaterial ermöglicht haben.

Unser besonderer Dank gilt dem Herausgeber der Reihe „Der Fahrzeugantrieb“, Prof. Helmut List, der uns ermutigt hat, dieses Buch in Angriff zu nehmen, und die Bearbeitung und Bilderstellung tatkräftig unterstützt hat. Den Firmen ABB, DaimlerChrysler, Garrett-Honeywell, 3K-Warner und Wärtsilä-New Sulzer Diesel danken wir für die Überlassung von umfangreichem Ergebnis- und Bildmaterial und der *Motortechnischen Zeitschrift* für die Genehmigung, zahlreiche Bilddokumente zu reproduzieren.

Univ.-Prof. Dr. R. Pischinger und Dipl.-Ing. G. Withalm danken wir für wertvolle Anregungen und systematische Prinzipuntersuchungen. Für spezielle strömungstechnische Hinweise und Ergänzungen danken wir Dipl.-Ing. S. Sumser, Dipl.-Ing. H. Finger und Dr.-Ing. F. Wirbeleit sowie für umfangreiche Simulations- und versuchstechnische Ergebnisse den engagierten Kollegen der AVL-Fachbereiche Thermodynamik sowie Diesel- und Otto-Motorenversuch. Dipl.-Ing. N. Hochegger danken wir für die hervorragende Bildaufbereitung.

Ohne die entgegenkommende Hilfe aller genannten Firmen und Personen wäre dieses Buch nicht möglich gewesen. Dem Springer-Verlag danken wir für die professionelle Ausführung und Ausstattung dieses Buches.

H. Hiereth, P. Prenninger

Inhaltsverzeichnis

Formelzeichen, Indizes und Abkürzungen

Formelzeichen

a	Schallgeschwindigkeit [m/s]; Vibe-Parameter
A	(Querschnitts-)Fläche [m^2]
b	spezifischer Kraftstoffverbrauch (üblich in g/kWh) [kg/J]
b_e	effektiver spezifischer Kraftstoffverbrauch [kg/kWh]
B	Bohrung [m]
c	spezifische Wärmekapazität, $c = dq_{rev}/dT$ [J/kg K]; Absolutgeschwindigkeit in Turbomaschinen [m/s]
c_v, c_p	spezifische Wärmekapazität bei $v =$ konst. bzw. $p =$ konst [J/kg K]
d	Zylinderdurchmesser [m]
d_V	Ventildurchmesser [m]
D	(charakteristischer) Durchmesser [m]
D_K	Verdichterraddurchmesser [m]
D_T	Turbinenraddurchmesser [m]
e_a	spezifische äußere Energie [J/kg]
F	Kraft [N]
h	spezifische Enthalpie [J/kg]
h_K	Kolbenhub [m]
h_V	Ventilhub [m]
H	Enthalpie [J]; Hub [m]
H_u	unterer Heizwert (Heizwert) [kJ/kg]
I	polares Trägheitsmoment [kg m^2]
k	Wärmedurchgangszahl [W/m^2K]
L_{st}	stöchiometrischer Luftbedarf (auch andere Einheiten) [kg/kg]
m	Masse [kg]; Formfaktor (des Vibe-Brennverlaufes) [−]
m_A	insgesamt ausströmende Gasmasse [kg]
m_B	Brennstoffmasse [kg]
m_E	insgesamt angesaugte Frischladungsmasse [kg]
m_{Fr}	im Zylinder verbleibende Frischladungsmasse [kg]
m_L	Luftmasse [kg]
m_{RG}	Restgasmasse [kg]
m_{Sp}	Spülmasse [kg]
$\dot{m}$	Massenstrom [kg/s]
$\dot{m}_B$	Massenstrom Brennstoff [kg/s], [kg/h]
$\dot{m}_L$	Massenstrom Luft [kg/s], [kg/h]
M_d	(Motor-)Drehmoment [N m]
n	Anzahl; (Motor-)Drehzahl [s^{-1}, min^{-1}]
n_K	Verdichterdrehzahl [s^{-1}, min^{-1}]
n_M	Motordrehzahl [s^{-1}, min^{-1}]
p	Druck, Partialdruck [Pa, bar]
p_0	Standarddruck, $p_0 = 1{,}013$ bar
p_e	effektiver Mitteldruck [bar]
p_i	innerer (indizierter) Mitteldruck [bar]
p_m	Mitteldruck [bar]
p_r	Reibungsmitteldruck [bar]
P	Leistung [W]
P_e	effektive Leistung [kW]
Q	Wärme [J]
Q_a	äußere Wärme [J]
Q_r	Reibungswärme [J]
Q_{rev}	reversible Wärme [J]
Q_B	zugeführte Brennstoffwärme [J]
$dQ_B/d\varphi$	Brennverlauf [J/° KW]
$\dot{Q}$	Wärmestrom [W]
r	Kurbelradius [m]; Reaktionsgrad der Turbinenstufe [−]
R	spezifische Gaskonstante [J/kg K]
S	Entropie [J/K]; Schnelllaufzahl [−]
t	Zeit [s]
T	Temperatur [K], Turbinentrium [%]
u	spezifische innere Energie [J/kg]; Umfangsgeschwindigkeit im Laufrad [m/s]
U	elektrische Spannung [V]; innere Energie [J]
v	spezifisches Volumen [m^3/kg]; (Teilchen-)Geschwindigkeit [m/s]
v_{Km}	mittlere Kolbengeschwindigkeit [m/s]
V	Volumen [m^3]
V_c	Verdichtungsvolumen [m^3]
V_h	Hubvolumen eines Zylinders [m^3]
V_H	Hubvolumen des gesamten Motors [m^3]
V_φ	Zylindervolumen beim Kurbelwinkel φ [m^3]
w	spezifische Arbeit [J/kg]; Relativgeschwindigkeit im Laufrad [m/s]
W	Arbeit [J]
W_e	effektive Arbeit [J]
W_i	innere (indizierte) Arbeit [J]

W_r Reibungsarbeit [J]
W_t technische Arbeit [J]
z Zylinderzahl [−]

α Wärmeübergangszahl [W/m^2 K]; Wärmeübergangskoeffizient [W/m^2 K]
α_0 Brennbeginn [−]
$\Delta\alpha_d$ Brenndauer
δ Austauschwanddicke [m]
Δ Differenz zweier Größen
ε Verdichtungsverhältnis [−]
η_B Brennstoffumsetzungsgrad [−]
η_C Wirkungsgrad des Carnot-Prozesses [−]
η_e effektiver Wirkungsgrad [−]
η_g Gütegrad [−]
η_i indizierter (innerer) Wirkungsgrad [−]
η_{LLK} Ladeluftkühler-Wirkungsgrad [−]
η_m mechanischer Wirkungsgrad [−]
η_ρ Dichterückgewinnungs-Wirkungsgrad [−]
$\eta_{s\text{-}i,K}$ innerer isentroper Verdichterwirkungsgrad [−]
$\eta_{s\text{-}i,T}$ innerer isentroper Turbinenwirkungsgrad [−]
η_{th} thermodynamischer Wirkungsgrad (des vereinfachten Vergleichsprozesses bei kombinierter Verbrennung) [−]
$\eta_{th\omega}$ thermodynamischer Wirkungsgrad des vereinfachten Vergleichsprozesses bei Gleichraumverbrennung [−]
η_u Wirkungsgrad bei unvollkommener Verbrennung (Umsetzungsgrad) [−]
κ Isentropenexponent [−]
λ Wärmeleitfähigkeit, Wärmeleitzahl [W/m K]; Luftverhältnis, Luftzahl [−]
λ_a Luftaufwand [−]
λ_l Liefergrad [−]
λ_r Rohrreibungszahl [−]
λ_S Spülgrad [−]
λ_z Fanggrad [−]
μ Durchflusszahl, Überströmkoeffizient [−]
μ_σ Durchflusskennwert [−]
ξ Verlustbeiwert [−]
Π Druckverhältnis [−]
ρ Dichte [kg/m^3]
ρ_1, ρ_2 Dichte vor Verdichter bzw. vor Einlassschlitz [kg/m^3]
φ Kurbelwinkel [° KW]
ψ Durchflussfunktion [−]
ω Winkelgeschwindigkeit [s^{-1}]

Weitere Indizes und Abkürzungen

0 Bezugs- oder Standardzustand
0 Referenzbedingung
1 Zustand 1, Zustand im Querschnitt 1, vor Verdichter
2 Zustand 2, Zustand im Querschnitt 2, nach Verdichter
2′ vor Motor (nach LLK)
3 vor Turbine
4 nach Turbine

a außen, äußere; (Behälter-)Austritt, ausströmend
A (Zylinder-)Auslass, Abgas
ab abgeführt(e) (Wärme)
abs absolut
ADK Abgasdrosselklappe
AGR Abgasrückführung
AÖ Auslass öffnet
AS Auslass schließt; Arbeitsspiel
ATL Abgasturboaufladung
B Brennstoff, Kraftstoff
CFD Computational Fluid Dynamics
DK Drosselklappe
DWL Druckwellenlader
dyn dynamisch
e effektiv; eingebracht
E (Zylinder-)Einlass, einströmend
EB Einspritzbeginn
EÖ Einlass öffnet
ES Einlass schließt
f frisch
FB Förderbeginn
g geometrisch
G Gemisch
geo Geometrie
ges gesamt
HD Hochdruckphase
i innen, indiziert
K Kompression; Verdichter; Kolben; Kühlmittel
KA Auslasskanal
KD Konstant Drossel
KE Einlasskanal
KW Kurbelwinkel
L Luft; Lade(druck)
Lad Ladungswechsel
Leck Leckage, Blow-by
LL Leerlauf
LLK Ladeluftkühler
m mittel
M Motor
Mess Messung
max maximal
min minimal
opt optimal
OT oberer Totpunkt

p	bei $p =$ konst.
P	Pumpe
r	Reibung
red	reduziert
rel	relativ
RG	Restgas
s	isentrop, bei $s =$ konst.; Spül
T	Turbine
th	theoretisch; thermodynamisch
TL	Teillast; Turbolader
u	unverbrannt(e Zone)
U	Umfang; Umgebung
UT	unterer Totpunkt
v	verbrannt(e Zone)
V	Ventil
VG	Verbrennungsgas
VL	Volllast
VTG	Turbolader mit variabler Turbinengeometrie
W	Wand(wärme)
W	Wasser
Z	Zylinder
ZOT	Zünd-OT
zu	zugeführt(e) (Wärme)

1 Einleitung und kurze Geschichte der Aufladung

Die Zukunft der Verbrennungskraftmaschine stellt sich im energiepolitischen Umfeld mit einiger Wahrscheinlichkeit wie folgt dar: Erdöl wird für absehbare Zeit weiterhin der Hauptenergieträger für Verbrennungskraftmaschinen im mobilem Einsatz und transienten Lastkollektiven sein; Erdgas und in begrenztem Umfang synthetische Kraftstoffe (Methanol u. Ä.) sowie sehr langfristig Wasserstoff werden zusätzlich an Bedeutung gewinnen. Verbrennungskraftmaschinen für diese Kraftstoffe sind Hub- oder Rotations-Kolbenverbrennungsmotoren, Gasturbinen und Dampfturbinen. Diese Maschinen werden in Flugzeugen, Schienenfahrzeugen, Schiffen, stationären Krafterzeugungsanlagen und in Straßenfahrzeugen mit Rücksicht auf die jeweiligen Erfordernisse entsprechend ihrem Entwicklungsstand eingesetzt.

Im Flugzeugbau war und ist immer höchste Leistungsdichte, d. h. kleinster Bauraum und niedrigstes Leistungsgewicht, gefordert. Der Hubkolben-Verbrennungsmotor erfüllte diese Forderungen als erste Kraftmaschine. Damit hat er das Motorflugzeug überhaupt erst ermöglicht und bis Ende der 40er Jahre als Antriebsquelle dominiert. Heute ist er durch die Gasturbine, die als Propellerturbine oder als reines Strahltriebwerk weit höhere Leistungsdichten ermöglicht, bis auf den Einsatzzweck als Kleinflugzeugtriebwerk abgelöst.

Der klassische Antrieb für Schienenfahrzeuge war die Kolbendampfmaschine, die sich hier in 2-, 3- und 4-Zylinderbauart am längsten gehalten hat. Heute ist die Dampflokomotive durch die elektrische oder die Diesellokomotive abgelöst, wobei für lange Strecken und niedrige Zugfolgen die Dieseltraktion wirtschaftlicher ist. Dieselmotoren hoher Leistungsdichte mit hydraulischer oder elektrischer Kraftübertragung dominieren heute den Diesellokomotivbau. Die Gasturbine wurde immer wieder – auch als Kurzzeit-Boostertriebwerk – versuchsweise eingesetzt, konnte sich aber aus Kraftstoffverbrauchs- und Lebensdauergründen nicht durchsetzen.

Nach der klassischen Kolbendampfmaschine schien zuerst die Dampfturbine und dann die Gasturbine die stark ansteigenden Leistungsanforderungen im Schiffbau am besten erfüllen zu können. Bei schnellen Schiffen, auch Kriegsschiffen, wo Kraftstoffverbrauch und Kraftstoffqualität nicht so entscheidend sind wie Leistungsdichte und Leistung, kann die Gasturbine auch heute noch eine Nische besetzt halten. Aber der hochaufgeladene, schnelllaufende Dieselmotor, meist in Mehrmotorenanordnung, erobert auch diesen Bereich in zunehmendem Maße. In der Handelsschifffahrt hat sich der mittelschnell- und langsamlaufende Diesel-Schwerölmotor wegen seines guten Kraftstoffverbrauches und der Möglichkeit, auch billigste Schweröle verarbeiten zu können, weitestgehend durchgesetzt.

Bei Großkraftwerken mit Leistungen von 100 MW und mehr dominiert nach wie vor die Dampfturbine. In wieweit sich kleinere, dezentrale Stromerzeugungs- oder Wärme-Kraft-Kopplungsanlagen mit Verbrennungsmotoren durchsetzen können, muss abgewartet werden. Die Gasturbine hat in diesem Bereich zur Abdeckung von Lastspitzen wieder an Bedeutung gewonnen.

Sowohl beim Personenkraftwagen als auch beim Nutzkraftwagen wird heute praktisch nur der schnelllaufende Verbrennungsmotor eingesetzt, und zwar aus Gründen der Leistungsdichte, der Lebensdauer und der Kosten, vor allem aber wegen seiner regelungstechnischen Vorteile und seiner Flexibilität im transienten Betrieb. Im letzten Jahrzehnt kam eine intensive Entwicklung zur Reduzierung seines Schadstoffausstoßes bei gleichzeitig verbesserter Wirtschaftlichkeit hinzu. Dabei hat beim Nutzfahrzeugmotor die Abgasturboaufladung in Verbindung mit einer Ladeluftkühlung zur Erreichung beider Ziele entscheidend beigetragen. Vom Schwerst-Lkw bis herab zu Transportern mit ca. 4 t Nutzlast wird heute praktisch nur noch der abgasturboaufgeladene, ladeluftgekühlte Direkteinspritz-Dieselmotor eingesetzt. Auch im Pkw gewinnt diese Motorbauart infolge ihrer außerordentlichen Wirtschaftlichkeit zunehmend an Bedeutung. Der Pkw-Ottomotor bereitet aufladetechnisch sowohl wegen seiner hohen Abgastemperaturwerte als auch wegen seiner für akzeptable Fahrleistungen hohen Dynamikforderungen zur Zeit noch Probleme. Dies umso mehr, als auch sehr enge Kostenziele erreicht werden müssen. Auch hier sind aber neue technische Lösungsansätze erkennbar, so dass davon ausgegangen werden kann, dass in 10–20 Jahren weitestgehend nur noch aufgeladene Verbrennungsmotoren zum Einsatz kommen werden.

Die Geschichte der Aufladung von Verbrennungsmotoren reicht bis zu Gottlieb Daimler und Rudolf Diesel selbst zurück.

Die Aufladung des schnelllaufenden Benzinmotors ist so alt wie dieser selbst. Schon Gottlieb Daimler hat seine ersten Motoren aufgeladen, wie sein Patent DRP 34926 von 1885 beweist (Abb. 1.1). Dabei handelte es sich um die Nutzung der Kolbenunterseite, die beim Viertaktmotor als Gemischpumpe mit der doppelten Arbeitstaktfrequenz arbeitet und damit mehr Gemisch-Volumen fördert, als der Arbeitszylinder ansaugen könnte.

Das Überschieben der Ladung aus dem Kurbelraum in den Arbeitszylinder wurde durch ein Ventil im Kolbenboden bewerkstelligt. Grund für diese kühne Konstruktion Daimlers war sein Wunsch nach einer möglichen Drehzahl- und Füllungssteigerung der Motoren, trotz der damals nur sehr klein ausführbaren Ein- und Auslassventile. Die Probleme, vor allem mit dem Kolbenbodenventil, zwangen Daimler jedoch sehr bald, diese an sich sehr richtige Idee zugunsten von größeren Ventilen sowie der Anwendung von Mehrventilzylinderköpfen, aus der Feder seines damaligen Mitarbeiters Maybach, aufzugeben.

Eine erste Serienanwendung fand die Aufladung im Flugmotorenbau, vor allem zur Steigerung der Höhenleistungen. In den Jahren 1920–1940 wurden die Strömungslader für Flugmotoren kontinuierlich weiterentwickelt, und zwar sowohl in der Aerodynamik als auch in der Umfangsgeschwindigkeit der Räder.

Ihren ersten absoluten Höhepunkt zur Leistungs- und Höhenleistungssteigerung von Flugmotoren erlebte die Aufladung von Ottomotoren während des 2. Weltkrieges. Es wurden Mitteldruckwerte von bis zu 23 bar mit mechanisch angetriebenen Strömungsladern erreicht. Die letzten US-amerikanischen-Otto-Flugmotoren waren bereits die ersten im Serieneinsatz befindlichen Compoundmotoren, wie z. B. der 18-Zylinder-Doppelstern-Compoundmotor von Curtiss Wright mit einer Startleistung von 2420 kW (s. Abb. 6.22).

Automobil-Auflademotoren wurden für den Renneinsatz, aber auch zur kurzzeitigen Leistungssteigerung von Sport- und Luxusfahrzeugen ab ungefähr 1920 mit mechanisch angetriebenen und zuschaltbaren Verdrängerladern ausgerüstet. Es handelte sich meist um ein- oder zweistufige Rootsgebläse. Abbildung 1.2 zeigt einen solchen Pkw-Motor mit 40/60 PS aus 2,6 l Hubraum von 1921 von Daimler Benz.

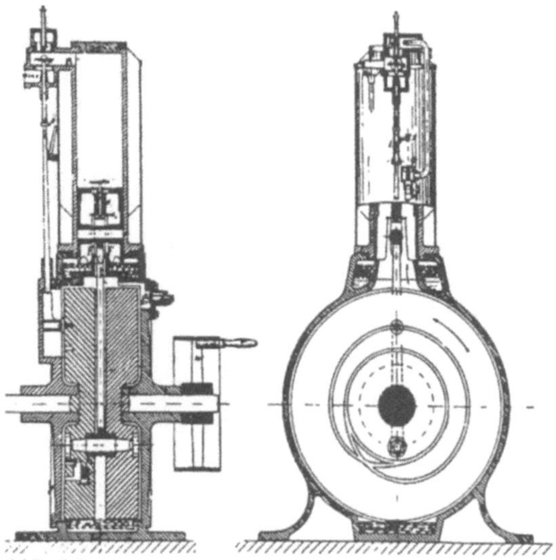

Abb. 1.1

Abb. 1.2

Abb. 1.1. Patent DRP 34926 von 1885 für den schnelllaufenden Ottomotor von Gottlieb Daimler

Abb. 1.2. 40/60-PS-Pkw-Kompressormotor mit Roots-Gebläse von 1921 von Daimler Benz

Erste „abgasturboaufgeladene" Ottomotoren wurden in den USA um 1960 auf den Markt gebracht, wie z. B. der Chevrolet-Corvair [76]. Der Aufladung des Ottomotors gelang der große Durchbruch zum Großserieneinsatz, mit Ausnahme der Anwendung im Flugzeugbau, erst in allerjüngster Zeit wie z. B. mit dem 2,3-l-Kompressormotor von DaimlerChrysler im SLK und in der C-Klasse oder den abgasturboaufgeladenen Motoren der Firmen Audi, Opel und Saab.

Auch Rudolf Diesel hat sich sehr früh mit der Aufladung befasst, wie sein Patent DRP 95680 beweist (Abb. 1.3). Er hat bei seinem Kreuzkopfmotor die Kolbenunterseite als Zweitakt-Ladepumpe verwendet. In diesem Patent wird auch bereits beansprucht, die Luft im Zwischenbehälter kühlen zu können.

Diesel erreichte mit seiner Anordnung eine Leistungssteigerung von 30 %. Da er aber vor allem auf den Wirkungsgrad seiner Maschine achtete und sich dieser – wegen einer völlig falschen Einlassventil- und Zwischenbehälter-Dimensionierung, wie wir heute aus den damaligen Ergebnissen ableiten können – dramatisch verschlechterte, gab er diese Versuche auf. Diese Art der Aufladung wurde 30 Jahre später bei Schiffsdieselmotoren (z. B. von Werkspoor) mit richtiger Dimensionierung der Bauteile sehr erfolgreich angewandt.

Die Entwicklung der Abgasturboaufladung ist eng mit Namen und Patenten des Schweizer Ingenieurs Alfred Büchi verbunden. Bereits 1905 beschrieb er in dem Patent DRP 204630 (Abb. 1.4) einen – in der vorgeschlagenen Form allerdings nicht sinnvollen – Turbocompound-Dieselmotor. Es dauerte aber noch bis 1925, bevor mit Motoren für zwei Passagierschiffe und einem Stationärdieselmotor von MAN und der Maschinenfabrik Winterthur die ersten abgasturboaufgeladenen Dieselmotoren an Kunden ausgeliefert werden konnten. Die Abgasturbolader waren in beiden Fällen noch neben dem Motor angeordnet. Alle Lader waren von Büchi ausgelegt.

Bei den MAN-Schiffsmotoren wurde der Mitteldruck um 40 % auf 11 bar gesteigert und man gewann wichtige Erkenntnisse:

Abgasturboaufgeladene Motoren sind sehr überlastfähig.
Die Turboladergruppe regelt sich im Betrieb selbst.

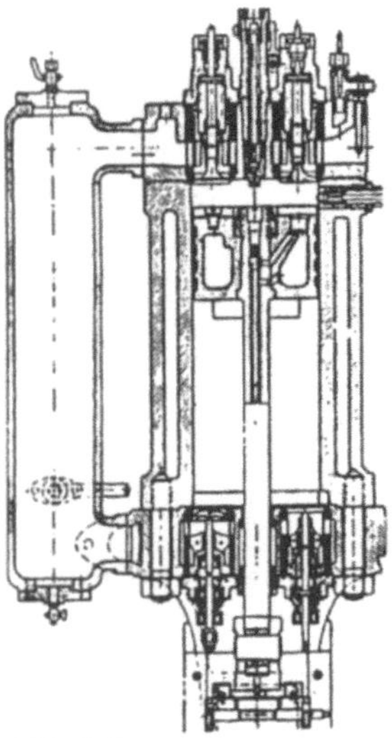

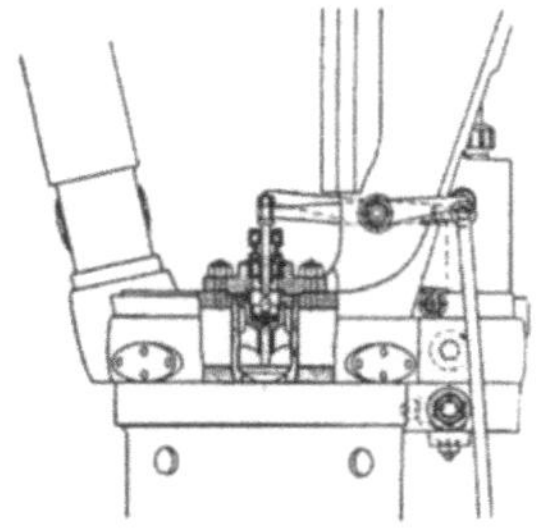

Abb. 1.3

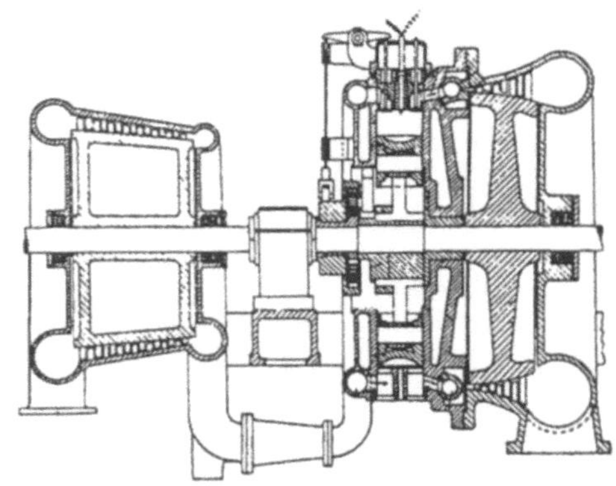

Abb. 1.4

Abb. 1.3. Patent DRP 95680 von Rudolf Diesel für einen Dieselmotor mit Aufladung durch die Kolbenrückseite

Abb. 1.4. Büchis Patentzeichnung DRP 204630 für einen Turbocompound-Dieselmotor

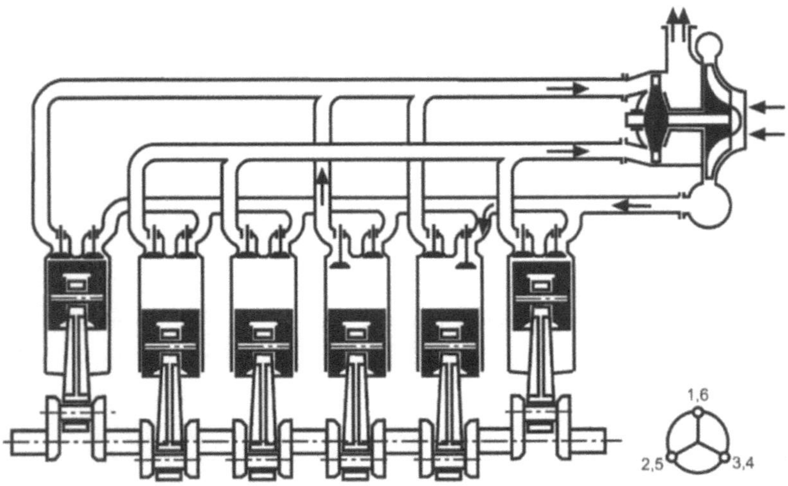

Abb. 1.5. Büchis Patent von 1925 für eine Druckwellen- oder Stoßaufladung durch Zylindertrennung

Um die Problematik eines negativen Druckgefälles zwischen Ladedruck und Abgasgegendruck, d. h. ein „negatives“ Spülgefälle, das bei diesen frühen Abgasturboladern infolge ihres schlechten Gesamtwirkungsgrades auftrat, zu überwinden, meldete Büchi 1925 ein weiteres Patent für eine Druckwellen- oder Stoßaufladung an. Diese sollte durch eine Trennung der Auspuffleitungen und die Zusammenfassung von Zylindern mit Zündabständen von mehr als 240 Grad Kurbelwinkel sowie enge Leitungsquerschnitte erreicht werden (Abb. 1.5).

Die ersten Versuche bei der Schweizer Lokomotiv- und Maschinenfabrik Winterthur an einem 4- und einem 6-Zylindermotor mit BBC-Lader verliefen sehr erfolgreich. Es konnte eine

Leistungssteigerung von 100 % bei guten thermodynamischen Werten erreicht werden und man gewann als dritte Erkenntnis:

Abgasleitungen müssen nicht nur eng, sondern auch möglichst kurz ausgeführt werden.

Damit werden die Rohrströmungsverluste und die Wärmeverluste minimiert. Deshalb werden heute die Abgasturbolader als Bestandteil der Auspuffleitung direkt an den Motor angebaut. Das beschriebene System wird seither Büchi-Aufladung genannt und ist die Basis für die Abgasturboaufladung aller modernen Fahrzeugmotoren.

2 Grundlagen und Ziel der Aufladung

Ziel der Aufladung ist es, auf beliebige Art und mit Hilfe eines geeigneten Systems die Ladungsdichte des Arbeitsmediums (Luft oder Luft-Brennstoffgemisch) vor dem Einströmen in den Arbeitszylinder anzuheben, d. h. vorzuverdichten. Dabei sollte die Temperatur des Arbeitsmediums nicht merklich erhöht und damit das Temperaturprofil des Hochdruck-Arbeitsprozesses nicht nachteilig beeinflusst werden.

Die Dichterhöhung des Arbeitsmediums kann dabei auch, neben einer Steigerung der Leistungsdichte, zu einer Verbesserung des Verbrennungsablaufes mit dem Ziel einer niedrigeren Abgas- und/oder Geräuschemission genutzt werden. Die Zusammenhänge von Mitteldruck- bzw. Leisleisausbeute und Dichte der Zylinderluft- oder -gemischladung sollen nachfolgend herausgearbeitet werden.

2.1 Zusammenhang von Zylinderladung und Zylinderarbeit sowie von Ladungsmassenstrom und Motorleistung

Bei allen Verbrennungskraftmaschinen entsteht Arbeit und Leistung durch Wandlung der im Kraftstoff gespeicherten chemischen Energie in Wärmeenergie durch Verbrennung bzw. Oxidation sowie nachfolgende Umwandlung der Wärmeenergie in mechanische Energie. Der zur Verbrennung notwendige Sauerstoff wird der in den Arbeitsraum eingebrachten Luft entnommen. Deshalb hängt die Arbeit jeder Verbrennungskraftmaschine, in der die durchgesetzte Luft als Verbrennungspartner für den Kraftstoff verwendet wird, von der im Zylinder vorhandenen Luftmenge ab.

2.1.1 Zusammenhang von Zylinderladung und Zylinderarbeit

Der luftansaugende Hubkolbenmotor ist ein Volumenförderer und sein maximal in den Zylinder einbringbares Luftvolumen ermittelt sich als:

$$V_\mathrm{L} = V_\mathrm{h} = V_\mathrm{Z} \quad \text{und} \quad m_\mathrm{Z} = V_\mathrm{Z} \rho_{\mathrm{L,Z}}. \tag{2.1}$$

Diese Zylinder-Luftfüllung ergibt mit der Dichte der Luft multipliziert die Zylinder-Luftmasse, welche die darin verbrennbare Brennstoffmasse bestimmt, mit der durch die bei der Verbrennung stattfindende Druck- und Temperaturerhöhung Arbeit gewonnen werden kann.

Nun ist die indizierte Arbeit W_i im Zylinder einerseits das Produkt von Kraft mal Weg sowie von Kolbenfläche mal Hub mal Druck,

$$W_\mathrm{i} = \frac{d_\mathrm{Z}^2 \pi}{4} h_\mathrm{K} p_\mathrm{i}. \tag{2.2}$$

Andererseits ist Arbeit das Produkt von zugeführter Wärmemenge mal Prozesswirkungsgrad,

$$W_\mathrm{i} = Q_{\mathrm{zu,Z}} \eta_\mathrm{i} \tag{2.3}$$

mit $Q_{zu,Z}$ als zugeführte Wärmemenge je Zylinderladung und η_i als Prozesswirkungsgrad, dem Quotienten von mechanischer Arbeit und eingebrachter Wärmeenergie.

Die dem Zylinder zuführbare Wärmemenge hängt von der in den Zylinder eingebrachten Kraftstoffmenge ab und diese wiederum von dem im Zylinder vorhandenen Sauerstoff. Dieser steht in einem bestimmten Verhältnis zu der im Zylinder befindlichen Luftmasse – und nicht zum Zylindervolumen! Wird nun vereinfachend weder die unvollständige Füllung des Zylinders, der Liefergrad, noch ein allenfalls verbrennungstechnisch notwendiger Luftüberschuss berücksichtigt, so wird diese Wärmemenge:

$$Q_{zu,Z} = m_B H_u = \frac{V_h \rho_{L,Z} H_u}{L_{min}}, \tag{2.4}$$

worin m_B die zugeführte Brennstoffmenge, L_{min} den Mindestluftbedarf, H_u den unteren Heizwert des Brennstoffs sowie $\rho_{L,Z}$ die Luftdichte im Zylinder beschreiben.

Hält man H_u und L_{min} konstant, so leitet sich daraus direkt ab:

$$Q_{zu,Z} \sim \rho_{L,Z}. \tag{2.5}$$

Die Luftmasse $m_{L,Z}$ im Zylinder ist direkt proportional zur Luftdichte $\rho_{L,Z}$, so dass damit auch die zuführbare Wärmemenge direkt proportional zu dieser Luftmasse im Zylinder und folglich näherungsweise zur Ladungsdichte des Motors sein muss. Damit hängt die Zylinderarbeit eines gegebenen Motors direkt von der Dichte der Luft im Arbeitszylinder am Ende des Ansaugtakts und Gaswechsels ab.

Führt man nun obige Gleichungen zusammen, so wird:

$$V_h p_i = \frac{V_h \rho_{L,Z} H_u \eta_i}{L_{min}}. \tag{2.6}$$

Und daraus folgt:

$$p_i \sim \rho_{L,Z} \tag{2.7}$$

Damit ist der mittlere indizierte Druck eines Arbeitszylinders proportional zur Ladungsdichte im Zylinder zu Beginn des Kompressionshubes bei konstant angenommenem innerem Wirkungsgrad (d. h. unverändertem Verbrennungsablauf und unveränderten Verlusten im Hochdruckprozess).

2.1.2 Zusammenhang von Ladungsmassenstrom und Motorleistung

Nachdem die Zylinderarbeit ermittelt wurde, kann die Motorleistung nun leicht dem Luftmassenstrom zugeordnet werden. Sie muss dem Hubvolumen des Gesamtmotors (entsprechend der Gesamtzahl seiner Arbeitszylinder) sowie je nach Arbeitsverfahren der Zahl seiner Arbeitsspiele in der Zeiteinheit proportional sein.

$$P_i = V_H p_i n_{AS} \tag{2.8}$$

mit V_H als Gesamthubraum des Motors, p_i als mittlerem indiziertem Arbeitsdruck und der Arbeitsspielzahl n_{AS}. Diese ist dabei noch genauer zu definieren. Nur bei einem Zweitaktmotor, bei dem jede Umdrehung ein Arbeitsspiel darstellt, ist diese identisch mit der gemessenen Motordrehzahl. Wenn wir also eine Verhältniszahl i zwischen der Zahl der Motorumdrehungen n und der Zahl der Arbeitsspiele n_{AS} bilden, so ist beim Zweitaktmotor $i = n/n_{AS} = 1$. Beim Viertaktmotor findet dagegen nur bei jeder zweiten Umdrehung eine Verbrennung statt und damit ist beim Viertaktmotor $i = n/n_{AS} = 2$.

Die indizierte Motorleistung ist damit wie folgt zu ermitteln:

$$P_{\mathrm{i}} = V_{\mathrm{H}} p_{\mathrm{i}} \frac{n}{i}, \quad \text{wobei } V_{\mathrm{H}} = z V_{\mathrm{h}}. \tag{2.9}$$

Bezieht man noch die Proportionalität von p_{i} und $\rho_{\mathrm{L,Z}}$ ein, so wird:

$$P_{\mathrm{i}} \sim V_{\mathrm{H}} \rho_{\mathrm{L,Z}} \frac{n}{i} \quad \text{bzw.} \quad P_{\mathrm{i}} \sim \dot{m}_{\mathrm{L,Z}}. \tag{2.10}$$

Damit haben wir die indizierte Motorleistung mit dem Luftmassenstrom durch den Motor verknüpft.

Soll eine Verbrennungskraftmaschine für mehr als einen Arbeitstakt Leistung abgeben, so muss nach jedem Arbeitsspiel das Abgas aus dem Zylinder entfernt und durch Frischluft beim Dieselmotor oder Frischgemisch beim Ottomotor ersetzt werden.

Beim vollkommenen Motor, den wir bisher betrachtet haben, geschieht dies verlustlos und vollkommen. Beim realen Motor ist dazu der Vorgang des Ladungswechsels genauer zu beschreiben. Er ist deshalb bedeutsam, weil durch ihn die Motoreigenschaften sehr wesentlich geprägt sind. Für die Gestaltung des Ladungswechsels gelten folgende Anforderungen:

- das am Ende des Arbeitstakts im Zylinder befindliche Abgas soll möglichst vollständig entfernt werden,
- die erforderliche Frischluft- oder Frischladungsmenge soll den Bedürfnissen des Motors, z. B. hinsichtlich Kühlung oder Abgasqualität, exakt anpassbar sein,
- die angesaugte oder bei Aufladung in den Zylinder einströmende Frischladung soll diesen möglichst vollständig füllen.

Das bedeutet in der Praxis, dass die gesamte in den Zylinder einströmende Frischladungsmasse m_{E} und die Frischladungsmasse m_{Fr}, welche im Zylinder verbleibt, in der Regel nicht gleich sind. Sie unterscheiden sich um den Anteil der Ladungsmasse, die während der gleichzeitigen Öffnung der Ein- und Auslassorgane, der so genannten Überschneidungsphase, ohne an der Verbrennung teilzunehmen, direkt in den Auslass abfließt, die Spülmasse m_{Sp}.

$$m_{\mathrm{Sp}} = m_{\mathrm{E}} - m_{\mathrm{Fr}}. \tag{2.11}$$

Beim als Saugmotor betriebenen Viertaktmotor ist die Spülluftmasse wegen der in der Überschneidungsphase geringen Ventilquerschnitte unbedeutend. Sie wird meistens auch bei aufgeladenen Motoren mit größerer Ventilüberschneidung nicht sehr bedeutend. Bei manchen Motortypen (mittelschnelllaufende aufgeladene Gasmotoren sowie langsamlaufende Zweitaktgroßmotoren) wird der Spülluftanteil allerdings gezielt zur Brennraumkühlung eingesetzt. Dazu ist es notwendig, ein positives Druckgefälle über den Motor zu erzeugen (hohe Turboladerwirkungsgrade), wodurch sich auch größere Spülluftmengen während der Ventilüberschneidung ergeben. Beim Zweitaktmotor mit seinen sehr großen Überschneidungsquerschnitten der Gaswechsel-Steuerorgane ist deren Anordnung und konstruktive Gestaltung, vor allem bei der heute üblichen Aufladung, sehr wichtig für die Optimierung des Spülluftanteils. Insgesamt muss beim Zweitaktmotor versucht werden, mit kleinen Spülluftmassen eine guten Ladungswechsel zu erzielen, damit die im Zylinder verbleibende Abgasrestmasse m_{RG} möglichst klein bleibt. Abgasmasse und pro Zyklus im Zylinder verbleibende Frischladungsmasse m_{Fr} bilden damit die zu Beginn der Verdichtung im Zylinder befindliche Zylinderladungsmasse m_{Z},

$$m_{\mathrm{Z}} = m_{\mathrm{Fr}} + m_{\mathrm{RG}}. \tag{2.12}$$

Die pro Arbeitsspiel in den Auspuff strömende Abgasmasse m_A beinhaltet auch die in der Überschneidungsphase direkt in den Auslasstrakt gespülte Spülmasse und ist beim gemischansaugenden Ottomotor mit der einströmenden Frischladungsmasse identisch. Beim luftansaugenden Dieselmotor ist sie um die pro Arbeitsspiel eingespritzte Brennstoffmasse m_B größer als die angesaugte Luftmasse,

$$m_A = m_E + m_B. \tag{2.13}$$

2.2 Einfluss der Ladeluftkühlung

Die Verdichtung der Ansaugluft geschieht in jedem Verdichter unabhängig von der Bauart in Verbindung mit einer Temperaturerhöhung, die im Wesentlichen vom gewünschten Druckverhältnis, also dem Aufladegrad, und vom Verdichterwirkungsgrad abhängt.

$$T_2 = T_1 \left\{ 1 + \frac{1}{\eta_{s\text{-}i,K}} \left[\left(\frac{p_2}{p_1} \right)^{(\kappa-1)/\kappa} - 1 \right] \right\} \tag{2.14}$$

Darin bedeuten T_1 und T_2 die Temperaturen vor und nach Verdichter in Kelvin, $\eta_{s\text{-}i,K}$ den isentropen Verdichterwirkungsgrad und p_1 und p_2 die Drücke vor und nach Verdichter.

Diese Temperaturerhöhung vermindert, bei gleichem Ladedruck, die einströmende Frischladung entsprechend der dadurch bedingten Dichteänderung und führt darüber hinaus zu erhöhten Prozesstemperaturen mit allen damit verbundenen Nachteilen.

Nimmt man als Beispiel für die Wirksamkeit der Ladeluftkühlung einen idealen Motor mit folgenden Daten:

Ansaugdruck $p_1 = 1$ bar	Aufladedruckverhältnis $p_2/p_1 = 2{,}5$
Ansaugtemperatur $T_1 = 293$ K (20 °C)	Verdichterwirkungsgrad $\eta_{s\text{-}i,K} = 0{,}70$

dann folgt daraus eine Aufladeendtemperatur von $T_2 = 418$ K (145 °C).

In der folgenden Gegenüberstellung wird das Verbrennungsluftverhältnis konstant gehalten, d. h., die Brennstoffmasse und damit die Leistung ergibt sich entsprechend der Ladungsmasse.

Der Saugmotor hat mit obigen Daten die Luftdichte
$\rho_1 = \rho_2 = 1{,}19\,\text{kg/m}^3 (\hat{=}100\,\%)$.
Der aufgeladene Motor ohne Ladeluftkühlung hat die Ladungsdichte
$\rho_2 = 2{,}09\,\text{kg/m}^3 (\hat{=}175\,\%)$.
Der ladeluftgekühlte Motor mit einer Rückkühlung auf 40 °C ermöglicht eine Dichtesteigerung auf
$\rho_2 = 2{,}78\,\text{kg/m}^3 (\hat{=}234\,\%)$.

Man erkennt an diesem Beispiel die enorme Wirkung der Ladeluftkühlung, wird doch bei konstant gehaltenem Druckverhältnis eine Dichtesteigerung von 2,78/2,09, d. h. eine Steigerung von 33 %, verbunden mit einer um ca. 190 °C abgesenkten Prozessstarttemperatur erreicht.

Die Ladeluftkühlung bringt damit folgende Vorteile:

- eine weitere **Leistungssteigerung** aufgeladener Motoren bei konstantem Druckverhältnis entsprechend der höheren Ladungsdichte;
- eine niedrigere Ladungstemperatur am Prozessbeginn mit niedrigeren Prozesstemperaturen und daraus resultierender **niedriger thermischer Bauteilbelastung**;
- eine abgesenkte NO_x-Emission infolge der niedrigeren Prozesstemperaturen;
- eine entscheidende Verbesserung im Klopfverhalten aufgeladener Ottomotoren; erst mit Ladeluftkühlung sind Ottomotoren im Kraftstoffverbrauch akzeptabel.

2.3 Begriffsbestimmung und Aufladeverfahrensüberblick

Es sollen hier mögliche Arten der Vorverdichtung bzw. die kennzeichnenden Eigenschaften von Ladern oder Verdichtern, anhand derer später das Zusammenwirken mit dem Motor beurteilt werden kann, definiert werden.

Aufladung mittels gasdynamischer Effekte
- Druckwellenausnutzung in Ansaug- und Auspuffsystem mittels Schwing- oder Schaltsaugrohren und abgestimmten Auspuffrohrlängen
- Aufladung mittels Helmholtz-Resonator-Saugrohranordnungen
- Druckwellenaufladung mittels direktem Druckaustausch zwischen Abgas und Ladeluft (Comprex, Register-Resonanz-Lader)

Aufladung mittels mechanisch vom Motor angetriebener Lader
- Verdränger- oder Drehkolbenlader ohne innere Verdichtung (z. B. Rootslader)
- Verdränger- oder Schraubenlader mit innerer Verdichtung (Lysholm-, Wankel-, Spirallader)
- Strömungsverdichter (Radialverdichter, Axialverdichter)

Aufladesysteme mit Abgasenergienutzung
- Koppelung eines Strömungsverdichters mit einer – auf gleicher Welle angeordneten – Turbine, Abgasturbolader genannt
- Koppelung eines Verdrängerladers mit einem auf gleicher Welle angeordneten Expander (Wankel)

Aufladung durch Kombinationen aus oben genannten Komponenten
- Turbocompoundsystem bestehend aus einem Abgasturbolader und nachgeschalteter Nutzturbine
- Kombinierte Systeme aus Resonanzaufladung und Abgasturbolader
- Kombination eines mechanischen Laders mit einem Abgasturbolader

2.4 Aufladung mittels gasdynamischer Effekte

Beginnen wir die nähere Betrachtung der einzelnen Auflademöglichkeiten mit der weit verbreiteten Ausnutzung von **Druckwellen** durch **Schwingsaug-** oder **Schaltsaugrohre**. Überdies können mittels abgestimmter Rohrlängen im Auspuffsystem in der Überschneidungsphase Unterdrücke gegenüber dem Zylinder und damit bessere Restgasausspülungen erzeugt werden. Letztlich sind Liefergradsteigerungen durch die so genannte Resonanzaufladung mittels Helmholtz-Resonator- und Schwingrohr-Kombinationen (Cser-Aufladung) möglich.

2.4.1 Schwingsaugrohr-Aufladung

Bei dieser Art der Vorverdichtung wird die Dynamik von Druckwellen in Saug- und Auspuffleitungen schnell laufender Motoren ausgenutzt. Es handelt sich demnach um eine dynamische Drucküberhöhung im Ansaugsystem ohne Einsatz eines Verdichters.

Durch das periodische Öffnen von Ein- und Auslassventilen eines Hubkolbenmotors werden in den Ansaug- und Auspuffleitungen Schwingungen der entsprechenden Gassäulen angeregt, die je nach Phasenlage und Frequenz drehzahlabhängig vom Umgebungsdruck deutlich abweichende Leitungsdrücke an den Ventilen ergeben. Bei jedem Öffnen des Ein- oder Auslassventils läuft eine Unter- bzw. Überdruckwelle in das entsprechende Rohrsystem und wird an dessen Ende (Sammelrohr oder Schalldämpfer) als Über- bzw. Unterdruckwelle reflektiert (Abb. 2.1).

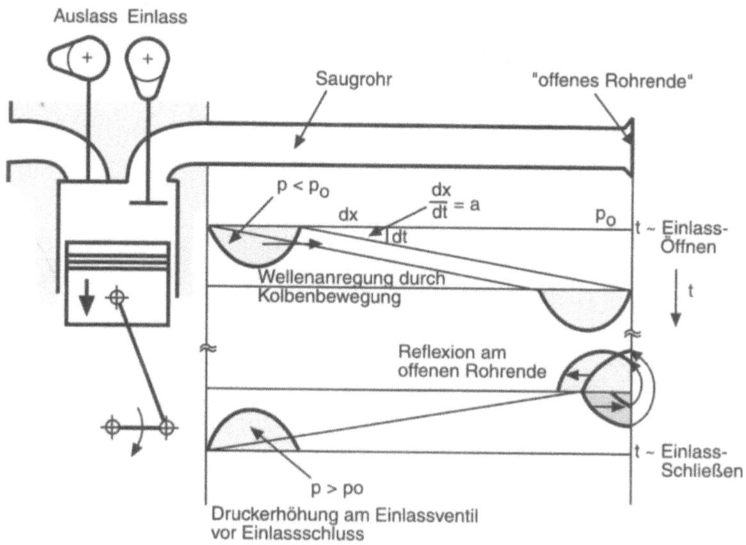

Abb. 2.1. Anregung und Ausbreitungsverhalten von Luftdruckwellen in einem Saugrohr und dadurch erreichbarer Nachladeeffekt

Stimmt man nun die Längen von Saug- und Auspuffrohren entsprechend ab, kommt kurz vor „Einlass schließt“ eine Überdruckwelle am Einlassventil an, die den Druck im Brennraum erhöht. Entsprechend kurz nach „Einlass öffnet“ und vor „Auslass schließt“, also in der so genannten Ventilüberschneidungsphase, erreicht eine entsprechende Unterdruckwelle das Auslassventil und sorgt damit für ein positives Spülgefälle zum Saugrohr mit entsprechender Verbesserung der Brennraumdurchspülung bzw. einer besseren Restgasentfernung. Physikalisch wird dabei die Saugarbeit des Kolbens in Verdichtungsarbeit umgewandelt. Beide Effekte kombiniert werden vorzugsweise bei Sport- und Rennmotoren angewandt, weil dort die notwendigen Wellenlaufzeiten infolge der sehr hohen Drehzahlen kurz werden und damit auch die notwendigen Rohrlängen. Abbildung 2.2 zeigt einen Sportmotor (Ferrari) mit Schwingsaugrohren. Wird auch noch das Auspuffsystem in diese Schwingungsabstimmung mit einbezogen – wie bei heutigen Rennmotoren üblich –, werden mit einer solchen Anordnung Luftaufwandszahlen von maximal 1.25–1.3 und damit eine deutliche Aufladung erreicht.

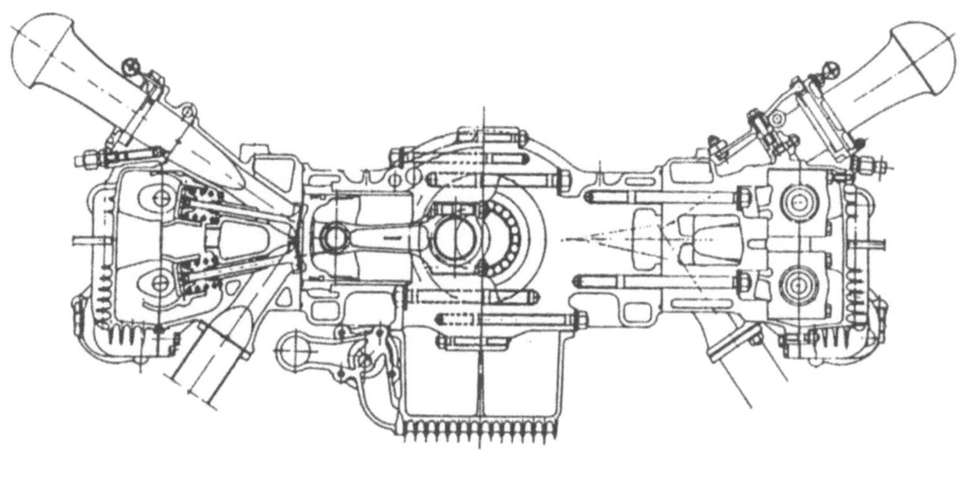

Abb. 2.2. Sportmotor (Ferrari) mit Schwingsaugrohren

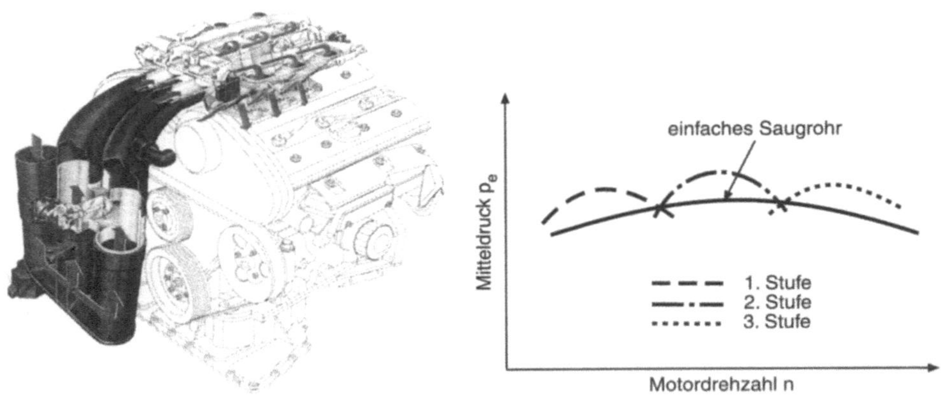

Abb. 2.3. Dreistufiges Schaltsaugrohr (Opel) mit erreichbaren Drehmomenterhöhungen

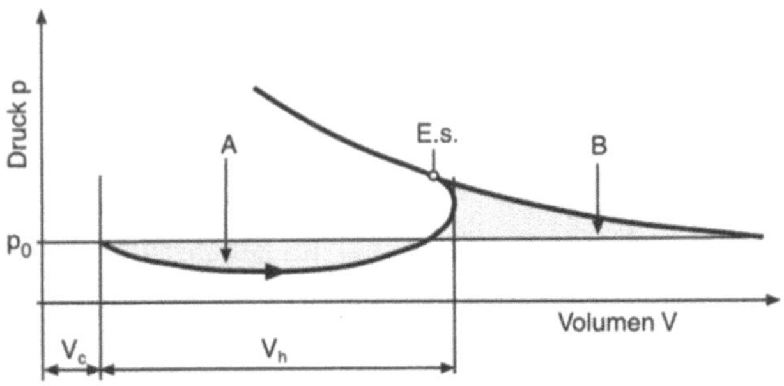

Abb. 2.4. Darstellung der Gaswechselarbeit bei Schwingrohraufladung im pV-Diagramm

Bei Serienmotoren werden heute sehr oft auf der Ansaugseite so genannte Schaltsaugrohre verwendet, die mit unterschiedlichen Reflexionslängen arbeiten, wie am Beispiel des dreistufigen Opel-Saugrohres in Abb. 2.3 dargestellt. Sie erhöhen so den Liefergrad im unteren Drehzahlgebiet und verbessern im mittleren Drehzahlbereich den Drehmomentverlauf. Darüber hinaus sorgen sie auch noch für eine Liefergradanhebung im Nennleistungsbereich.

In jedem Falle wird bei all diesen Systemen die Gaswechselarbeit erhöht, weil – durch die Generierung der Saugwelle im Ansaugsystem – der Druck im Zylinder weiter absinkt als bei normalen Saugrohrauslegungen. Abbildung 2.4 zeigt diesen Effekt im pV-Diagramm. Bei einer kontinuierlichen Verstellmöglichkeit der Saugrohrlänge (z. B. in der Formel 1) kann im gesamten Volllastbereich eine Liefergradanhebung realisiert werden.

2.4.2 Resonanzaufladung

Bei der Resonanzaufladung wird ein schwingfähiges Behälter-Rohr-System (Helmholtz-Resonator) saugseitig an mehrere Zylinder angeschlossen und so ausgelegt, dass die Saugzyklen-Perioden dieser Zylinder mit der Eigenfrequenz des Behälter-Rohr-Systems übereinstimmen. Auch damit erreicht man bei der Resonanzdrehzahl bzw. in einem begrenzten Drehzahlbereich eine Aufladung. Der Nachteil dieser Anordnung ist, dass, wenn sie nicht schaltbar ausgeführt wird (Abb. 2.5), der gewollten Liefergradanhebung im unteren Drehzahlbereich ein Abfall im oberen Drehzahlbereich gegenübersteht. Dieser Nachteil wird weitestgehend vermieden, wenn die Anordnung durch eine einfache Sperrklappe im Ladeluftrohr schaltbar ausgeführt wird (Abb. 2.6a). In Abb. 2.6b sind die

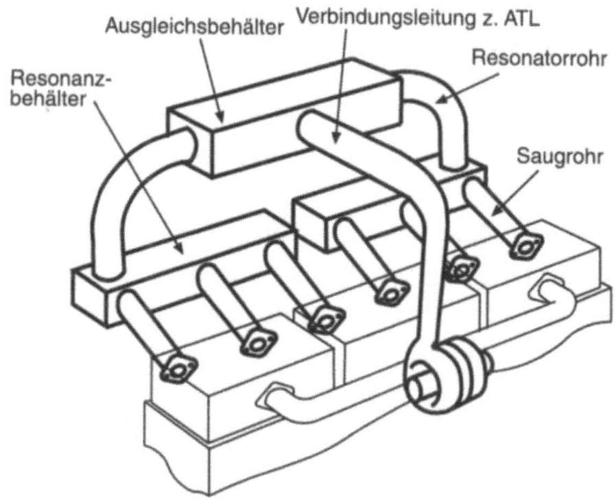

Abb. 2.5. Resonanzaufladung mit getrennten Resonanzbehältern (Saurer)

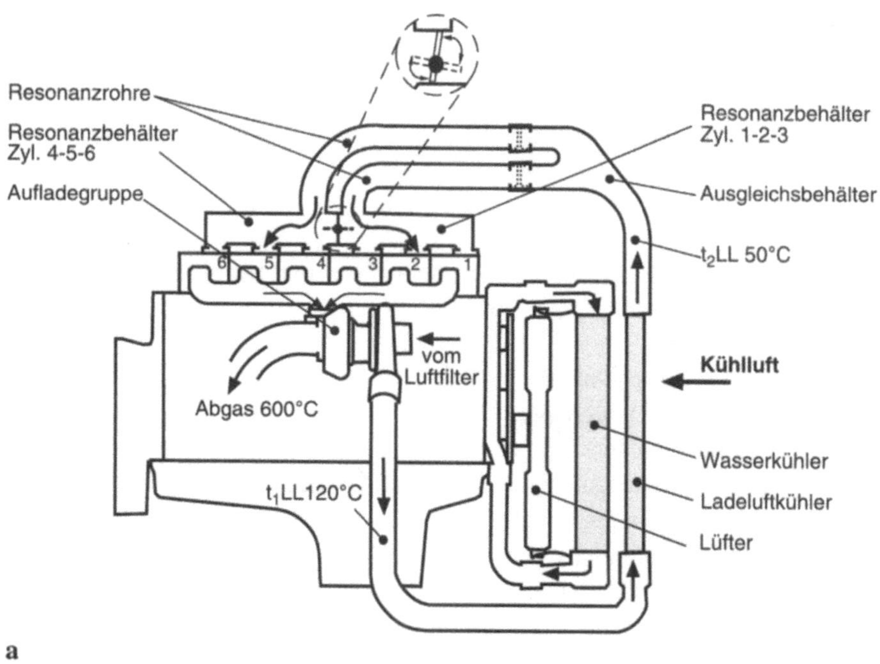

a

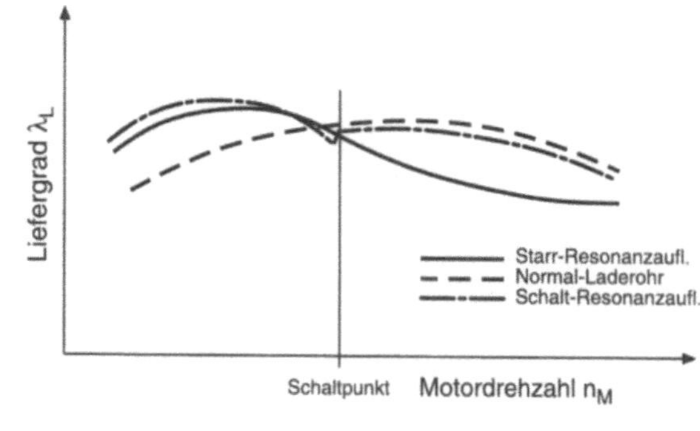

b

Abb. 2.6 a,b. Schaltresonanzaufladung mit Liefergradverläufen von Normal- und Schaltvarianten

Liefergradverläufe eines normalen Ladedruckrohrsystem im Vergleich mit einer starren und einer schaltbaren Resonanzschaltung im Prinzip dargestellt.

Die Auslegung und Optimierung der hier beschriebenen gasdynamischen Systeme erfolgt in der Regel auf der Basis numerischer Kreisprozesssimulationen, zumal dabei unterschiedlichste Systemvarianten bewertet und die erfolgversprechendsten optimiert werden können. Vor der endgültigen Optimierung solcher Anlagen am Motorprüfstand – vor allem in Verbindung mit einer geeigneten Regelungsstrategie – ist es zielführend, im Laufe der Detailkonstruktion komplexe, dreidimensionale Bauteile im Hinblick auf ihr gasdynamisches Verhalten mittels 3-D-CFD-(computational fluid dynamics-)Simulationen zu untersuchen. Dabei kann der 3-D-Simualtionsbereich getrennt vom gesamten Motor behandelt werden, wobei die Randbedingungen für die Simulation von den oben angesprochenen thermodynamischen Kreisprozessrechnungen bereitgestellt werden können. Ist es hingegen notwendig, Rückwirkungen des 3-D-Simulationsbereiches auf das Betriebsverhalten des gesamten Motors zu berücksichtigen [40] (z. B. Abgasrückführung-Verteilung in einem Luftsammler), so bieten verschiedene kommerzielle Programmsysteme bereits die Möglichkeit einer direkten Einbindung des CFD-Simulationsbereiches in das thermodynamische Motorsimulationsmodell (AVL-BOOST/FIRE, WAVE/STAR-CD, GT-POWER/VECTIS).

2.5 Aufladung mittels Aufladeaggregaten

In Abschn. 2.3 wurden die verschiedenen Verdichterprinzipien schon angesprochen. Wichtig ist aber, dass entsprechend den der Gasverdichtung zu Grunde liegenden Mechanismen die Verdichter grundsätzlich in folgende zwei Gruppen eingeteilt werden können:

- Lader der **Verdrängerbauart** wie Hubkolben-, Rotationskolben- und Drehkolbenlader
- Lader der **Strömungsbauart** wie Radial- und Axialverdichter.

Die Verdichter oder Lader der Verdrängerbauart unterscheiden sich überdies durch die Anwendung einer inneren Verdichtung (z. B. Hubkolbenverdichter) oder einer einfachen Gasförderung ohne innere Verdichtung (z. B. Rootsgebläse). Wie in Abb. 2.7 gezeigt, kann die Anwendung einer inneren Verdichtung die spezifische Arbeit zur Gasverdichtung deutlich reduzieren, wodurch der Verdichterwirkungsgrad, speziell bei höheren Druckverhältnissen, deutlich verbessert wird. In der heutigen Technik sind Anwendungen bei relativ geringen Verdichtungsverhältnissen bis zu 1 : 1,7 weit verbreitet. Bis zu diesem Druckverhältnis ist aber der Vorteil, der durch eine innere Verdichtung erzielt wird, relativ gering. Andererseits sind Laderbauarten ohne innere Verdichtung (z. B. Rootsverdichter) einfacher herstellbar und daher kostengünstiger, weshalb dieser Bauart oft der Vorzug gegeben wird.

2.5.1 Lader-Druck-Volumenstrom-Kennfeld

Über das Verhalten der genannten Laderbauarten gibt am besten ein Druck-Volumenstrom-Kennfeld (Abb. 2.8) Auskunft, bei dem

- auf der **Abszisse** der **geförderte Volumenstrom** und damit der Massenstrom sowie
- auf der **Ordinate** das **Druckverhältnis** des jeweiligen Verdichters aufgetragen wird.

Üblicherweise wird dieses Kennfeld angereichert, einmal

- mit Linien konstanter **Laderdrehzahl** und zum anderen
- mit Linien konstanter isentroper bzw. **Totalwirkungsgrade**.

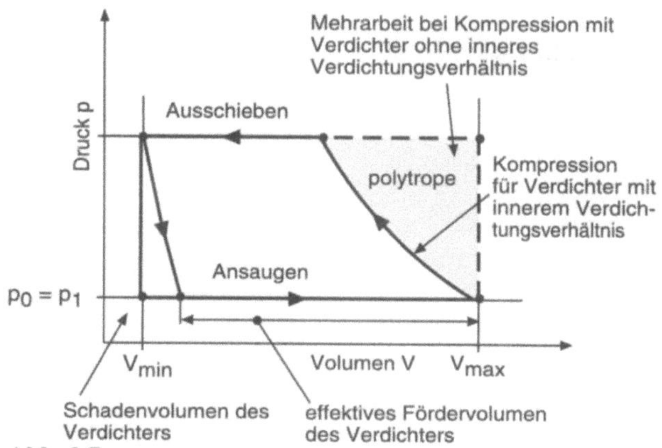

Abb. 2.7

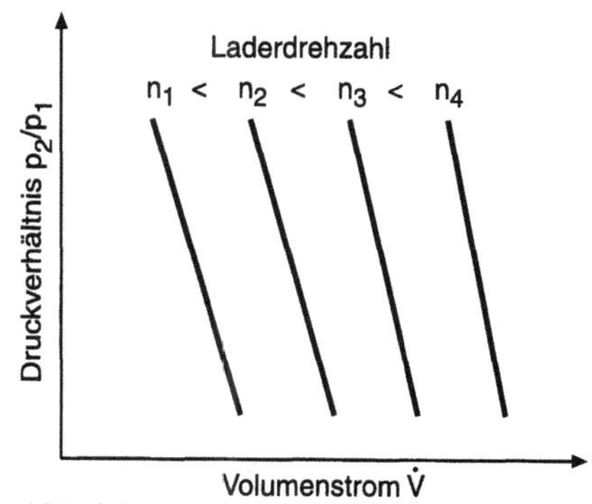

Abb. 2.8

Abb. 2.7. Spezifische Gasverdichtungsarbeit bei einem Verdrängerlader mit und ohne innere Verdichtung

Abb. 2.8. Prinzip-Druck-Volumenstrom-Kennfeld eines Verdränger(kolben)laders bei gegebenen Laderdrehzahlen

Obwohl sich die verschiedenen Bauarten und Konstruktionsprinzipien auf das Aussehen dieses Kennfeldes naturgemäß stark auswirken, lassen sich in ihm die charakteristischen Merkmale von Verdrängungs- und Strömungsladern gut darstellen und miteinander vergleichen.

2.5.2 Verdrängerlader

Der einfachste Vertreter dieser Bauart ist der Hubkolbenverdichter, der allerdings heute nur noch bei großen Zweitaktmotoren in Parallel- oder Reihenschaltung mit dem Abgasturbolader verwendet wird. Zur Herleitung des charakteristischen Diagramms sowie der sonstigen Charakteristika der beschriebenen Laderbauart ist er aber bestens geeignet.

Im pV-Diagramm dieser Ladertype sollen die Wirkungsgradverhältnisse und Einflüsse der realen Prozessführung auf die Verdichtungsarbeit diskutiert werden. Abbildung 2.9 zeigt das pV-Diagramm eines Hubkolbenverdichters. Aus Abb. 2.9 geht der Einfluss des schädlichen Raumes und die Höhe des gewünschten Entnahmedruckwertes auf die realen Ansaugvolumina und damit die Fördermenge klar hervor. Der Füllungswirkungsgrad und damit die Fördermenge nehmen demnach mit steigendem Entnahmedruck ab.

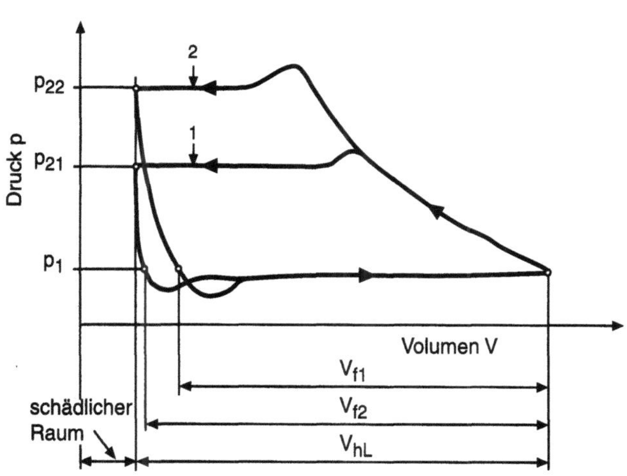

Abb. 2.9. pV-Diagramm eines Hubkolbenverdichters mit unterschiedlichen Verdichtungsenddrücken

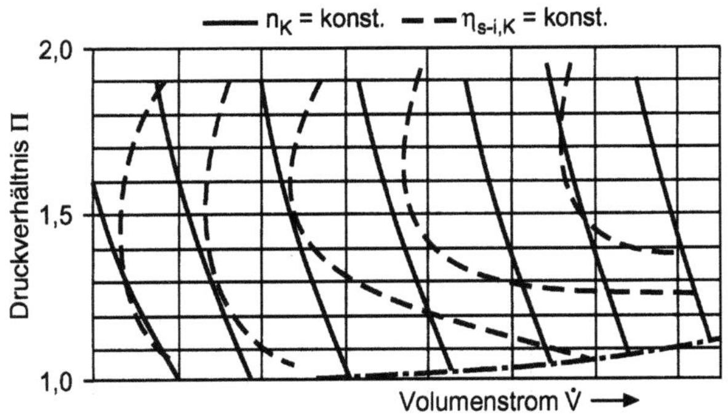

Abb. 2.10. Druck-Volumenstrom-Kennfeld eines Verdrängerladers mit Förderlinien und Wirkungsgraden

Damit ergeben sich für alle Verdrängerlader im Kennfeld bei konstanter Drehzahl Linien, die mit zunehmendem Entnahmedruck p_2 einen abnehmenden Volumendurchsatz erkennen lassen und somit leicht nach links geneigt sind, wie das reale Druck-Volumenstrom-Kennfeld eines Verdrängerladers in Abb. 2.10 zeigt. Die Wirkungsgradlinien $\eta_{s\text{-}i}$ bzw. η_{ges} hängen dabei stark von der Laderbauart ab. Die dargestellte Kennfeldcharakteristik gilt mit sehr großer Ähnlichkeit auch für die heute – aus Bauraum- und Kostengründen – überwiegend verwendeten Drehkolbenverdichter-Bauarten, Wankel- oder Rootslader und den Lysholm-Schraubenverdichter. Der Rootslader ermöglicht jedoch prinzipiell keine innere Verdichtung, so dass diese Bauform bevorzugt bei Anwendung mit niederen Verdichtungsverhältnissen eingesetzt werden sollte.

Es muss darauf hingewiesen werden, dass **alle Verdrängerlader**, im Gegensatz zu Strömungsverdichtern, mehr oder weniger **diskontinuierlich fördern**. Damit verursachen sie – je nach dem Grad ihrer inneren Verdichtung – Druckschwingungen in den Ladeluftleitungen, was zu ungleichen Zylinderfüllgraden oder aber Geräuschproblemen an ausgeführten Motoren führen kann.

Die aus dem Kennfeld ersichtlichen Eigenschaften von Verdrängerladern lassen sich wie folgt zusammenfassen.

Es gibt im Druck-Volumenstrom-Diagramm kein instabiles Gebiet, d. h., der gesamte durch die Laderdimensionierung (V_h und n) gegebene Förderbereich ist nutzbar.

Das erreichbare Druckverhältnis ist unabhängig von der Laderdrehzahl! Es hängt aber entscheidend von den konstruktiven Gegebenheiten, wie schädlicher Raum, Dichtheit, Bauvolumen und Bauart, ab und erreicht heute Werte von $\Pi = 1{,}8\text{–}2$

Prinzipbedingt ergeben sich relativ steile, d. h. mit steigendem Entnahmedruck leicht nach links geneigte Linien für konstante Laderdrehzahlen.

Dieses Verhalten beeinflusst und bestimmt naturgemäß auch die Regelungsmöglichkeiten und -strategien solcher Ladersysteme, da bei Ladedruckänderungen nur kleine Mehr- oder Minderfördermengen auftreten. Diese sind z. B. mittels einer einfachen Bypass-Schaltung leicht beherrschbar.

Die erreichbaren Fördermengen sind in etwa proportional dem Laderbauvolumen.

Die Fördermenge ist bei konstant gehaltenem Druckverhältnis näherungsweise proportional zur Laderdrehzahl.

2.5.3 Strömungslader

Der weitaus wichtigste Strömungslader für den Einsatz am Hubkolbenmotor ist der Radialverdichter, der seine Bezeichnung von der radialen Austrittsrichtung des Fördermediums aus dem Verdichterlaufrad herleitet. Der Eintritt des Fördermittels geschieht axial. Da auf den

Radialverdichter im Zusammenhang mit der Abgasturboaufladung und als Teil des Abgasturboladers in Kap. 5 noch sehr ausführlich eingegangen wird, soll hier nur kurz seine Funktion als Basis für die Kennfeldcharakteristika behandelt werden.

Alle Strömungsverdichter beruhen auf dem physikalischen Prinzip der **Umwandlung kinetischer Energie**, die dem Medium im Laufrad zugeführt wird, in eine **Drucksteigerung durch Strömungsverzögerung** teils im Laufrad, teils in einem Diffusor. Der gesamte Vorgang zwischen Verdichterein- und -austritt kann mittels des ersten thermodynamischen Hauptsatzes für offene Systeme sehr anschaulich beschrieben werden:

$$w_k = \frac{v_2^2}{2} - \frac{v_1^2}{2} + h_2 - h_1, \tag{2.15}$$

wobei w_k die zugeführte spezifische Kompressorarbeit, v_i die mittleren, absoluten Strömungsgeschwindigkeiten am Ein- (1) und Austritt (2) und h_i die korrespondierenden Enthalpien sind. Letztere Größen beschreiben den Gaszustand, wodurch auch Druck und Temperatur am Kompressoraustritt oder die Kompressorarbeit unmittelbar aus Gl. (2.15) abgeleitet werden können.

Beim Strömungsverdichter besteht, genau wie beim Diffusor, die Gefahr eines Strömungsabrisses. Ebenso ist einsichtig, dass in einer Verdichterstufe nur ein begrenztes Druckverhältnis realisierbar sein kann. Da der **Radialverdichter** die **höchsten Stufendruckverhältnisse** ermöglicht, wird er als Verdichter bei Abgasturboladern bevorzugt angewandt. Dabei können die Lader in sehr kompakten Bauformen ausgeführt werden. Nachteilig gegenüber Axialverdichtern ist der tendenziell schlechtere Wirkungsgrad.

Aus all diesen Tatsachen wird klar, dass Strömungsverdichter eine völlig andere Kennfeldcharakteristik zeigen als Verdrängerlader.

Zudem **fördern alle Strömungslader kontinuierlich**, abgesehen von den durch die endlichen Schaufeldicken verursachten Geschwindigkeitsdellen am Verdichterradaustritt. Trotz des damit generell besseren akustischen Verhaltens werden auch bei Radialverdichtern in die Druckleitungen teilweise schalldämpfende Vorrichtungen eingebaut, um diese hochfrequenten Geräuschanregungen auszuschalten.

Damit lassen sich die Kennfeldeigenschaften von Strömungsladern wie folgt prognostizieren (Abb. 2.11).

Es gibt ein instabiles Gebiet im Förderkennfeld, das sich im Bereich kleiner Durchsätze befindet und sich zu höheren Druckverhältnissen hin ausweiten wird. Das erreichbare Druckverhältnis hängt damit auch von der Fördermenge ab. Die Grenzlinie von stabiler und instabiler Förderung wird Pumpgrenze genannt.

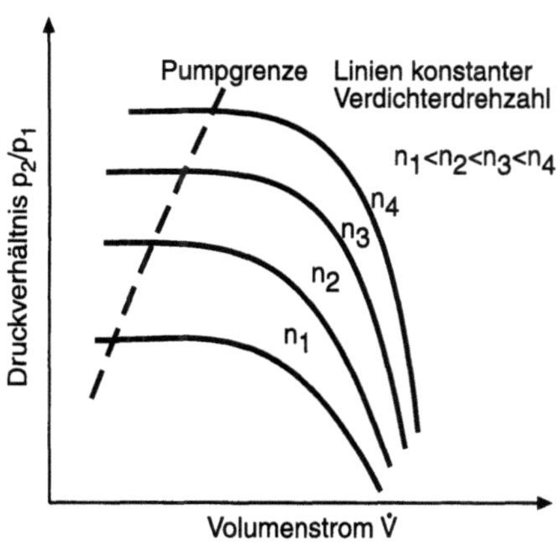

Abb. 2.11. Prinzip-Druck-Volumenstrom-Kennfeld eines Strömungsladers bei gegebenen Laderdrehzahlen mit Pumpgrenze

Das erreichbare Druckverhältnis wird in etwa dem Quadrat der Drehzahl proportional sein und damit durch die maximal mögliche Laderdrehzahl und die durch die mechanische Festigkeit des Laufrades gegebene maximale Umfangsgeschwindigkeit begrenzt sein.

Die Kennlinien konstanter Laderdrehzahl erreichen in einem weiten Bereich das gleiche Druckverhältnis, verlaufen also, trotz unterschiedlicher Fördermenge, waagerecht. Erst mit weiter steigendem Durchsatz wird, infolge Fehlanströmung von Laufrad- und gegebenenfalls Diffusorbeschaufelung, das erreichbare Druckverhältnis abnehmen. Die Drehzahlkennlinien fallen immer steiler auf einen Maximaldurchsatzwert ohne Druckerhöhung hin ab. Dieser Maximalwert – auch Stopfgrenze genannt – wird durch das Erreichen der Schallgeschwindigkeit im Verdichtereintritt vorgegeben.

Wichtig bleibt dabei die Tatsache, dass beim Strömungsverdichter, im Gegensatz zum Verdrängerlader, eine **Druckerhöhung immer mit einer Drehzahlsteigerung verbunden** sein muss und das **maximale Druckverhältnis immer bei Maximaldrehzahl des Verdichters** erreicht wird.

Damit sind die wesentlichen Merkmale von Verdrängerladern und Strömungsverdichtern so charakterisiert, dass nunmehr das Zusammenwirken mit einer Hubkolben-Verbrennungskraftmaschine betrachtet werden kann.

2.6 Zusammenwirken von Lader und Verbrennungskraftmaschine

Um das Zusammenwirken des Laders mit dem Hubkolbenmotor beurteilen zu können, ist das dem Laderkennfeld vergleichbare Kennfeld des Motors, d. h. die Abhängigkeit seines Luftdurchsatzes von Motordrehzahl und Ladedruck, zu entwickeln.

2.6.1 Druck-Volumenstrom-Kennfeld des Kolbenmotors

Das Druck-Volumenstrom-Kennfeld des Motors wird ebenfalls so aufgebaut (Abb. 2.12), dass auf der Abszisse der Durchsatz-Volumenstrom oder gegebenenfalls der Massendurchsatz durch den Motor und auf der Ordinate das Druckverhältnis von Zylinder zu Außendruck vor Verdichtungsbeginn aufgetragen werden.

Dazu ist es zweckmäßig, das Motorkennfeld, also sein Druck-Volumenstrom-Diagramm, ebenfalls auf den **Zustand vor Lader** zu beziehen. Da in dieser Skalierung das Druck-Volumenstromkennfeld des Laders oder des Aufladesystems und das des aufzuladenden Motors identisch sind, kann darin das Zusammenwirken von Lader und Motor dargestellt und beurteilt werden.

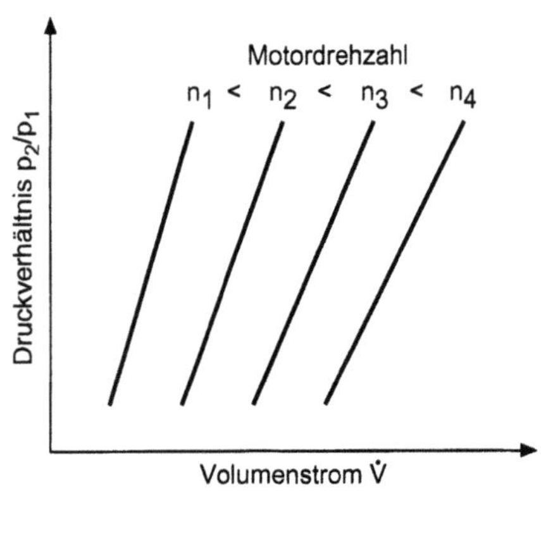

Abb. 2.12. Prinzip-Druck-Volumenstrom-Kennfeld eines Hubkolbenmotors bei gegebenen Motordrehzahlen

Zweitaktmotor

Der Zweitaktmotor hat ein verhältnismäßig einfaches Kennfeld, da über weite Zeitanteile seines Ladungswechsels um den unteren Totpunkt Ein- und Auslassorgane gleichzeitig offen sind. Damit findet ein Durchströmvorgang oder Spülvorgang statt, der relativ einfach beschrieben werden kann. Ein- und Auslassquerschnitte werden dabei durch eine so genannte gleichwertige Öffnung ersetzt, die wie folgt ermittelt werden kann:

$$A_{\mathrm{red}} = \frac{A_{\mathrm{E}} A_{\mathrm{A}}}{\sqrt{A_{\mathrm{E}}^2 + A_{\mathrm{A}}^2}}. \tag{2.16}$$

Dabei bedeuten A_{E} den Einlassquerschnitt und A_{A} den Auslassquerschnitt sowie A_{red} den gleichwertigen Ersatzquerschnitt. Weiter wird eine gemeinsame Durchflusszahl μ_{red} definiert, die so festgesetzt wird, dass sich der gleiche Strömungswiderstand wie bei den hintereinander geschalteten Ein- und Auslassquerschnitten ergibt. Wird der äquivalente Ersatzquerschnitt $\int A_{\mathrm{red}}\,\mathrm{d}\varphi$ über das Arbeitsspiel, beim Zweitaktmotor 360 °KW, aufintegriert, ergibt sich mit der Durchflussgleichung die Beschreibung des Volumenstrom-Kennfeldes:

$$\dot{V}_1 = \psi_{23} \frac{\rho_2}{\rho_1} \sqrt{2RT_2}\,\mu_{\mathrm{red}} \frac{\int A_{\mathrm{red}}\,\mathrm{d}\varphi}{360} \tag{2.17}$$

mit der Durchflussfunktion

$$\psi_{23} = \sqrt{\frac{\kappa}{\kappa - 1}\left[\left(\frac{p_3}{p_2}\right)^{2/\kappa} - \left(\frac{p_3}{p_2}\right)^{(\kappa+1)/\kappa}\right]}, \tag{2.18}$$

worin μ_{red} die Durchflusszahl für den reduzierten Querschnitt A_{red}, p_2 den Lade- oder Spüldruck sowie p_3 den Auspuffgegendruck am Motorflansch erfassen.

Wie aus Gln. (2.17) und (2.18) zu ersehen ist, hängt die durchgesetzte Luft- oder Gemischmasse bei gegebenen geometrischen Verhältnissen der Ladungswechselorgane und einem bestimmten Ladedruck nur vom Gegendruck am Auslassschlitz p_3 und vom Laderwirkungsgrad η_{TL} (dieser beeinflusst über T_2 die Ladungsdichte) ab.

Sieht man weiterhin vom Einfluss der gegebenenfalls drehzahlabhängigen Pulsation in den Ein- und Auslassleitungen auf den Druck vor und nach dem äquivalenten Querschnitt A_{red} ab, so ist es gleichgültig, ob die Schlitze in der Zeiteinheit selten langsam oder oft schnell geöffnet werden. Es ergibt sich damit ein näherungsweise drehzahlunabhängiger Luft- oder Gemischdurchsatz und damit bei gegebenem Gegendruck nur eine einzige Motorbetriebslinie. In Abb. 2.13 sind die Volumenströme durch einen Zweitaktmotor, abhängig vom Ladedruckverhältnis p_2/p_1 sowie vom Gegendruck p_3 als Parameter, schematisch dargestellt. Für einen bei einer bestimmten Leistung erforderlichen Luft- oder Gemischvolumenstrom $\dot{V}_1$ sind demnach, abhängig vom Druck p_{A} im Auslasskanal, unterschiedliche Ladedrücke bzw. Ladedruckverhältnisse erforderlich, um das notwendige Druckgefälle zwischen Ein- und Auslass sicherzustellen.

Die in Abb. 2.13 eingezeichnete dicke Linie entspricht schematisch der Betriebslinie eines Zweitaktmotors mit Abgasturboaufladung. Bei dieser Art der Aufladung steigt mit zunehmendem Ladedruck auch der Abgasgegendruck, weshalb diese Betriebslinie steiler verläuft als jene mit konstanten Gegendrücken, wie sie sich bei mechanischer Aufladung einstellen.

Viertaktmotor

Der Viertaktmotor ist während der Ladungswechselphase ein Verdrängerlader. Sein Volumenstrom errechnet sich ebenfalls aus Drehzahl, Hubvolumen, Liefergrad und Dichteverhältnis. Er zeigt

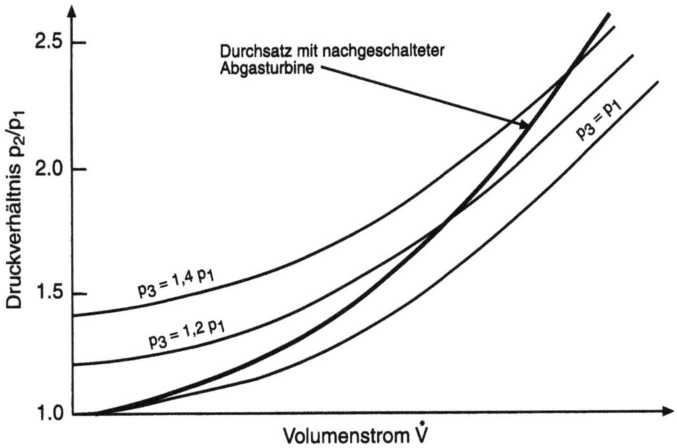

Abb. 2.13. Volumenströme durch Zweitaktmotor, abhängig vom Ladedruckverhältnis p_2/p_1 und vom Gegendruck p_3

jedoch, was sein Schluckverhalten betrifft, ein gegensätzliches Verhalten zu einem Verdichter: der Volumenstrom wird mit steigendem Aufladedruck größer, da mit dem Vorverdichtungsdruck p_2 angesaugt wird. Die Schlucklinien konstanter Motordrehzahl sind deshalb in diesem Kennfeld nach rechts geneigt. Beim Viertaktmotor errechnet sich der Volumenstrom aus der angesaugten sowie der während der Ventilüberschneidung durchgespülten Luft bzw. Ladung.

Näherungsweise gilt:

$$\dot{V}_1 = V_h \frac{n_M}{2} \frac{\rho_2}{\rho_1} \lambda_1 + \psi_{23} \frac{\rho_2}{\rho_1} \sqrt{2RT_2} \mu_{red} \frac{\int A_{red}\, d\varphi}{720}. \tag{2.19}$$

Darin ist in Ergänzung zum Zweitaktansatz λ_1 der Liefergrad.

Bei aufgeladenen Viertaktmotoren mit größerer Ventilüberschneidung kann der Liefergrad mit guter Näherung durch folgende empirisch gefundene Beziehung errechnet werden:

$$\lambda_1 \sim \frac{\varepsilon}{\varepsilon - 1} \frac{T_2}{313 + \frac{5}{6} t_2}. \tag{2.20}$$

Darin ist ε das Verdichtungsverhältnis, T_2 die Temperatur vor dem Einlassventil in Kelvin und t_2 in Grad Celsius. Der Ausdruck berücksichtigt die bei Überschneidung fehlende Rückexpansion der Restgase und bewertet die Erwärmung der Ladeluft während des Einströmvorganges. Der erste Term der Gl. (2.19) ist proportional zur Motordrehzahl, der zweite ist vom Druckverhältnis und von der Ventilüberschneidung, die über A_{red} eingeht, abhängig. Typische Viertaktmotorkennlinien

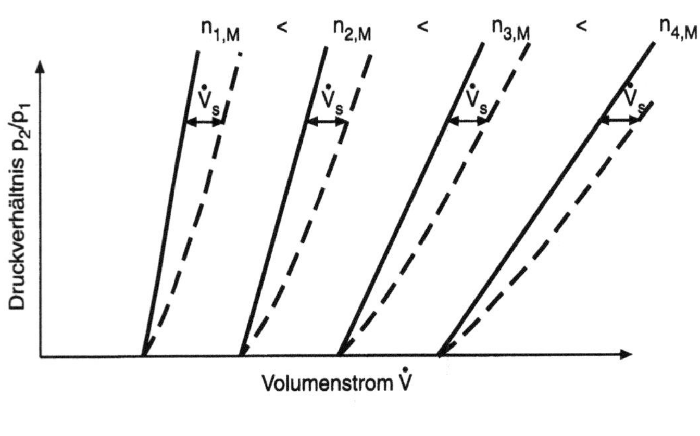

Abb. 2.14. Betriebs-(Schluck-)Linien eines Viertaktmotors mit der Motordrehzahl als Parameter für Motoren mit (strichliert) und ohne Ventilüberschneidung (durchgezogen)

(Schlucklinien) sind in Abb. 2.14 mit der Motordrehzahl als Parameter für Motoren mit und ohne relevante Ventilüberschneidung eingetragen. Der horizontale Abstand beider Linien bei einer bestimmten Drehzahl entspricht dem Spülanteil $\dot{V}_s$ des gesamten Volumenstroms.

2.6.2 Zusammenwirken von Zwei- und Viertaktmotoren mit verschiedenen Ladern

Nachdem nun die Kennfelder von Ladern und Motoren in kompatibler Form erarbeitet sind, fällt es leicht, das Zusammenwirken verschiedener Ladersysteme mit Zwei- und Viertaktmotoren darzustellen und daraus die charakteristischen Eigenschaften der jeweiligen Kombination zu erkennen und zu bewerten.

Viertaktmotor mit mechanisch angetriebenem Verdrängerlader

Wie aus Abb. 2.15 zu erkennen ist, ergeben sich bei konstanter Übersetzung des Laders zum Motor Schnittpunkte zwischen Lader- und Motor-Drehzahl-Kennlinien bei klar definierten Druckverhältnissen. Diese steigen einerseits mit steigender Motordrehzahl leicht an und hängen andererseits von den Steuerzeiten des Motors (kleine oder große Ventilüberschneidung mit geänderter Durchspülmenge durch den Arbeitszylinder) ab. Insgesamt ergibt die geschilderte Kombination aber einen akzeptablen Ladedruckverlauf im gesamtem Last- und Drehzahlbereich des Motors und erfüllt auch, mit in etwa konstantem Drehmomentenverlauf über der Motordrehzahl, die Anforderungen an einen Fahrzeugeinsatz.

Zu möglichen Regeleingriffen – um den gesamten Lastbereich des Motors abzudecken, muss der Ladedruck stufenlos zwischen Umgebungsdruck und maximal möglichem Druck regelbar sein – soll hier nur angemerkt werden, dass Verdrängerlader infolge der dem Motor sehr ähnlichen Charakteristik ihrer Kennlinien gute Regelvoraussetzungen bieten, da nur relativ kleine Differenzmengen zwischen Laderfördermenge und Motorluftbedarf in der Teillast abgeblasen bzw. abgeregelt werden müssen. Die entsprechenden Regeleingriffe und Eingriffsmöglichkeiten werden bei der Beschreibung der heute eingesetzten Laderbauarten in Abschn. 4.3 vertieft behandelt.

Viertaktmotor mit mechanisch angetriebenem Strömungslader

Auch hier gibt das kombinierte Druck-Volumenstrom-Kennfeld (Abb. 2.16) Auskunft über die zu erwartenden Motoreigenschaften. Man erkennt, dass bei konstant angenommenem Lader-Antriebsübersetzungsverhältnis nur sehr eingeschränkte Lastanforderungen über das Betriebskennfeld des

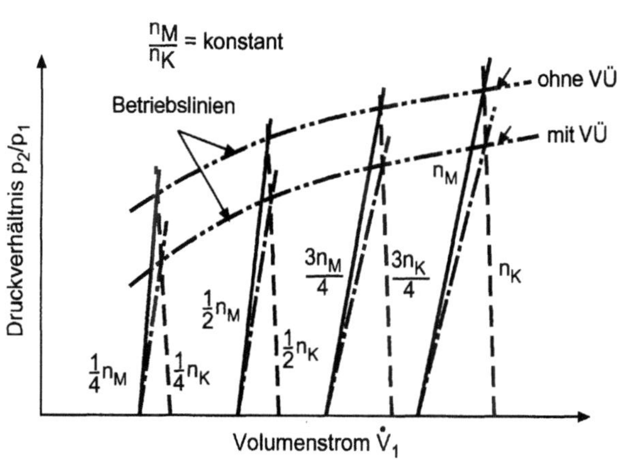

Abb. 2.15. Kombiniertes Druck-Volumenstrom-Kennfeld eines Viertaktmotors mit mechanisch angetriebenem Verdrängerlader. VÜ, Ventilüberschneidung

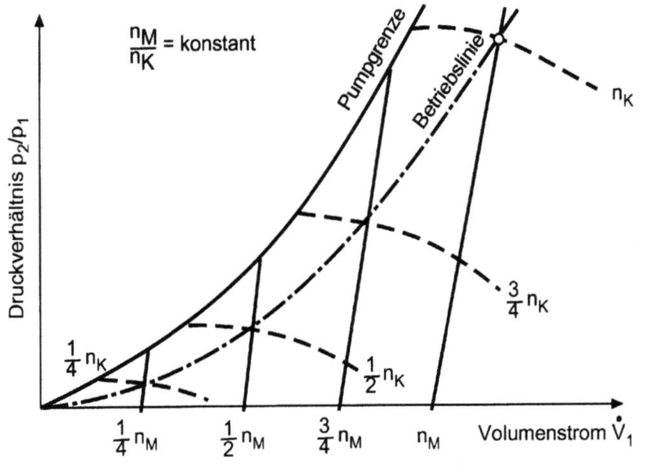

Abb. 2.16. Kombiniertes Druck-Volumenstrom-Kennfeld eines Viertaktmotors mit mechanisch angetriebenem Strömungslader mit konstanter Übersetzung

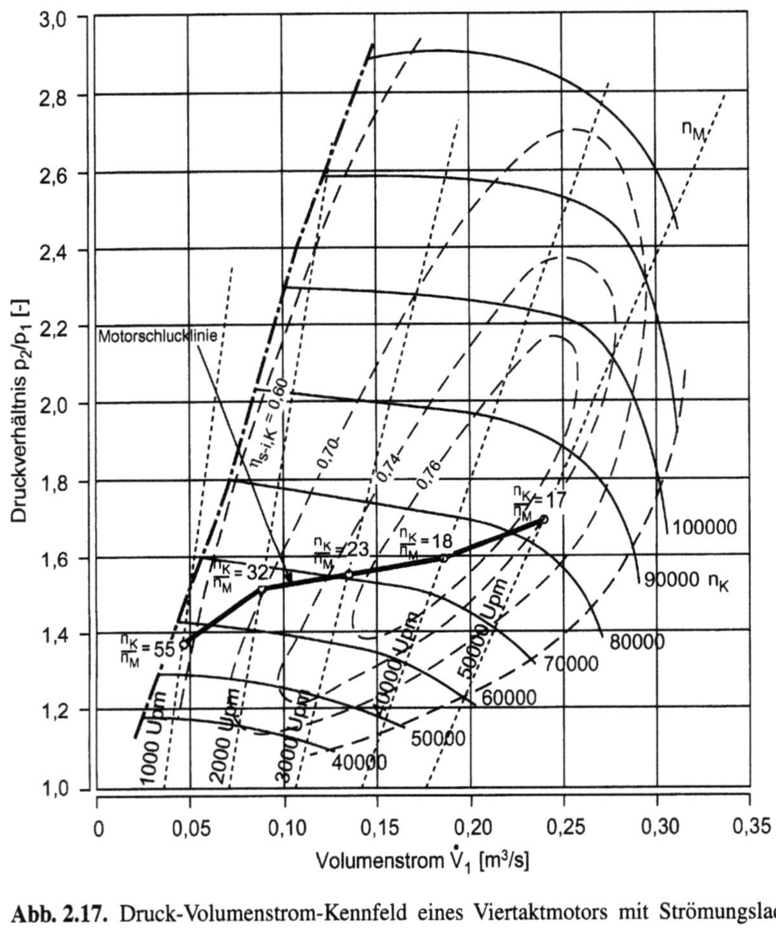

Abb. 2.17. Druck-Volumenstrom-Kennfeld eines Viertaktmotors mit Strömungslader und variabler Übersetzung des Laderantriebs mittels ZF-Variomat

Motors erfüllt werden können. Es ergibt sich mit steigender Motordrehzahl ein in etwa parabolisch ansteigender Ladedruck, was allenfalls einen Einsatz des Motors in Kombination mit einer Strömungsmaschine (z. B. einem Schiffs- oder Flugzeugpropeller) oder stationär einen Betrieb nahe der Nenndrehzahl sinnvoll machen würde.

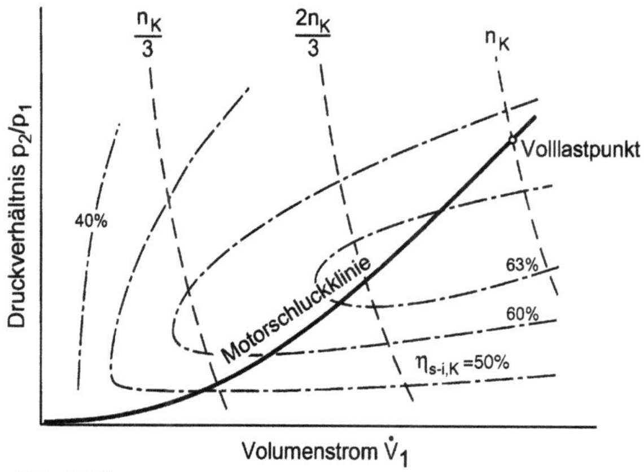

Abb. 2.18

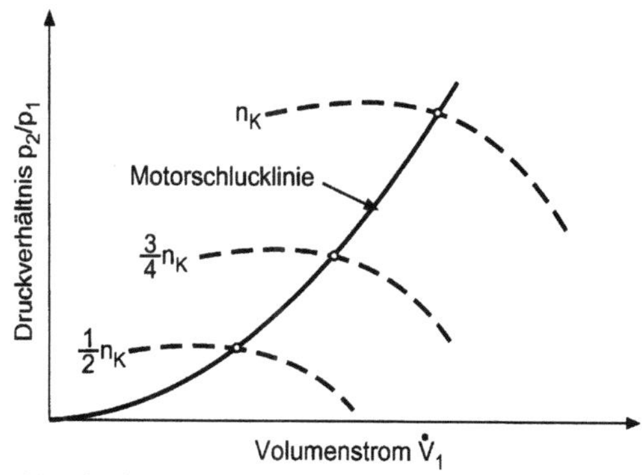

Abb. 2.19

Abb. 2.18. Druck-Volumenstrom-Kennfeld eines Zweitaktmotors mit mechanisch angetriebenem Verdrängerlader

Abb. 2.19. Druck-Volumenstrom-Kennfeld eines Zweitaktmotors mit mechanisch angetriebenem Strömungslader

Einsätze mit höheren Anforderungen an das Motorbetriebskennfeld, z. B. ein Fahrzeugeinsatz, sind nur mit einer variablen Übersetzung des Laderantriebs realisierbar, wie in Abb. 2.17 mit einem stufenlosen ZF-Variomat-Getriebe dargestellt.

Regeleingriffe bei Strömungsladern können einmal hinsichtlich ihres instabilen Kennfeldbereiches notwendig werden, in jedem Falle aber hinsichtlich ihrer Ladedruckanpassung bei Teillastbetrieb. Sie gestalten sich aber weit schwieriger als bei Verdrängerladern, da Ladedruckänderungen effizient nur mittels Änderung der Laderdrehzahl oder einer Veränderung der Laderübersetzung realisiert werden können. Auch hier sei bezüglich der möglichen Regeleingriffe und -mechanismen auf die Beschreibung heute bekannter Laderbauarten in Abschn. 4.3 verwiesen.

Zweitaktmotor mit mechanisch angetriebenem Verdrängerlader

Die Kombination eines Zweitaktmotors mit einem mechanisch angetriebenen Verdrängerlader (Abb. 2.18) wurde unter Nutzung der Kolbenunterseite von großen Kreuzkopfmotoren als Spül- oder Nachladepumpe früher häufig angewandt. Sie wird heute nur noch vereinzelt realisiert, da sie vom Bauaufwand her deutlich höher liegt als andere Aufladekonzepte.

Zweitaktmotor mit mechanisch angetriebenem Strömungslader

Wie Abb. 2.19 zeigt, kann die Kombination eines Zweitaktmotors mit einem mechanisch angetriebenen Strömungslader z. B. für einen Einsatz im Propellerbetrieb oder im Stationärbetrieb durchaus Sinn machen. Drehmomentgenerierungsmöglichkeit und mögliche Drehmomentabnahme durch die Schiffsschraube als Strömungsmaschine stimmen prinzipbedingt überein. Bedacht werden muss allerdings, dass bei Beschleunigungsvorgängen ein zusätzlicher Drehmoment-Bedarf entsteht, der mit der möglichen Betriebslinie dieser Motor-Lader-Kombination nur schwer abgedeckt werden kann.

3 Thermodynamik der Aufladung

3.1 Berechnung der Lader- und Turbinenleistung

Für die folgenden Ausführungen werden Grundkenntnisse über thermodynamische Abläufe im Verbrennungsmotor vorausgesetzt und es wird nur auf die für die Aufladung selbst wesentlichen Zusammenhänge eingegangen.

Allgemein führt eine Zustandsänderung bei der (Vor)verdichtung von Verbrennungsluft, d. h. bei einer polytropen Verdichtung, zu einer Temperaturerhöhung der Ladung durch:

- die isentrope Temperaturerhöhung bei der Verdichtung und
- die Verluste entsprechend dem Verdichterwirkungsgrad, die schließlich zu einer polytropen Zustandsänderung des realen Verdichtungsvorganges führen.

Diese Temperaturerhöhung wird bei technischen Verdichtern zur Ermittlung ihres Wirkungsgrades benutzt.

$$T_{2s} = T_1 \left(\frac{p_2}{p_1}\right)^{(\kappa-1)/\kappa}, \tag{3.1}$$

$$\Delta T = \frac{T_{2s} - T_1}{\eta_{s\text{-}i,K}} \tag{3.2}$$

oder

$$\eta_{s\text{-}i,K} = \frac{h_{2s} - h_1}{h_{2e} - h_1}, \tag{3.3}$$

und unter vereinfachender Annahme eines idealen Gases mit konstanten spezifischen Wärmen gilt:

$$\eta_{s\text{-}i,K} = \frac{T_{2s} - T_1}{T_{2e} - T_1}. \tag{3.4}$$

Die isentrope spezifische Verdichtungsarbeit – auch isentrope Förderhöhe – ergibt sich dann nach den thermodynamischen Grundgesetzen als

$$w_{s\text{-}i,K} = \frac{\kappa}{\kappa - 1} R T_1 \left[\left(\frac{p_2}{p_1}\right)^{(\kappa-1)/\kappa} - 1\right]. \tag{3.5}$$

Damit kann nun die reale Verdichterleistung ermittelt werden als

$$P_K = \frac{\dot{m}_K w_{s\text{-}i,K}}{\eta_{s\text{-}i,K}\eta_{m,K}}, \tag{3.6}$$

wobei $\eta_{m,K}$ der mechanische Wirkungsgrad des Verdichters ist (Lager, Getriebe, Dichtungen).

Für das **Druckverhältnis** p_2/p_1, also das Verhältnis von **Anfangs- zu Enddruck** der Vorverdichtung, wird sehr häufig das Zeichen Π verwendet:

$$\Pi = p_2/p_1. \tag{3.7}$$

3.2 Energiebilanz des Arbeitsprozesses aufgeladener Motoren

3.2.1 Motor-Hochdruckprozess

Hier wird der eigentliche Arbeitsprozess, der so genannte Hochdruckprozess des Motors betrachtet, in dem die mechanische Zylinderarbeit erzeugt wird. Als thermodynamisch relevanter Vergleichsprozess dient der so genannte Gleichraumprozess, bei dem eine schlagartige Wärmezufuhr im oberen Totpunkt der Kolbenbewegung angenommen wird. Dieser Prozess ergibt den höchsten erreichbaren Wirkungsgrad eines Verbrennungsmotors bei gegebenem Verdichtungsverhältnis.

$$\eta_{\text{th}\omega} = 1 - 1/\varepsilon^{\kappa-1} \tag{3.8}$$

oder

$$\eta_{\text{th}\omega} = 1 - \left(\frac{p_1}{p_2}\right)^{(\kappa-1)/\kappa} . \tag{3.9}$$

Man erkennt, dass in diesem Falle der thermische Prozesswirkungsgrad nur vom Verdichtungsverhältnis und nicht von der zugeführten Wärmemenge und damit der Motorbelastung abhängt. Neben dem geschilderten Vergleichsprozess wird heute zur Simulation des realen Motors die so genannte thermodynamische Kreisprozessrechnung standardmäßig eingesetzt (siehe Abschn. 3.6).

3.2.2 Gaswechselschleifen-Niederdruckprozesse

Diese Prozesse oder Prozessteile beschreiben den Ladungswechsel sowie die Abgasenergienutzung zur Ladungsvorverdichtung und damit die aufladetechnisch relevanten Probleme. Betrachtet man anhand des Prinzipschaltbildes das *pV*- und das *TS*-Diagramm (Abb. 3.1) eines mechanisch aufgeladenen vollkommenen Motors, so erkennt man drei wesentliche Dinge.

Kreisprozessbedingt ist der Druck im Zylinder eines aufgeladenen Viertaktmotors am Ende des Expansions-(Arbeits-)Hubes (4) höher als der Umgebungsdruck p_1 (5-6). Dieser höhere Druck kann aber wegen des geometrisch bedingten Endes der Expansion im Zylinder selbst dort nicht mehr in Arbeit umgesetzt werden. Man muss ihn also außerhalb des Arbeitszylinders zu nutzen versuchen.

Der Gaswechsel selbst trägt, da der Ladedruck höher als der Umgebungsdruck ist, positiv zur

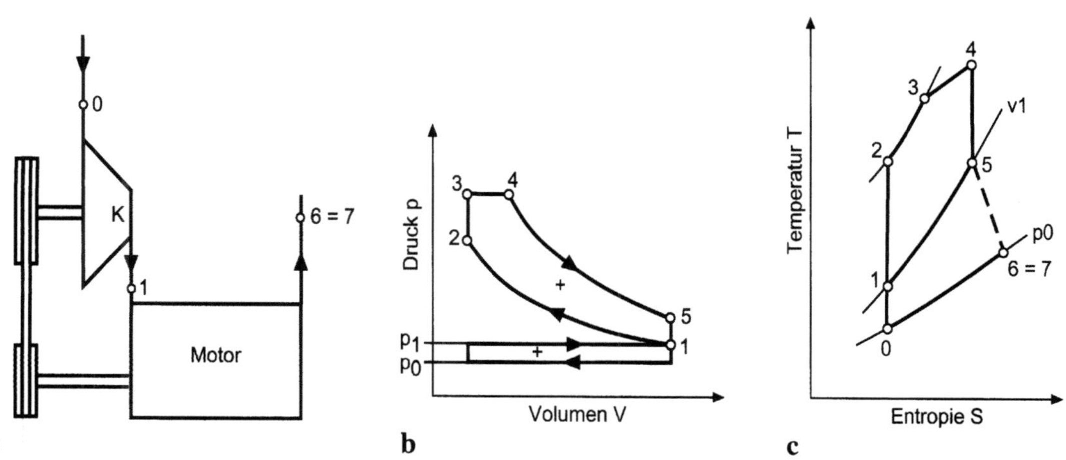

Abb. 3.1. Prinzipschaltbild (**a**), *pV*- (**b**) und *TS*-Diagramm (**c**) eines mechanisch aufgeladenen vollkommenen Motors

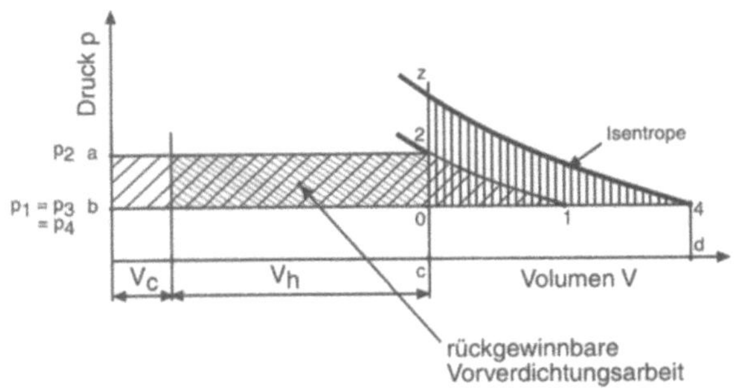

Abb. 3.2

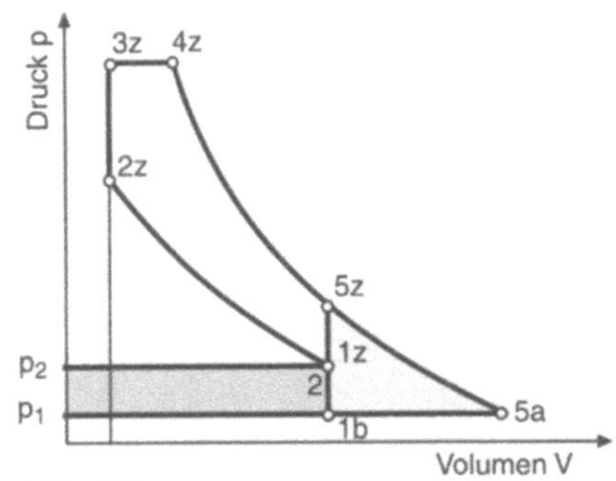

Abb. 3.3

Abb. 3.2. Rückgewinn eines Teils der Vorverdichtungarbeit als Kurbelwellenarbeit

Abb. 3.3. pV-Diagramm eines aufgeladenen Motors mit Darstellung der nutzbaren Abgasenergie (Fläche 5z-5a-lb)

Arbeit des Motors bei. Ohne Wirkungsgradkette würde diese Arbeit in etwa der Verdichtungsarbeit entsprechen (Ladungswechselschleife 1-5-6-7).

Dafür muss allerdings die Verdichterarbeit vom Motor selbst aufgebracht werden. Die aufzuwendende spezifische Verdichtungsarbeit errechnet sich im isentropen Idealfall entsprechend Gl. (3.5), während – ebenfalls idealisiert – die gewonnene Ladungswechselarbeit w_{Lad} mit

$$w_{\mathrm{Lad}} = (p_2 - p_1)V_{\mathrm{h}} \tag{3.10}$$

ermittelt werden kann. Damit wird bei mechanischer Aufladung nicht die gesamte Laderarbeit zur Verlustarbeit Δw, sondern nur die Differenz

$$w_{\text{s-i,K}} - w_{\mathrm{Lad}} = \Delta w. \tag{3.11}$$

Dieser Vorgang kann als positive Arbeitsleistung des Arbeitskolbens während des Ansaughubes verstanden werden, bei dem der gegenüber dem Umgebungsdruck erhöhte Ladedruck p_2 auf den Kolben wirkt. Dadurch kann ein Teil der Vorverdichtungsarbeit wieder als Kurbelwellenarbeit zurückgewonnen werden, wie Abb. 3.2 schematisch zeigt.

3.2.3 Abgasenergienutzung

Infolge des geometrisch vorgegebenen Kolbenweges einer Hubkolbenverbrennungskraftmaschine einerseits und des thermodynamischen Ablaufs des Verbrennungsprozesses andererseits, ist, wie in Abschn. 3.2.1 abgeleitet und in Abb. 3.3 gezeigt, der Druck am Ende des Expansionstaktes (5z) wesentlich höher als der Druck am Kompressionsbeginn des Hochdruckprozesses (1z).

Die am Expansionsende des Hochdruckarbeitsspieles zur Verfügung stehende Energie im Abgas (5z, 5a, 1b) kann demzufolge im eigentlichen Arbeitszylinder des Verbrennungsmotors nicht genutzt werden, wohl aber in einem sinnvollen Nachschaltprozess.

Der heute bevorzugt angewandte Nachschaltprozess ist die Nutzung der Abgasrestenergie mittels der so genannten Abgasturboaufladung zur Vorverdichtung der Zylinderladung. Bei dieser nutzt eine Strömungsturbine die Abgasexpansionsenergie und treibt einen auf gleicher Welle angeordneten Strömungsverdichter für eine Vorverdichtung der Verbrennungsluft vor Eintritt in den Arbeitszylinder an.

Es gibt mehrere Möglichkeiten dieser Abgasrestenergienutzung. Wichtig dabei ist der Energietransport vom Arbeitszylinder zur Turbine, d. h. die Gestaltung der Auspuffleitung. Durch gezielte

Auslegung dieses Auspuffsystems, definiert als Verbindung oder Energietransportweg zwischen Arbeitszylinder und Abgasturbine oder Expander, soll dabei die Ausnutzung der Abgasenergie soweit als möglich verbessert werden.

Die komplexen Strömungsverhältnisse, die örtlich und zeitlich um das Auslassventil und auch im Bereich einer Auslassschlitzsteuerung eines Zweitaktmotors auftreten, erfordern für eine entsprechende Optimierung umfangreiche versuchs- und/oder simulationstechnische Untersuchungen. Erst die Verfügbarkeit ausreichend exakt formulierbarer 3-D-Rechenmodelle gibt heute die Möglichkeit, diesen Problemkreis mit hinreichender Genauigkeit mittels numerischer Methoden zu untersuchen.

Ziel ist die optimale Gestaltung der Ventilanordnung in Kombination mit einer nach gasdynamischen Gesichtspunkten ausgelegten Auslasskanalkonstruktion, um einen möglichst großen Druckrückgewinn bei gleichzeitiger Vergleichmäßigung des Druckverlaufes vor der Turbine zu erreichen.

Die gesamte Abgasenergienutzung mittels Abgasturboaufladung ist ein zentraler und so umfangreicher Punkt der gesamten Aufladethematik, dass die Simulationsthemen und -umfänge in Abschn. 3.6 und die der thermodynamischen sowie strömungstechnischen Auslegung in Kap. 5 ausführlich behandelt werden.

3.3 Aufladung als Mittel zur Wirkungsgradsteigerung

3.3.1 Kennzahlen zur Beschreibung der Ladungswechsel- und Motorwirkungsgrade

Motorwirkungsgradkette

Um sich jene Zusammenhänge klarzumachen, die schlussendlich zum realen, so genannten effektiven Wirkungsgrad eines Verbrennungsmotors führen, werden nachfolgend die Wirkungsgraddefinitionen von Verbrennungskraftmaschinen beschrieben.

Der Nutz- oder effektive Wirkungsgrad η_e,

$$\eta_\mathrm{e} = W_\mathrm{e}/Q_\mathrm{B}, \tag{3.12}$$

erfasst die Summe aller Verluste einer Verbrennungskraftmaschine und kann deshalb als das Verhältnis der nach außen abgegebenen effektiven Arbeit zum mechanischen Arbeitsäquivalent des zugeführten Kraftstoffs definiert werden. Um die Verluste einzeln bewerten und gegebenenfalls minimieren zu können, bricht man diesen Gesamtwirkungsgrad meist zu folgenden Teilwirkungsgraden weiter herunter.

Der Brennstoffumsetzungsgrad η_B,

$$\eta_\mathrm{B} = \frac{Q_\mathrm{B} - Q_\mathrm{B,u}}{Q_\mathrm{B}}, \tag{3.13}$$

wird als das Verhältnis von zugeführter Q_B zu verbrannter Brennstoffenergie definiert. Er ist vor allem bei fett betriebenen Ottomotoren sinnvoll. Die ungenutzte Brennstoffenergie wird mit $Q_\mathrm{B,u}$ bezeichnet.

Der indizierte Wirkungsgrad η_i,

$$\eta_\mathrm{i} = W_\mathrm{i}/Q_\mathrm{B}, \tag{3.14}$$

ist das Verhältnis der indizierten, d. h. aus dem Zylinderdruckverlauf gewonnenen Arbeit zum Wärmeäquivalent des zugeführten Kraftstoffs.

Der Prozesswirkungsgrad η_{th},

$$\eta_{th} = \frac{Q_{zu} - Q_{ab}}{Q_{zu}}, \tag{3.15}$$

gibt wieder, wie gut die zugeführte Wärme in einem theoretischen Vergleichsprozess, z. B. einem Gleichraum- oder einem gemischten Gleichraum-Gleichdruckprozess (Seiliger-Prozess), überhaupt umsetzbar wäre. Dabei ist mit Q_{zu} die zugeführte Wärmemenge und mit Q_{ab} die abgeführte Wärmemenge bezeichnet. Der theoretische Wirkungsgrad gibt also den Anteil wieder, der aus einer bestimmten Wärmemenge überhaupt gewinnbar wäre. $Q_B\eta_{th} = W_{th}$.

Der Gütegrad η_g,

$$\eta_g = W_i / W_{th}, \tag{3.16}$$

enthält alle inneren Verluste sowohl des Hochdruck- als auch des Niederdruck- oder Gaswechselprozesses, wie z. B. den Einfluss der realen anstelle der idealen Gaseigenschaften, die Restgas-, Wandwärme- und Arbeitsgasverluste sowie die Ladungswechselverluste. Wegen Letzterer wird er heute meist weiter unterteilt in einen Gütegrad für den Hochdruckteil des Prozesses und den für den Gaswechsel, also den Niederdruckteil mit $\eta_{g,HD}$ als Hochdruckterm und $\eta_{g,Lad}$ als Ladungswechselterm. Als Vergleichsmaßstab dient wieder die im theoretischen Vergleichsprozess gewinnbare Arbeit W_{th}. Der Gütegrad zeigt jene Güte auf, mit der der theoretische Vergleichsprozess angenähert werden kann.

Der mechanische Wirkungsgrad η_m,

$$\eta_m = \frac{p_e}{p_i} = \frac{p_e}{p_e + p_r}, \tag{3.17}$$

ist definiert als das Verhältnis von effektiver zu indizierter Leistung oder Arbeit und ist damit auch definiert als Verhältnis von Nutz- zu indiziertem Mitteldruck. Damit ergibt sich schließlich folgende **Wirkungsgradkette**:

$$\eta_e = \eta_B \eta_{th} \eta_g \eta_m. \tag{3.18}$$

Ladungswechselkennzahlen

Der Ladungs- oder Gaswechsel bestimmt in besonderem Maße das Betriebsverhalten des Motors. Um die Qualität und Charakteristik dieses Vorganges, der im Wesentlichen beim Viertaktmotor während des Ausschiebe- und Ansaughubes und beim Zweitakter nahe dem Kolben-UT und geöffneten Steuerorganen stattfindet, zu beschreiben, werden Kennzahlen definiert, die eine Vergleichbarkeit des Gaswechselvorganges für verschiedene Motoren ermöglichen. Diese Kennzahlen, welche die volumetrische Befüllung des Arbeitsraumes mit Frischgas charakterisieren, können nur teilweise direkt oder indirekt, oft mit extremen Aufwand, gemessen, teilweise aber auch nur rechnerisch bestimmt werden.

Der **Luftaufwand** λ_a stellt dabei eine sehr wichtige Größe dar, zumal dabei der gesamte reale Volumendurchsatz des Motors mit dem theoretischen, der sich aus Hubvolumen und Arbeitsspielzahl je Zeiteinheit ergibt, verglichen wird.

$$\lambda_a = \frac{\dot{V}}{V_H n_{AS}} = \frac{m_E}{m_{th}}, \tag{3.19}$$

wobei $n_{AS} = n$ für Zweitakt- und $n_{AS} = n/2$ für Viertaktmotoren zu beachten ist.

Dieser Volumenstrom $\dot{V}$ kann nun direkt am Eintritt in die Motorluftversorgung z. B. mittels kalibrierter Gasuhren (in der Regel in Verbindung mit großen Ausgleichsbehältern) gemessen werden (siehe Kap. 10). Da der Gaszustand an diesem Motoreintritt dem Umgebungszustand praktisch gleich ist, aber andererseits im Luftsammelbehälter, aus dem der Motor die frische Ladung ansaugt, speziell bei aufgeladenen Motoren deutlich andere Drücke und Temperaturen herrschen, wird zwischen einem umgebungs- und einem saugrohrbezogenen Luftaufwand unterschieden. Im ersten Fall wird der Volumenstrom bei Umgebungsbedingungen (U), wie z. B. direkt gemessen, im zweiten Fall bei mittlerem Druck und Temperatur im Sammelbehälter als Berechnungsgröße verwendet. Die Umrechung vom umgebungsbezogenen auf den saugrohrbezogenen Wert kann in folgender Weise erfolgen:

$$\dot{V}_{\mathrm{KE}} = \dot{V}_{\mathrm{U}} \frac{\rho_{\mathrm{U}}}{\rho_{\mathrm{KE}}}. \tag{3.20}$$

Es gilt dabei die Messstelle im Saugrohr oder Sammelbehälter (KE) sorgsam zu wählen, um repräsentative Zustände zu messen (keine lokalen Aufheizungen, keine Gebiete mit Strömungsablösungen u. a.). Mit dem so bestimmten saugrohrbezogenen Luftaufwand ist es möglich, Messwerte verschiedener Motoren, aber auch berechnete Größen mit Prüfstandsdaten zu vergleichen. Selbst der Vergleich von aufgeladenen Motoren – mit und ohne Ladeluftkühlung – mit freisaugenden Motoren ist im Hinblick auf ihre Gaswechselqualität möglich.

Es muss allerdings beachtet werden, dass das unterschiedliche Temperaturniveau des Frischgases speziell von Motoren mit und ohne Ladeluftkühlung zu unterschiedlichen Wärmeströmen im Saugrohr und Einlasskanal führen kann. So wird bei einem hochaufgeladenen Motor ohne Ladeluftkühlung die Gastemperatur u. U. deutlich über den Rohrwandtemperaturen liegen, so dass die Ladung zwischen Luftsammler und Einlassventil gekühlt und damit der Volumenstrom am Ventil stark beeinflusst wird. Bei Motoren mit Ladeluftkühlung wird die Frischgastemperatur möglicherweise nahe der Wassertemperatur und damit der Einlasskanaltemperatur liegen, wohingegen bei Saugmotoren die Ladung im Saugrohr und Einlasskanal speziell bei niederen Drehzahlen stark aufgeheizt werden kann.

Letztlich ist bei Ottomotoren noch die Art der Gemischbildung – Vergaser, Single- oder Multipoint-Einspritzung und Zylinderdirekteinspritzung – sowie die Lage der Gemischbildungsbauteile zu beachten. Da beim realen Motor während des Ladungswechsels Frischgasverluste auftreten können (beim Viertaktmotor und speziell bei Zweitaktmotor sind Einlass- und Auslasssteuerorgane teilweise gleichzeitig geöffnet), kann der Luftaufwand allein die Qualität des Gaswechsels nicht ausreichend beschreiben. Dazu kann der **Liefergrad** λ_1 herangezogen werden, der die im Zylinder gefangene – wiederum umgebungs- oder saugrohrbezogene – Frischgasmasse mit der des Zylinderhubvolumens vergleicht,

$$\lambda_1 = m_{\mathrm{Fr}}/m_{\mathrm{th}}. \tag{3.21}$$

Diese Größe gibt somit Auskunft über die nach dem Gaswechselvorgang verbliebene Frischgasmasse und ist damit u. a. leistungsbestimmend. Speziell bei Ottomotoren mit äußerer Gemischbildung wird diese Größe noch zusätzlich vom zugemischten Benzindampf oder Brenngas beeinflusst, so dass ein so genannter **Gemischliefergrad** vom **Luftliefergrad** zu unterscheiden ist. Die Beziehung der beiden Größen ist durch den Massenanteil des Kraftstoffes und die entsprechende Dichte dieses Mediums bei Saugrohrzustand gegeben. Näherungsweise kann unter Annahme gleicher Dichte für Brenngas oder -dampf und Frischluft der Gemischluftaufwand durch Korrektur des Luftaufwandes mit dem Kraftstoffmassenanteil entsprechend dem eingestellten Kraftstoff-

Luftverhältnis berechnet werden:

$$\lambda_{1,G} = \frac{m_{L,Z} + m_{B,Z}}{m_{th}}. \tag{3.22}$$

Alle diese Liefergradgrößen können allerdings nur mit extremem experimentellem Aufwand direkt oder indirekt (z. B. Konzentrationsmessungen mit Tracergasen) bestimmt werden. Andererseits können Kreisprozess- und CFD-Simulationen sehr detaillierte Informationen über diese Größen liefern. Damit ist es auch möglich, den Gaswechsel im Hinblick auf diese sehr relevanten Kennzahlen hin zu optimieren. Weitere Größen, die ebenfalls für den Ladungswechsel sowie das Betriebsverhalten des Motors sehr relevant sind, sind:

Spülgrad

$$\lambda_S = \frac{m_{Fr}}{m_{Fr} + m_{RG}}, \tag{3.23}$$

Restgasgehalt

$$\varphi_{RG} = \frac{m_{RG}}{m_{Fr} + m_{RG}}, \tag{3.24}$$

Fanggrad des Motors

$$\lambda_Z = \frac{m_{Fr}}{m_{Fr} + m_s}. \tag{3.25}$$

Der Spülgrad (nicht zu verwechseln mit dem spülenden Luftaufwand zur Beschreibung der Spülkurve von Zweitaktmotoren [124]) gibt dabei das Verhältnis der Frischgasmasse zur gesamten Zylinderladungsmasse an, der Restgasgehalt das Verhältnis des im Zylinder verbliebenen Restgases zur gesamten Zylinderladungsmasse und der Fanggrad jenen Anteil der gesamten angesaugten Frischgasladungsmasse, der nach dem Ladungswechsel im Zylinder verblieben ist. Somit stellt die letzte Kennzahl eine sehr charakteristische Größe für den Zweitaktspülvorgang dar. Gute Fanggrade sind dabei zur bestmöglichen Ausnutzung des von Spülpumpe oder -gebläse gelieferten Frischgases anzustreben.

Zum Restgasgehalt soll angemerkt werden, dass dieser sehr entscheidend von der Bauform und Zündfolge des Motors abhängt. Sowohl beim Zwei- als auch beim Viertaktmotor wird der Restgasgehalt durch die Vorauslassdruckpulse der in der Zündfolge nachfolgenden Zylinder stark beeinflusst, wobei z. B. durch eine optimierte Auspuffgestaltung (Zusammenfassung von Zylindern mit ausreichendem Zündabstand, Pulskonverter, Resonanzauspuff) der Restgasgehalt deutlich reduziert werden kann. Speziell bei Ottomotoren kann dadurch infolge eines verbesserten Klopfverhaltens der erzielbare Motormitteldruck angehoben werden. Andererseits werden in modernen Otto- und Dieselmotoren gezielt erhöhte Restgasanteile an der Zylinderladungsmasse angestrebt, um sowohl Entdrosselungseffekte in der Teillast (Ottomotoren) als auch Beeinflussungen der Brenntemperaturen und Brennstoffumsetzungsraten im Hinblick auf die NO_x-Bildung im Motor zu erreichen. Auch dafür kann der Restgasgehalt als geeignete Kennzahl herangezogen werden.

Letztlich soll noch auf den zwischen Liefergrad, Luftaufwand und Fanggrad λ_Z bestehenden Zusammenhang hingewiesen werden:

$$\lambda_Z = \lambda_l / \lambda_a. \tag{3.26}$$

3.3.2 Beeinflussung des Motorgesamtwirkungsgrades durch Aufladung

Aufbauend auf diese Wirkungsgradzusammenhänge können wir nun die Frage klären, warum ein aufgeladener Motor bei einer geforderten Leistung einen besseren effektiven Wirkungsgrad aufweist als ein Saugmotor. Entscheidend ist dabei, dass aus vielerlei mechanischen Gründen (z. B. der Hydrodynamik von Lager- und Kolbenschmierung) der Reibmitteldruck zwar über der Drehzahl, aber nur in geringem Maß über der Last zunimmt. Damit ist schon anhand der Gleichung für den mechanischen Wirkungsgrad (3.17) dessen Abhängigkeit von der Motorauslastung klar erkennbar. Dies soll am folgenden einfachen Beispiel demonstriert werden.

Es werden zwei Motoren gleicher Leistung bei einer gegebenen Drehzahl angenommen, einer davon sei ein Saugmotor, der die geforderte Leistung bei einem Mitteldruck von $p_e = 10$ bar erreicht. Der andere ein entsprechend kleinerer aufgeladener Motor, der dieselbe Leistung bei einem Mitteldruckwert von 20 bar realisieren kann. Der Reibmitteldruck sei für den Saugmotor $p_r = 2$ bar. Der Auflademotor habe wegen der größeren Dimensionierung der Lager etc. entsprechend der höheren Zylinderdrücke des Aufladebetriebs einen Reibmitteldruck von 2,2 bar.

Daraus ergibt sich:

- Saugmotor: $\eta_m = 10/(10 + 2)$ [bar] $\Rightarrow$ 83 %
- Auflademotor: $\eta_m = 20/(20 + 2{,}2)$ [bar] $\Rightarrow$ 90 %

Die errechneten mechanischen Wirkungsgrade zeigen, nur infolge der höheren Auslastung, für den aufgeladenen Motor deutlich günstigere Werte, wie auch Abb. 3.4 zeigt. Damit lässt sich ein ganz zentraler Zusammenhang zwischen Motorauslastung und effektivem Wirkungsgrad herstellen:

Je höher die Auslastung – sprich: der Mitteldruck – eines gegebenen Motors für eine gewünschte Leistung, desto besser sein effektiver Wirkungsgrad. Abbildung 3.5 zeigt diesen Zusammenhang für mittelschnelllaufendene leistungsgleiche Dieselmotoren mit und ohne Aufladung bei zwei Drehzahlen.

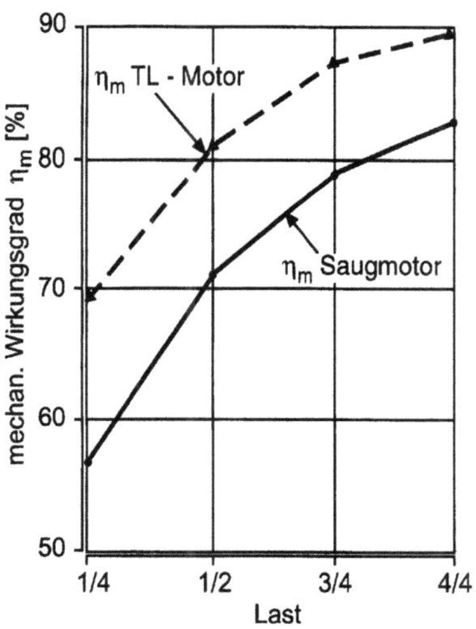

Abb. 3.4

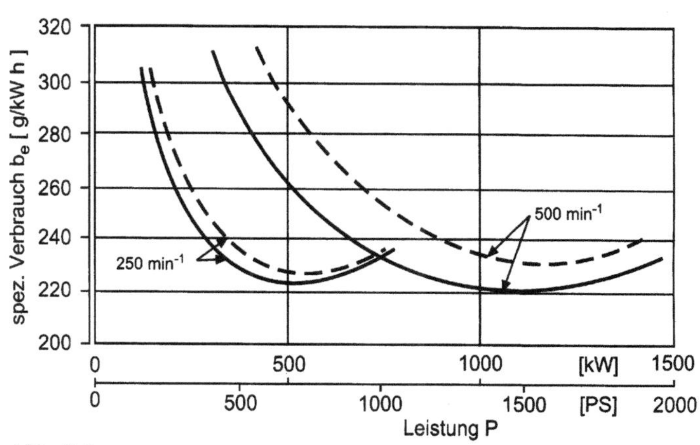

Abb. 3.5

Abb. 3.4. Mechanischer Wirkungsgradvorteil des aufgeladenen Motors im Vergleich zum Saugmotor

Abb. 3.5. Kraftstoffverbrauchswerte mittelschnelllaufendener leistungsgleicher Dieselmotoren mit (volle Linien) und ohne (gebrochene Linien) Aufladung mit deutlichen Vorteilen für den aufgeladenen Motor [156]

Die anderen Wirkungsgrade werden im Vergleich dazu kaum durch die Aufladung beeinflusst, da sich infolge der Dichteänderung der Ansaugluft die strömungstechnischen und thermodynamischen Gegebenheiten nur geringfügig ändern.

3.4 Einfluss der Aufladung auf Abgasemissionen

Es gibt zu beachten, dass vor allem beim Dieselmotor der Verbrennungsablauf und damit auch der erreichbare Wirkungsgrad der Maschine mehr und mehr von den gesetzlich geforderten Abgasschadstoff-Grenzwerten beeinflusst wird. Deshalb ist es notwendig, auf die verschiedenen Testprozeduren kurz einzugehen, die für unterschiedlichen Fahrzeugkategorien in verschiedenen Ländern verwendet werden, um das Schadstoff-Emissionsniveau zu bestimmen.

Für den Pkw und leichte Transporter (LDV, light duty vehicle) werden heute transiente, von Fahrkollektiven abgeleitete Tests des Gesamtfahrzeugs verwendet, wie der so genannte FTP-Zyklus

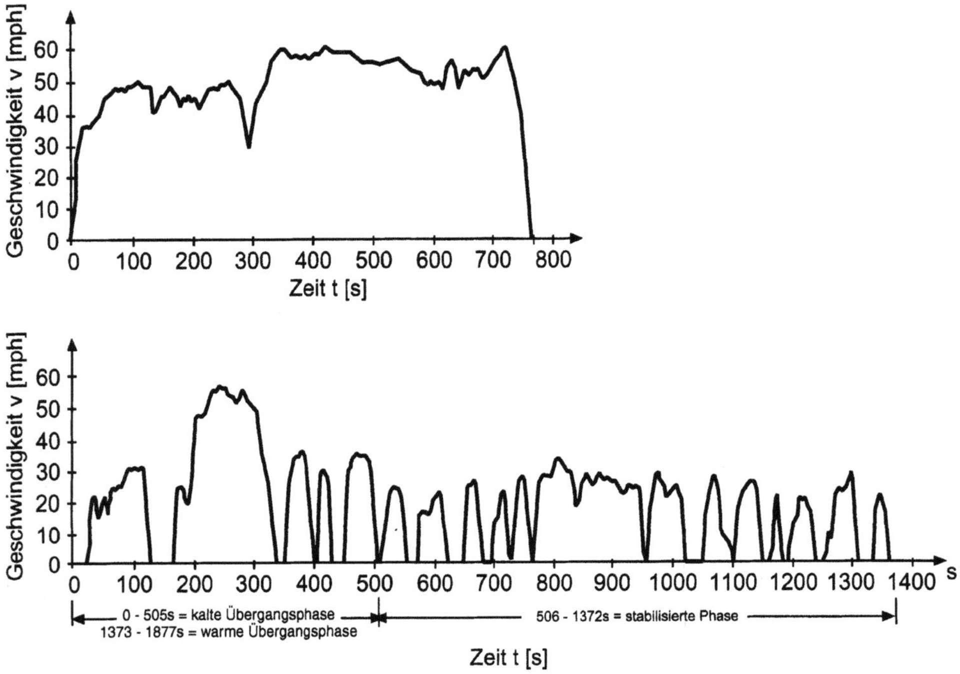

Abb. 3.6. FTP-Zyklus der USA-Abgasgesetzgebung für Pkw und leichte Transporter

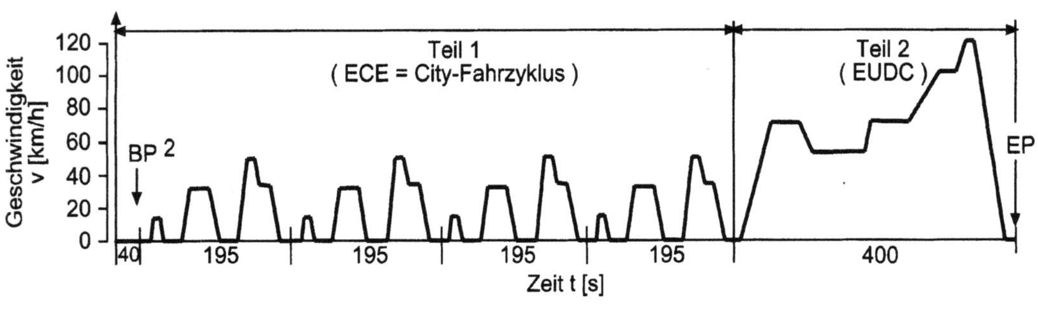

Abb. 3.7. Europäischer NEDC-Zyklus für Pkw

(Abb. 3.6) oder der europäische MVEG-(NEDC)-Zyklus (Abb. 3.7). Für mittlere und schwere Nutzfahrzeuge werden hingegen aus Gründen der Baumustervielfalt reine Motortestzyklen – teils stationär, wie der ECE R 49 (Abb. 3.8) und der neue Euro-3-Test (Abb. 3.9), teils mit dessen Erweiterung, dem Fige-3-Transienttest, für Motoren mit Rußfilter oder für Gasmotoren (Abb. 3.10) – angewandt. Mit diesen Testbedingungen lassen sich für die unterschiedlichen Verbrennungsverfahren die folgenden allgemeingültigen Aussagen formulieren.

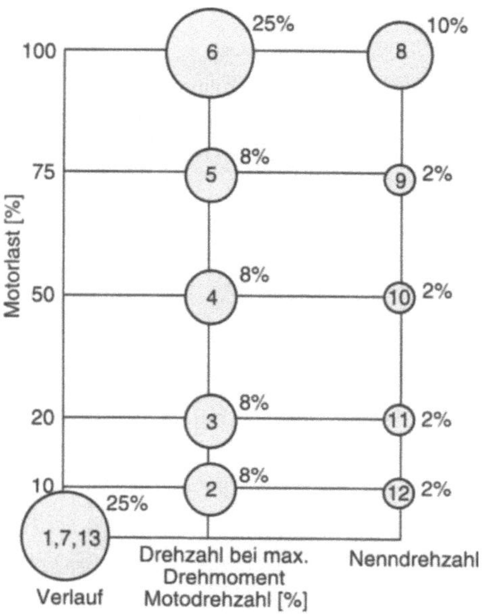

Abb. 3.8. ECE-R-49-Stationär-Testzyklus für Nutzfahrzeuge bis 1999 (Euro 0 bis Euro II)

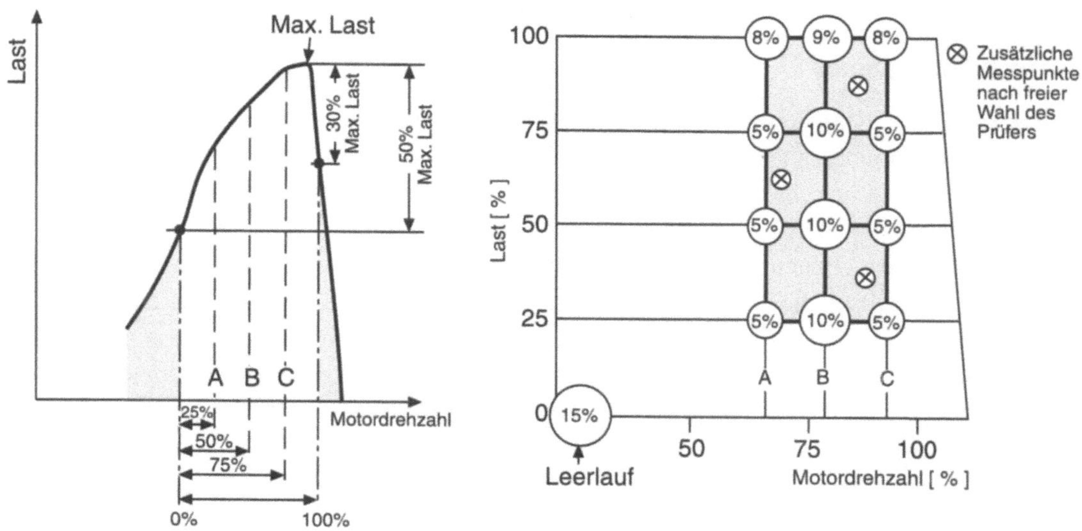

a b

Abb. 3.9. Euro-3-Nfz-Test-Zyklus: **a** Testdrehzahlen, **b** Lastwerte mit Wichtung

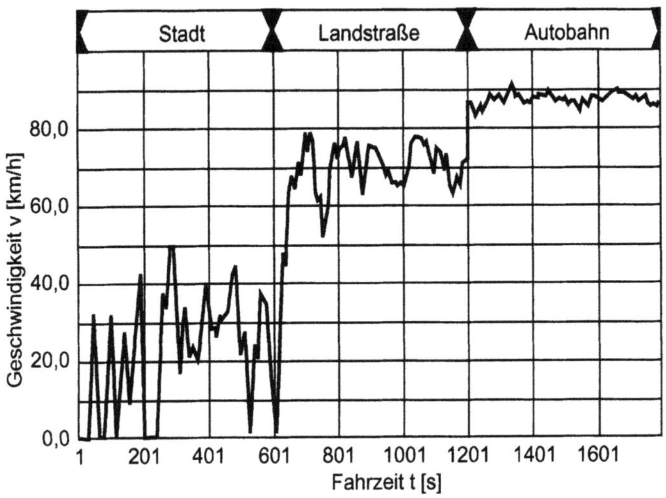

Abb. 3.10. Fige-3-Transienttestzyklus für Motoren mit Rußfilter oder für Gasmotoren, bzw. generell ab Euro IV

3.4.1 Ottomotor

Beim Otto-Benzinmotor ist das Abgasnachbehandlungsproblem durch die Einführung des λ-geregelten 3-Wege-Katalysators heute weitestgehend entschärft. Weitere Emissionsabsenkungen bis hin zu SULEV-(super ultra low emission vehicle-)Spezifikationen werden vor allem durch Verbesserung der Kaltstartphase, in der heute ca. 80–85 % der Gesamtzyklusemissionen entstehen, mittels eines verbesserten Katalysatoranspringverhaltens und reduzierter Rohemission während des Kaltstarts erreicht.

Beim Gasmotor kann, zumindest für Nutzfahrzeugmotoren, der Magerbetrieb eine verbrauchsgünstige Alternative sein. Es müssen allerdings λ-Werte von mindestens 1,6–1,8 zuverlässig und mit niedriger Restmethanemission, d. h. guter Verbrennungsqualität, gefahren werden können. Der Ende der 90er Jahre serienreif gewordene Otto-Direkteinspritzer (GDI) weist im Wesentlichen dieselbe Abgasproblematik auf wie der direkteinspritzende Dieselmotor.

3.4.2 Dieselmotor

Beim klassischen Diesel-Verbrennungsverfahren – wie auch bei dem zuvor angesprochenen GDI-Verfahren – wird immer mit zum Teil hohem Luftüberschuss gefahren. Damit ist die oben genannte 3-Wege-Katalyse ausgeschlossen. Die kritischen Emissionen sind Partikel-, NO- sowie CO- und HC-Emissionen.

Bei heterogener Verbrennung muss und wird immer Ruß als Verbrennungsendprodukt anfallen, so dass eine deutliche Partikelgenerierung unvermeidbar ist. Die Ruß- und damit ein Teil der Partikelemission hängen vom Verbrennungsluftverhältnis ab. Durch geeignete Auslegung des Aufladesystems kann ein aufgeladener Motor einfacher in allen Lastbereichen – auch bei Volllast – mit hohen Luftüberschusszahlen betrieben werden, so dass die Voraussetzungen für einen partikelarmen Betrieb beim aufgeladenen Motor günstiger sind.

Es treten auch immer hohe Flammtemperaturen mit Sauerstoffüberschuss auf, so dass sich zwangsläufig hohe Stickoxidbildungsraten ergeben. Da die NO-Generierung in der 4ten Potenz von der am Entstehungsort herrschenden Temperatur abhängt, müssen zur Stickoxidvermeidung also vor allem örtliche Temperaturspitzen im Brennraum vermieden werden. Dies gelingt am einfachsten durch den Betrieb mit hohen Luftüberschusszahlen oder durch Zumischung eines Inertgases. Dies kann beim Dieselmotor am besten durch eine Rückführung von gekühltem, sauerstoffarmen Abgas realisiert werden.

Darüber hinaus kann bei aufgeladenen Motoren, die ja mit relativ hohen Verdichtungsenddrücken und -temperaturen betrieben werden, mit deutlich späterem Einspritzbeginn und längeren Einspritzdauern als bei leistungsgleichen Saugmotoren gefahren werden, was ebenfalls zur Vermeidung örtlich hoher Brennraumtemperaturen beiträgt, ohne dass der Kraftstoffverbrauch deutlich ansteigt.

Die Werte für **CO-** und **HC-Emissionen** sind beim Dieselmotor unkritisch niedrig.

Die Testverfahren und Emissions-Gesetzesvorschriften für Pkw-, Nfz- und Stationärmotoren in Europa, den USA und Japan sind im Anhang – Abb. A.1 sowie Tabellen A.2 bis A.5 – zusammengefasst. Im Übrigen muss wegen der umfangreichen Ausführungsbestimmungen sowie Testverfahrens- und Messanweisungen auf einschlägige Literatur und Gesetzesblätter hingewiesen werden.

3.4.3 Abgasnachbehandlungsverfahren

Auch für die Abgasbehandlungsverfahren muss auf die einschlägige Spezialliteratur hingewiesen werden, soweit nicht aufladetechnische Belange eine Behandlung hier verlangen. Dies ist der Fall bei der Anwendung von Wassereinspritzung, Rußfiltern sowie Oxidations- oder NO_x-Speicherkatalysatoren.

Bei der Wassereinspritzung wird durch die Verdampfung des Wassers im Brennraum nicht nur die Temperatur der Abgase gesenkt, sondern auch der durch die Turbine strömende Volumenstrom erhöht. Dies hat einen deutlichen Enthalpieanstieg der Turbineneintrittsgase zur Folge, der seinerseits zu einer weiteren Anhebung des Ladedrucks oder für einen Turbocompoundbetrieb genutzt werden kann.

Werden Rußfilter im Hochdruckauspufftrakt, also vor Turbine, angeordnet werden, dann stellen sie eine erhebliche Wärmesenke mit unerwünschten Folgen bei Laständerungen des Motors dar. Das Gleiche gilt für den Einsatz von Oxidations- oder NO_x-Speicherkatalysatoren, wenn diese, aus welchen Gründen immer, ebenfalls vor Turbine angeordnet werden.

Die Anordnung all dieser Nachbehandlungssysteme nach einer Abgasnutzungseinrichtung, wie Abgasturbolader oder Compound-Nutzturbine, erhöht allenfalls leicht den Abgasgegendruck und verringert dadurch das nutzbare Abgasexpansionsdruckverhältnis. Sonstige Nachteile, vor allem im Instationärbetrieb solcher Motoren, sind nicht zu erwarten.

3.5 Thermische und mechanische Beanspruchung der Verbrennungskraftmaschine im Aufladebetrieb

3.5.1 Thermische Beanspruchungen

Mit steigender Brennstoffmengen-, d. h. Energiezufuhr zum Zylinder nehmen naturgemäß auch die Wärmemengen zu, die abgeführt werden müssen. Die Wärmeströme durch den Motor erhöhen sich in entsprechendem Maße. Darüber hinaus steigt, wie Abb. 3.11 zeigt, ohne Ladeluftkühlung die Temperatur der Ladeluft bei höheren Aufladegraden erheblich, was zu einem weiteren Anstieg der thermischen Belastung des Motors führt. Deshalb muss heute simultan zur Festigkeitsberechnung neuer Motorauslegungen nach der Methode der finiten Elemente (FE) mit CFD-Berechnungsmodellen zur Simulation der Kühlmittel- und der Wärmeströme gearbeitet werden. Erst aus der

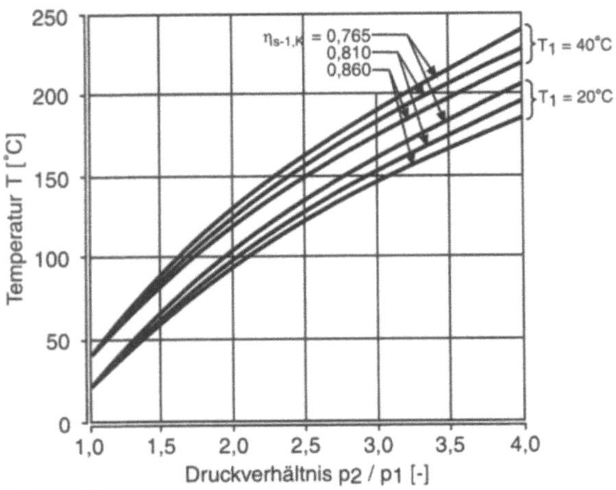

Abb. 3.11

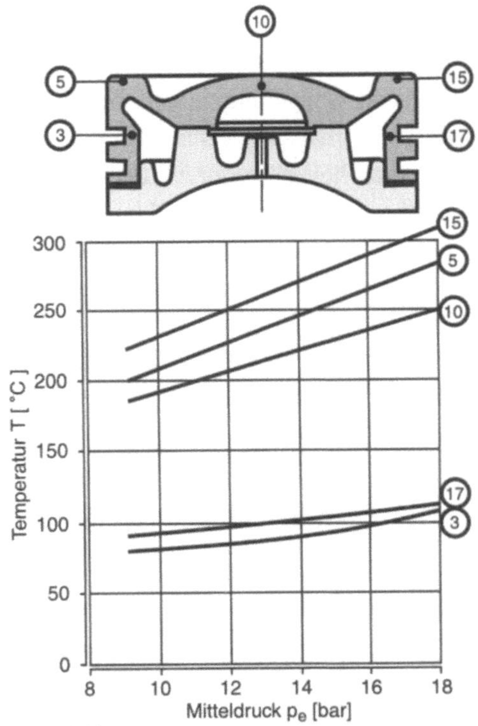

Abb. 3.12

Abb. 3.11. Temperatur der Ladeluft über Druckverhältnis für unterschiedliche Ansaugtemperaturen und Verdichterwirkungsgrade ohne Rückkühlung

Abb. 3.12. Maximaltemperaturen eines gebauten zwangsgekühlten Kolbens für mittelschnelllaufenden Dieselmotor [156]

Interaktion aller Simulations-Teilaufgaben, die sich gegenseitig beeinflussen, kann ein optimales Gesamtkonzept hinsichtlich Gewicht und Auslastungsfähigkeit bei ausreichender Kühlung und damit geringsten Kühlmittelumlaufmengen erreicht werden.

Wichtigste Bauteile neben der Gesamttriebwerksstruktur sind der mit hohen Wärmestromdichten belastete Zylinderkopf, der Kolben und die Zylinderlaufbuchse. Abbildung 3.12 zeigt die maximalen Betriebstemperaturen eines gebauten und zwangsgekühlten Kolbens für einen mittelschnelllaufenden Dieselmotor.

3.5.2 Mechanische Beanspruchungen

Mit steigendem Ladedruck erhöhen sich auch Kompressionsend- und Zünddruck, wie Abb. 3.13 in einem pV- und TS-Diagramm für einen Saug- und einen abgasturboaufgeladenen Motor zeigt. Mit der Erhöhung der Drücke wird eine Verstärkung oder das Ausreizen der Festigkeitsgrenzen bestimmter Bauteile, wie Pleuel, Kolben, Zylinderkopf und Lagerung, erforderlich. Die festigkeitsmäßige Optimierung des Gesamttriebwerks aufgeladener Motoren wird mit steigenden Mitteldruckwerten immer wichtiger und zwingender. Heutige Motorneukonstruktionen sind damit nicht mehr ohne die Hilfe moderner Berechnungsverfahren realisierbar.

Die festigkeitsmäßige Optimierung bedeutet nicht, dass Auflademotoren deutlich schwerer ausfallen als Saugmotoren mit ähnlichen Hubräumen. Sehr oft geschah und geschieht die

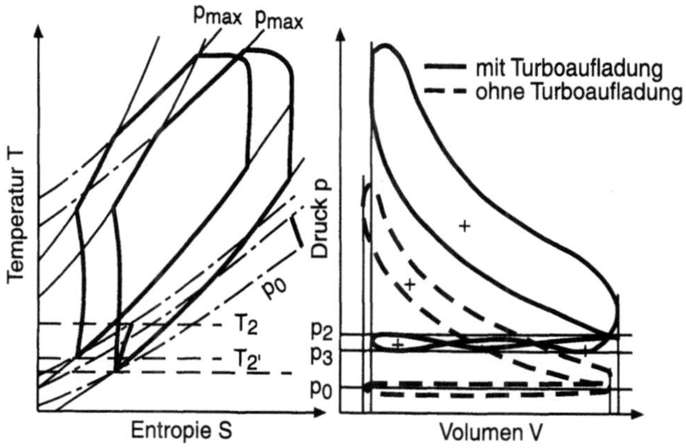

Abb. 3.13. *pV*- und *TS*-Diagramme eines Saug- und eines abgasturboaufgeladenen Motors mit deutlich höheren Spitzendruckwerten für Auflademotor [74]

Dimensionierung z. B. von Gehäusewandstärken nicht nach Festigkeits-, sondern nach gießtechnischen Gesichtspunkten.

Bei der Triebwerksdimensionierung, besonders der Lagerdimensionierung, ist die Situation je nach Drehzahl- und Mitteldruckwerten sehr differenziert zu betrachten. Massenkräfte und Gaskräfte können sich zum Teil in ihren Auswirkungen auf die Lagerbelastungen kompensieren. So wird ein auf hohe Drehzahlen ausgelegter Pkw-Ottomotor gegebenenfalls ohne Änderung der Lagerdimensionierung aufladefähig sein. In jedem Fall sind aber hohe Mitteldruckwerte bei niedrigen Motordrehzahlen äußerst lagerkritisch und genau zu untersuchen.

3.6 Modellierung und rechnergestützte Simulation aufgeladener Motoren

3.6.1 Einführung in numerische Prozesssimulation

Ausgehend vom fortgeschrittenen Stand der Forschung hinsichtlich der Erfassung der wichtigsten physikalischen Vorgänge in einer Verbrennungskraftmaschine ist es möglich, diese Zusammenhänge durch mathematische Modelle zu beschreiben. Dabei können diese Modelle sowohl auf wesentlichen Grundgleichungen (z. B. Erhaltungssätze der Masse, des Impulses und der Energie) als auch auf empirischen Ansätzen zur Beschreibung komplexer Zusammenhänge (z. B. Wandwärmeverluste, Wärmefreisetzungsraten) beruhen.

Bei der Simulation realer Vorgänge müssen grundsätzlich alle oben angedeuteten physikalischen Zusammenhänge richtig beschrieben werden. Ausgehend von den mikroskopischen Prozessen der Thermofluiddynamik, die sowohl die Gasdynamik, die chemische Reaktionskinetik als auch im weiteren Sinn die Mechanik und Wärmeleitung von Kontinua umfasst, über die mesoskopischen Vorgänge auf Teilsystemniveau, wie z. B. der Thermodynamik der gesamten Verbrennungskraftmaschine, müssen alle Teilbereiche in einer makroskopischen Gesamtsystemsimulation berücksichtigt werden.

Grundsätzlich können alle Gesamtsysteme auf das Niveau der mikroskopischen Teilprozesse zerlegt werden. Der enorme Modellierungsaufwand sowie die extremen Anforderungen an die Rechnerkapazitäten rechtfertigen eine derartige Vorgangsweise nur in Ausnahmefällen (Luft- und Raumfahrt), wo z. B. eine Verifikation von Teilsystemsimulationen nicht möglich ist. Für viele technische Anwendungen, so auch im Bereich der Motoraufladung, ist es hingegen zielführend, Teilsysteme zu definieren und die numerischen Simulationswerkzeuge entsprechend den vorliegenden Aufgabenstellungen zu entwickeln und anzuwenden.

Die einleitend angesprochenen drei Simulationsebenen können hier folgendermaßen gegliedert werden:

1. dreidimensionale Strömungssimulation in den gasführenden Bauteilen inklusive der Verdichter und Turbinen (unter Berücksichtigung thermischer Randbedingungen)
2. Motorprozesssimulation inklusive der Aufladekomponenten
3. Simulation des Gesamtsystemverhaltens im realen Einsatz (z. B. Modellierung des gesamten Triebstranges eines Fahrzeuges)

Das wichtigste Werkzeug für die eigentliche Auslegung des Motors und der Aufladeorgane stellt dabei die Motorprozesssimulation dar. Aus diesem Grund soll auf die dafür wichtigsten physikalischen und mathematischen Zusammenhänge näher eingegangen werden.

Zu den Punkten 1 und 3 sollen nur die wichtigsten Methoden angesprochen und auf entsprechend verfügbare Programmpakete verwiesen werden.

3.6.2 Kreisprozesssimulation des aufgeladenen Motors

Bei der thermodynamischen Kreisprozesssimulation werden die wesentlichen Vorgänge des motorischen Gesamtsystems mittels mathematischer Zusammenhänge so beschrieben, dass die physikalischen Zustände wie Drücke, Temperaturen und Massenströme in allen relevanten Räumen berechenbar sind. Dabei werden Prozesse im mikroskopischen Maßtab durch Ersatzmodelle und/oder Messdatenkennfelder beschrieben. Dadurch können einerseits höchste Simulationsgenauigkeiten (z. B. Berechnung der Motormassenströme mit Genauigkeiten von 1–2 % der Messwerte) und andererseits vertretbare Rechenzeiten (im Minuten-Maßstab) erzielt werden.

Auf Grund der vereinfachenden Ansätze können aber mit diesen Methoden manche Teilaufgaben nicht detailliert genug analysiert werden, wie z. B. die strömungstechnische Optimierung der Anströmung eines Katalysators kurz nach dem Turbinenaustritt. Für diese Fragestellungen müssen dann die bereits erwähnten Werkzeuge der ersten Ebene – im konkreten Fall z. B. die dreidimensionale Strömungssimulation – eingesetzt werden.

Konzentrieren wir uns aber in diesem Abschnitt auf die Motorprozesssimulation. Die einzelnen Bauteile eines aufgeladenen Motors lassen sich in Module kategorisieren. Die physikalischen Vorgänge in den jeweiligen Modulen werden sodann mittels mathematischer Modelle erfasst. Durch übergeordnete Steuerprogramme können schlussendlich die einzelnen Module gekoppelt werden. Aus den vorangegangen Abschnitten wird ersichtlich, dass folgende Bauteile für aufgeladene Motoren besonders relevant sind:

- Zylinder zur Beschreibung des Ladungswechsels und der Hochdruckarbeitsprozesses
- Rohrelemente
- Behälterelemente
- Turbolader bestehend aus Strömungsverdichter und -turbine
- Verdrängerlader
- Ladeluftkühler

Zylinder

Für die mathematische Beschreibung der physikalischen Vorgänge im Zylinder kann zwischen der Ladungswechsel- und Hochdruckphase unterschieden werden, wobei nur während des Ladungswechsels Massenströme zwischen dem Zylinder und den angeschlossenen Leitungen ausgetauscht werden. Dementsprechend ist für die **Hochdruckphase** der 1. Hauptsatz der Thermodynamik in folgender Weise für ein vereinfachtes 1-Zonenmodell anzusetzen:

$$\frac{\mathrm{d}(m_Z \cdot u)}{\mathrm{d}\alpha} = -p_Z \cdot \frac{\mathrm{d}V}{\mathrm{d}\alpha} + \frac{\mathrm{d}Q_B}{\mathrm{d}\alpha} - \sum \frac{\mathrm{d}Q_W}{\mathrm{d}\alpha} - h_{\text{Leck}} \cdot \frac{\mathrm{d}m_{\text{Leck}}}{\mathrm{d}\alpha} \tag{3.27}$$

Darin beschreibt $\mathrm{d}(m_Z \cdot u)/\mathrm{d}\alpha$ den Gradienten der inneren Energie des Zylinders, $(-p_Z \cdot \mathrm{d}V/\mathrm{d}\alpha)$ die Kolbenarbeit, $\mathrm{d}Q_B/\mathrm{d}\alpha$ die Wärmefreisetzungsrate aus zugeführter Brennstoffenergie, $\sum \mathrm{d}Q_W/\mathrm{d}\alpha$ den Wandwärmestrom sowie $h_{\text{Leck}} \cdot \mathrm{d}m_{\text{Leck}}/\mathrm{d}\alpha$ den Enthalpieverlust durch den Blow-by-Gasstrom (mit der Kraftstoffenergie Q_B, den Wandwärmeverlusten Q_W sowie dem Blow-by-Massenstrom $\mathrm{d}m_{\text{Leck}}/\mathrm{d}\alpha$).

Es ist offensichtlich, dass der Zylinderzustand – charakterisiert durch die innere Energie – durch die Kolbenarbeit, die aus der Verbrennung freigesetzte Wärmeenergie, Wandwärmeverluste sowie den Enthalpieabfluss auf Grund des Blow-by-Massenstromes verändert wird. Gleichung (3.27) ist generell für Motoren mit innerer und äußerer Gemischbildung anzuwenden. Dabei müssen allerdings jene Terme, die die Änderung der Gaszusammensetzung im Hochdruck beschreiben, mit den folgenden für die unterschiedlichen Gemischbildungsmethoden spezifischen Eigenschaften beschrieben werden.

Innere Gemischbildung:
- sofortige Verbrennung der eingebrachten Brennstoffmasse entsprechend der Wärmefreisetzungsrate
- sofortige vollständige Vermischung der Verbrennungsprodukte mit der restlichen Zylinderladung (1-Zonenmodell)
- kontinuierliche Reduktion des Luftverhältnisses während der Verbrennung

Äußere Gemischbildung:
- homogenes Brennstoff-Luftgemisch im gesamten Zylinder
- konstantes Luftverhältnis der unverbrannten Ladung während der Verbrennung
- gleicher Druck und gleiche Temperatur des verbrannten und unverbrannten Ladungsanteils

Mit diesen Annahmen kann Gl. (3.27) folgendermaßen umgeformt werden:
- innere Gemischbildung:

$$\begin{aligned}\frac{\mathrm{d}T_Z}{\mathrm{d}\alpha} = {} & \frac{1}{m_Z \cdot (\partial u/\partial T + (\partial u/\partial p)p_Z/T_Z)} \left[\frac{\mathrm{d}Q_B}{\mathrm{d}\alpha}\left(1 - \frac{u_Z + (\partial u/\partial p)p_Z}{H_u}\right) - \frac{\mathrm{d}Q_W}{\mathrm{d}\alpha}\right.\\ & \left. - \frac{\mathrm{d}m_{\text{Leck}}}{\mathrm{d}\alpha}\left(h_{\text{Leck}} - u_Z - p_Z\frac{\partial u}{\partial p}\right) - m_Z\frac{\partial u}{\partial \lambda}\frac{\mathrm{d}\lambda}{\mathrm{d}\alpha} - p_Z\frac{\mathrm{d}V_Z}{\mathrm{d}\alpha}\left(1 - \frac{\partial u}{\partial p}\frac{m_Z}{V_Z}\right)\right],\end{aligned} \tag{3.28}$$

- äußere Gemischbildung:

$$\begin{aligned}\frac{\mathrm{d}T_Z}{\mathrm{d}\alpha} = {} & \frac{1}{(m_Z\partial u/\partial T + (m_V p_Z/T_Z)\partial u_V/\partial p)}\\ & \times \left[\frac{\mathrm{d}Q_B}{\mathrm{d}\alpha}\left\{1 + \frac{1}{H_u}\left[\left[u_B + \lambda L_{st}u_L - (1 + \lambda L_{st})\right]\left(u_V + p_Z\frac{\partial u_V}{\partial p}\right)\right]\right\}\right.\\ & \left. - \frac{\mathrm{d}Q_W}{\mathrm{d}\alpha} - p_Z\frac{\mathrm{d}V_Z}{\mathrm{d}\alpha}\left(1 - \frac{m_V}{V_Z}\frac{\partial u_V}{\partial p}\right) - \frac{\mathrm{d}m_{\text{Leck}}}{\mathrm{d}\alpha}\left(h_{\text{Leck}} - u_Z - p_Z\frac{m_V}{m_Z}\frac{\partial u_V}{\partial p}\right)\right].\end{aligned} \tag{3.29}$$

In beiden Gleichungen sind nun noch mathematische Modelle für die aus der Verbrennung freigesetzte Wärmeenergie und die Wandwärmeverluste zu definieren. Aus der Vielzahl der Modelle sollen hier beispielhaft die 1-Zonen-Vibe-Funktion sowie das Wandwärmeverlustmodell nach Woschni angeführt werden:

$$\frac{\mathrm{d}x}{\mathrm{d}\alpha} = \frac{a}{\Delta\alpha_\mathrm{d}}(m+1)y^m \exp(-ay^{m+1}), \tag{3.30}$$

$$\mathrm{d}x = \mathrm{d}Q/Q, \tag{3.31}$$

$$y = \frac{\alpha - \alpha_\mathrm{o}}{\Delta\alpha_\mathrm{d}}. \tag{3.32}$$

Worin Q die gesamte eingesetzte Kraftstoffenergie, α_o den Brennbeginn, $\Delta\alpha_\mathrm{d}$ die Brenndauer, m den Formparameter und a den Vibe-Parameter ($a = 6{,}9$ für vollständige Verbrennung) beschreiben.

Das modifizierte Woschni-Wandwärmeverlustmodell [148] für die Hochdruckphase lautet

$$Q_\mathrm{Wi} = A_\mathrm{i}\alpha_\mathrm{W}(T_\mathrm{z} - T_\mathrm{Wi}), \tag{3.33}$$

wobei, wenn

$$\frac{C_1 V_\mathrm{h} T_{\mathrm{z},1}}{C_2 p_{\mathrm{z},1} V_{\mathrm{z},1}} \cdot (p_\mathrm{z} - p_{\mathrm{z,o}}) \geq 2c_\mathrm{m}\left(\frac{V_\mathrm{c}}{V_\mathrm{z}}\right)^2 p_\mathrm{i}^{-0,2},$$

dann

$$\alpha_\mathrm{W} = 130 d^{-0,2} p_\mathrm{z}^{0,8} T_\mathrm{z}^{-0,53}\left[C_1 v_\mathrm{Km} + C_2 \frac{V_\mathrm{h} T_{\mathrm{z},1}}{p_{\mathrm{z},1} V_{\mathrm{z},1}}(p_\mathrm{z} - p_{\mathrm{z,o}})\right]^{0,8}, \tag{3.34}$$

ansonst

$$\alpha_\mathrm{W} = 130 d^{-0,2} p_\mathrm{z}^{0,8} T_\mathrm{z}^{-0,53}\left[C_1 v_\mathrm{Km}\left\{1 + 2\left(\frac{V_\mathrm{c}}{V_\mathrm{z}}\right)^2 p_\mathrm{i}^{-0,2}\right\}\right]^{0,8}. \tag{3.35}$$

In diesen Gleichungen erfassen Q_Wi die Wandwärmeströme (Zylinderkopf, Kolben, Büchse), A_i die entsprechenden Oberflächen bzw. T_Wi die Wandtemperaturen. Die Konstanten C_1 und C_2 können folgendermaßen berechnet werden:

$C_1 = 2{,}28 + 0{,}308 \cdot c_\mathrm{u}/v_\mathrm{Km}$

$C_2 = 0{,}00324$ für DI-Motoren

$C_2 = 0{,}00622$ für IDI-Motoren

Weitere bekannte Modelle für die Modellierung der Wärmefreisetzung sind die Ansätze nach Woschni und Anisits [150], Hiroyasu [70] sowie Spicher [76].

Für die Wandwärmeverluste sind in der Literatur ferner Modellansätze von Hohenberg [73], Annand [7] und Bargende [16] zu finden.

Zusammen mit der Gasgleichung

$$p_\mathrm{z} = \frac{1}{V} m_\mathrm{z} R_\mathrm{o} T_\mathrm{z}, \tag{3.36}$$

worin R_o die Gaskonstante bedeutet, kann das gesamte Gleichungssystem für jeden Kurbelwinkelschritt mittels Methoden wie z. B. der Runge–Kutta-Methode gelöst und so die Zylinderzustände während der Hochdruckphase bestimmt werden.

Während der **Ladungswechselphase** müssen in der Gleichung des 1. Hauptsatzes der Thermodynamik die ein- und austretenden Massen- oder Enthalpieströme berücksichtigt werden:

$$\frac{\mathrm{d}(m_Z \cdot u)}{\mathrm{d}\alpha} = -p_Z \cdot \frac{\mathrm{d}V}{\mathrm{d}\alpha} - \sum \frac{\mathrm{d}Q_W}{\mathrm{d}\alpha} + \sum \frac{\mathrm{d}m_e}{\mathrm{d}\alpha} \cdot h_e - \sum \frac{\mathrm{d}m_a}{\mathrm{d}\alpha} \cdot h_a \qquad (3.37)$$

Wiederum unter Berücksichtigung der unterschiedlichen Stoffeigenschaften der eintretenden Massenströme für externe und interne Gemischbildung kann Gl. (3.37) in die beiden nachfolgend zusammengefassten Gleichungen übergeführt werden:

- innere Gemischbildung:

$$\frac{\mathrm{d}T_Z}{\mathrm{d}\alpha} = \frac{1}{m_Z(\partial u/\partial T + (\partial u/\partial \mathrm{p})p_Z/T_Z)} \left\{ -\sum \frac{\mathrm{d}Q_W}{\mathrm{d}\alpha} - p_Z\left(1 - \frac{\partial u}{\partial p}\frac{m}{V}\right)\frac{\mathrm{d}V}{\mathrm{d}\alpha} \right.$$
$$\left. - \left(u_Z + \frac{\partial u}{\partial p}p - h_e\right)\frac{\mathrm{d}m_e}{\mathrm{d}\alpha} + \left(u_Z + \frac{\partial u}{\partial p}p - h_a\right)\frac{\mathrm{d}m_a}{\mathrm{d}\alpha} - m_Z\frac{\partial u}{\partial \lambda}\frac{\mathrm{d}\lambda}{\mathrm{d}\alpha} \right\}; \qquad (3.38)$$

- äußere Gemischbildung:

$$\frac{\mathrm{d}T_Z}{\mathrm{d}\alpha} = \frac{1}{m_Z(\partial u_Z/\partial T + (m_V p_Z/T_Z)\partial u_V/\partial p)} \left\{ -\sum \frac{\mathrm{d}Q_W}{\mathrm{d}\alpha} - p_Z\left(1 - \frac{m_V}{V}\frac{\partial u_V}{\partial p}\right)\frac{\mathrm{d}V}{\mathrm{d}\alpha} \right.$$
$$\left. - \left[\left(u_V + p_Z\frac{\partial u_V}{\partial p}\right)\frac{\mathrm{d}m_V}{\mathrm{d}\alpha} + u_L\frac{\mathrm{d}m_L}{\mathrm{d}\alpha} + u_B\frac{\mathrm{d}m_B}{\mathrm{d}\alpha}\right] + h_e\frac{\mathrm{d}m_e}{\mathrm{d}\alpha} - h_a\frac{\mathrm{d}m_a}{\mathrm{d}\alpha} \right\}. \qquad (3.39)$$

Für die Wandwäremeverluste während des Ladungswechsels soll auch hier repräsentativ die entsprechende Modellgleichung nach Woschni angeführt werden:

$$\alpha_W = 130 d^{-0,2} p_Z^{0,8} T_Z^{-0,53} (C_3 v_{Km})^{0,8}, \qquad (3.40)$$
$$C_3 = 6,18 + 0,417 c_u / v_{Km}.$$

Zur Bestimmung der durch die Ein- und Auslasskanäle ausgetauschten Massenströme kann von der Modellvorstellung einer im Ventilspalt konzentrierten Drosselstelle ausgegangen werden. Dabei sind alle im Kanal und Ventilspalt auftretenden Strömungsverluste durch diese Ersatzdrossel dargestellt, die in Abhängigkeit der Ventilstellung unterschiedliche effektive Strömungsquerschnitte und folglich Massenströme bei gegebenen Druckgradienten zwischen Zylinder und angeschlossenem Kanal freigibt.

$$\frac{\mathrm{d}m}{\mathrm{d}t} = A_{\mathrm{eff}}\, p_{o,1}\sqrt{\frac{2}{R_o T_{o,1}}}\,\psi, \qquad (3.41)$$

worin A_{eff} den effektiven freien Strömungsquerschnitt, $p_{o,1}$ den Ruhedruck stromauf der Drosselstelle und $T_{o,1}$ die Ruhetemperatur stromauf der Drosselstelle darstellt.

Die Durchflussgleichung (siehe auch Gl. (2.18)) lautet dabei für Unterschallströmung

$$\psi = \sqrt{\frac{\kappa}{\kappa - 1}\left[\left(\frac{p_2}{p_{o,1}}\right)^{2/\kappa} - \left(\frac{p_2}{p_{o,1}}\right)^{(\kappa+1)/\kappa}\right]} \qquad (3.42)$$

und für Schallströmung (z. B. während der Vorauslassphase)

$$\psi = \psi_{\max} = \left(\frac{2}{\kappa+1}\right)^{1/(\kappa-1)} \sqrt{\frac{\kappa}{\kappa+1}}. \tag{3.43}$$

Der angesprochene effektive Strömungsquerschnitt ist das Produkt komplexer dreidimensionaler Strömungsvorgänge vor allem im Ventilbereich. Somit muss dieser entweder mittels dreidimensionaler Strömungssimulationen berechnet oder aus Strömungsversuchen abgeleitet werden. Er kann überdies auf einen bestimmten Referenzquerschnitt – in der Regel den inneren Ventilsitzquerschnitt (Abb. 3.14) – bezogen werden, so dass die Qualität eines Kanals mittels eines Durchflusskoeffizienten beschrieben werden kann.

$$A_{\text{eff}} = \mu\sigma \frac{d_{\text{vi}}^2 \pi}{4} \tag{3.44}$$

mit $\mu\sigma$ als dimensionslosem Kanaldurchflussbeiwert und d_{vi} als innerem Ventilsitzdurchmesser (Bezugsdurchmesser). Diese Vorgangsweise ermöglicht überdies den Vergleich der Kanalqualität verschiedener Motoren.

Neben der Quantität ist auch die Gaszusammensetzung der austretenden Massenströme ein relevanter Parameter für die Beschreibung der Ladungswechselphase. Sowohl bei Viertakt- als auch speziell bei Zweitaktmotoren treten während des Ladungswechsels Phasen auf, bei denen sowohl die Ein- als auch Auslassorgane gleichzeitig geöffnet sind. Der dabei auftretende Spülvorgang kann mit einem der folgenden Modelle charakterisiert werden (Abb. 3.15).

- Ideale Verdrängungsspülung: Das eintretende Frischgas verdrängt das im Zylinder befindliche Abgas ohne Durchmischung und ohne Spülverluste von Frischgas durch die Auslasssteuerorgane.
- Perfekte Mischungsspülung: Das eintretende Frischgas mischt sich sofort und vollständig mit dem im Zylinder befindlichen Abgas, so dass das austretende Gasgemisch sowohl Frisch- als auch Abgas enthält. Dieses Spülmodell wird bevorzugt für die relativ kurze Ventilüberschneidungsphase von Viertaktmotoren verwendet; auch für Zweitaktmotoren mit relativ

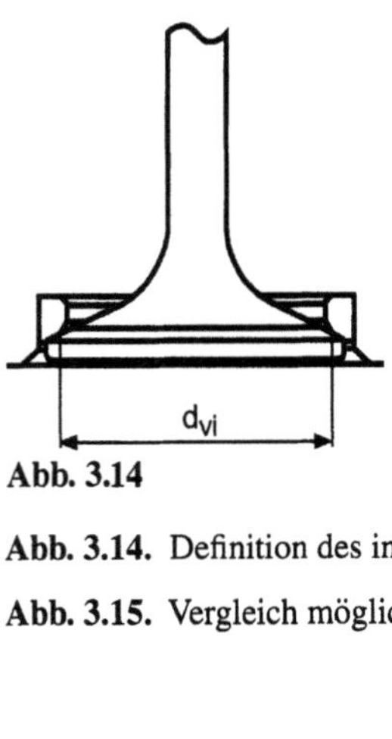

Abb. 3.14

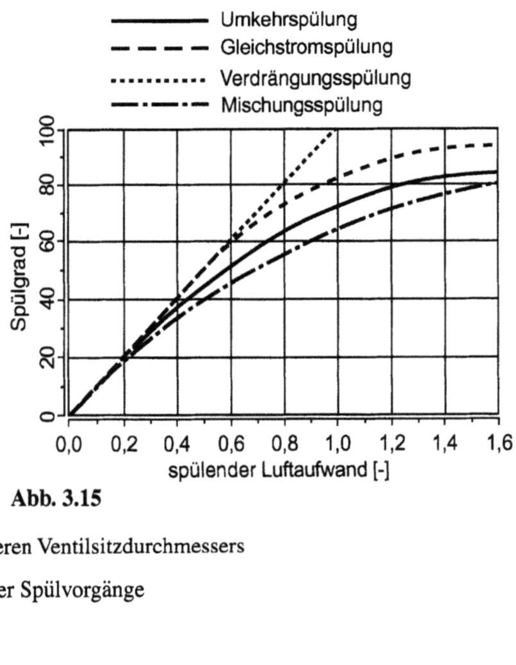

Abb. 3.15

Abb. 3.14. Definition des inneren Ventilsitzdurchmessers

Abb. 3.15. Vergleich möglicher Spülvorgänge

schlechter Spülqualität kann es beim Fehlen genauerer Spülmodelle mit gutem Erfolg angewandt werden.

- Kurzschlussspülung: Das eintretende Frischgas verlässt den Zylinder sofort durch die Auslasssteuerorgane, ohne die Zusammensetzung der Zylindermasse zu beeinflussen.
- Reale Motorspülung: Speziell bei Zweitaktmotoren werden Motorbau- bzw. Kanalformen gewählt und entwickelt, deren Spülverhalten sich möglichst der idealen Verdrängungsspülung annähert. Die Gleichstrom- oder Längsspülung, bei der die Ein- und Auslasssteuerorgane am unteren oder oberen Ende der Zylinders angeordnet sind, bietet dazu die besten Voraussetzungen; eine weitere gebräuchliche Anordnung ist die Umkehrspülung, bei der durch eine gezielte Anströmung der Ein- und Auslassschlitze (um den UT) die Ladungsbewegung im Zylinder für eine maximale Ausspülung des Brennraumes sorgen soll.

Nach Auswahl des geeigneten Spülmodells und unter Berücksichtigung der Kontinuitätsgleichung

$$\frac{\mathrm{d}m_\mathrm{z}}{\mathrm{d}\alpha} = \sum \frac{\mathrm{d}m_\mathrm{e}}{\mathrm{d}\alpha} - \sum \frac{\mathrm{d}m_\mathrm{a}}{\mathrm{d}\alpha} \tag{3.45}$$

sowie der Gasgleichung (3.36) liegt wiederum ein Gleichungssystem vor, das numerisch für jeden Winkelschritt gelöst und womit auch der Wert aller Ladungswechselparameter berechnet werden kann.

Rohrströmung

Die exakte Simulation des motorischen Kreisprozesses erfordert auch die gasdynamisch richtige Erfassung der Rohrströmung. Unter Berücksichtigung der Erhaltungssätze für Masse, Impuls und Energie kann der folgende Gleichungssatz zur Beschreibung der Rohrströmung aufgestellt werden:

$$\frac{\partial \rho}{\partial t} = -\frac{\partial(\rho v)}{\partial x} - \rho v \frac{1}{A}\frac{\mathrm{d}A}{\mathrm{d}x}, \tag{3.46}$$

$$\frac{\partial(\rho \cdot v)}{\partial t} = -\frac{\partial(\rho v^2 + p)}{\partial x} - \rho v^2 \frac{1}{A}\frac{\partial A}{\partial x} - \frac{F_\mathrm{r}}{V}, \tag{3.47}$$

$$\frac{\partial E}{\partial t} = -\frac{\partial[v(E+p)]}{\partial x} - v(E+p)\frac{1}{A}\frac{\mathrm{d}A}{\mathrm{d}x} + \frac{q_\mathrm{W}}{V}, \tag{3.48}$$

wobei $E = \rho c_\mathrm{v} T + \frac{1}{2}\rho c^2$ den Energiegehalt des Gases erfasst.

Für die in diesem Gleichungssystem auftretenden Wandreibung- und Wandwärmeverluste können unter Ausnutzung der Reynold'schen Analogie die folgenden Gleichungen angesetzt werden.

- Wandreibungsverluste:

$$\frac{F_\mathrm{r}}{V} = \frac{\lambda_\mathrm{f}}{2D}\rho v|v|, \tag{3.49}$$

  worin λ_f den Wandreibungskoeffizient beschreibt.
- Wandwärmeverluste:

$$\frac{q_\mathrm{W}}{V} = \frac{\lambda_\mathrm{f}}{2D}\rho|v|c_\mathrm{p}(T_\mathrm{W} - T) \tag{3.50}$$

  mit T_W als Rohrwandtemperatur.

Das gesamte System partieller Differentialgleichungen für die Rohrströmung (Gln. (3.46)–(3.48)) kann nun mittels eines geeigneten Verfahrens gelöst werden, wobei die gebräuchlichsten Methoden

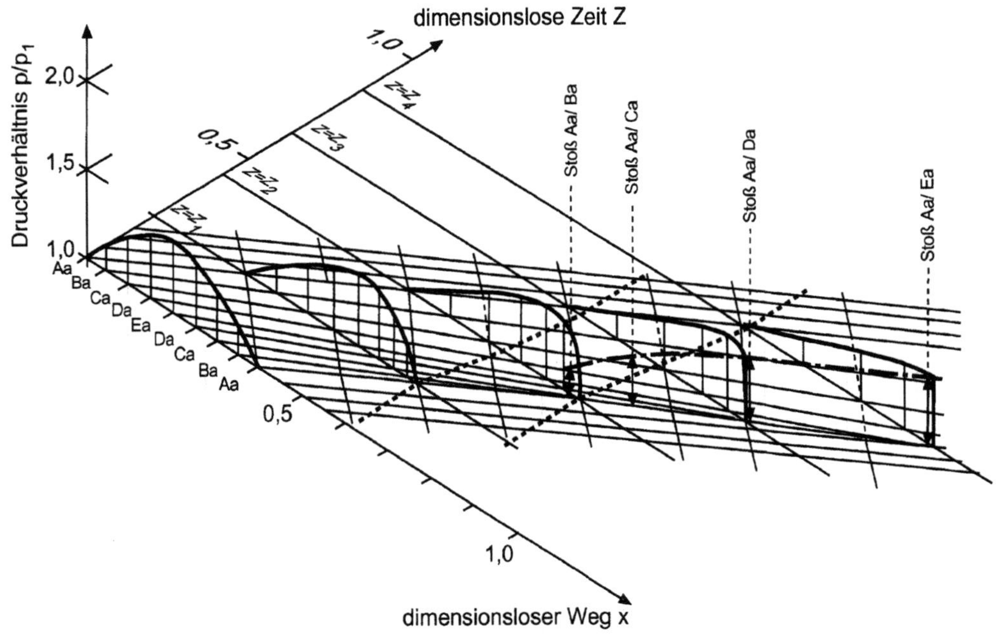

Abb. 3.16. Graphische Darstellung einer in einem Rohr laufenden Druckwelle [107]

Charakteristiken- und Finite-Volumen-Verfahren sind. Die Prinzipien beider Verfahren sollen nachfolgend kurz erläutert werden. Für eingehende Studien wird aber auf die umfangreich verfügbare Literatur verwiesen [125, 126].

Im Fall des Charakteristikenverfahrens werden die Lösungen dieses Gleichungssystems längs der Charakteristiken, das sind die beiden Machlinien $v \pm a$, ermittelt. Im av-Zustandsdiagramm kann die räumliche und zeitliche Entwicklung der Rohrzustände unter Berücksichtigung der Abhängigkeiten von Schall- und Strömungsgeschwindigkeit schrittweise an allen Gitterpunkten und im Lagediagramm können die Teilchenbahnen $\mathrm{d}x/\mathrm{d}t = v$ erfasst werden (Abb. 3.16). Der grundsätzliche Unterschied dieses Lösungsalgorithmus gegenüber Differenzenverfahren ist die Tatsache, dass die Gitterpunkte bei dieser Methode nicht von vornherein über gegebene Zeit- und Zellschrittweiten vorgegeben sind.

Ein besonders vorteilhafter Lösungsalgorithmus basierend auf der Finite-Volumen-Methode ist das ENO-Schema 1 [58, 129, 52]. Es erreicht mindestens die Genauigkeit von Finite-Differenzen-Verfahren 2. Ordnung und hat gleichzeitig die gleiche Stabilität wie Verfahren 1. Ordnung. Es teilt die Rohrelemente in eindimensionale Finite-Volumenelemente, die über die Elementgrenzen Massen-, Enthalpie- und Impulsströme austauschen. Um die gasdynamischen Vorgänge allerdings richtig erfassen zu können, müssen die Winkel- bzw. Zeitschrittweiten Δt den gewählten Zellgrößen Δx, entsprechend dem CFL-Kriterium (Stabilitätskriterium nach Courant, Friedrichs und Lewy), angepasst werden:

$$\Delta t \leq \frac{\Delta x}{v + a}. \tag{3.51}$$

Ausgehend von den Zuständen zu Beginn eines Zeitschrittes und den oben genannten Strömen über die Zellgrenzen in der zeitlichen Mitte des Zeitschrittes wird die Lösung und damit der Zellzustand am Ende des Zeitschrittes ermittelt.

Behälterelemente

Für die Modellierung eines Behälterelementes können grundsätzlich auch jene Gleichungen verwendet werden, die die Vorgänge in einem Zylinder beschreiben (Gl. (3.37)). Soferne der Behälter überdies ein konstantes Volumen aufweist, vereinfacht sich diese Gleichung zu

$$\frac{\mathrm{d}(m_\mathrm{B} \cdot u)}{\mathrm{d}\alpha} = -\sum \frac{\mathrm{d}Q_\mathrm{W}}{\mathrm{d}\alpha} + \sum \frac{\mathrm{d}m_\mathrm{e}}{\mathrm{d}\alpha} h_\mathrm{e} - \sum \frac{\mathrm{d}m_\mathrm{a}}{\mathrm{d}\alpha} h_\mathrm{a}. \tag{3.52}$$

Bei speziellen geometrischen Ausbildungen eines Behälters können auch Impulsdurchtritte auftreten, bei denen die kinetische Energie eines eintretenden Massenstroms nur teilweise im Behälter verwirbelt. In derartigen Sonderfällen müssen zusätzlich Annahmen bezüglich des Anteils der durchtretenden kinetischen Energie getroffen und die korrespondierenden Energieanteile in der oben genannten Gleichung ergänzt werden. Für typische Behälterformen mit mehreren Anschlüssen ist jedoch die Annahme einer vollständigen Verwirbelung der kinetischen Energie eintretender Ströme gerechtfertigt, so dass das thermodynamische Verhalten der überwiegende Mehrzahl der Behälter mit Gl. (3.52) gut wiedergegeben werden kann. Die Wandwärmeverluste Q_W müssen dabei den durch die Behälterform, die Oberflächengestaltung und das Strömungsbild gegebenen Verhältnissen Rechnung tragen. Es ist empfehlenswert, nach Abschätzung der aktiven, am Wärmeaustausch beteiligten Oberfläche die korrespondierenden Wandwärmeübergangskoeffizienten mittels Messdaten abzugleichen (Vergleich gemessener und berechneter Temperaturen).

Turbolader

Der Turbolader als zentrales Element eines aufgeladenen Motors stellt sowohl verdichter- als auch turbinenseitig eine äußerst komplexe Strömungsmaschine dar, wie dies bereits in den vorangegangenen Abschnitten offensichtlich wurde. Mittels mathematischer Modelle, die den verlustbehafteten Vorgang in den Verdichtern und Turbinen durch isentrope Wirkungsgrade beschreiben, ist es möglich, die Thermodynamik des stationär laufenden Turboladers relativ einfach zu beschreiben.

$$P_\mathrm{K} = P_\mathrm{T}, \tag{3.53}$$

$$P_\mathrm{K} = \dot{m}_\mathrm{K}(h_2 - h_1), \tag{3.54}$$

$$P_\mathrm{T} = \dot{m}_\mathrm{T}\eta_\mathrm{m,TL}(h_3 - h_4), \tag{3.55}$$

worin P_K die Kompressorantriebs- und P_T die Turbinenleistung, $\dot{m}_\mathrm{K}$ und $\dot{m}_\mathrm{T}$ den Kompressor- sowie Turbinenmassenstrom erfassen.

Die Enthalpiedifferenzen $h_2 - h_1$ und $h_3 - h_4$ können unter Berücksichtigung der inneren isentropen Wirkungsgrade des Verdichters und der Turbine berechnet werden (Gl. (3.3)). Zusammen mit dem oben genannten mechanischen Wirkungsgrad kann der Turboladergesamtwirkungsgrad η_TL bestimmt werden:

$$\eta_\mathrm{TL} = \eta_\mathrm{m,TL}\eta_\mathrm{s\text{-}i,T}\eta_\mathrm{s\text{-}i,K}. \tag{3.56}$$

Der durch die Turbine erzeugte Aufstau entspricht thermodynamisch dem Widerstand einer Drosselstelle, wobei allerdings die Temperatur nach der Drosselstelle (Turbine) analog der Verdichtergleichung (3.3) für den Expansionsfall zu berechnen ist. Bei Änderungen der Laderdrehzahl, die der Winkelgeschwindigkeit ω_{TL} proportional ist, muss überdies die Rotorträgheit I_{TL} berücksichtigt werden, so dass folgende Gleichung definiert werden kann:

$$\frac{d\omega_{TL}}{dt} = \frac{1}{I_{TL}} \frac{P_T - P_K}{\omega_{TL}}. \tag{3.57}$$

Die in den Gleichungen auftretenden Wirkungsgrade sowie der effektive freie Ersatzquerschnitt der Turbine können aus gemessenen Verdichter- und Turbinenkennfeldern abgeleitet werden. Stehen derartige Messdaten nicht zur Verfügung, so können diese Daten entweder durch Skalierung ähnlicher Kennfelder oder empirische Näherungsverfahren gewonnen werden, die auf den geometrischen Hauptabmessungen der Strömungsmaschinen beruhen.

Beispielhaft soll hier auf die Arbeiten von Malobabic [91] sowohl für Verdichter als auch Turbine sowie von Swain [133, 136] und Baines [13] verwiesen werden. Wie aus Abb. 3.17 ersichtlich ist, wird bei diesen Methoden von bestimmten geometrischen Randbedingungen ausgegangen. Zusammen mit empirischen Verlustansätzen können in der Folge die Kennfelder mit guter Näherung wiedergegeben werden (Abb. 3.18 und 3.19). Bei nur unvollständig vorliegenden Messdaten, was speziell bei Turbinen auf Grund der eingeschränkten Betriebsmöglichkeiten am Turboladerprüfstand oft der Fall ist, bewähren sich auch mathematische oder phänomenologisch-

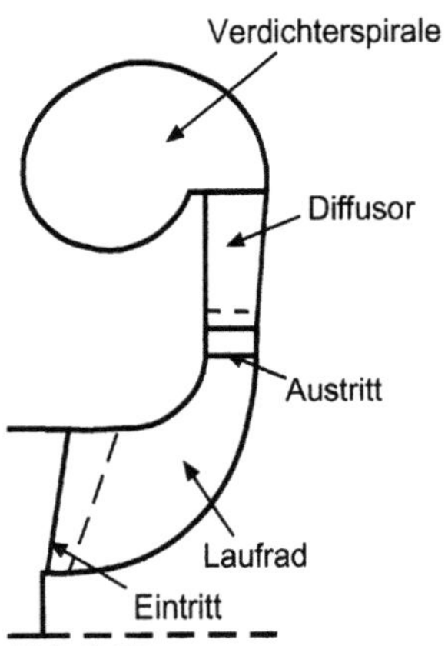

Abb. 3.17

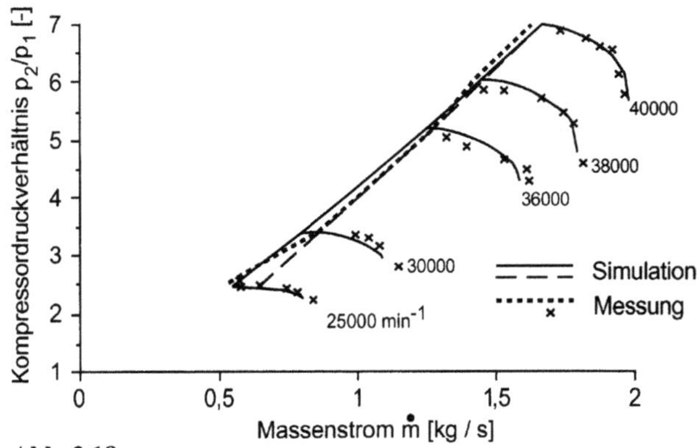

Abb. 3.18

Abb. 3.17. Geometrischen Parameter zur Beschreibung der Verdichtergeometrie nach Swain [132]

Abb. 3.18. Vergleich gemessener und simulierter Drehzahllinien eines Verdichters [132]

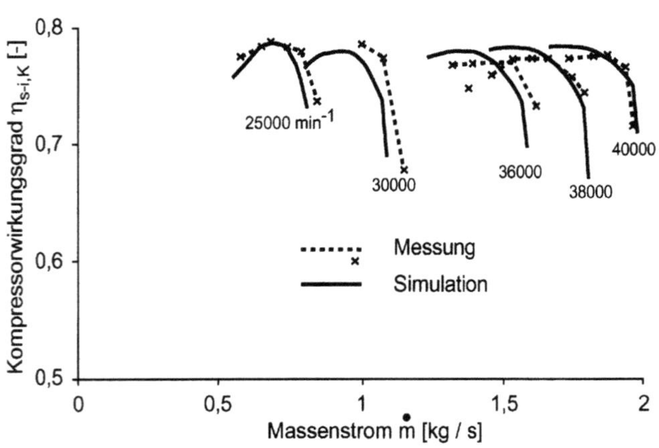

Abb. 3.19. Vergleich gemessener und simulierter Wirkungsgradlinien eines Verdichters [132]

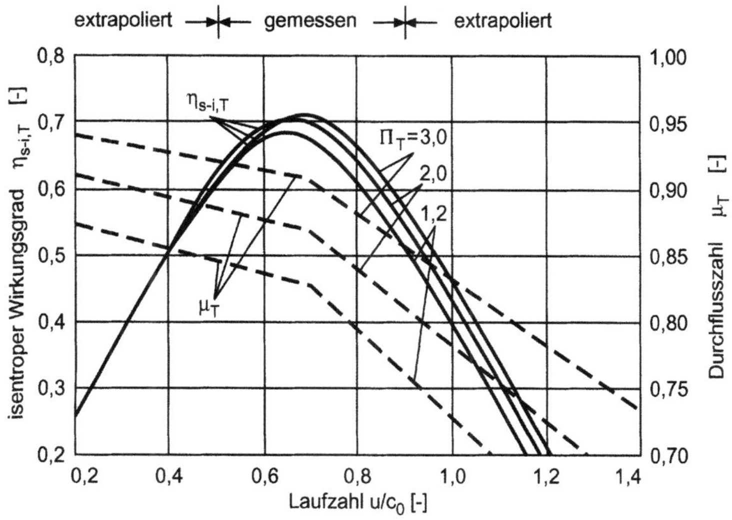

Abb. 3.20. Turbinenkennfeld-Extrapolationsmethode nach Bulaty [27]

empirische Extrapolationsmethoden, wovon die Methode nach Bulaty [27] weite Verbreitung gefunden hat (Abb. 3.20).

Verdrängerlader

Die Modellierung eines mechanischen Laders entspricht im Prinzip einer Teilaufgabe der Turboladersimulation, d. h., nur der Verdichter muss mittels eines Kennfeldes abgebildet werden. Damit kann z. B. der Betriebspunkt des Laders frei gewählt werden, um so die Abstimmung im Auslegungspunkt vorzunehmen. Im übrigen Kennfeldbereich ergeben sich dann die Laderbetriebspunkte aus dem starren oder allenfalls variablen Übersetzungsverhältnis zum Verbrennungsmotor sowie der Motorschluckfähigkeit. Im Extremfall ist auch eine völlige Entkoppelung der Motor- und Laderdrehzahl über einen elektrischen oder hydraulischen Zwischenkreis denkbar. Die Verluste solcher zusätzlicher Energiewandlungen schränken aber die Anwendungsmöglichkeiten in der Praxis weitgehend ein.

Somit kann auch die Zustandsänderung, d. h. Temperaturerhöhung, in einem mechanischen Lader mit der Isentropengleichung beschrieben werden, sofern das Druckverhältnis und der korrespondierende isentrope Wirkungsgrad bekannt sind (Gl. (2.14)).

Die genannten Drücke p_1 und p_2 stellen sich entsprechend den Durchflusswiderständen des Saugsystems stromauf des Verdichters und des Motors ein, wobei die Fördercharakteristik des Kompressors mittels gemessener Kennfelder beschrieben werden muss (Abb. 3.21). Die Antriebsleistung kann schließlich mit der folgenden Gleichung (siehe auch Gl. (3.6)) berechnet werden:

$$P_K = \dot{m}_K c_p T_1 \frac{1}{\eta_{ges,K}} \left[\left(\frac{p_2}{p_1} \right)^{(\kappa-1)/\kappa} - 1 \right], \tag{3.58}$$

worin $\eta_{ges,K}$ den Gesamtwirkungsgrad $\eta_{m,K}\eta_{s\text{-}i,K}$ beschreibt.

Ladeluftkühler

Wie noch ausführlich in Kap. 12 dargelegt wird, stellt der Ladeluftkühler eine sehr wichtige Komponente des gesamten Aufladesystems dar, sofern höchste Leistungsdichten und beste spezifische

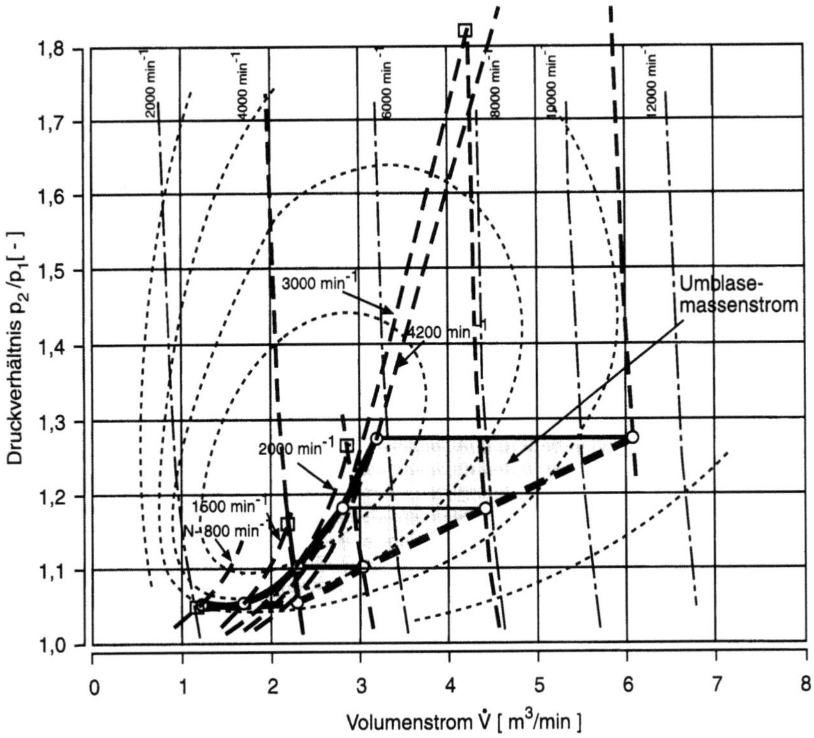

Abb. 3.21. Darstellung der Durchsatzcharakteristik eines 1-l-Pkw-Zweitakt-Dieselmotors mit Umblaseregelung im Kennfeld des Verdrängerladers. □, Schnittpunkte zwischen Motor- und Laderdurchsatzkennlinie ohne Umblaseregelung; ○, Schnittpunkte zwischen Motor- und Laderdurchsatzkennlinie mit Umblaseregelung

Verbräuche sowie Emissionsniveaus angestrebt werden. Die Ladeluftkühler werden in der Regel als konventionelle Luft-Luft- oder in Sonderfällen als Luft-Wasser-Wärmetauscher ausgeführt.

Zur Erfassung der gasdynamischen Vorgänge in einem Ladeluftkühler, d. h. der Strömungsverteilung auf die einzelnen Stränge der Matrix sowie der vom Motor angeregten Pulsationen, müssen alle dreidimensionalen Geometrieparameter berücksichtigt werden. Für derart detaillierte Untersuchungen empfiehlt es sich, den Ladeluftkühler mittels 3-D-CFD-Methoden eingebettet in ein 1-D-Rechenmodell zu simulieren (siehe Abschn. 3.6.3).

Für Motorauslegungen und damit auch Dimensionierungen von Ladeluftkühlern hat es sich jedoch als vorteilhaft erwiesen, den Kühler durch ein in Abb. 3.22 skizziertes Ersatzmodell zu beschreiben.

Entscheidend ist dabei, den Druckverlust und den Kühleffekt der Kühlermatrix durch das Rohrelement zwischen den beiden Behältern richtig zu erfassen, wozu die Wärmeübergangszahlen und Wandreibungskoeffizienten dieses Rohres abgestimmt werden müssen. Ferner ist es wichtig, die Behälter (Sammelvolumina) sowie die gasdynamisch aktive Länge zwischen Ein- und Austritt so zu modellieren, dass Dämpfungs- und Laufzeiteffekte den realen Verhältnissen entsprechen. Dies kann vor allem dann von entscheidender Bedeutung sein, wenn das Fluid im Saugsystem und Ladeluftkühler durch den Ladungswechsel des Motors zu Gasschwingungen angeregt wird. Weitere teilweise einfachere wie auch tiefer gehende Modellierungsansätze können der weiterführenden Literatur entnommen werden, z. B. Lit. 24.

Neben der bereits angesprochenen dynamischen Modellierung des Turboladermechanik müssen für die numerische Simulation des transienten Motorbetriebes die bei Drehzahländerungen auftretenden Drehmassenträgheiten mit dem aktuellen Last- und Motormoment bzw. den korres-

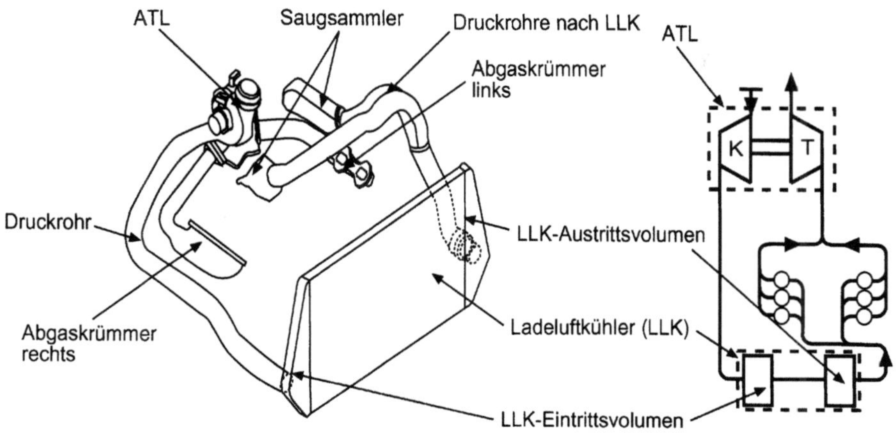

Abb. 3.22. Beispiel eines Ladeluftkühlerersatzmodells zur Modellierung eines aufgeladenen V6-Motors mit Ladeluftkühlung

pondierenden Leistungen entsprechend dem Momentensatz in Beziehung gesetzt werden:

$$\frac{d\omega_M}{dt} = \frac{1}{I_M} \frac{P_M - P_{Last}}{\omega_M}. \tag{3.59}$$

Darin bedeuten ω_M die Winkelgeschwindigkeit der Verbrennungskraftmaschine, I_W das Ersatzträgheitmoment aller rotierenden und translatorisch bewegten Motormassen, P_M die momentane Motorleistung sowie P_{Last} die momentane Leistung der äußeren Last.

Die transienten Motorvorgänge können nun ebenfalls mit den gezeigten Gleichungen beschrieben werden, wobei allerdings die Lastabhängigkeit vieler Parameter wie Verbrennungsdaten, Kraftstoffmengen, Wandtemperaturen im Motor und vor allem im Abgassystem berücksichtigt werden müssen. Dazu ist auch die genaue Erfassung der Wärmekapazitäten notwendig, um das verzögerte Ansprechen der Turbine nach einem Lastsprung richtig zu simulieren. Die Modellierung der Rohrleitungen muss dabei auf die Materialeigenschaften und Bauform (Guss, Kunststoff, Stahlrohr, Isolation, doppelwandige Rohre etc.) Rücksicht nehmen.

Weitere häufig bei aufgeladenen Motoren verwendetete Bauelemente, wie **Luftfilter, Ansauggeräuschdämpfer,** AGR-(Abgasrückführung-)**Kühler, Abgaskatalysator** und **Schalldämpfer** können aus den diskutierten Bauelementen Rohr und Behälter jeweils individuell aufgebaut werden. Viele kommerziell verfügbare Softwarepakete für thermodynamische Kreisprozesssimulationen bieten für diese Bauteile auch vordefinierte Module an.

3.6.3 Numerische dreidimensionale Simulation von Strömungsvorgängen

Parallel zur Auslegung und Optimierung der thermodynamischen Prozessführung aufgeladener Verbrennungskraftmaschinen mit den im letzten Abschnitt besprochenen Methoden der 1-D-Simulation müssen für eine optimale konstruktive Umsetzung weiterführende Detailoptimierungen der gasführenden Bauteile vorgenommen werden. Dies ist mit Hilfe numerischer dreidimensionaler Strömungssimulationen (CFD) möglich. So können objektive Beurteilungen und Bewertungen konstruktiver Ausführungen und Varianten vorgenommen werden.

Grundsätzlich sind für derartige Untersuchungen relativ weit fortgeschrittene Konstruktionszeichnungen erforderlich, mittels deren die geometrischen Randbedingungen exakt beschrieben werden. Besonders vorteilhaft sind dabei 3-D-Konstruktionsmethoden, die auf so genannten Solids aufbauen, d. h. körperhaften imaginären Bauteilen. Von diesen Bauteilen können vollständig geschlossene Oberflächenmodelle abgeleitet werden. In diese Oberflächen müssen nun die Berechnungsnetze eingepasst werden, wobei diese manuell oder bei guter Qualität der Oberflächen sehr vorteilhaft mit automatischen Netzgeneratoren erzeugt werden können. Für letztere Aufgaben stehen ebenfalls eine größere Zahl kommerziell verfügbarer Programmpakete zur Verfügung (AVL-FAME, PRO-STAR).

Neben Gasströmungen werden auch Flüssigkeitsströmungen mittels CFD-Methoden simuliert, wie z. B. die Kühlmittelströmung im Motorblock und Zylinderkopf. Generell können die folgenden wichtigsten Aufgabenbereiche der CFD-Simulation im Rahmen der Entwicklung aufgeladener Motoren zusammengefasst werden (ohne Aufgaben der Applikation- und Produktionstechnik wie z. B. Motorraumdurchströmungen oder Simulation gusstechnischer Vorgänge):

- Gasströmungen in den motorischen Luftführungsleitungen (sowohl stromauf als auch stromab des Verdichters): Minimierung der Druckverluste, Akustische Phänomene, Verdichteranströmung, Qualität der Einlasskanalströmung, AGR-Beimischung in Saugleitungen, AGR-Verteilung im Saugsammler, Gemischaufbereitung und Wandanlagerung im Saugrohr
- Gasströmungen in den motorischen Abgasleitungen: Druckverlustminimierung im Abgaskrümmer, Turbinen- und Wastegateanströmung, Katalysatoranströmung, Resonanzauspuffanlagen für Zweitaktmotoren
- innermotorische Vorgänge: Strömungsbild während der Kompressions- und Verbrennungsphase, innere Gemischbildung bei DI-Diesel- und DI-Ottoverfahren, Ausbreitung der Verbrennungszone und Schadstoffbildung, Vor- und Wirbelkammerauslegung bei Brennverfahren mit geteiltem Brennraum, Zweitaktspülströmung, Durchströmung des Kraftstoffsystems
- Kühlmittelströmung flüssigkeits- und luftgekühlter Motoren: Optimierung der Strömungsführung hinsichtlich Wärmeübergang, Druckverlustminimierung, Elimination von Totwassergebieten, Kavitationsbeurteilung

Einige Beispiele für derartige CFD-Untersuchungen – speziell an Bauteilen von aufgeladenen Motoren – werden im Abschn. 5.5 vorgestellt.

3.6.4 Numerische Simulation des aufgeladenen Motors im Verbund mit Verbrauchersystem

Ziel jeder Motorauslegung ist die bestmögliche Erfüllung möglichst vieler Vorgaben des Verbrauchersystems. Im Fall eines Personenkraftwagens wären dies u. a. das Beschleunigungsvermögen, die Elastizität, die maximale Fahrgeschwindigkeit, die Steigfähigkeit, die Schadstoffemission sowie Laufruhe und Geräuschabstrahlung.

Mit den in Abschn. 3.6.2 und 3.6.3 dargelegten Methoden ist eine sehr genaue Simulation der motorischen Vorgänge möglich, wobei aber Rückwirkungen des Verbrauchers (z. B. Triebstrang sowie Fahrzeug) auf die Verbrennungskraftmaschine und das gesamte Umfeld (z. B. thermisches System) nicht umfassend berücksichtigt werden können.

Solche den Gesamtprozess betreffenden Fragestellungen müssen daher mit Methoden beschrieben werden, die alle relevanten physikalischen Teilprozesse (Motor, Aufladesystem, Triebstrang, Motorsteuerung, thermisches und elektrisches System, Klimatisierung der Passagierkabine, Fahrzeugdynamik) ausreichend genau wiedergeben und dennoch praktisch einsetzbare Durchlaufzeiten für Modellierung, Simulation und Auswertung ermöglichen.

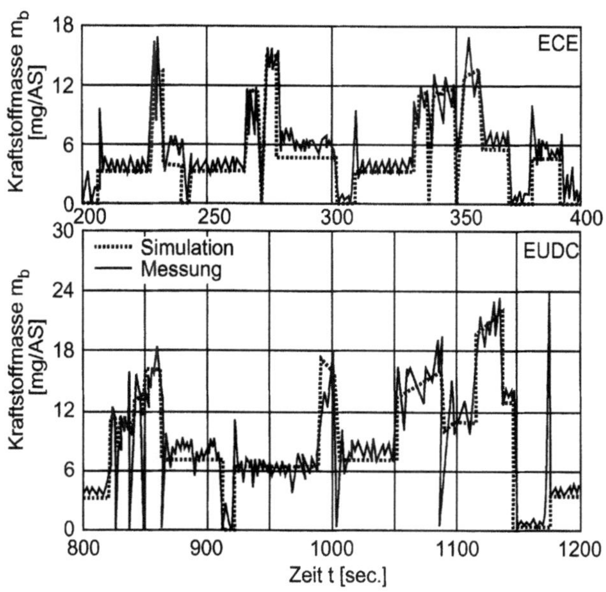

Abb. 3.23. Vergleich gemessener und simulierter Kraftstoffverbräuche eines Pkw im europäischen NEDC-Fahrzyklus

Ein für diese Aufgabe gut geeignetes Werkzeug stellt das Programmsystem GPA (Gesamtprozessanalyse) der Forschungsvereinigung Verbrennungskraftmaschinen (FVV) dar. Mit diesem wie anderen kommerziell verfügbaren Programmpaketen (AVL-CRUISE, GT-DRIVE u. a.) kann das Betriebsverhalten des gesamten Systems simuliert und optimiert werden. Die Anwendungsmöglichkeiten reichen von Kaltstartuntersuchungen, Optimierungen des transienten Betriebs (Beschleunigungsvermögen) bis hin zu Fehlersimulationen, in denen die Auswirkungen von z. B. fehlerhaften Sensormeldungen auf die Motorsteuerung untersucht werden können.

Die genannten Programmsysteme verwenden verschiedene Techniken, um die Simulationszeiten zu reduzieren. So wird z. B. mit GPA vor der eigentlichen Gesamtsystemsimulation ein erweitertes Motorkennfeld simuliert und abgelegt, das auch alle transient auftretenden Betriebssituationen abdeckt. Damit kann der Zeitaufwand zur Beschreibung des motorischen Verhaltens während der Zyklussimulation stark reduziert werden. Allerdings ist die Rechenzeitbeschleunigung prinzipbedingt mit einer gewissen Einschränkung der Genauigkeit verbunden.

Es gilt somit immer die Zielsetzung einer Untersuchung zu hinterfragen, um jeweils genau das Werkzeug mit der richtigen Genauigkeit und Aussagekraft zu wählen.

In Abb. 3.23 wird ein Vergleich der gemessenen und simulierten Kraftstoffmassenströme im normierten europäischen Fahrzyklus NEDC gezeigt. Auf Basis solch verifizierter Modelle können bereits vor der Prüfstands- und Fahrzeugentwicklung Voroptimierungen vorgenommen und z. B. die Anzahl der experimentell zu untersuchenden Regelungsstrategien eingeschränkt werden.

4 Mechanische Aufladung

4.1 Einsatzgebiete der mechanischen Aufladung

Falls der Vorverdichter (Verdränger- oder Strömungslader) direkt vom Motor angetrieben wird, spricht man von einer mechanischen Aufladung. Bei Verdrängerladern ist im Regelfall ein starres Übersetzungsverhältnis ausreichend, während bei Strömungsverdichtern ein variables Übersetzungsverhältnis für die meisten Anwendungsfälle notwendig ist.

Werden vereinfachend für beide Aufladeverfahren starre Übersetzungsverhältnisse vorausgesetzt, ergeben sich für den Verdrängerlader über der Drehzahl leicht ansteigende Druckverhältnisse, während sich beim starr gekoppelten Strömungslader parabolische, einer Drossellinie ähnliche, Druckverhältnisverläufe einstellen. Es muss dann, je nach Einsatzfall, die Übersetzung so gewählt werden, dass entweder die gewünschte Leistung erreicht wird oder bestimmte Drehmomentwerte bei niedrigerer Drehzahl. Je nach Anwendungsfall kann man folgende Zusammenhänge zwischen Motormoment M_d und Motordrehzahl n_M herstellen:

- **Konstantdrehzahlbetrieb**

  $n_M =$ konstant $M_d =$ veränderlich (z. B. Generatorbetrieb)

  Verdrängerlader und Strömungslader mit starrer Drehzahlkopplung sind **geeignet**; der Strömungslader ist sehr gut anpassbar.
- **Propellerbetrieb**

  $n_M =$ veränderlich M_d steigt parabolisch an (z. B. Schiffsbetrieb)

  Für diesen Betriebsfall ist – Beschleunigungsvorgänge ausgeklammert – der **Strömungslader** in starrer Kopplung auf Grund der der Lastlinie identischen Druckcharakteristik gut geeignet.
- **Fahrzeugbetrieb**

  $n_M =$ veränderlich $M_d =$ veränderlich

  M_d-Überhöhung bei Drehzahldrückung ist erwünscht. Bei dieser Betriebsart gibt **nur der Verdrängerlader in starrer Kopplung** akzeptable Drehmomentenverläufe. Eine variable Übersetzung würde aber auch hier bessere Anpassung des Drehmomentenverlaufes an die Zugkrafthyperbel ergeben. Motoren mit **Strömungslader** können in jedem Falle **nur mit variabler Laderübersetzung** (z. B. CVT) die gewünschten Drehmomentverlaufswerte erreichen.

Da das Bauvolumen mechanischer Lader in etwa linear mit dem Durchsatz ansteigt, ist ihr Einsatz heute meist auf kleinere Fahrzeugmotoren bis etwa 3–4 l Hubraum begrenzt. Das bevorzugte Anwendungsgebiet sind dabei Ottomotoren, wo die Abgasturboaufladung aus strömungstechnischen Gründen, vor allem aber wegen der hohen Temperaturbelastung des Laders, noch nicht in größerem Umfang im Serieneinsatz ist.

4.2 Energiebilanz der mechanischen Aufladung

Zur Betrachtung der Energiebilanz von Verdrängerladern im Zusammenwirken mit einem Kolbenverbrennungsmotor sind *pV*- und *TS*-Diagramme besonders geeignet. Abbildung 4.1 zeigt das Prinzipschaltbild und Abb. 4.2 die *pV*- und *TS*-Diagramme.

Man erkennt aus dem *pV*-Diagramm sehr gut, dass die vom Lader aufgewendete Verdichtungsarbeit theoretisch als positive Gaswechselarbeit zu einem erheblichen Teil wiedergewonnen werden könnte. Rein praktisch stehen dem die sowohl bei der Verdichtung ($\eta_{ges,K}$ ca. 60 %) als auch beim Gaswechsel selbst zu beachtenden Wirkungsgrade entgegen. Man erreicht höchstens einen Rückgewinn in der Größenordnung von ca. 20–30 %. Deshalb ist die Abschaltung mechanisch angetriebener Lader in den Lastgebieten, wo kein Ladedruck benötigt wird, aus Wirkungsgradgründen wünschenswert oder sogar notwendig.

Darüber hinaus tritt bei aufgeladenen Otto-Motoren eine Verschlechterung des Hochdruckwirkungsgrades η_{HD} ein, der in Abb. 4.3 in Abhängigkeit von der Ladeluftkühlung, der Ansaug-

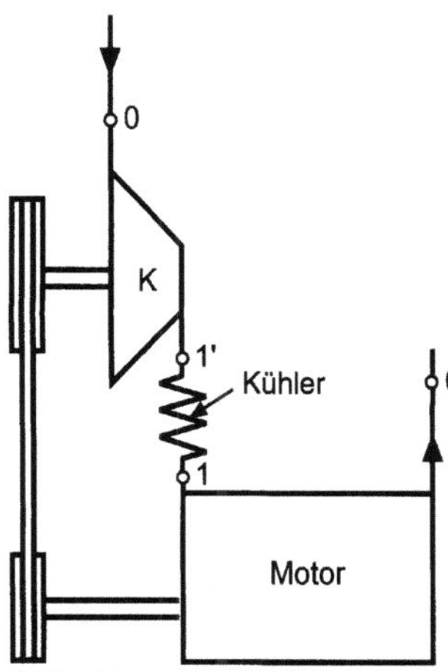

Abb. 4.1

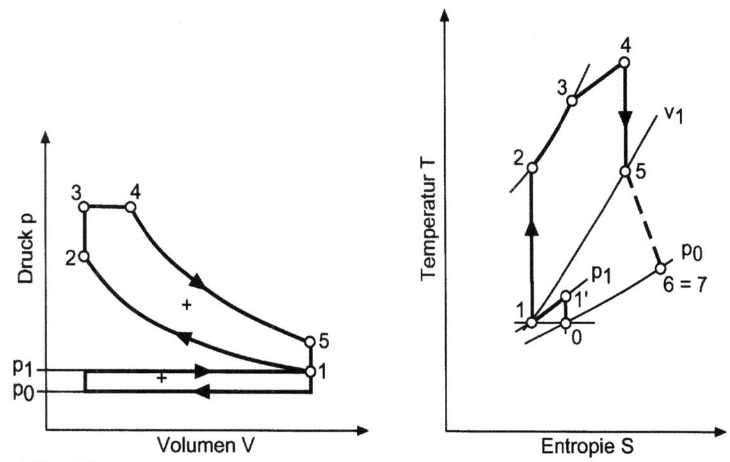

Abb. 4.2

Abb. 4.1. Schaltbild eines mechanisch aufgeladenen Motors mit Ladeluftkühlung

Abb. 4.2. *pV*- und *TS*-Diagramme eines mechanisch aufgeladenen Motors mit Ladeluftkühlung

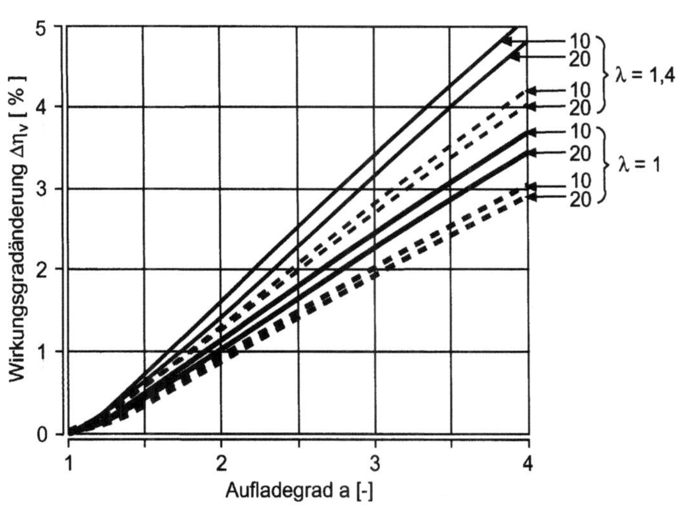

Abb. 4.3. Verbrennungswirkungsgradverschlechterung bei aufgeladenen Ottomotoren in Abhängigkeit vom Luftverhältnis λ, der Ansaugtemperatur und dem Aufladegrad sowie dem Einsatz einer Ladeluftkühlung. - -, mit Kühlung; —, ohne Kühlung

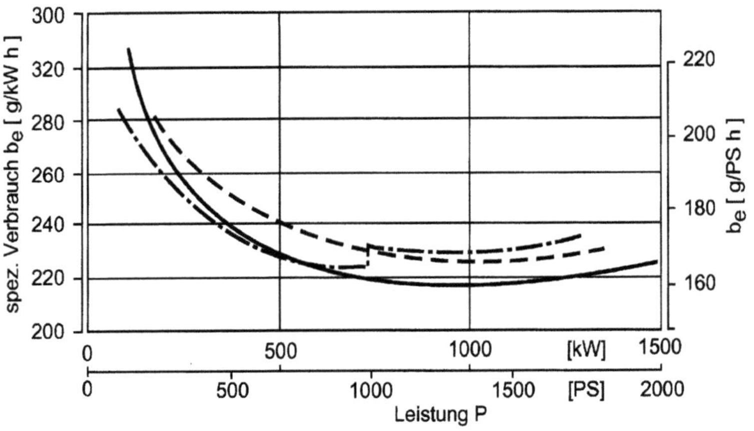

Abb. 4.4. Vergleich der Kraftstoffverbräuche von mechanisch aufgeladenen Dieselmotoren mit (strichpunktierte Linie) und ohne (strichlierte Linie) Laderabschaltung im Teillastgebiet im Vergleich zu einem abgasturboaufgeladenen Motor gleicher Leistung (volle Linie) [156]

temperatur und vom Verbrennungsluftverhältnis λ dargestellt ist. Probleme bereitet das Lastgebiet, wo, wie bei der Quantitätslastregelung eines Ottomotors, nur ein Teilladedruck benötigt wird.

Abbildung 4.4 zeigt den Vergleich der Kraftstoff-Teillastverbräuche leistungsgleicher Dieselmotoren, einmal mit und ohne Laderabschaltung mechanisch aufgeladen und einmal abgasturboaufgeladen. Es ist offensichtlich, dass der im nächsten Abschnitt behandelten Regelung des Ladedrucks mechanisch angetriebener Lader besondere Bedeutung zukommt.

4.3 Regelungsmöglichkeiten des Förderstromes mechanischer Lader

Um die Möglichkeiten der meist notwendigen Ladedruckregelung abzuschätzen und zu bewerten, leistet das bereits ausführlich beschriebene Druck-Volumen-(Massen-)Strom-Diagramm von Lader und Motor gute Dienste. Wegen der stark unterschiedlichen Motorkennfelder macht es Sinn, die Regelungsmöglichkeiten für Viertakt- und Zweitaktmotoren getrennt zu betrachten.

4.3.1 Viertaktmotoren

Verdrängerlader

Werden für den Fall des Viertaktmotors die Förderlinien des Laders und die Schlucklinien des Motors zusammen aufgetragen (Abb. 2.15), so erkennt man, dass bei Verdrängerladern mit den für beide typischen steilen Kennlinien die Fördermassendifferenz zwischen Lader und Motor mit abnehmendem Ladedruck nur sehr wenig zunimmt. Das heißt für die Regelung, dass sowohl über Last als auch Drehzahl nur kleine Förderströme manipuliert, d. h. abgeblasen oder durch eine Bypass-Schaltung wieder vor den Lader geführt werden müssen.

Die **Bypass-Regelung** macht für den Lastbereich Sinn, wo noch ein Teilladedruck benötigt wird, somit im Kennfeldbereich zwischen Π_{max} und $\Pi = 1$. Diese Ladedruck-Bypass-Regelung ist beim Ottomotor mit Quantitätsregelung notwendig, da über den Druck vor Einlassventil die vom Motor angesaugte Gemischmenge bestimmt wird.

Aber auch beim Dieselmotor ist aus Gründen des Teillastkraftstoffverbrauches ein abgesenkter Teillastladedruck mit dadurch reduzierter Lader-Antriebsleistung wünschenswert.

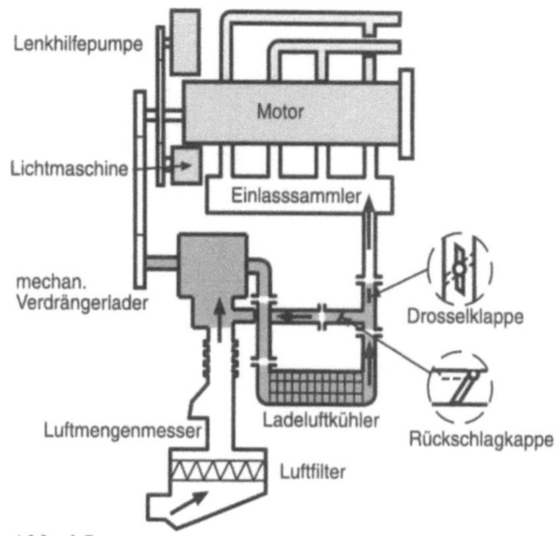

Abb. 4.5

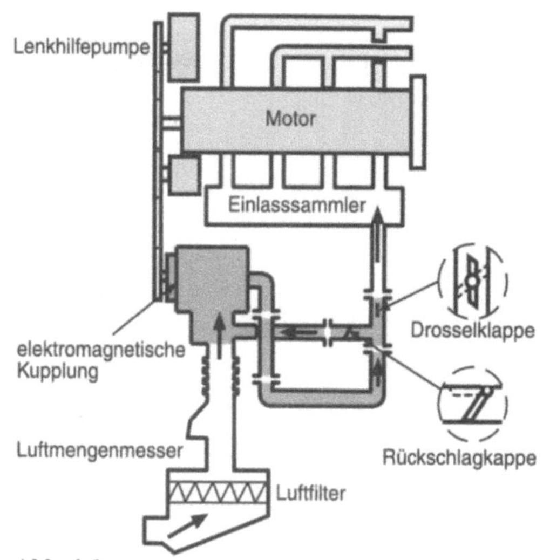

Abb. 4.6

Abb. 4.5. Laderdruckregelung mittels Kompressor-Bypass-Schaltung bei permanent angetriebenem Lader [130]

Abb. 4.6. Laderdruckregelung mittels Kompressor-Bypass und Laderabschaltung [130]

Dazu kommt, dass bei dieser Art der Regelung (Abb. 4.5) trotz Laderumgehung eine Luftmassenmessung realisiert werden kann, wie sie beim Ottomotor mit Lambda-Regelung und beim Dieselmotor für eine geregelte Abgasrückführung notwendig ist.

Die **Abschaltung** mechanisch angetriebener Lader, auch in Verbindung mit einer Bypass-Schaltung, ist energetisch in dem Lastbereich sinnvoll, wo der Motor auch als Saugmotor betrieben werden könnte. Die Abschaltung ist unabhängig vom Lastregelverfahren des Motors in jedem Falle sinnvoll, werden doch dadurch sowohl die Ladereigenverluste vermieden als auch die Betriebsdauer des Laders verringert und seine Lebensdauer erhöht. Abbildung 4.6 zeigt das zugehörige Prinzipschaltbild. Zwingend erforderlich ist die Laderabschaltung bei Ladern mit innerer Verdichtung, da sonst unnötige Verdichtungsarbeit aufgebracht werden muss.

Beim Ottomotor kann dann zusätzlich die ohnehin vorhandene Drosselklappe zur Lastregelung für den gesamten Lastbereich verwendet werden.

Die einfache Art der Luftmengenanpassung an den Motorluftbedarf durch **Abblasen** wird man nur in Sonderfällen, z. B. für Notabschaltungen, wählen, da sie energetisch ineffizient ist.

Auch die **Laderdrehzahlregelung** wird nur in Sonderfällen angewandt, wenn der Ladedruck eines Verdrängerladers im unteren Motor-Drehzahlbereich angehoben werden muss. Hilfreich ist in diesem Fall, dass die Übersetzungsänderungen für den Laderantrieb moderat ausfallen und gegebenenfalls nur in Stufen geschaltet werden müssen.

Strömungslader

Völlig anders stellt sich die Laderregelung bei mechanisch angetriebenen Strömungsladern dar. Für einen im Kennfeld frei wählbaren bestimmtem Teilladedruck muss – soferne nicht erhebliche Luftmengen mittels einer Bypass-Schaltung um- oder abgeblasen werden sollen – in jedem Falle eine variable Laderdrehzahlregelung ins Auge gefasst werden. Nur mit ihr sind energetisch sinnvolle, geregelte Teillastladedruckwerte darstellbar. Technisch realisiert werden kann eine solche Lösung durch stufenlose Riemen- oder Kettengetriebe sowie mittels hydrodynamischer Getriebe (Föttinger) und hydrostatischer Antriebe. All diese Lösungen sind regelungstechnisch einfach und

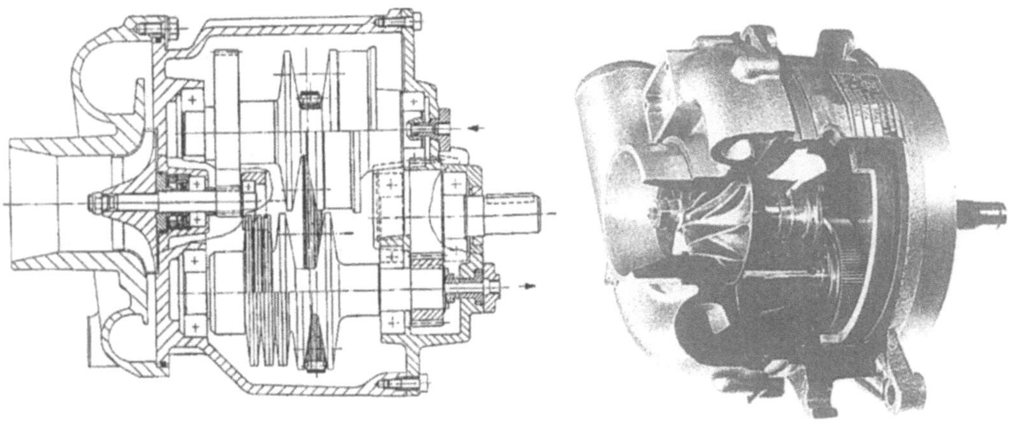

Abb. 4.7. Variable Laderdrehzahlregelung bei mechanisch angetriebenen Strömungsladern [ZF]

auch betriebssicher. Sie leiden aber unter den sehr großen notwendigen Drehzahlspannen und Drehzahländerungsgeschwindigkeiten. Dazu kommen die beachtlichen Systemkosten für alle oben genannten Lösungen (Abb. 4.7).

Eingriffe, welche die Kennfeldbreite oder die möglichen Druckverhältnisänderungen von Strömungsladern beeinflussen, sind hier nicht angesprochen. Sie werden in Kap. 5 ausführlich behandelt.

4.3.2 Zweitaktmotoren

Das Druck-Volumenstrom-Kennfeld von Zweitaktmotoren mit in etwa symmetrischem Steuerdiagramm stellt sich näherungsweise als eine Durchsatzlinie dar, deren Startpunkt bei 0-Durchsatz vom anliegenden Auspuffgegendruck abhängt (Abb. 2.13). Deutlich andere, dem Viertaktmotor angenäherte Schlucklinien ergeben sich bei längsgespülten Zweitakt-Großdieselmotoren mit asymmetrischem Steuerdiagramm (inklusive variablem Auslassschluss).

Aus diesem Verhalten lässt sich ableiten, dass hier ein mechanisch angetriebener Strömungslader in starrer Übersetzung zur Motordrehzahl bereits dann sehr gute Ergebnisse liefert, wenn nicht Sonderbetriebszustände, wie schnelle Laständerungen, Beschleunigungen oder Drehzahländerungen des Motors eine besondere Rolle spielen. Verdrängerlader sind dagegen in starrer Übersetzung unterfordert. Anpassungen an besondere Bedingungen, wie z. B. hohe Luftzahlen bei Motorleerlauf, können eine **variable Drehzahlregelung** des Laders auch bei Zweitaktmotoren notwendig werden lassen. Insgesamt hat die Anwendung mechanisch angetriebener Lader heute nur noch bei kleinen, schnelllaufenden Motoren eine gewisse Bedeutung, wobei solche Motoren kaum in Serie produziert werden.

4.4 Bauformen und Systematik mechanisch angetriebener Verdichter

4.4.1 Verdrängerlader

Als klassischer Vertreter des Verdrängerladers kann nach wie vor der Kolbenverdichter angesehen werden. Auch wenn er heute nur noch als Spülpumpe bei Zweitaktmotoren entweder unter Benutzung der Kolbenunterseite des Motor-Arbeitskolbens (bei kleinen, billigen Zweitaktmotoren als Kurbelkasten-Spülpumpe) oder bei Kreuzkopfgroßmotoren als Endverdichtungsstufe und Überschiebepumpe in Verbindung mit einer Abgasturboaufladung eine gewisse Bedeutung hat.

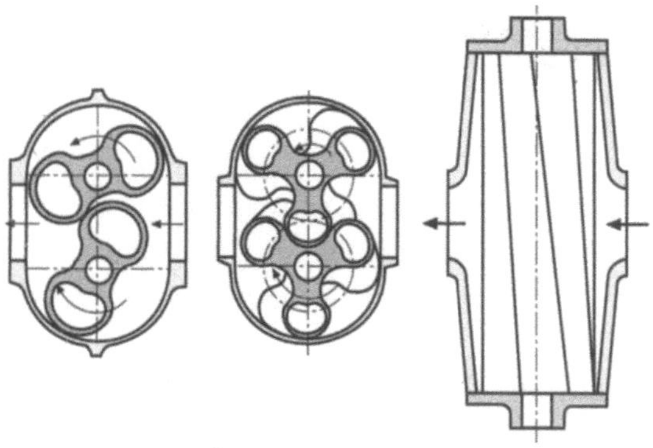

a b c
Abb. 4.8

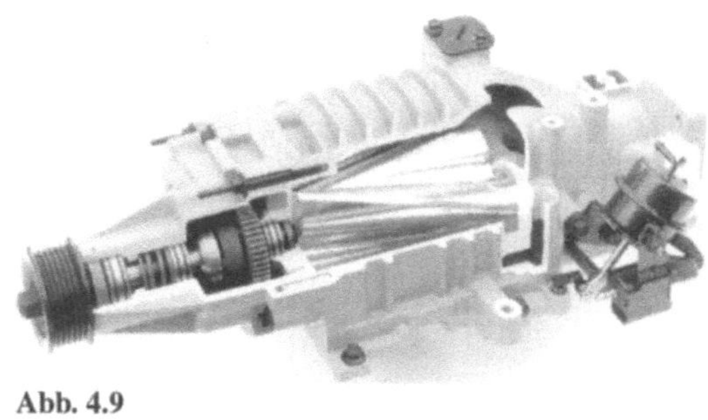

Abb. 4.9

Abb. 4.8. 2- (**a**) und 3-flügeliges (**b**) Rootsgebläse; **c** Draufsicht [56]

Abb. 4.9. Ansicht eines Roots-Gebläses von Eaton

Aus Bauvolumen- und Gewichtsgründen haben sich aber mehr und mehr die so genannten Drehkolbenlader durchgesetzt, weil sie mit wesentlich höheren Betriebsdrehzahlen als der Motor selbst betrieben werden können. Drehkolbenlader gibt es in sehr verschiedenen Bauformen. Eine Systematik derselben haben u. a. Felix Wankel und in neuerer Zeit G. Haider [56] zusammengestellt.

Im Rahmen dieses Buches soll nur auf einige wenige Lader näher eingegangen werden, nämlich jene, die entweder im Serieneinsatz sind und sich auf dem Markt durchgesetzt haben oder besondere Vorteile für zukünftige Anwendungen erwarten lassen.

Rootslader

Das Rootsgebläse ist heute der in größter Stückzahl produzierte Verdrängerlader. Haupthersteller sind die Firmen Eaton und Ogura (Abb. 4.8 und 4.9). Es handelt sich bei dieser Laderbauart um ein außenachsiges Zweiwellengebläse mit zwei- oder dreiflügeligem Drehkolbenpaar. Es findet eine nur unwesentliche innere Verdichtung statt. Das Totvolumen der Maschine ist groß. Vorteile sind die für Verdrängerlader einfache Bauform mit dadurch vergleichsweise günstigen Herstellungskosten, eine ausreichende Lebensdauer mit konstant bleibenden Wirkungsgraden durch berührungsfreie Dichtung der Arbeitsräume sowie ein relativ kleines Bauvolumen durch hohe mögliche Laderdrehzahlen.

Da der Rootslader praktisch keine innere Verdichtung aufweist und auch die Luftförderung mit bauartbedingten großen Schwankungen erfolgt, erweisen sich die Beherrschung der Ladedruckpulsation und die Ladergeräuschemission als Hauptprobleme. Sie können nur durch gezielte Geometriewahl der Ein- und Austrittsöffnungen des Laders einerseits und entsprechende Verwindung der Drehkolben andererseits befriedigend gelöst werden.

Ein weiteres Problem ist der geringe erreichbare Ladedruck bei niedrigen Motordrehzahlen infolge der Spaltverluste zwischen Drehkolben und Gehäuse, die nur berührungsfrei gegeneinander abgedichtet werden können. Eine zumindest schaltbare variable Laderantriebsübersetzung wird deshalb von einigen Anwendern näher ins Auge gefasst.

Das Haupteinsatzfeld dürften in Zukunft Pkw-Ottomotoren sein, wo die Anordnung des Laders auf der „kalten“ Ansaugseite des Motors (ohne Zusatzmaßnahmen auf der „heißen“ Auspuffseite) einerseits sowie der spontane Ladedruckaufbau, das breite nutzbare Kennfeld und nur geringe Anforderungen an das realisierbare Druckverhältnis andererseits gute Voraussetzungen für eine

Serienanwendung eröffnen. Er wird z. B. bei Mercedes Benz beim 2.0- und 2.3-l-Kompressormotor für die Typen der C-Klasse und den SLK in steigender Stückzahl eingesetzt.

Spirallader

Der Spirallader war bei VW einige Jahre unter der Bezeichnung G-Lader in verschiedenen Fahrzeugtypen zur Darstellung der jeweiligen Top-Motorisierung in Serienproduktion. Probleme mit der Fertigung sowohl hinsichtlich der Kosten als auch der Leistungskonstanz ließen ihn wieder aus der Angebotspalette verschwinden.

Spirallader arbeiten nach dem Bauprinzip ineinander abrollender Spiralen. Diese werden über einen Exzenter so gesteuert, dass zwei Spiralsegmente von inneren Einlässen in zwei außenliegende Auslässe fördern (Abb. 4.10). Dabei reduziert sich das innere Volumen, was zu einer inneren Verdichtung führt. Vorteilhaft sind bei dieser Bauart ein kleines Trägheitsmoment (ca. 1/10 bis 1/20 von Drehkolbenladern), niedriges Geräuschniveau und niedriges Gewicht.

Als nachteilig gelten die schwierige Herstellung, eine ausreichende Dichtung zwischen den sehr langen Spiralförderelementen und dem Gehäuse sowie eine ausreichende Dichtung im Auslassbereich. ABB Turbo Systems versucht diesen Ladertyp unter dem Namen Ecodyno wieder in den Markt einzuführen. Haupteinsatzgebiet dürfte, gegebenenfalls unter der oben genannten Zielsetzung, ebenfalls die Ausrüstung kleiner Hochleistungs-Ottomotoren sein [130].

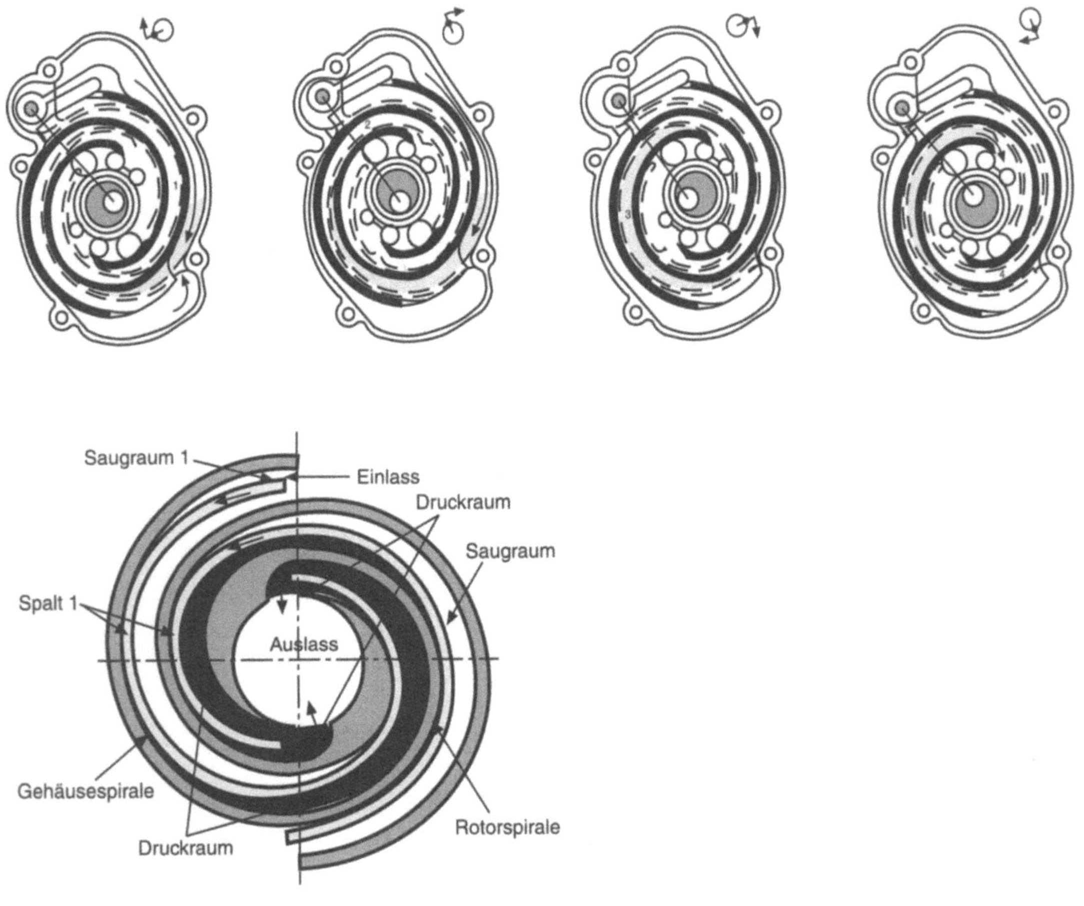

Abb. 4.10. Prinzipskizze der Wirkungsweise eines Spiralladers [130]

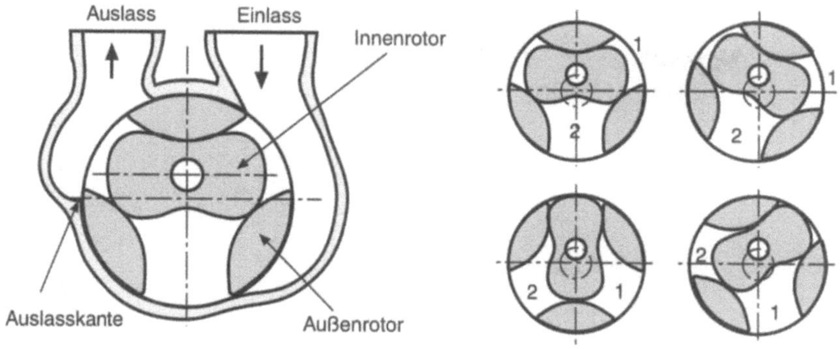

Abb. 4.11. Wankel-2/3-(Ro-)Lader [56]

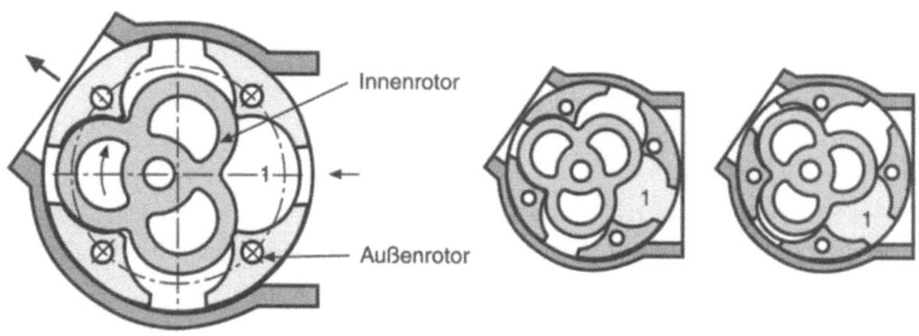

Abb. 4.12. Wankel-3/4-(Pierburg-)Lader [56]

Wankel-2/3-(Ro-) und -3/4-(Pierburg-)Lader

Die Firmen KKK (heute 3K Warner) und Pierburg haben nach Patenten von Felix Wankel 2- und 3-flügelige Drehkolbenlader entwickelt (Abb. 4.11 und 4.12) und als Prototypen angeboten. Es handelt sich um jeweils zweiwellige innenachsige Drehkolbenlader mit drei- oder vier Arbeitsräumen. Beim Ro-Lader von KKK taucht dabei der zweiflügelige Innenläufer in drei entsprechende Ausnehmungen des Außenläufers. Die Drehzahl des Innenläufers beträgt daher das 1,5fache des Außenläufers. Angetrieben wird der Innenläufer, der den Außenläufer über Ritzel und Hohlrad mittreibt.

Beim DK-Kompressor von Pierburg läuft ein dreiflügeliger Innenrotor in vier Ausnehmungen des Außenläufers. Der Innenrotor läuft mit 1/3 höherer Drehzahl als der Außenrotor.

Einsatzgebiete lägen ebenfalls auf dem Gebiet kleiner aufgeladener Ottomotoren. Es ist bisher aber zu keinem Serieneinsatz dieser Laderbauarten gekommen.

Lysholm-Schraubenverdichter

Beim Schraubenverdichter, den Lysholm erstmals in den dreißiger Jahren realisierte, reizen vor allem die hohe innere Verdichtung sowie hohe erreichbare Druckverhältnisse und Wirkungsgrade. Es handelt sich um einen zweiwelligen außenachsigen Drehkolbenlader mit Haupt- und Nebenrotor (Abb. 4.13). Der Hauptrotor hat dabei 4, der Nebenrotor 6 Zähne. Der Hauptrotor läuft mit der 1,5fachen Drehzahl des Nebenrotors. Wegen der hohen erreichbaren Druckverhältnisse sind vor allem die Spaltverluste kritisch zu sehen. Die Fertigung der stark verwundenen Zahnprofile der Läufer ist sehr aufwändig. Die Rotorträgheitmomente sind höher als beim Rootslader. Dagegen ergibt sich ein besonders gleichmäßiger Förderverlauf und es sind hohe Laderdrehzahlen erreichbar, was zu kleinen Laderabmessungen führt.

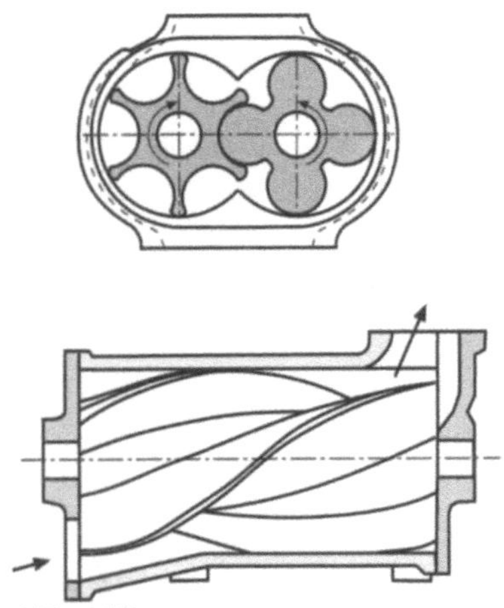

Abb. 4.13

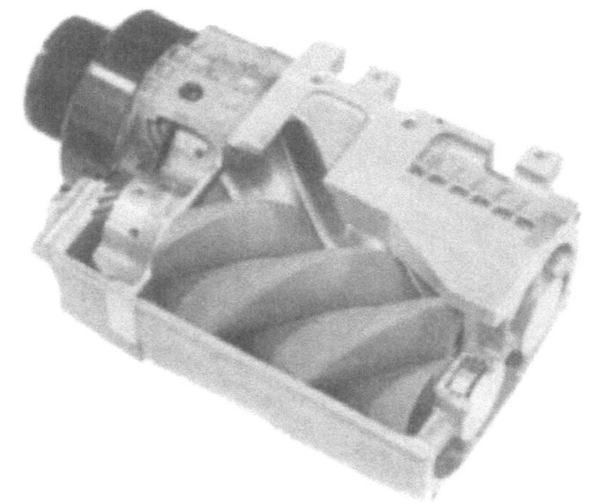

Abb. 4.14

Abb. 4.13. Prinzipbild eines Schrauben-(Lysholm-)Verdichters [56]

Abb. 4.14. Schraubenverdichter des AMG-C32-3,2-l-Motors von DaimlerChrysler

Lysholm-Verdichter werden von Svenska Rotor Maskiner in Schweden sowie von IHI in Japan produziert, waren bei Mazda kurzfristig im Serieneinsatz und werden neuerdings bei Daimler Chrysler im AMG C32 verwendet (Abb. 4.14).

Das Haupteinsatzgebiet für Schraubenverdichter werden wegen der hohen erreichbaren Wirkungsgrade und Druckverhältnisse in Zukunft vor allem moderne Hochleistungsfahrzeug- oder Boots-Ottomotoren sein.

4.4.2 Strömungslader

Auf die Bauform der Strömungslader muss hier nicht näher eingegangen werden, da sich diese vom Turboladerverdichter nicht unterscheidet. Anstelle der Turbine muss beim mechanisch angetriebenen Lader nur eine entsprechende Antriebsquelle angeordnet werden, z. B. ein mechanischer Durchtrieb mittels CVT-Getriebe zur Kurbelwelle (siehe Abb. 4.7) oder ein Elektromotor. Das in Abb. 13.7 gezeigte System wird unter dem Markennamen Turbopac in kleinen Stückzahlen in den USA zur Nachrüstung von Nutzfahrzeug-Dieselmotoren eingesetzt.

5 Abgasturboaufladung

5.1 Ziele und Einsatzgebiete der Abgasturboaufladung

Die eindeutige Zielsetzung der Abgasturboaufladung ist die Erhöhung der Leistungsdichte von Kolbenverbrennungsmotoren durch eine Vorverdichtung des Arbeitsmediums Luft. Gleichzeitig können die Rahmenbedingungen für einen gesteuerten und nach Emissionsgesichtspunkten optimierten Verbrennungs- und Hochdruckprozessablauf unter Nutzung der – infolge des geometrisch vorgegebenen Kolbenexpansionsverhältnisses – sonst am Ende des Hochdruckprozesses verlorenen Abgasenergie verbessert werden.

Haupteinsatzgebiete für die Abgasturboaufladung sind demnach Anwendungsfälle, in denen hohe Motorleistungsdichten bei niedrigsten Emissions- und Kraftstoffverbrauchswerten realisiert werden müssen. Somit ist die Abgasturboaufladung immer dann zu wählen, wenn sie technisch oder unter Kostengesichtspunkten realisiert werden kann.

5.2 Strömungstechnische Grundlagen der Turboladerkomponenten

Im Folgenden sollen vorzugsweise die strömungstechnischen Grundlagen behandelt werden, die zum Verständnis von Aufladegeräten mit Strömungsverdichtern und Turbinen notwendig sind, nicht aber die Probleme und Verfahren zu deren Auslegung und Optimierung. Dafür sei auf die einschlägige Fachliteratur verwiesen [42, 43, 80, 88].

5.2.1 Energieumsetzung in Strömungsmaschinen

Verdichtung

Die Druckerhöhung des Arbeitsfluids geschieht bei Strömungsverdichtern in mehreren nahezu gleichzeitig ablaufenden Phasen.

Einmal wird im Verdichterrad durch Zufuhr mechanischer Energie von außen dem Fluid eine gerichtete Geschwindigkeit, also kinetische Energie aufgeprägt (Zustandsänderung von 1 nach 2).

Diese wird dann durch Verzögerung des Fluids teils in den divergenten Schaufelkanälen des Verdichterrades selbst und zum anderen Teil in denen eines nachfolgenden ruhenden Diffusors in Druckenergie umgewandelt (Zustandsänderung von 2 nach 3).

Diese Energiezufuhr und Druckerhöhung (in der verzögerten Strömung) können mittels des 1. Hauptsatzes der Thermodynamik für offene Systeme beschrieben werden (s. auch Gl. (2.15), ohne Berücksichtigung des Einflusses geodätischer Höhen):

$$h_1 + c_1^2/2 = h_2 + c_2^2/2 + w_t + q_a, \tag{5.1}$$

worin h die Enthalpie, w_t die von außen zu-(oder ab-)geführte technische Arbeit und q_a die von außen zu-(oder ab-)geführte Wärme erfassen.

Für die Zufuhr kinetischer Energie w_t unter Annahme eines adiabaten Systems (1–2) gilt

$$h_1 + c_1^2/2 = h_2 + c_2^2/2 + w_t, \tag{5.2}$$

$$w_t = \frac{c_1^2 - c_2^2}{2} + (h_1 - h_2). \tag{5.3}$$

Für die Druckerhöhung durch Strömungsverzögerung (2–3) gilt

$$h_2 + c_2^2/2 = h_3 + c_3^2/2 \tag{5.4}$$

und mit $h = u + p/\rho$

$$\frac{p_3}{\rho_3} - \frac{p_2}{\rho_2} = \frac{c_2^2 - c_3^2}{2} + u_2 - u_3. \tag{5.5}$$

Expansion

Der gewünschte Gewinn an technischer Arbeit wird ebenfalls in nahezu parallel ablaufenden Vorgängen erreicht.

Einmal wird in konvergierenden Schaufelkanälen oder Düsen die Druckenergie des Fluids teilweise in kinetische Energie umgewandelt (Zustandsänderung von 1 nach 2).

Diese sowie die noch vorhandene Druckenergie werden nun im Laufrad durch Strömungsumlenkung und weiteren Druckabbau (actio et reactio) in mechanische Arbeit umgesetzt (Zustandsänderung von 2 nach 3).

Diese Zustandsänderungen können wieder mittels des 1. Hauptsatzes der Thermodynamik für offene Systeme beschrieben werden (Gl. (5.1)).

Für die Umsetzung von Druckenergie in kinetische Energie (1–2) gilt

$$c_1^2 - c_2^2 = 2\left(\frac{p_2}{\rho_2} - \frac{p_1}{\rho_1} + u_2 - u_1\right). \tag{5.6}$$

Für die Umwandlung der kinetischen Energie und der restlichen Druckenergie (Enthalpie) in mechanische Arbeit (2–3) gilt

$$w_t = \frac{c_2^2 - c_3^2}{2} + h_2 - h_3. \tag{5.7}$$

Einsichtiger ist im Allgemeinen der umgekehrte Vorgang der beschleunigten Strömung. Dabei wird nach dem Energieerhaltungssatz Druck in Geschwindigkeit umgesetzt (Wandlung von potentieller Druckenergie in dynamische Bewegungsenergie).

Die Betrachtung der Turbine und ihrer speziellen Eigenschaften wird in Abschn. 5.4.2 weiter vertieft.

5.2.2 Verdichter

Axialverdichter

Da die Druckerhöhung durch Verzögerung (Bernoulli) optisch am besten bei einer Axialverdichterstufe erklärt werden kann, sollen die relevanten Vorgänge zur Druckgewinnung unter Energieeinsatz an dieser Bauform einer Strömungsmaschine erklärt werden (Abb. 5.1).

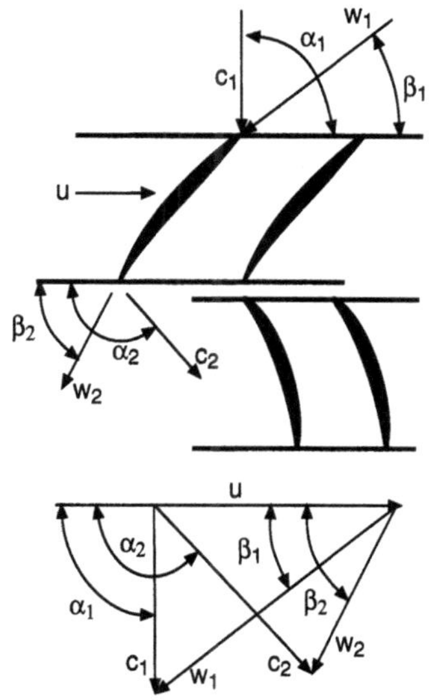

Abb. 5.1. Strömungsverlauf mit zugehörigen Geschwindigkeitsdreiecken einer Axialverdichterstufe [118]

Man erkennt schon aus der Anstellung der Schaufeln bei Lauf- und Leitrad (Diffusor) mit kleineren Eintrittswinkeln im Vergleich zu den jeweiligen Austrittswinkeln, dass die senkrecht zu den Schaufelprofilen gemessenen Querschnitte zunehmen (Verdichter!) und somit die relative Strömungsgeschwindigkeit w in den durch die Schaufeln gebildeten Kanälen abnehmen muss, d. h., $w_1 > w_2$.

Da beim Verdichter das Verdichterrad angetrieben und damit Energie zugeführt wird, nimmt dabei die absolute Geschwindigkeit c des zu verdichtenden Mediums trotzdem zu: $c_2 > c_1$. Diese Energie wird im Leitrad zur weiteren Druckerhöhung durch Verzögerung auf die Eintrittsgeschwindigkeit in die Stufe c_1 genutzt. Dabei bezeichnet man das Verhältnis der Druckerhöhung im Laufrad zum Druckgewinn in der gesamten Stufe als Reaktionsgrad r. Dieser wird exakt definiert als Verhältnis des Enthalpieumsatzes im Laufrad zum gesamten Enthalpieumsatz des Verdichters:

$$r = \frac{\Delta h_{\mathrm{s,K\text{-}Rad}}}{\Delta h_{\mathrm{s,K}}}. \tag{5.8}$$

Charakteristikum des Axialverdichters ist seine näherungsweise Durchmesserkonstanz und somit seine optimale Bauform zur Aneinanderreihung mehrerer Verdichterstufen zu einem vielstufigen Mittel- bis Hochdruckverdichter (z. B. für Gasturbinen).

Da zur Druckerzeugung keine Änderung des Raddurchmessers, genauer gesagt, kein größerer Austrittsdurchmesser benötigt wird, ist beim Axialverdichter der Eintrittsdurchmesser der größte Durchmesser des gesamten Verdichters. Axialverdichter sind deshalb für hohe Luftdurchsätze bei gegebenem Außendurchmesser (Flugzeugtriebwerke) prädestiniert. Sie benötigen aber zur Erzeugung höherer Drücke meist mehrere Stufen, da die pro Stufe erreichbaren Druckverhältnisse weit niedriger sind als die eines Radialverdichters.

Radialverdichter

Der Radialverdichter erreicht eine Druckerhöhung pro Stufe, die stark von der Schaufelform (links rückwärts gekrümmte, rechts gerade Beschaufelung) und darüber hinaus von dem Verhältnis Eintritts- zu Austrittsdurchmesser des Verdichterrades abhängt (Abb. 5.2). Seine Gesamtdruckerzeugung erfolgt in drei Stufen.

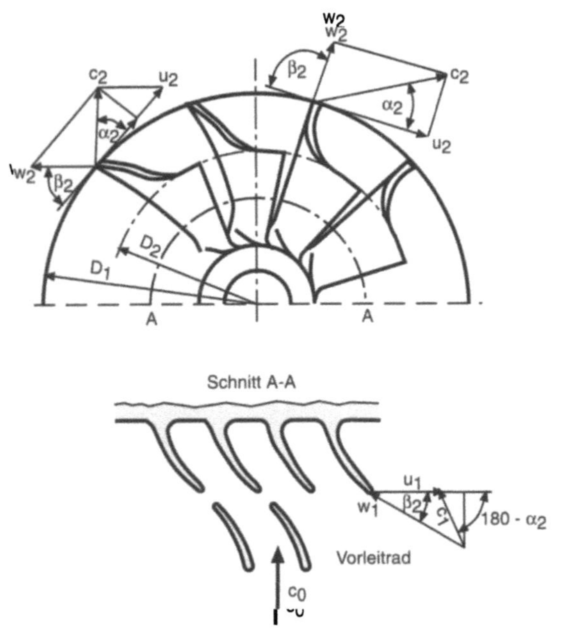

Abb. 5.2. Radialverdichter mit Beschaufelungsvarianten (gerade und rückwärtsgekrümmt), Vorleitrad und zugehörigen Geschwindigkeitsdreiecken [156]

1. Druckerhöhung im Zentrifugalfeld (Austrittsdurchmesser größer als Eintrittsdurchmesser):
$$\Delta p \sim u_2^2 - u_1^2, \tag{5.9}$$
d. h., eine Enthalpiesteigerung ist proportional zu den Quadraten der Umfangsgeschwindigkeitsdifferenzen.
2. Verzögerung der relativen Fluidgeschwindigkeit w im Rad analog der Zunahme der Strömungsquerschnitte:
$$\Delta p \sim w_1^2 - w_2^2. \tag{5.10}$$
3. Druckerhöhung im Austrittsdiffusor:
$$\Delta p \sim c_2^2 - c_3^2. \tag{5.11}$$
Dabei wird in einem dem Laufrad nachgeschalteten Schaufel- oder Plattendiffusor das Fluid von der absoluten Austrittsgeschwindigkeit aus dem Radialrad c_2 auf die Austrittsgeschwindigkeit aus dem Verdichter c_3 verzögert.

Die gesamte Druckerhöhung und Enthalpieerhöhung in einem Radialverdichter entspricht demnach
$$\Delta p_{\text{ges}} \sim (u_2^2 - u_1^2) + (w_1^2 - w_2^2) + (c_2^2 - c_3^2). \tag{5.12}$$
Radialverdichter sind wegen der zusätzlichen beträchtlichen Druckerhöhung im Zentrifugalfeld für hohe Druckverhältnisse in einer Stufe bei vergleichsweise kleinen Durchsätzen prädestiniert. Damit sind sie für die Anwendung in überwiegend einstufig ausgeführten Abgasturboladern besonders gut geeignet.

Die Charakteristika von Radialverdichtern und ihre Beeinflussungsmöglichkeiten sollen anhand des Verdichterkennfeldes diskutiert werden.

Die Pump- und Stopfgrenze wurde als Grenze zu dem instabilen Feld kleiner Durchsätze und hoher Drücke im Druck-Volumenstrom-Diagramm einerseits und als Durchsatzgrenze bei maximaler Verdichterdrehzahl andererseits definiert.

An der **Pumpgrenze** reißt die Strömung im Verdichterrad ab und es kommt zu Druckschwingungen im Lader und in der Ladeluftleitung nach dem Verdichter, dem so genannten Pumpen. Um diesen Strömungsabriss und damit das Pumpen zu verhindern, gibt es mehrere Möglichkeiten, die alle darauf abzielen müssen, den Eintritt in das Verdichterrad stoßfrei zu gestalten. Die technischen Möglichkeiten dazu werden in Abschn. 5.4.3 näher behandelt.

Die **Stopfgrenze** wird dadurch charakterisiert, dass die Gasströmung im engsten Querschnitt des Verdichtereintritts Schallgeschwindigkeit erreicht. Eine weitere Durchsatzsteigerung ist dann auch durch Erhöhung der Verdichterdrehzahl nicht mehr möglich. Alle Linien konstanter Verdichterdrehzahl laufen deshalb auf einen maximalen Durchsatzwert bei Druckverhältnis 1 zu. Ebenfalls in Abschn. 5.4.3 wird allerdings eine Möglichkeit dargestellt, diese Grenze in Maßen zu beeinflussen. Abbildung 5.3 zeigt die wichtigsten Charakteristika mit der nutzbaren Kennfeldbegrenzung durch die Pumpgrenze, die maximale Laderdrehzahl und den damit erreichbaren maximalen Ladedruck sowie die Stopfgrenze (Schallgeschwindigkeit im Verdichtereintritt).

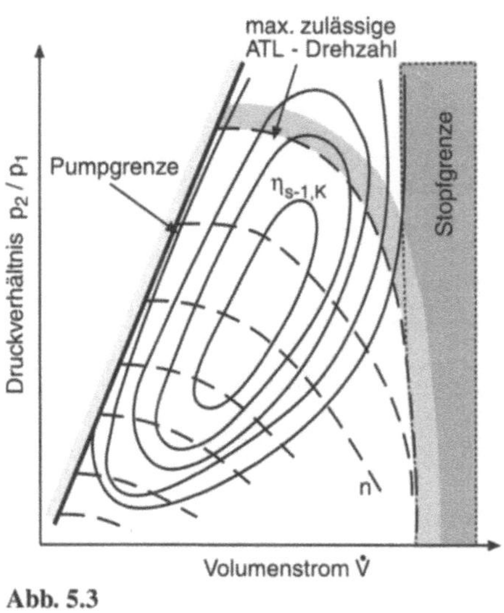

Abb. 5.3

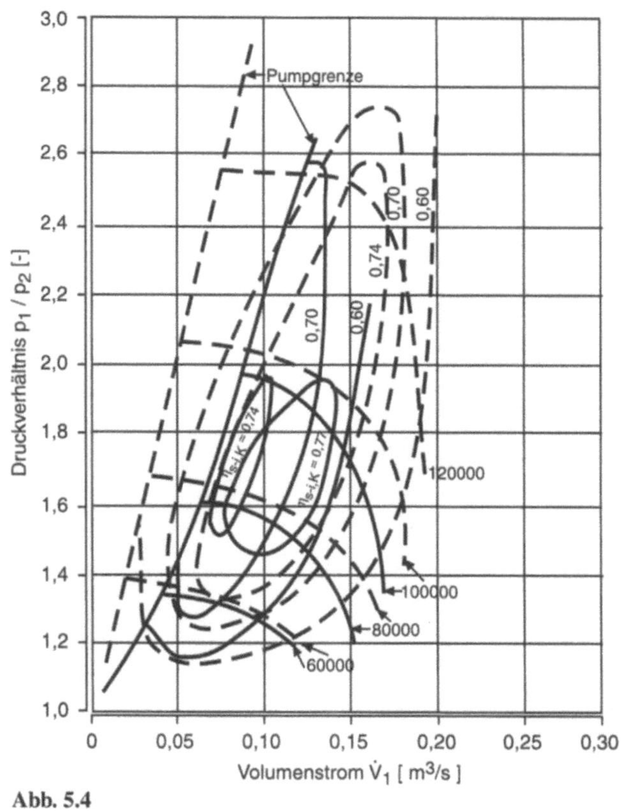

Abb. 5.4

Abb. 5.3. Prinzip-Kennfeldgrenzen Pump-, Drehzahl- und Stopfgrenze von Radialverdichtern

Abb. 5.4. Vergleich eines Verdichterkennfeldes mit gerade endender (volle Linien) und mit rückwärts gekrümmter Beschaufelung (gebrochene Linien) [KKK]

Durch eine deutliche Erhöhung der Festigkeitswerte von Verdichterradwerkstoffen können heute Hochleistungsverdichter mit sehr hoch beanspruchten Schaufelenden (Biegung statt Zug) und damit rückwärts gekrümmten Verdichterschaufeln bestückt werden.

Damit gelingt es, den Verzögerungskanal bei gegebenem Raddurchmesser zwischen Radeintritt und Radaustritt zu verlängern und so den Druckgewinn im Rad durch Verzögerung der relativen Geschwindigkeit des Mediums im Schaufelkanal zu erhöhen. Dies führt im Kennfeld zu besseren Wirkungsgraden, höheren Drücken sowie zu breiteren Kennfeldern infolge einer gesteigerten Unempfindlichkeit der Kanalströmung. Abbildung 5.4 zeigt den Vergleich eines Verdichterkennfeldes mit gerade endender und mit rückwärts gekrümmter Beschaufelung. Bei Großserienladern im Pkw- und Lkw-Einsatz sind rückwärts gekrümmte Beschaufelungen heute Stand der Technik. Dralldrosseln und/oder beschaufelte Diffusoren werden aus Kostengründen nur in Sonderfällen oder bei teuren Motoren angewandt.

5.2.3 Turbinen

Axialturbine

Da wie beim Axialverdichter die Energiegewinnung durch Druck- und Enthalpieabbau in der Axialturbinenstufe (Abb. 5.5) am besten erklärt werden kann, sollen die relevanten Vorgänge auch hier an dieser Bauform der Turbine näher diskutiert werden.

Man erkennt an der Anstellung der Leitschaufeln, dass hier, ausgehend von der rechtwinkeligen Zuströmung des Gases mit c_0 durch flache Austrittswinkel, β_1, die Strömung auf c_1 beschleunigt wird. Bei gegebener Umfangsgeschwindigkeit u der Turbine entsteht daraus der Eintrittswinkel der relativen Strömung w_1 in das Turbinenrad. In diesem wird nun unter weiterer Beschleunigung der Strömung auf w_2 und c_2 Energie an das Turbinenrad abgegeben. Das Verhältnis des Enthalpieabbaus im Turbinenrad zur Gesamtturbine nennt man dabei wieder Reaktionsgrad r analog zum Verdichter.

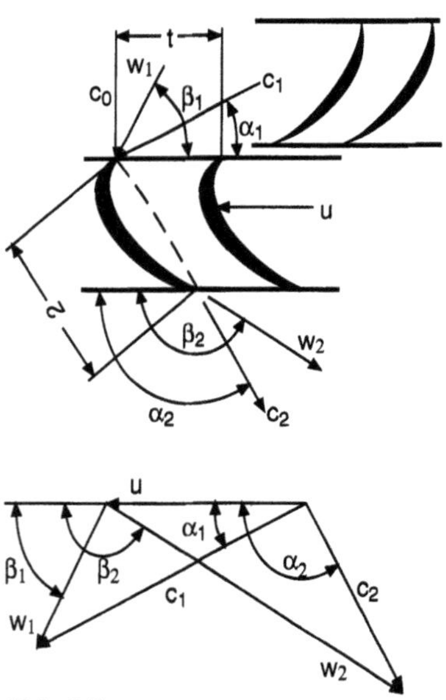

Abb. 5.5

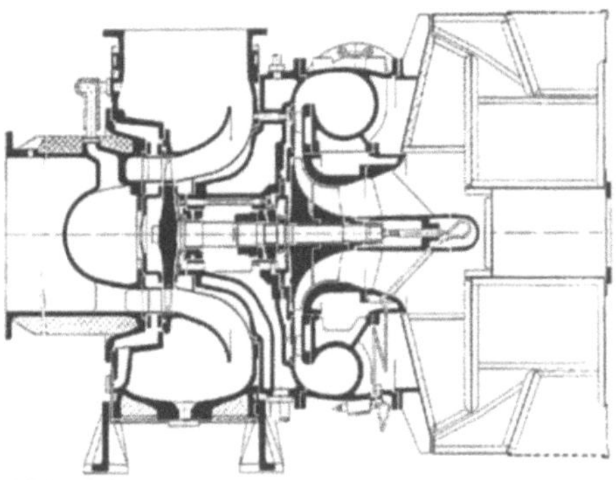

Abb. 5.6

Abb. 5.5. Axialturbinenstufe mit zugehörigen Geschwindigkeitsdreiecken [119]

Abb. 5.6. Einstufige Axialturbine eines Großabgasturboladers [MAN]

Wird die gesamte Enthalpie im Leitrad in Geschwindigkeit umgesetzt, also mit Reaktionsgrad 0, spricht man von einer reinen Aktionsturbine.

Auch bei Axialturbinen sind mehrere Stufen möglich und sie werden in Flug- oder Stationärgasturbinenanlagen angewandt. Bei Großabgasturboladern sind einstufige Axialturbinen aus Wirkungsgrad- und Zuströmgründen Stand der Technik (Abb. 5.6).

Radialturbine

Auch bei der Radialturbine geschieht die Druckumwandlung des Arbeitgases analog dem Verdichter in Stufen.

Zunächst erfolgt die Beschleunigung der Abgase in der meist schaufellosen Ringeinlaufdüse nach

$$\Delta p \sim c_2^2 - c_1^2 \tag{5.13}$$

und dann das Umsetzen dieser Geschwindigkeit zusammen mit einem weiteren Druckabbau im Rad mit der daraus folgenden Energiegewinnung

- sowohl durch den Druckabbau im Laufrad durch Erhöhung der Relativgeschwindigkeit w:

$$\Delta p \sim w_2^2 - w_1^2 \tag{5.14}$$

- als auch durch die Umsetzung der Umfangsgeschwindigkeitsdifferenz u:

$$\Delta p \sim u_1^2 - u_2^2. \tag{5.15}$$

Abbildung 5.7 zeigt die Geschwindigkeitsdreiecke einer Radialturbine.

Besonderheiten der Turbine und ihr Druck-Volumenstrom-Kennfeld

An dieser Stelle soll die Charakterisierung des Betriebsverhaltens einer Turbine mittels des dafür geeigneten Druck-Volumenstrom-Kennfeldes diskutiert werden. Dieses wurde bisher noch nicht

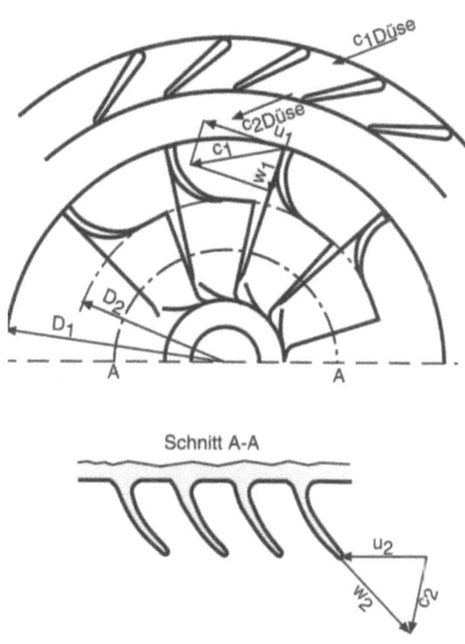

Abb. 5.7. Funktions-Geschwindigkeitsdreiecke einer Radialturbine [156]

behandelt und es gilt zu beachten, dass bei der Turbine andere Voraussetzungen gelten als beim Verdichter.

- Der Volumen- bzw. Massenstrom durch die Turbine wird vom Motor vorgegeben und – noch viel wichtiger – der Druck nach Turbine entspricht in etwa dem Umgebungsdruck, ohne eine Mengenbegrenzung durch einen nachgeschalteten Volumenförderer, wie ihn der Motor auf der Verdichterseite darstellt.
- Darüber hinaus treten über Last und Drehzahl des Motors unterschiedliche Abgastemperaturen auf, die den Volumenstrom durch die Turbine beeinflussen
- Als letztes ist noch die Kompressibilität der Abgase zu beachten.

Damit ergeben sich für die Turbine unter den bei Abgasturboladern gegebenen Durchströmbedingungen Kennlinien, die in erster Näherung denen einer adäquaten Öffnung oder Düse entsprechen.

Die Ausströmgeschwindigkeit aus dem Arbeitszylinder eines Hubkolbenmotors – hier der Einfachheit halber ohne Vorgeschwindigkeit im Zylinder selbst angenommen – ergibt sich aus der vorhandenen Enthalpiedifferenz des Abgases vor und nach dieser Düse:

$$c_4^2/2 = h_3 - h_4 \rightarrow c_4 = \sqrt{2(h_3 - h_4)}. \tag{5.16}$$

Für vollkommene Gase – die hier vorausgesetzt werden – kann man ansetzen:

$$h_3 - h_4 = c_\mathrm{p}(T_3 - T_4) \tag{5.17}$$

und

$$\frac{T_3}{T_4} = \left(\frac{p_4}{p_3}\right)^{(\kappa-1)/\kappa} \tag{5.18}$$

sowie

$$T_3 = \frac{p_3}{\rho_3 R} \tag{5.19}$$

$$\frac{c_\mathrm{p}}{R} = \frac{\kappa}{\kappa - 1}. \tag{5.20}$$

Setzt man nun diese Terme entsprechend in Gl. (5.16) ein, so erhält man die Ausströmgeschwindigkeit c_4 nur als Funktion des Turbinendruckverhältnisses und des Gaszustands 3 vor der Turbine als

$$c_4 = \sqrt{2\frac{\kappa}{\kappa - 1}\frac{p_3}{\rho_3}\left[1 - \left(\frac{p_4}{p_3}\right)^{(\kappa-1)/\kappa}\right]}. \tag{5.21}$$

Die durch die Turbine oder den Ersatzquerschnitt (Düse) strömende Masse ergibt sich als:

$$\dot{m}_\mathrm{T} = A_\mathrm{T,eff}\,\rho_3 c_4 \tag{5.22}$$

und mit $\rho_4/\rho_3 = (p_4/p_3)^{1/\kappa}$ zu

$$\dot{m}_\mathrm{T} = A_\mathrm{T,eff}\,\psi\sqrt{2p_3\rho_3}, \tag{5.23}$$

wobei ψ die bereits bekannte Durchfluss-Funktion darstellt, die nur vom Turbinendruckverhältnis und den Gaszustandswerten abhängt (siehe Gl. (2.18)).

Diese Funktion, die in Abb. 5.8, für drei verschiedene κ-Werte dargestellt ist, hat zwei Nulldurchgänge bei $p_4/p_3 = 0$ und 1. Dazwischen weist sie ein Maximum beim so genannten

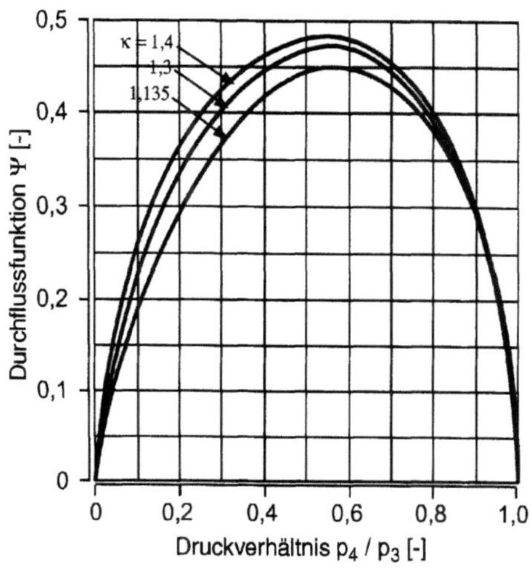

Abb. 5.8. Durchflussfunktion ψ für $\kappa = 1{,}135$; 1,3; 1,4

kritischen Druckverhältnis auf, das nur vom Gaszustand, beschrieben durch κ, abhängt. Bei konstant gehaltenem Druckverhältnis an der Turbine und damit konstantem ψ hängt damit die Turbinendurchflussmenge nur vom Gasausgangszustand vor Turbine ab. Setzt man noch $p_3 v_3 = RT_3$, so erhält man:

$$\dot{m}_{\mathrm{T}} = A_{\mathrm{T,eff}} \psi p_3 \sqrt{\frac{2}{RT_3}} = A_{\mathrm{T,eff}} \psi \frac{p_3}{\sqrt{T_3}} = \text{konst.} \tag{5.24}$$

Daraus folgt, dass bei gleichbleibendem Druck p_3 vor Turbine die durch die Turbine strömende Gasmasse mit $1/\sqrt{T_3}$ abnimmt. Bei gleichbleibender Temperatur T_3 vor Turbine ist der Durchsatz dem Druck p_3 direkt proportional. Damit kann man in dem zu entwickelnden Turbinenkennfeld Druck und Temperatur als Parameter eliminieren, indem man den Turbinendurchsatz $\dot{m}$ „normiert" mit

$$\dot{m}_{\mathrm{T}} = \dot{m}_{\mathrm{T}}^{*} \cdot \frac{p_3}{p_0} \cdot \frac{1}{\sqrt{T_3/T_0}} \mathrel{\hat{=}} \dot{m}_{\mathrm{T}}^{*} \cdot \frac{p_3}{p_0} \sqrt{T_0/T_3}.$$

Mit dieser Erkenntnis lässt sich das heute **übliche Turbinenkennfeld** herleiten, in dem die Turbinencharakteristik (mit starrer Geometrie) als **„Turbinenexpansions"** - und **-druckverhältnis über dem mit $p_3/\sqrt{T_3}$ reduzierten Durchsatz** dargestellt wird. Es ergibt sich näherungsweise eine Durchsatzlinie, die so genannte **Schlucklinie der Turbine**, die dem Durchsatzverhalten eines adäquaten Öffnungsquerschnitts entspricht.

Damit hängen beim Abgasturbolader, wie Abb. 5.9 zeigt, der sich einstellende Abgasaufstau und damit der erzielbare Ladedruck über die jeweiligen Wirkungsgrade nur von dem gewählten **Turbinengehäusequerschnitt** ab, soferne dieser den durchsatzbestimmenden Drosselquerschnitt darstellt.

Vor allem bei den noch näher zu behandelnden Turbinen mit variabler Turbinengeometrie (VTG-Lader), wo mit den verschiedenen Stellungen der Beschaufelung des Turbinen-Eintrittsleitringes als Parameter ein sehr breites mit einem Verdichterkennfeld vergleichbares Turbinenkennfeld entsteht, erscheint eine Auftragung ähnlich dem Verdichterkennfeld, wie auch von Watson und Janota vorgeschlagen, **„Turbinendruckverhältnis über dem reduzierten Turbinenvolumenstrom"** (das ist jener Volumenstrom, den die Turbine bei den gegebenen Druck- und Temperaturverhältnissen

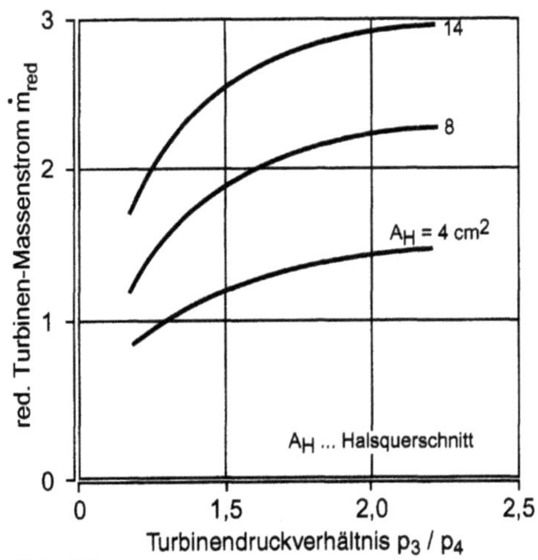

Abb. 5.9

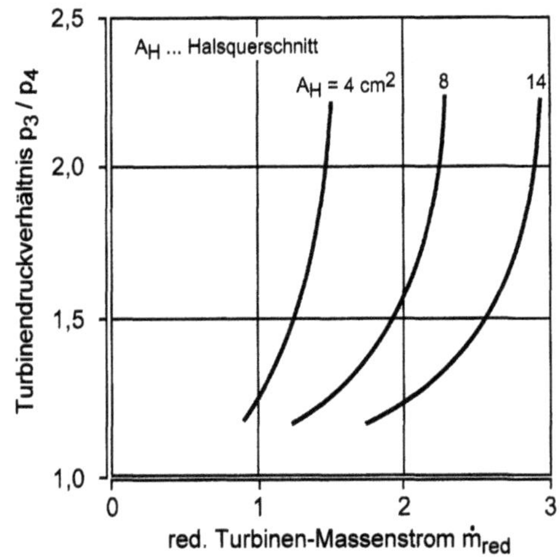

Abb. 5.10

Abb. 5.9. Zusammenhang von Abgasaufstau und Turbinenquerschnitt (alte Diagrammform)

Abb. 5.10. Turbinendruckverhältnis-Volumenstrom-Kennfeld in neuer, verdichterkonformer Auftragung

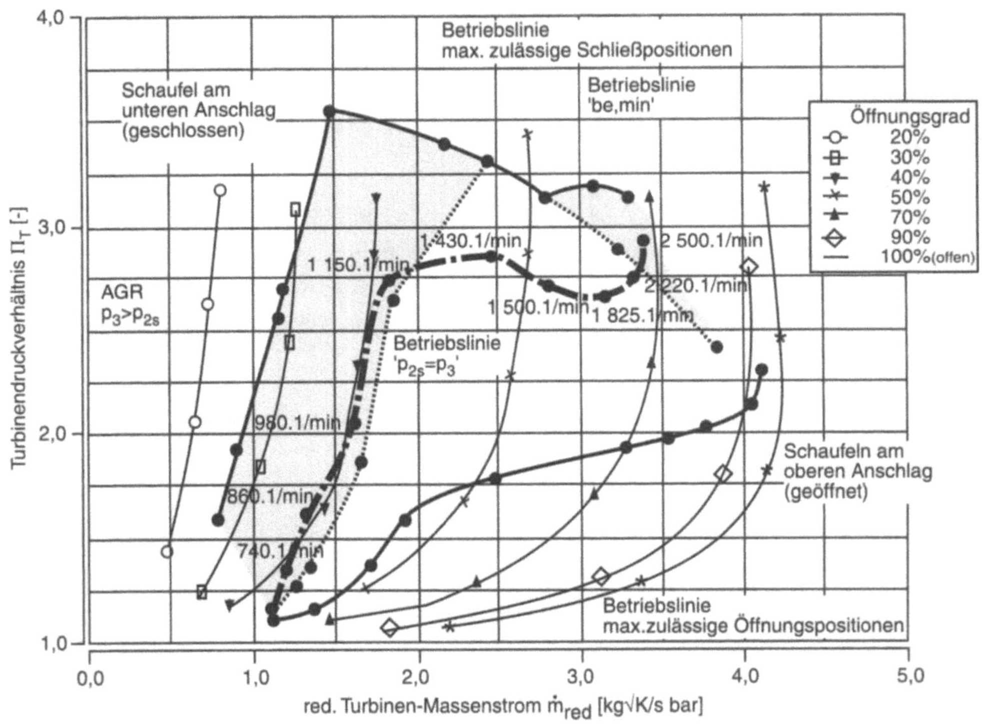

Abb. 5.11. Turbinenarbeitslinien für Voll- und Teillasten in neuer Kennfelddarstellung [DC]

wirklich verarbeitet, also „durchsetzen“ muss) zielführend (Abb. 5.10). Es ergibt sich damit

- die Möglichkeit, Turbinenarbeitslinien, z. B. für Voll- und Teillasten einzutragen, als auch
- die gewollte Ähnlichkeit zum Verdichterkennfeld, um das Verständnis und die Anschaulichkeit solcher Darstellungen zu unterstützen, wie Abb. 5.11 deutlich macht.

Es wird daher die von Watson vorgeschlagene Darstellung des Turbinenkennfeldes empfohlen.

Betrachtet man die Turbine weiterhin als Ersatzquerschnitt oder Drosselstelle und setzt ψ_{max}. ein, was am Austrittsquerschnitt die maximal mögliche Geschwindigkeit, nämlich die Schallgeschwindigkeit, ergibt, so erhält man:

$$\dot{m}_T = A_{T,eff} \psi_{max} \sqrt{2 p_3 \rho_3}. \tag{5.25}$$

Damit ist ab ψ_{max} der Turbinendurchsatz nur noch vom Gaszustand vor Turbine und nicht mehr vom Gegendruck abhängig. Das hieße aber mit anderen Worten, Expansionsverhältnisse über das „Kritische" hinaus, also größer als 1,8–2,0, sind nicht sinnvoll, da sonst die Energie im Abgas nicht mehr vollständig genutzt werden könnte.

Ab hier müssen wir deshalb auf die Hypothese der **„adäquaten Düse"** verzichten, und zwar aus dem Grund, dass **„schallgeschwindigkeitskritisch"** nur die jeweilig **relative Geschwindigkeit** in den strömungsführenden Teilen der Turbine ist.

Da nun aber das Turbinenrad, in dem sich z. B. im Radialrad der engste Querschnitt immer am Turbinenausgang befinden wird, im Betrieb mit erheblicher Umfangsgeschwindigkeit rotiert, ergibt sich bei einer Abgastemperatur von z. B. 620 °C und einer auf fast Schallgeschwindigkeit beschleunigten Zuströmung zum Rad mit c_1 von 550 m/s bei einer Umfangsgeschwindigkeit von u_1 von 400 m/s nur eine relative Eintrittsgeschwindigkeit ins Rad, w_1, von ca. 290 m/s (Abb. 5.12). Von dieser relativen Eintrittsgeschwindigkeit w_1 aus kann nun im Rad auf die Schallgeschwindigkeit im Fluid als Austrittsgeschwindigkeit w_2 weiter beschleunigt werden.

Geht man von einem sinnvollen Expansionsverhältnis von ca. 1,8 für die Beschleunigung in der Düse aus und beschleunigt im Rad auf etwa die Fluidschallgeschwindigkeit von ca. 580 m/s weiter, so kann man nochmals ein Expansionsverhältnis von 1,6 erreichen, was insgesamt ein „scheinbares Expansionverhältnis" von ca. 3,5 ergibt, das ohne Druckverluste in einer einstufigen Radialturbine genutzt werden kann. Rechnet man zusätzlich noch mit Druckverlusten infolge der Fluidreibung in Leitapparat und Rad, so kann in einer **einstufigen Radialturbine** ein maximales **Expansionsdruckverhältnis von ca. 4** genutzt werden.

Bei Axialturbinen kann man gegebenenfalls sogar im Leitrad auf Überschallgeschwindigkeiten gehen und diese in einer Aktionsturbine nutzen (Lavalturbine). In der Praxis sind die Verhältnisse in der Turbine noch komplexer, da bei Stoßaufladung instationäre Druckverhältnisse während des Ausströmvorganges aus dem Arbeitszylinder des Motors vorliegen (Abb. 5.13).

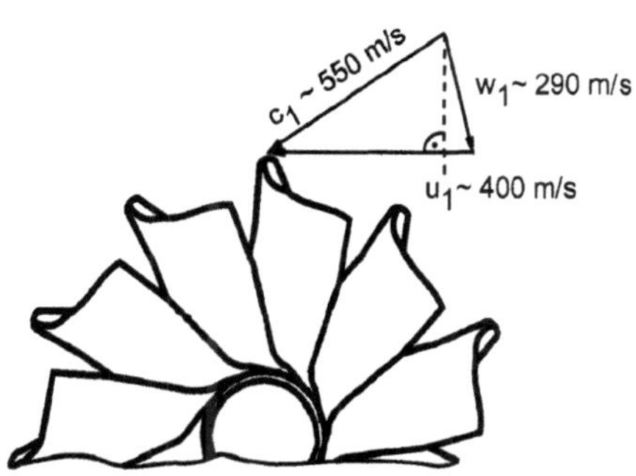

Abb. 5.12. Absolute und relative Einströmgeschwindigkeiten am Turbinenrad

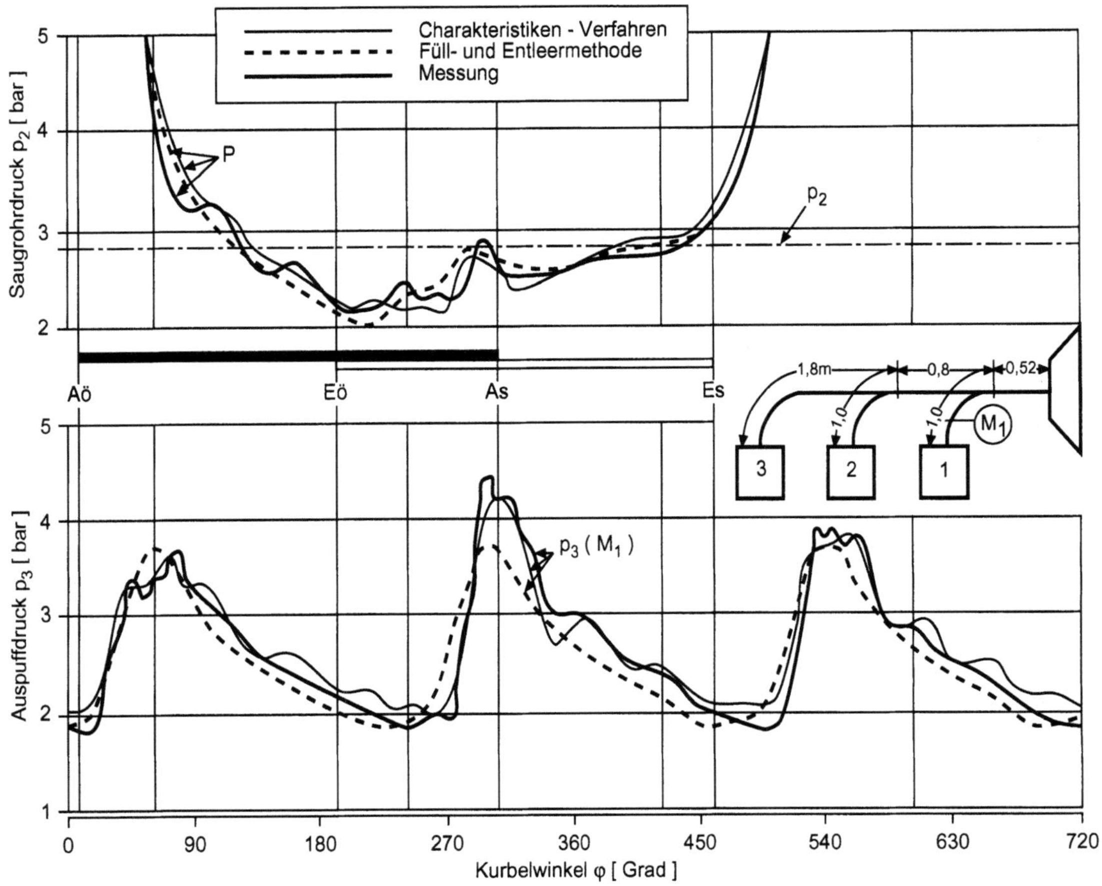

Abb. 5.13. Druckverhältnisse vor Turbine während Ausströmvorganges aus Arbeitszylinder [156]

Somit muss zur Kennfelddarstellung des Turbinenbetriebsverhaltens ergänzend festgehalten werden, dass die einleitend angesprochene Darstellungsform als Turbinenschlucklinie zwar zu einer groben Beschreibung der mittleren Betriebscharakteristik dienen kann, für eine gezielte Turbinenauslegung aber heute nur mehr sehr bedingt geeignet ist. Sowohl im stationären Motorbetrieb, vor allem jedoch während transienter Motorvorgänge wird die Turbine nämlich, wie hergeleitet, bei Betriebszuständen betrieben, die durch diese Schlucklinie nicht mehr ausreichend genau charakterisiert werden können.

Auf Grund der – bei einer sich nur geringfügig ändernden mittleren Turbinendrehzahl – stark schwankenden Drücke und Massen- oder Volumsströme ergeben sich momentane Turbinenbetriebspunkte, die von den entsprechenden Mittelwerten deutlich abweichen. Für die Kennfelddarstellung bedeutet dies, dass die entsprechenden Betriebspunkte nicht mehr auf dieser mittleren Schlucklinie liegen. Das Kennfeld muss somit in einem breiteren Betriebsbereich dargestellt werden (Abb. 5.14).

Die **Vermessung** solcher Kennfelder ist sehr aufwändig und muss an **speziellen Turboladerprüfständen** erfolgen, auf denen der Abgasturbolader nicht nur stationär im Leistungsgleichgewicht mit einem Verdichter betrieben werden kann. Es ist vielmehr erforderlich, Druck-, Temperatur- und Massenstromverhältnisse sowohl auf der Verdichter- (Abb. 5.15) als auch auf der Turbinenseite (Abb. 5.16) weitgehend frei einstellen zu können.

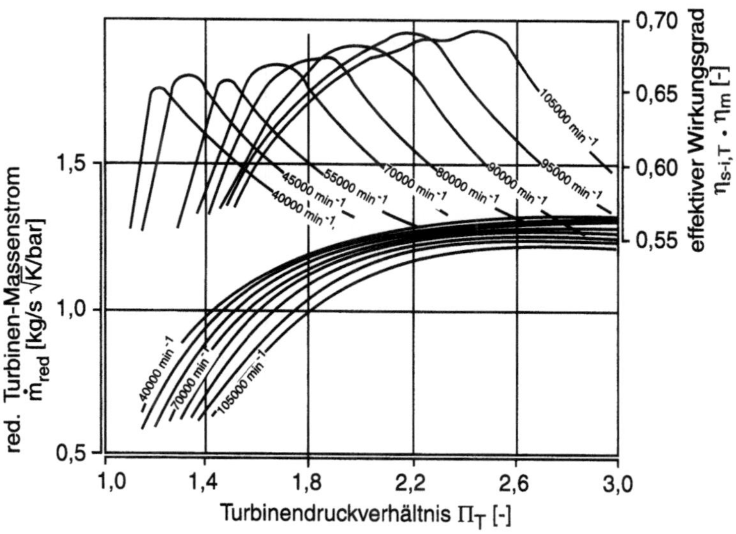

Abb. 5.14. Turbinenkennfeld mit erweitertem Betriebsbereich

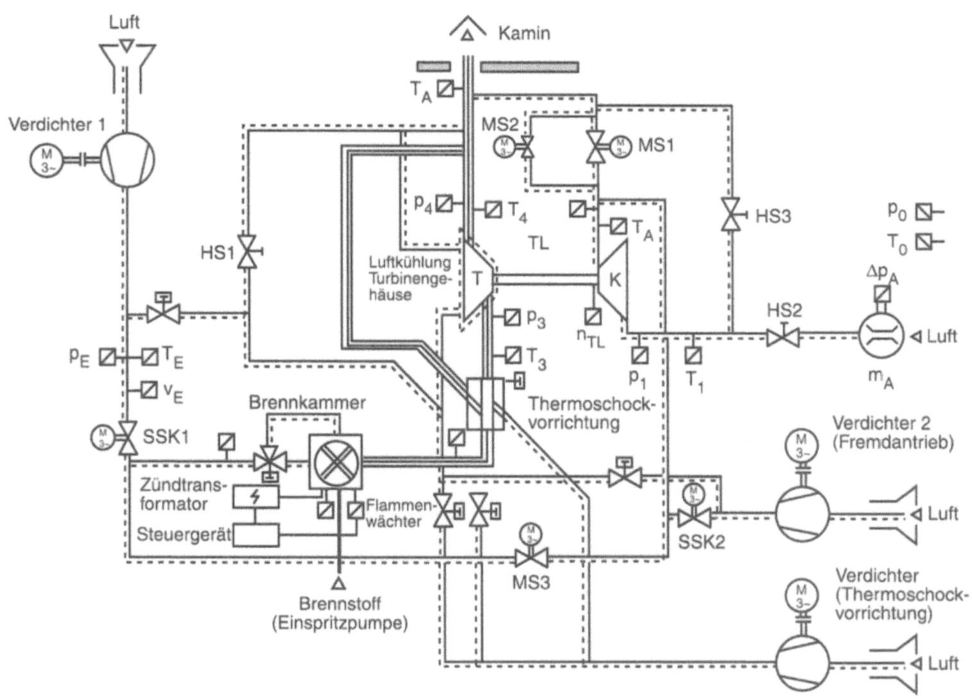

Abb. 5.15. Turboladerprüfstand mit frei einstellbaren Druck-, Temperatur- und Massenstromverhältnissen [110]

Solche erweiterten Kennfelder – anstelle der mittleren Schlucklinien für Starrgeometrieturbinen und einer entsprechenden Kennfeldschar für Turbinen mit variabler Geometrie – sind vor allem für die korrekte thermodynamische Kreisprozesssimulation von größter Bedeutung, da nur mit ihrer Hilfe das Betriebsverhalten der Turbine exakt abgebildet werden kann.

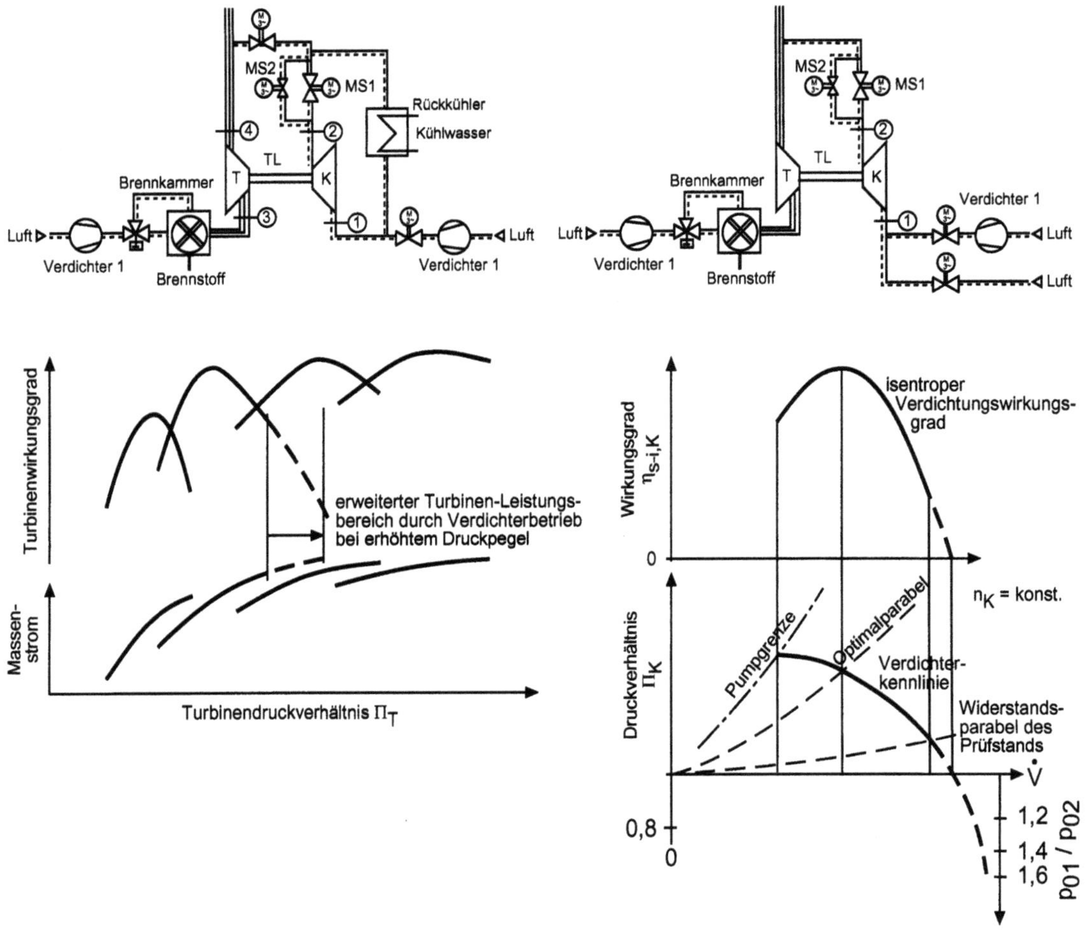

Abb. 5.16. Bestimmung erweiterter Verdichter- und Turbinenkennfelder [110]

Diese Kennfelder zeigen nun, ähnlich denen der Verdichter, entsprechend der Turbinenbauform unterschiedliche Charakteristika:

- bei Axialturbinen ist die Kennfeldbreite sehr schmal (Abb. 5.17),
- bei Radialturbinen hingegen ist dieses Kennfeld infolge der bei den verschiedenen Drehzahlen unterschiedlichen Zentripetalkräfte wesentlich breiter (Abb. 5.18).

Wir fassen unsere Betrachtung der Charakteristika von Turbinen wie folgt zusammen.

Turbinen können, wie Verdichter, durch **Kennfelder** beschrieben werden, die **entsprechend der Bauform unterschiedliche Charakteristika** aufweisen.

Im stationären Motorbetrieb wird der Turbolader unter Berücksichtigung der mittleren Abgasvolumenströme und Turbinendruckverhältnisse nur in einem schmalen Kennfeldbereich, der so genannten Turbinenschlucklinie, betrieben.

Für Kreisprozesssimulationen – speziell von transienten Motorbetriebszustände – muss das gesamte Turbinenkennfeld bekannt sein.

Für ATL-Vorauslegungen kann mit ausreichender Genauigkeit auf die mittlere Turbinenschlucklinie zurückgegriffen werden.

Turbinen mit variabler Geometrie können wie eine **Schar von Starrgeometrieladern** behandelt werden, so dass ihr Betriebsverhalten durch eine entsprechende Zahl von Kennfeldern bzw.

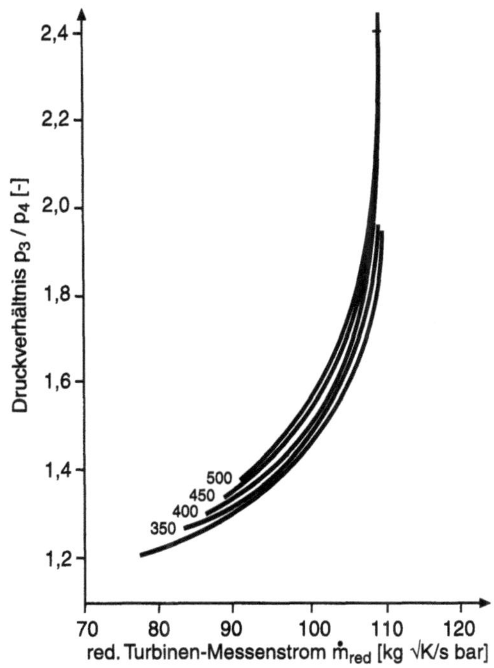

Abb. 5.17

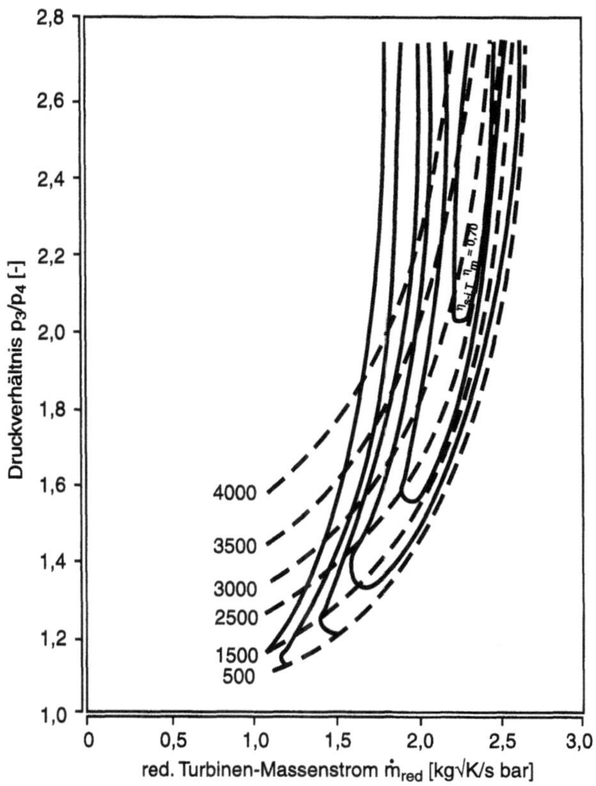

Abb. 5.18

Abb. 5.17. Kennfeld einer Axialturbine [144]

Abb. 5.18. Kennfeld einer Radialturbine [144]

mittlerer Schlucklinien für jeweils bestimmte Schaufelstellungen beschrieben werden können.

Die Zusammenstellung der mittleren Schlucklinien einer Turbine mit variabler Geometrie führt zu einem erweiterten Gesamtbetriebskennfeld, in dem die Motorbetriebspunkte und damit die korrespondierenden Schaufelstellungen dargestellt werden können.

5.3 Energiebilanz des Aufladesystems

Bei der Abgasturboaufladung wird, ausschließlich durch Kopplung eines Strömungsverdichters mit einer Strömungsturbine auf gleicher Welle und Beaufschlagung dieser Turbine mit Motorabgas, ohne mechanische Verbindung zum Motor Ladedruck erzeugt. Es handelt sich somit um eine thermodynamische Kopplung. Der Turbolader läuft frei und die Laderdrehzahl stellt sich entsprechend dem jeweiligen Leistungsgleichgewicht zwischen Verdichter (P_K) und Turbine (P_T) ein. Damit unterliegt auch der erreichbare Ladedruck diesen Gleichgewichtsbedingungen.

$$P_K + P_T + P_r = 0 \tag{5.26}$$

beschreibt die Leistungsbilanz von Verdichter und Turbine unter Berücksichtigung einer Verlustleistung P_r des realen Aufladegeräts (Lager, Wellendichtungen usw.) und

$$\dot{m}_T + \dot{m}_K + \dot{m}_B = 0 \tag{5.27}$$

die Massenbilanz mit $\dot{m}_B$ als zugeführter Brennstoffmasse. Die Gleichungen für die Verdichter- und Turbinenleistung können folgendermaßen angesetzt werden:

$$P_K = \frac{\dot{m}_K \Delta h_{s,K}}{\eta_{s\text{-}i,K}\eta_{m,K}}, \tag{5.28}$$

$$P_T = \dot{m}_T \Delta h_{s,T} \eta_{s\text{-}i,T}\eta_{m,T}, \tag{5.29}$$

wobei $\eta_{s\text{-}i,K}$ den isentropen Verdichter-, $\eta_{s\text{-}i,T}$ den isentropen Turbinenwirkungsgrad sowie $\eta_{m,K}$ den mechanischen Verdichter- und $\eta_{m,T}$ den mechanischen Turbinenwirkungsgrad bedeuten. $\Delta h_{s,K}$ beschreibt den isentropen Enthalpieanstieg im Verdichter und dementsprechend $\Delta h_{s,T}$ das isentrope Enthalpiegefälle in der Turbine.

Mit den entsprechenden Enthalpieänderungen von Verdichter und Turbine ergibt sich:

$$\Delta h_{s,K} = R_L T_1 \frac{\kappa_L}{\kappa_L - 1}\left[\left(\frac{p_2}{p_1}\right)^{(\kappa_L-1)/\kappa_L} - 1\right], \tag{5.30}$$

$$\Delta h_{s,T} = R_A T_3 \frac{\kappa_A}{\kappa_A - 1}\left[1 - \left(\frac{p_4}{p_3}\right)^{(\kappa_A-1)/\kappa_A}\right]. \tag{5.31}$$

Setzt man nun in die Bilanzgleichung (5.26) ein und führt einige Vereinfachungen durch, so erhält man die folgende, so genannte **Turboladerhauptgleichung**:

$$\Pi_K = \left\{1 + \frac{m_T}{m_K} K_1 \frac{T_3}{T_1} \eta_{TL}\left[1 - \left(\frac{p_4}{p_3}\right)^{(\kappa_A-1)/\kappa_A}\right]\right\}^{\kappa_L/(\kappa_L-1)}, \tag{5.32}$$

wobei

$$K_1 = \frac{R_A}{R_L}\frac{\kappa_L - 1}{\kappa_L}\frac{\kappa_A}{\kappa_A - 1}.$$

Diese Hauptgleichung gibt an, von welchen Gas- und Aggregatzustandgrößen des Motors der erreichbare Ladedruck abhängt:

$$\Pi_K = f\left(\frac{T_3}{T_1}; \eta_{TL}; \frac{p_4}{p_3}\right). \tag{5.33}$$

Es sollen aber noch einige generelle, im Druck-Volumenstrom-Kennfeld gut erkennbare Eigenschaften des Turboladers dokumentiert werden.

Die **Laderdrehzahl** und damit der Ladedruck ist **nicht der Motordrehzahl zugeordnet**. Sie nimmt mit steigender Turbinenleistung, also mit steigendem Luftdurchsatz und steigender Abgastemperatur (Energieangebot für die Turbine) zu.

Eine **Ladedruckänderung** kann beim Abgasturbolader nur durch eine **Änderung der Laderdrehzahl** erreicht werden. Das bedeutet, dass bei jeder Anhebung des Ladedruckes der Lader mit zusätzlicher Leistungsentnahme aus der Turbine beschleunigt werden muss.

5.4 Anpassung des Turboladers

5.4.1 Abgasenergienutzungsmöglichkeiten und resultierende Auspuffsystemgestaltung

Die Abgasturboaufladung ist, wie in Abschn. 3.2.3 angedeutet, der bevorzugt begangene Weg, die am Ende des Expansionstakts vorhandene Restenergie der Zylinderladung zu nutzen.

Die dabei meist praktizierten Verfahren sind die Stau- und die Stoß- oder Impulsaufladung zusammen mit einer entsprechenden Gestaltung des Auspuffsystems.

Stau-Aufladung

Das pV-Diagramm für die Hochdruck- sowie die Verdichter- und Turbinenarbeit dieses Nutzungsfalls ist in Abb. 5.19 dargestellt. Es bietet aufgrund des in etwa konstant bleibenden Abgasaufstaudruckes die einfachsten thermodynamischen Verhältnisse und ist damit zur Diskussion der Grundzusammenhänge besonders geeignet.

Bei dieser Art der Abgasturboaufladung ist zwischen den Auslasskanälen der einzelnen Zylinder ein entsprechend dimensionierter Behälter angeordnet, um die Auspuffdruckstöße bei „Auslass öffnet" abzubauen und so die Turbine mit möglichst konstantem Abgasdruck und konstanter Abgastemperatur, also möglichst konstantem Energiefluss, zu beaufschlagen. Allerdings kann dann die Fläche 4–5–1, welche den dynamischen Energieanteil enthält, offensichtlich nicht genutzt werden. Dafür kann die Turbine wegen des zeitlich konstanten Abgasmassenflusses ($\dot{m} \simeq$ konst.) verhältnismäßig klein ausgelegt und es können gute Turbinenwirkungsgrade erreicht werden.

Setzt man in erster Näherung den Ladedruck p_2 gleich dem Druck im Auslasssystem p_3 (also $p_2 = p_3$), so wird der Motor prinzipiell nur bei einem höheren Druckniveau betrieben. Die Verdichterarbeit wird von der Turbine aufgebracht. Da jedoch infolge der weit über Verdichtereintrittstemperatur liegenden Abgastemperatur bei „Auslass öffnet" in der Turbine ein größeres Volumen entspannt wird ($V \sim T$), könnte theoretisch bei gleichem Druckgefälle wie im Verdichter ($p_3/p_4 \approx p_2/p_1$) eine größere Turbinenleistung erzeugt werden, als der Verdichter benötigt. Im Umkehrschluss bedeutet dies, dass p_2 je nach Wirkungsgrad des Turboladers ein gewisses Maß über

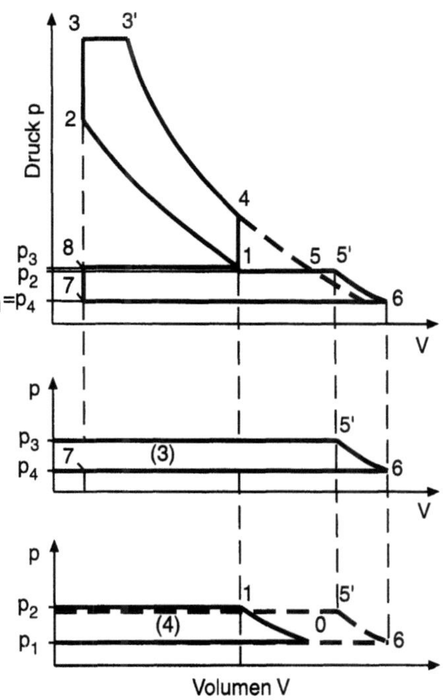

Abb. 5.19

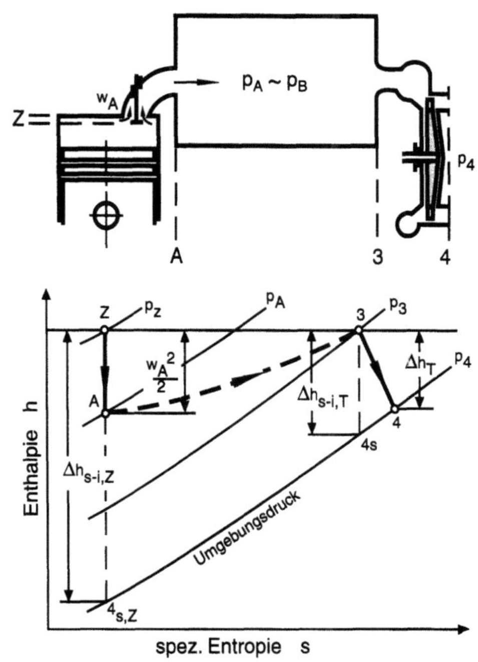

Abb. 5.20

Abb. 5.19. pV-Diagramm für Viertaktmotoren mit Stauaufladung

Abb. 5.20. Prinzipbild und hs-Diagramm für Viertaktmotoren mit Stauaufladung [108]

p_3 liegen wird und somit ein so genanntes positives Spülgefälle in der Ventilüberschneidungsphase erzeugt werden kann [99].

Weiter vertiefen kann man diese Betrachtung im hs-Diagramm dieses Prozesses (Abb. 5.20), wo in Ergänzung des pV-Diagramms die thermodynamischen Verhältnisse für ein überkritisches Druckverhältnis von Zylinderdruck p_Z und Behälterdruck p_3 vor Turbine dargestellt sind. Diesem Diagramm liegen die Annahmen eines wärmeisolierten Auspuffsystems und einer mittleren spezifischen Enthalpie h_0 für die gesamte aus dem Zylinder ausströmende Abgasmasse zugrunde. Als eine wichtige Tatsache erkennt man daraus, dass infolge der Strömungsvorgänge vom Zylinder zum Auspuffbehälter neben Druckverlusten und dem Verlust der Geschwindigkeitsenergie eine starke Entropiezunahme erfolgt.

Dadurch steht der Turbine bei isentroper Expansion auf Umgebungsdruck statt der theoretisch verfügbaren Enthalpiedifferenz $\Delta h_{s\text{-i,Z}}$ nur das geringere Enthalpiegefälle $\Delta h_{s\text{-i,T}}$ zur Verfügung, von dem – wegen der Turbinenverluste – nur Δh_T zur Erzeugung der Verdichterleistung genutzt werden kann. Die schlechtere Nutzung der Abgasenthalpie wird aber durch bessere Turbinenwirkungsgrade zumindest teilweise kompensiert [99].

Wie dies hinsichtlich einer bestimmten Anordnung und Dimensionierung der Auspuffleitung einerseits und bei gegebenen Abgastemperaturen und Turboladergesamtwirkungsgraden andererseits erreicht werden kann, ist in Abb. 5.21 prinzipiell dargestellt. Berechnete Abgas-Ladedruck-Verhältnisse in Abhängigkeit von Laderwirkungsgraden und Abgastemperaturen zeigt Abb. 5.22.

Ein gravierender **Nachteil** der Stau-Aufladung ist allerdings, dass bei jeder Betriebszustandsänderung des Motors der große Abgasbehälter auf den neuen Druckzustand gebracht werden muss, was zu erheblichen Nachteilen bei transienten Betriebszuständen führt.

Die **Vorteile** der Stauaufladung sind

- ein für Vielzylinder-Motoren einfaches Auspuffsystem sowie
- ein niedrigerer Kraftstoffverbrauch durch geringe Gaswechselarbeit.

Die **Hauptanwendung** der Stauaufladung findet heute bei hochaufgeladenen Großmotoren im Stationäreinsatz und bei transient anspruchslosen oder insignifikanten Lastkollektiven statt.

Stoß- oder Impuls-Aufladung

Bei der in Abb. 5.23 im pV-Diagramm dargestellten Stoßaufladung versucht man neben der quasistatischen Energie (Druck und Temperatur) zusätzlich die in Form von Druckwellen beim Auspuffstoß im Abgas vorhandene kinetische Energie zu nutzen. Die Beaufschlagung der Turbine erfolgt dabei mit veränderlichen Abgasdrücken und -temperaturen, d. h. instationär.

Nimmt man bei einer entsprechenden Interpretation des pV-Diagramms an, dass die bei Auslassbeginn im Abgas vorhandene Enthalpie h_4 vollständig in kinetische Energie, also in Geschwindigkeit des Abgasstromes, umgewandelt und in einer Aktionsturbine verarbeitet würde, so

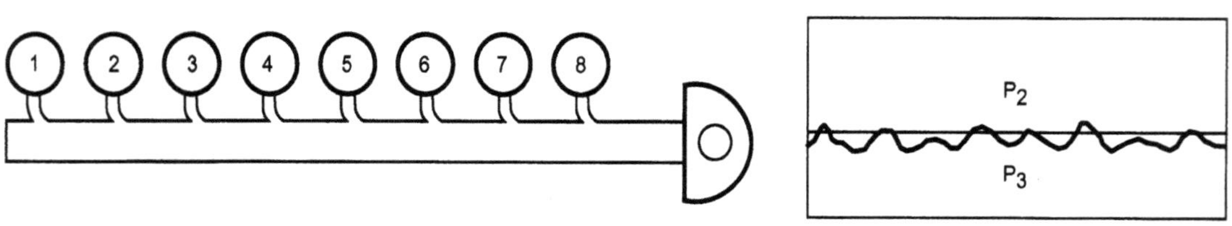

Abb. 5.21. Leitungszusammenfassung und Auspuffdruckverlauf für einen 8-Zylinder-Viertaktmotor mit Stauaufladung [156]

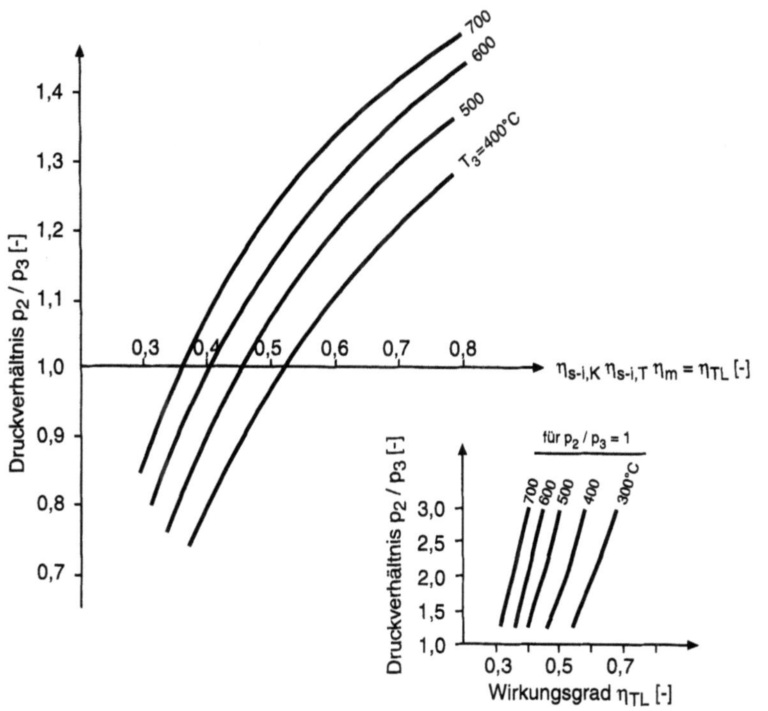

Abb. 5.22. Erreichbare Abgasladedruckverhältnisse in Abhängigkeit von Ladergesamtwirkungsgraden und Abgastemperaturen [144]

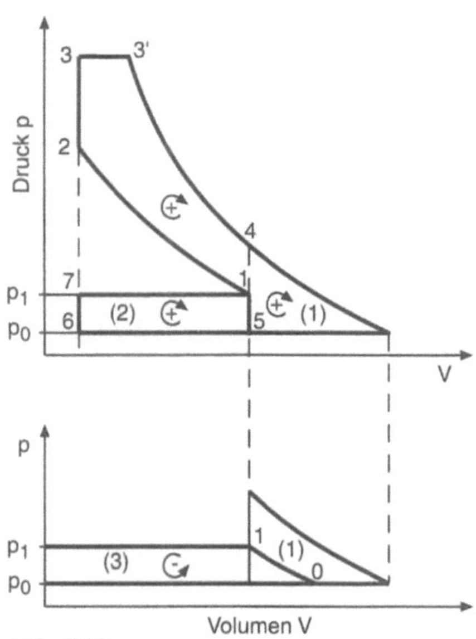

Abb. 5.23

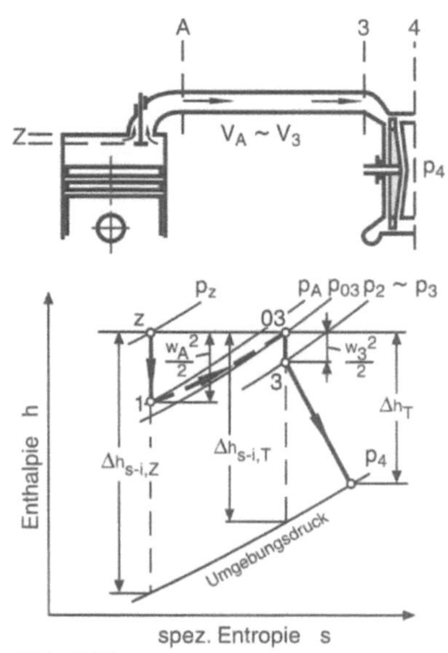

Abb. 5.24

Abb. 5.23. pV-Diagramm für Viertaktmotoren mit Stoßaufladung

Abb. 5.24. Prinzipbild und hs-Diagramm für Viertaktmotoren mit Stoßaufladung [108]

käme kein Aufstau des Abgases zustande. Gegenüber dem Staubetrieb bedeutet dies einen Gewinn, da anstelle einer irreversiblen Drosselung auf den Aufstaudruck des Staubehälters eine isentrope Expansion durchgeführt wird. Den gesamten Vorteil dieses Verfahrens kann man jedoch wegen der Verluste im Auslassventilspalt einerseits und der bei instationärer Beaufschlagung niedrigeren Turbinenwirkungsgraden andererseits nicht voll nutzen.

Betrachtet man auch hier die Vorgänge im hs-Diagramm (Abb. 5.24), so wird in diesem Fall durch das überkritische Druckverhältnis zwischen Zylinder und Auspuffleitung p_Z/p_3 ein Ausströmen mit Schallgeschwindigkeit im Ventilspalt – verbunden mit einer Drosselung auf einen Druck p_A – erfolgen, wobei ein Teil der Geschwindigkeitsenergie erhalten bleibt. Durch geringere Drosselverluste kann somit ein größerer Teil Δh_T des theoretischen Enthalpiegefälles $\Delta h_{s\text{-}i}$ genutzt werden. Die durch Ungleichbeaufschlagung schlechteren Turbinenwirkungsgrade werden durch das geschilderte höhere Energieangebot überkompensiert [99].

Vorteile der Stoßaufladung gegenüber der Stauaufladung lassen sich erzielen

- im thermodynamischen Verhalten, sie werden aber mit steigendem Aufladegrad immer geringer (Abb. 5.25);
- **vor allem im transienten Motorbetrieb** durch ein weitaus besseres Beschleunigungsverhalten des Turboladers und damit des Gesamtmotors.

Die **Hauptanwendung** der Stoß- oder Impulsaufladung findet heute bei Motoren mit hohem Transientanteil im Lastkollektiv, d. h. vor allem bei Fahrzeugmotoren statt.

Auspuffsystem

Zur konstruktiven Umsetzung der vorgestellten Abgasenergienutzungsvarianten gehört auch die entsprechende Gestaltung und Dimensionierung des Auspuffsystems. Durch seine gezielte Gestaltung soll die Ausnutzung der Abgasenergie soweit als möglich verbessert werden. Das bedeutet im Fall der Stauaufladung die Erzielung eines möglichst hohen Druckrückgewinns und im Fall der Stoßaufladung eine möglichst verlustfreie Umsetzung der Druckenergie in kinetische Energie.

Die ersten abgasturboaufgeladenen Motoren wurden mit einer gemeinsamen Auspuffleitung, also mit einer Stauaufladung realisiert. Der Durchbruch mit Leitungsaufteilungen und Zylinderzusammenfassungen, auch hin zum Fahrzeugmotor, gelang aber erst mit der Verwirklichung des Büchi-Patentes (DRP 568855). Nach diesem Patent sollten Auspuffleitung und Eintrittsquerschnitt in die Abgasturbine so bemessen und die Ventilsteuerzeiten so gewählt werden, dass am Auslassbeginn der Druck in der Auspuffleitung nach Öffnen des Auslassventils (Vorauspuffstoß) über dem Druck in der Ladeluftleitung, also dem Ladedruck liegt. Aber gegen Ende des Auslassvorganges soll der Leitungsdruck unter den Ladedruck sinken.

Bei Viertakt-motoren ergibt das eine Gesamtöffnungszeit von 260 bis 300° KW, bis der nächste Zylinder in diesen gleichen Auspuffstrang abblasen kann. In der Realität darf dieser Abstand aus Gründen der Wellenlaufzeiten und der Verzögerung des Vorauspuffstoßes sogar etwas kürzer sein. Mit einem Zündabstand von 240° KW für Viertaktmotoren und einem solchen von 120° KW für Zweitaktmotoren als Ausströmabstand innerhalb eines Leitungsstranges hat man daher ideale Bedingungen für eine Stoßaufladung.

Das bedeutet für die heute meist im Fahrzeugbetrieb verwendeten Vier- und Sechszylindermotoren bei Stoßaufladung eine zweiflutige Abgasanlage. Für einen im Schiffsbau üblichen Neunzylindermotor würde man demzufolge eine dreiflutige Anlage benötigen.

Aus der oben abgeleiteten Regel für den Mindestzündabstand ergibt sich mit **Multistoß-Anordnung** für einen Vierzylindermotor eine zweiflutige, für einen Achtzylindermotor eine vierflutige Anlage mit zwei- bzw. vierfach unterteiltem Turbinengehäuse bei einem Lader oder mit

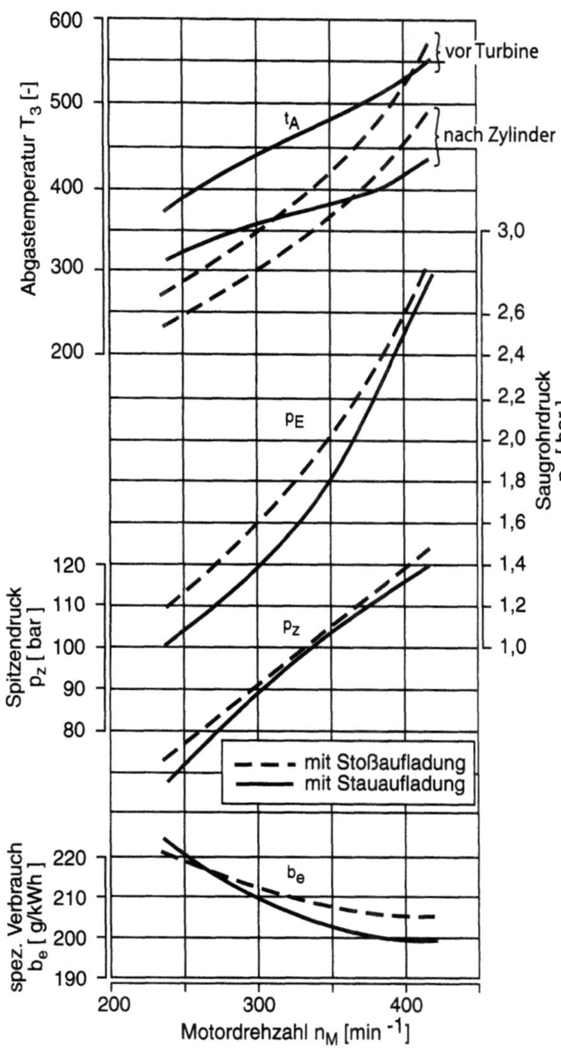

Abb. 5.25. Vergleich von Stau- und Stoßaufladungsergebnissen an mittelschnelllaufendem Dieselmotor [156]

einfach unterteiltem Turbinengehäuse bei einer Zweiladeranordnung. Der heute auch im Fahrzeugbetrieb gebräuchliche 5-Zylindermotor mit symmetrischer Zündfolge benötigt ein dreigeteiltes Auspuffsystem. Beispiele für Leitungsaufteilungen und Zylinderzusammenfassungen bei Viertakt-Reihenmotoren sowie die dabei auftretenden Abgas- und Ladedruckverläufe zeigt Abb. 5.26.

Neben der Leitungszusammenfassung gibt es noch eine weitere Möglichkeit, die Gasdynamik des Auslassvorganges zu nutzen, ohne die Nachteile der Stoßaufladung, z. B. einen schlechteren Turbinenwirkungsgrad, in Kauf nehmen zu müssen. Es ist dies der **Stoßumwandler** (Pulse-Converter). Auch beim Pulse-Converter werden enge Auspuffleitungen mit zur Stoßaufladung identischer Zylinderzusammenfassung verwendet. Sie werden hier aber nicht in getrennte Turbinenfluten geleitet, sondern im Pulse-Converter zusammengeführt.

Dort wird die im jeweiligen Auslassstrom vorhandene Druckenergie durch Verengen des Leitungsquerschnittes und damit Beschleunigung der Strömungsgeschwindigkeit der jeweiligen Auspuffgasmasse in kinetische Energie umgewandelt und folglich die Druckunterschiede in den einzelnen Leitungssträngen abgebaut. Es wird so eine Art Injektorwirkung erreicht, die das Zurücklaufen von Druckwellen in die Leitungen und damit eine Störung der Spülung verhindert. Die kinetische Energie wird hinter dem Pulse-Converter zwischen den Geschwindigkeitswellen der

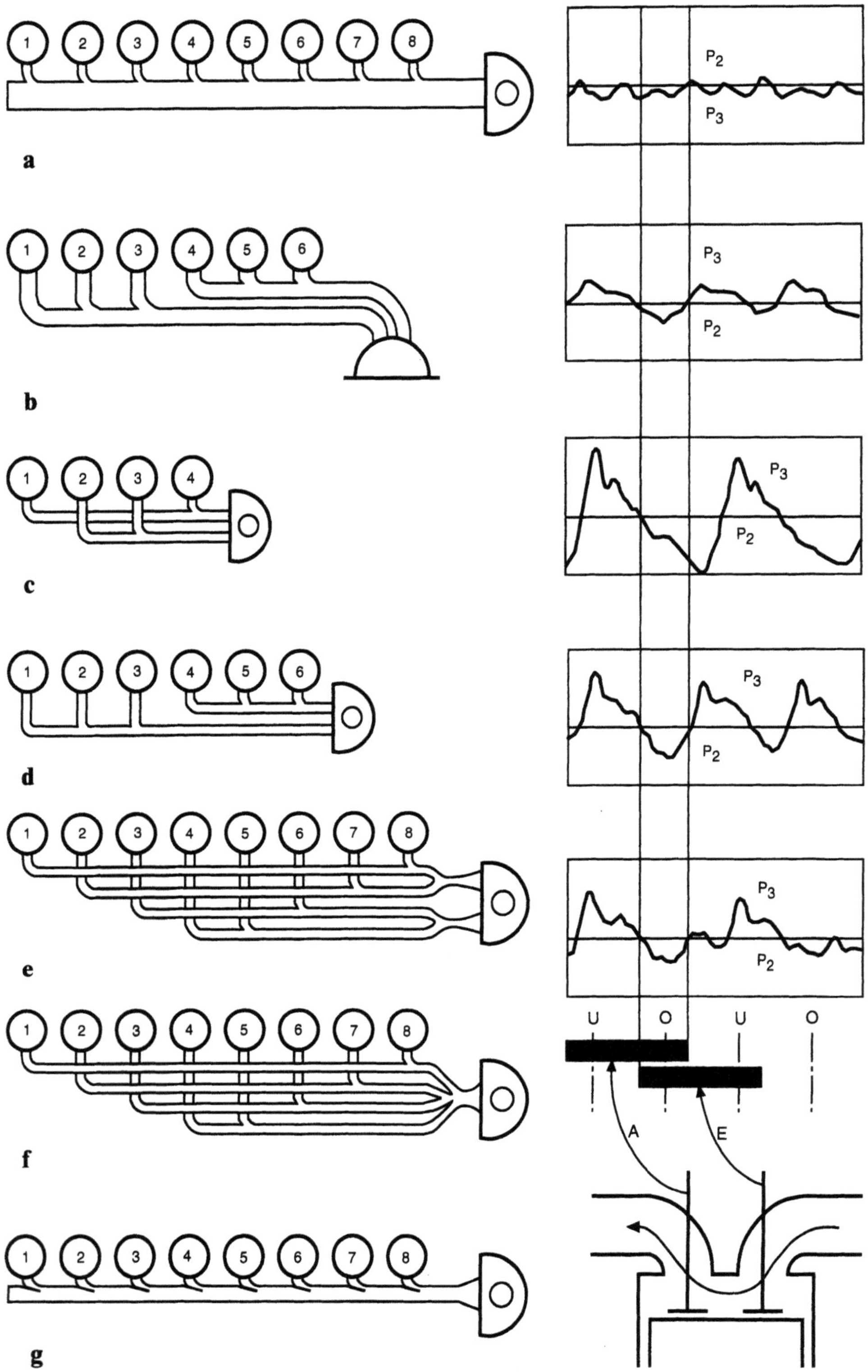

Abb. 5.26. Leitungs- und Zylinderzusammenfassungen und dabei erreichbare Ladedruck- und Auspuffdruckverläufe bei Viertaktreihenmotoren: **a** Gleichdruck, **b** Büchi 1925, **c** 2er-Stoß, **d** 3er-Stoß, **e** Zweifachstoßumwandler, **f** Mehrfachstoßumwandler, **g** modularer Stoßumwandler [156]

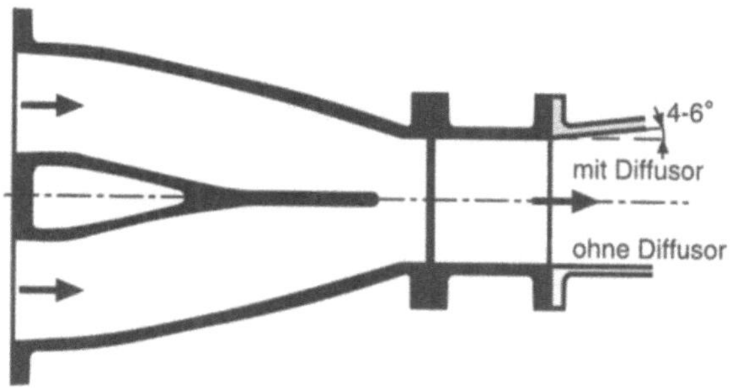

Abb. 5.27. Aufbau eines Stoßumwandlers mit und ohne anschließenden Diffusor

einzelnen Zylinder ausgetauscht und gegebenenfalls in einem anschließenden Diffusor in Druckenergie rückgewandelt (Abb. 5.26).

Meist verzichtet man jedoch aus Wirkungsgradgründen auf eine solche Druckrückgewinnung und legt dafür die Turbine mehr als Aktionsturbine aus. Dies hat zur Folge, dass durch die gleichmäßigere Beaufschlagung deren Wirkungsgrad verbessert wird. Abbildung 5.27 zeigt einen solchen Pulse-Converter einmal mit und einmal ohne Druckrückgewinn.

5.4.2 Turbinenauslegung und -regelung

Auslegung mittels Kennzahl-Diagrammen

Für die Auswahl des Turbinenrades und seiner Abmessungen benutzte man früher folgende grobe Annäherung mittels Nomogrammen: Dem Druck-Volumenstrom-Kennfeld des aufzuladenden Motors (man kann dabei für Neuauslegungen vom Hubvolumen und dem gewünschten Drehzahlband ausgehen) entnimmt man für die niedrigste und die höchste Volllastdrehzahl und eventuell ein bis zwei Zwischendrehzahlen unter Abschätzung des notwendigen Aufladedruckes den jeweiligen Volumenstrom $\dot{V}$. Mit diesen Werten geht man in die in Abb. 5.28 dargestellten Nomogramme.

Die so erhaltenen Ladedruckverhältnisse für die ausgewählten Drehzahlen kann man nun mit den Ausgangsschätzwerten korrelieren und korrigieren. Es liegt auf der Hand, dass ein solch grobes, iteratives Verfahren den heutigen Ansprüchen für eine Auslegung der Aufladegruppe(n) eines neuen Motors nicht mehr genügen kann. Dies gilt um so mehr, als z. B. bei der Anwendung der Stoßaufladung die Auspuffleitungen nach wellendynamischen Gesichtspunkten zu dimensionieren und zusammenzufassen sind. Dementsprechend werden heute numerische Simulationsverfahren für die Auslegung der Aufladesysteme verwendet.

Turbinenauswahl mittels Realprozessrechnung und Kennfeldern

Die physikalischen Grundlagen sowie die entsprechenden mathematischen Modelle für derartige rechnerische Auslegungen mit Hilfe von Simulationsprogrammen wurden in Abschn. 3.6 im Detail vorgestellt.

Für eine aktuelle Abgasturboladerauslegung wird nach einer Modellierung des gesamten Motors der Luftbedarf im Turbinenauslegungspunkt aus der gewünschten Luftüberschusszahl (je nach Verbrennungsverfahren) ermittelt. Dabei werden von ähnlichen Motoren übernommene Werte für den Liefergrad und den spezifischen Motorkraftstoffverbrauch verwendet und mit dem Hubvolumen abgeglichen. Dazu kann ferner ein erster Schätzwert des erforderlichen Kompressordruck-

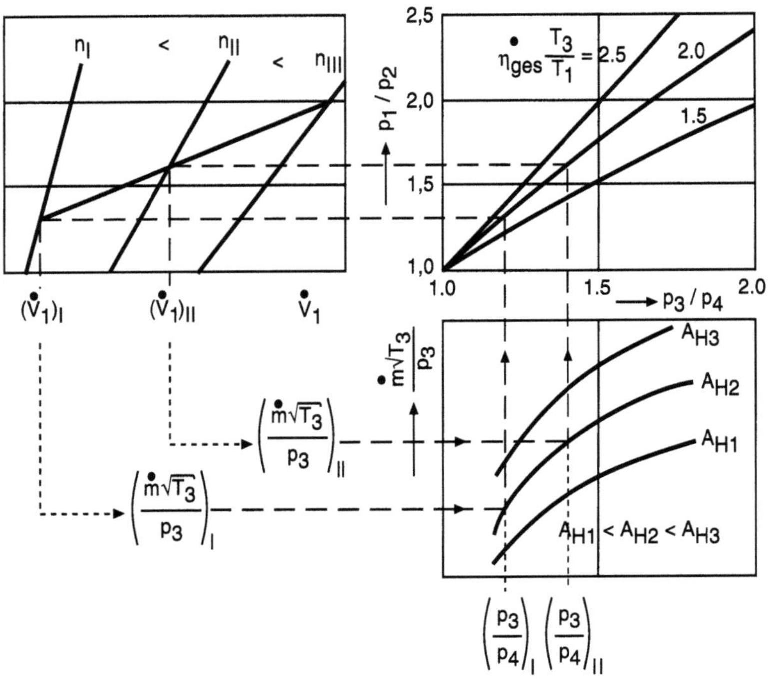

Abb. 5.28. Nomogramme zur Turboladervorauswahl [KKK]

verhältnisses (unter Berücksichtigung allfälliger Ladeluftkühlerdruckverluste) festgehalten werden.

Im Auslegungspunkt kann damit eine Kreisprozesssimulation unter Vorgabe geschätzter Turboladerwirkungsgrade gestartet werden. Entsprechend dem notwendigen Leistungsgleichgewicht zwischen Kompressor und Turbine wird rechnerisch der Turbinenersatzquerschnitt iterativ so angepasst, dass der Verdichter das geforderte Druckverhältnis erreicht. Wird dies für mehrere Punkte im Betriebsfeld des zu adaptierenden Motors getan, kann, wiederum ausgehend von realen Laderdaten eines ähnlichen Motors, durch geometrische Änderungen von Verdichter- und Turbinenabmessungen (Abb. 5.29) der Abgasturbolader in seinen Abmessungen skaliert, d. h. in seinen schon sehr realitätsnahen Hauptabmessungen bestimmt werden. Abbildung 5.30 zeigt für bestimmte Fallannahmen aus Abb. 5.29 die sich ergebenden Laderbetriebswerte für bestimmte Skalierungsfaktoren.

Anpassungsmöglichkeiten der Turbine

Die Turbine ist bei heutigen Großserien-Abgasturboladern in aller Regel eine Radialturbine und hat deshalb ähnliche Beeinflussungsmöglichkeiten wie der Radialverdichter. In Abb. 5.31 sind die wesentlichen Hauptabmessungsdaten einer einflutigen Radialturbine zusammengestellt.

Für die erste Grobauswahl des Gehäuses ist der charakteristische **Gehäusequerschnitt** A_S im Zungenbereich der Spirale für die realisierbare Turbinenleistung von großer Bedeutung.

In Erweiterung der Gehäusequerschnittsangabe wird auch das so genannte A/R-**Verhältnis** zur Gehäusekennzeichnung verwendet. A/R bezeichnet das Verhältnis des freien Strömungsquerschnitts A (cm^2) am Übergang vom Turbineneintrittsquerschnitt in die Turbinenspirale zum Abstandsradius R (cm). R ist dabei definiert als Abstand einer theoretischen Linie im Strömungskanal, durch den der Massenstrom halbiert wird (siehe Abb. 5.31 mit A_S/R_S). A/R ist deshalb ein Maß für das Durchsatzvermögen des Turbinengehäuses. Bei geteilten Turbinengehäusen (z. B.

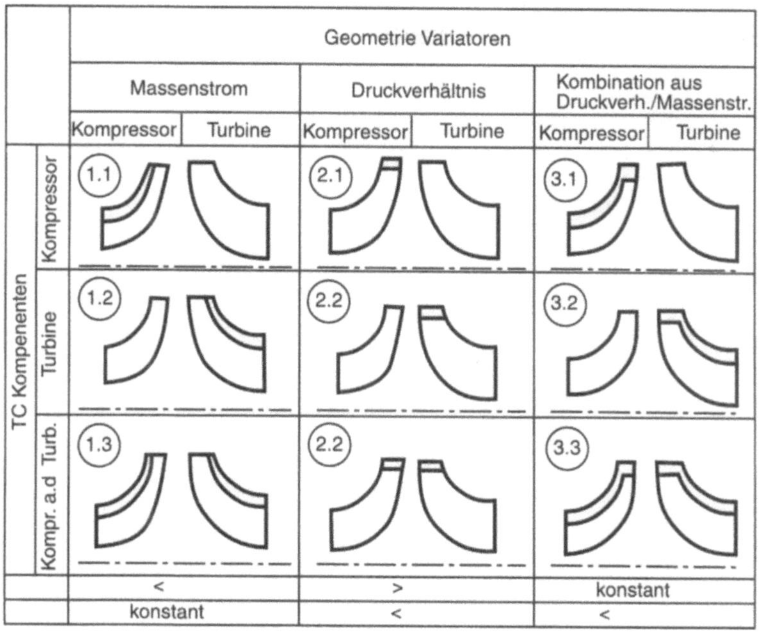

Abb. 5.29. Mögliche Änderung der Laderabmessungen bei Skalierung [DC]

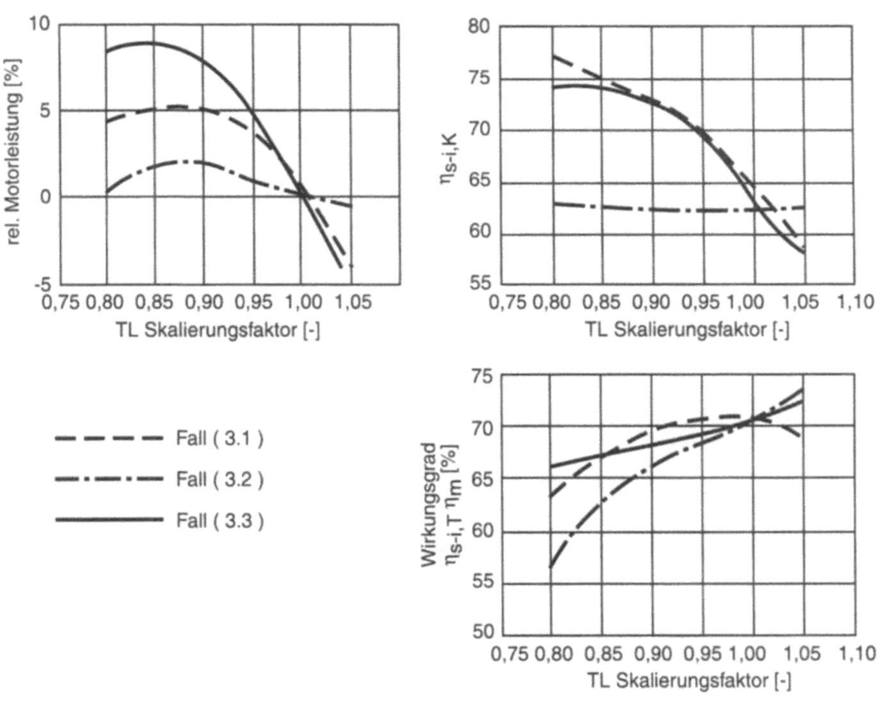

Abb. 5.30. Motor- und Laderwerteänderungen über dem Skalierungsfaktor (Fälle entsprechend Abb. 5.29)

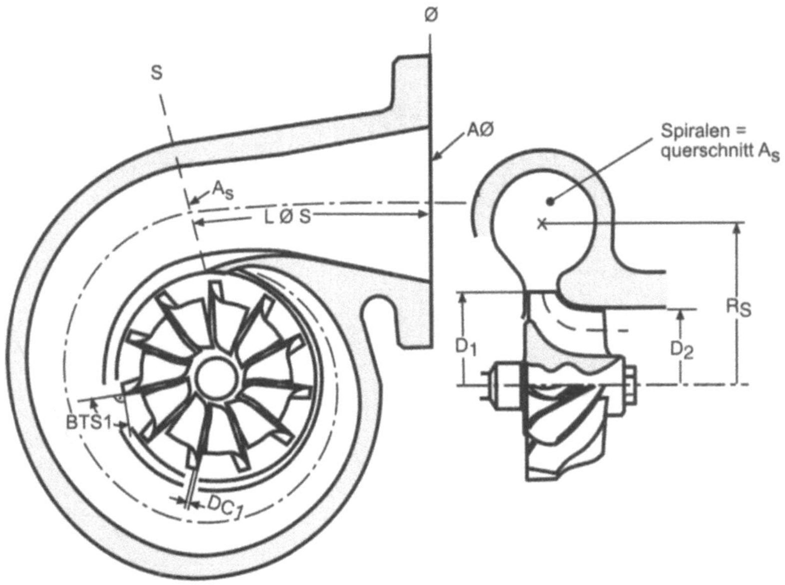

Abb. 5.31. Hauptabmessungsdaten einer einflutigen Radialturbine mit A- und R-Angabe

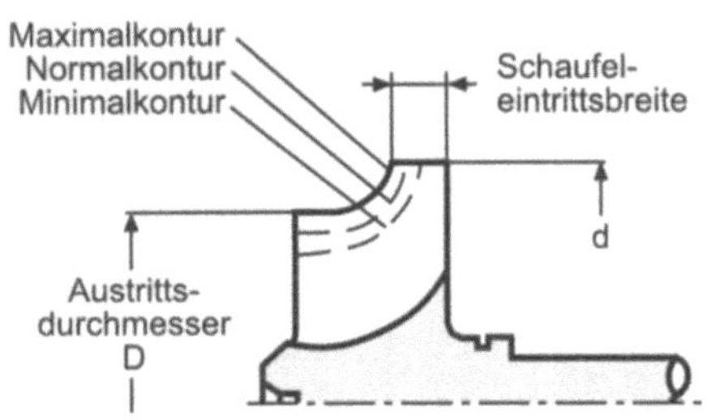

Abb. 5.32. Trimm einer Turbinenradkontur

Zwillingsstromgehäuse) ist A die Summe beider Kanalquerschnitte. A/R ist zusammen mit dem so genannten Trimm der Turbine zu betrachten.

Der **Trimm** bezeichnet die Abstimmung einer Turbinenradkontur auf einen bestimmten Durchsatzbereich. Dieser charakterisiert somit zusammen mit dem A/R-Verhältnis das Schluckvermögen der Turbine bei konstantem Raddurchmesser (Abb. 5.32). Rechnerisch ist der Trimm definiert als

$$T = (d/D)^2 \cdot 100, \tag{5.34}$$

d. h. als das Verhältnis der Durchmesserquadrate von Radaußendurchmesser d und Gasaustrittsdurchmesser des Turbinenrades D.

Das **Raddurchmesserverhältnis** von Verdichterrad D_K und Turbinenrad D_T gibt als eine weitere Hauptgröße Aufschluss über das Verhalten von Abgasturboladern. Die Wahl des Turbinenraddurchmessers wird dabei so getroffen, dass die Turbine für eine bestimmte Verdichterleistung mit bestem Wirkungsgrad arbeitet.

Dazu dient die Auftragung der Turbinenwirkungsgrade über der so genannten Laufzahl (auch: Schnelllaufzahl), die definiert ist als das Verhältnis der Radumfangsgeschwindigkeit u zur theoretischen Expansionsgeschwindigkeit c_0, die sich ergäbe, wenn man das Abgas verlustlos vom Turbineneintrittsdruck p_3 in einer Düse auf den statischen Turbinenaustrittsdruck $p_{4\mathrm{Stat}}$ expandierte.

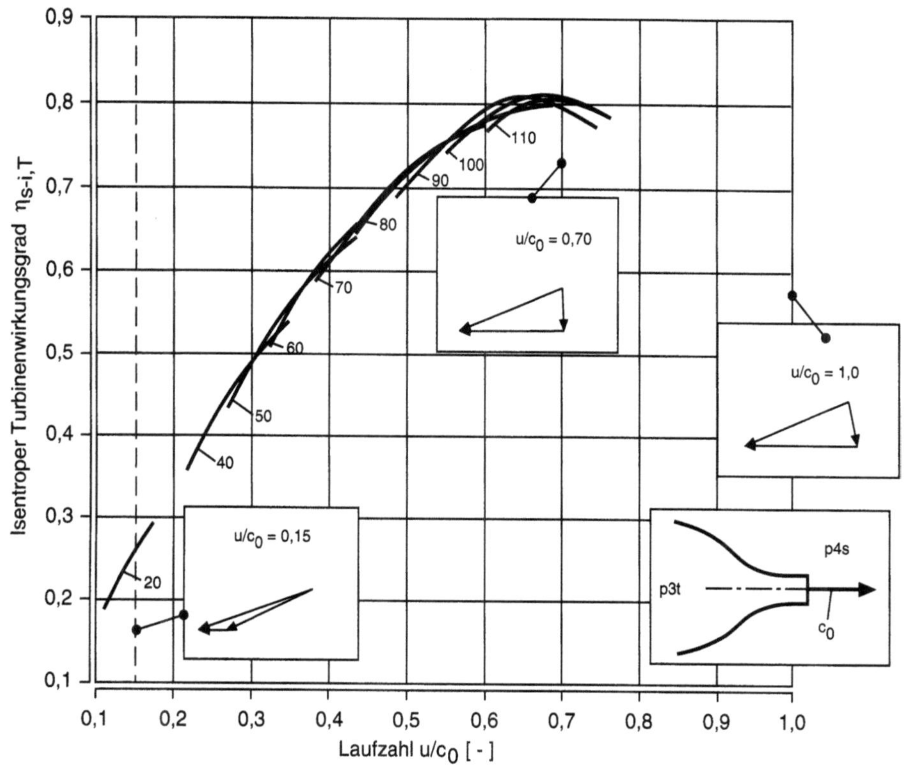

Abb. 5.33. Wirkungsgradverhalten der Radialturbine über der Schnelllaufzahl u/c_0 [DC]

Abbildung 5.33 zeigt das Wirkungsgradverhalten einer Radialturbine in dieser Darstellung, d. h. den isentropen Turbinenwirkungsgrad als Funktion der Laufzahl S:

$$S = u/c_0.$$

Obwohl die Größe c_0 eine Teilchengeschwindigkeit beschreibt, wurde hier ausnahmsweise nicht der Buchstabe v gewählt, um mit der international gebräuchlichen Bezeichnung der Laufzahl konform zu gehen.

Für Leistungsgleichheit zwischen Verdichter und Turbine ergibt sich dann zwischen dem Verdichter- und Turbinenraddurchmesser für die Radialturbine folgender Zusammenhang:

$$\frac{D_K}{D_T}\frac{1}{u/c_0}\sqrt{\frac{\eta_T}{2}m}, \tag{5.35}$$

worin D_K den Verdichteraustrittsdurchmesser und D_T Turbineneintrittsdurchmesser, u/c_0 die Turbinen-Laufzahl bzw. das Turbinenschaufel-Geschwindigkeitsverhältnis, η_T den Turbinenwirkungsgrad ($\eta_{s\text{-}i,T}\eta_m$) und m den Minderleistungs- oder Slipfaktor des Verdichters (0,8–0,9) bezeichnet.

In Abb. 5.34 ist dieser Zusammenhang für die Slipfaktoren 0,8 und 0,9 mit charakteristischen Arbeitsbereichen von Axial- und Radialturbinen dargestellt. Ferner zeigt Tabelle 5.1 einige ausgeführte ATL-Kombinationen für Lkw-Motoren mit und ohne Waste-Gate sowie mit VTG-Lader.

Die bei einer Turbine auftretenden **Strömungsverluste** sind in Abb. 5.35 dargestellt. Einen merklichen Verlustanteil stellt bei den kleineren ATL-Turbinen der Rad-Gehäusespalt dar. Bei Turbinen, die in einem weiten Betriebsbereich betrieben werden, weichen die Radzuströmwinkel zum Teil deutlich von den optimalen Werten ab, mit der Folge von Falschanström- und Umlenkverlus-

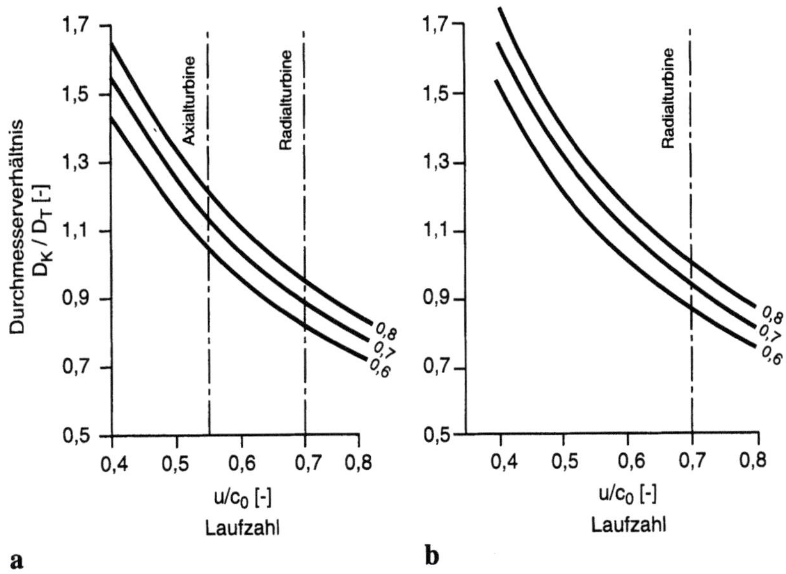

Abb. 5.34. Zusammenhang von Verdichter- und Turbinenraddurchmesser für die Slipfaktoren 0,8 (**a**) und 0,9 (**b**) mit charakteristischen Arbeitsbereichen von Axial- und Radialturbinen

Tabelle 5.1. Verhältnisse von Verdichter- zu Turbinenradgrößen für verschiedene Ladertypen

Lkw-Motor- und Ladertype	D_K / D_T
Dieselmotor mit Starrgeometrielader	1,15
Dieselmotor mit Starrgeometrielader und Waste-Gate	1,07
Dieselmotor mit Lader mit variabler Turbinengeometrie	0,98

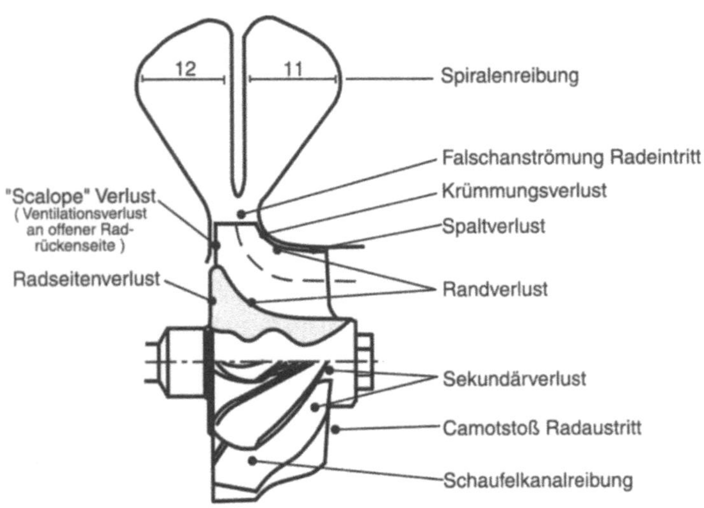

Abb. 5.35. Strömungsverluste einer Turbine

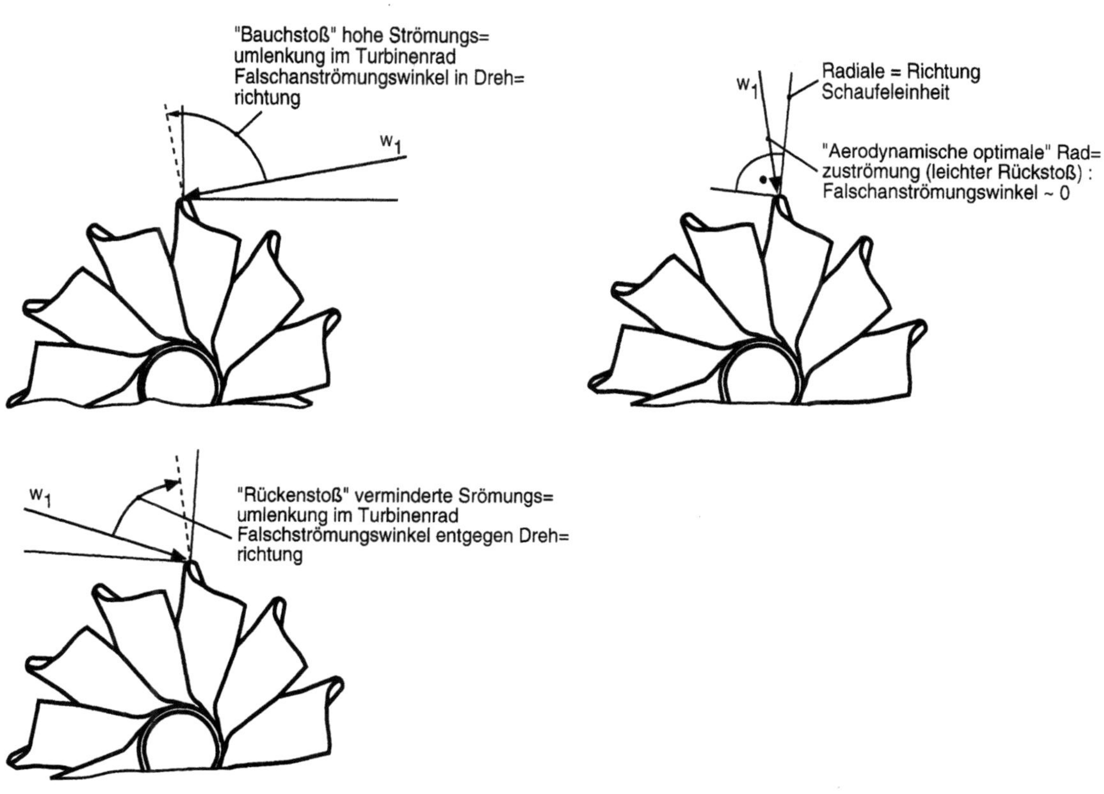

Abb. 5.36. Falschanström- und Umlenkverluste im Turbinenrad

ten im Turbinenrad (Abb. 5.36). Bei kleinen Turbinen, meist mit Waste-Gate und dadurch kleinen Turbinengehäusequerschnitten, wirken sich auch Reibungsverluste merkbar aus.

Soll vor allem die kinetische Energie der Abgasströme in Form von Druckwellen genutzt werden, so gelingt dies für bestimmte Motorbauformen besonders effektiv, wenn der Zufluss zum Turbinenrad durch eine so genannte Zwillingsstromturbine, bei der das Turbinengehäuse in zwei symmetrische Zulaufspiralen aufgeteilt wird, in Form einer **Flutentrennung** ausgebildet ist (Abb. 5.37a). Zweiflutige Gehäuse (Abb. 5.37b) werden dagegen nur in Sonderfällen verwendet.

Die Auslegung und Berechnung eines solchen strömungsdynamisch äußerst effektiven Systems setzt aber die Kenntnis der Durchflusscharakteristik von **Zwillingsstromgehäusen** unter instationärer Beaufschlagung voraus. Ein messtechnisch nicht triviales Problem, an dem erst in jüngster Zeit unter dem Zwang, die Effektivität moderner Auflademotoren weiter zu steigern, wieder vermehrt gearbeitet wird. Abbildung 5.38 zeigt einen Vergleich der Durchflusskennzahlen von doppelflutigen Turbinengehäusen und Zwillingsstromgehäusen bei Ungleichbeaufschlagung. Für genauere Auslegungs- und Anpassungsberechnungsprogramme gibt es neue, exaktere Messverfahren, mit denen auch mehrflutige Turbinengehäuse und deren Ungleichbeaufschlagung bei Stoßaufladung genügend genau für das jeweilige Berechnungsverfahren beschrieben und durch Messwerte charakterisiert werden können.

Bei Anwendung der **Stauaufladung** werden allerdings die als kritisch beschriebenen hohen Druckverhältnisse an der Turbine gar nicht erreicht. So kann es dann zielführend sein, der Turbine einen **Diffusor** nachzuschalten, um das Expansionsverhältnis in der Turbine durch Druckrückgewinn nach Turbine zu erhöhen, was in dem beschriebenen System zu besseren Turbinenwirkungsgraden führt (Abb. 5.39).

a b

Abb. 5.37

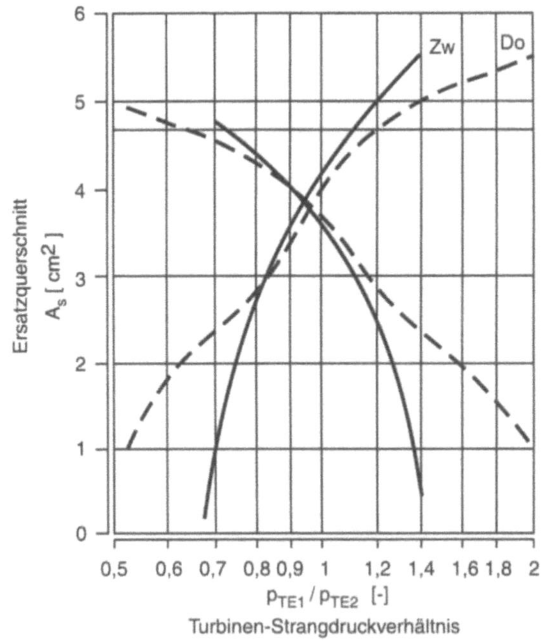

Abb. 5.38

Abb. 5.37. **a** Zwillingsstromturbinengehäuse, **b** Doppelstromgehäuse

Abb. 5.38. Vergleich der Durchflusskennzahlen von doppelflutigen Turbinengehäusen (Do) und Zwillingsstromgehäusen (Zw) bei Ungleichbeaufschlagung [156]

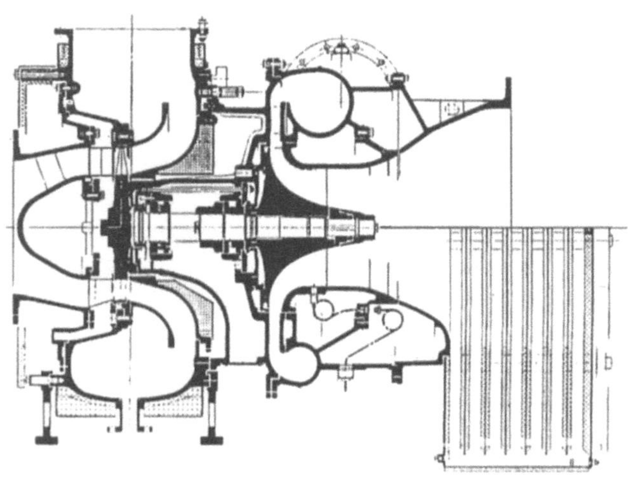

Abb. 5.39. Turbine mit nachgeschaltetem Diffusor [MAN]

Vor allem bei Großmotoren sind darüber hinaus **Umfangsteilbeaufschlagungen** mit zwei- oder sogar dreiflutigen Spiralgehäusen heute üblich. Bei Größtmotoren werden meist Axialturbinen (>700 mm Durchmesser) als Laderantrieb verwendet und Teilbeaufschlagungen der Turbine sind Stand der Technik. Auch hier sind die genannten Berechnungsprogramme ein unabdingbarer Teil des Entwicklungsinstrumentariums.

5.4.3 Verdichterauslegung und -regelung

Verdichterauswahl

Als Hilfsmittel zur Verdichterauswahl stehen heute genormte Verdichterkennfelder der verschiedenen Turboladerhersteller zur Verfügung. In Abb. 5.3 wurde bereits ein Beispiel eines solchen Kennfeldes gezeigt. Meist sind in diese Kennfelder auch theoretische Motorschlucklinien für Viertaktmotoren eingetragen, so dass die Verdichterauswahl nur nach den Kriterien

- ausreichender Durchsatzabstand zur Pumpgrenze im unteren Drehzahlbereich des Motors und
- ausreichender Abstand zur Drehzahlgrenze des Verdichters, unter Einbeziehung der Höhenreserve, bei den hohen Motordrehzahlen

erfolgen kann (Abb. 5.40). Genauer kann eine Verdichterauswahl mit Hilfe einer Simulationsrechnung erfolgen, bei der, ausgehend von einem bekannten Verdichterkennfeld einerseits und mit Kenntnis der genauen Motordaten andererseits durch die in Abschn. 5.4.2 beschriebene Skalierung, das heißt, durch prozentuale Änderungen der Verdichterabmessungen, die ideale Verdichtergröße für einen bestimmten Motor ermittelt werden kann. Mit dieser Kenntnis kann für den entsprechenden Einsatzfall dann aus dem Angebot der Turboladerhersteller ein geeigneter Verdichter ausgewählt und durch Trimmen dargestellt werden.

Verdichterregelungsmöglichkeiten

Meist genügt heute die Verwendung eines ungeregelten Verdichters und zwar sowohl im Stationärmotoren-Einsatz als auch im Fahrzeugbetrieb. Mit zunehmend höheren Aufladedruckverhältnissen und zusätzlich vergrößerten Lastdrehzahlspannen erreicht man heute aber mehr und mehr die Grenzen ungeregelter Verdichter. Es gibt beim Strömungsdverdichter dann grundsätzlich folgende Möglichkeiten, das Nutzkennfeld zu beeinflussen: Vordrallregelung, kennfeldstabilisierende Maßnahmen, Verstelldiffusoren und Verstellverdichterschaufeln.

Für die Regelung mittels **Vordrall** wird mit Hilfe eines – am besten stufenlos – verstellbaren Vorleitgitters der Eintrittswinkel in das Verdichterrad geändert und so die einströmende Luft mit einem Vordrall versehen. Abbildung 5.41 zeigt eine solche Vorrichtung mit verdrehbaren Leitschaufeln.

Da die gesamten Ein- und Austrittswinkel des Verdichters nur für einen bestimmten Durchsatz

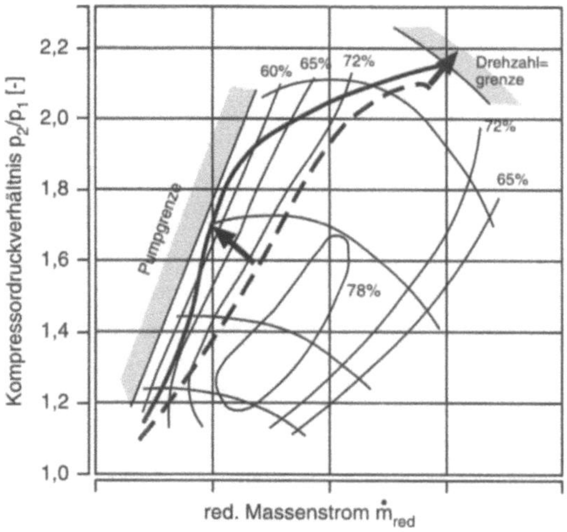

Abb. 5.40. Typisches Verdichterkennfeld mit Volllastbetriebslinien für eine Pkw-Anwendung. —, VTG-Lader; – –, Starrgeometrielader mit großer Turbine

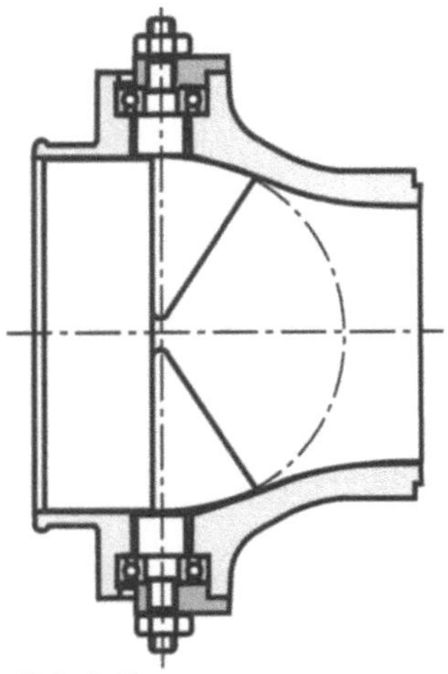

Abb. 5.41

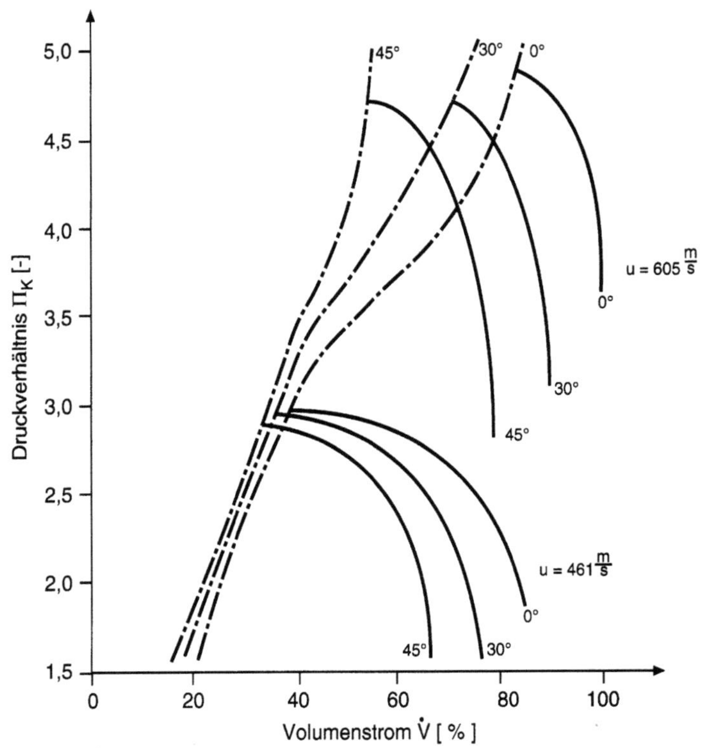

Abb. 5.42

Abb. 5.41. Vordrallregelung durch Eintrittsdrallgenerator [KKK]

Abb. 5.42. Verschiebung der Pumpgrenze durch Vordralländerung (Verstellbereich 0–45°) [KKK]

mit den dazugehörigen Drehzahl- und Druckverhältniswerten stoßfrei ausgelegt werden können, ist leicht verständlich, dass mittels eines Vordralls in oder gegen die Laufrichtung des Verdichterrades die Eintrittsbedingungen angepasst werden können. Damit wird auch die Ablösegefahr für die Strömung verringert, d. h. die Pumpgrenze verschoben, wie dies Abb. 5.42 deutlich zeigt. Die Maßnahme wirkt vor allem bei höheren Druckverhältnissen.

Desweiteren kann durch ein gezieltes Rückströmen von „nach Verdichterrad-Eintritt" zum Verdichtereintritt, heute mit **kennfeldstabilisierende Maßnahme** (KSM) bezeichnet, die Pumpgrenze ebenfalls „nach links" verschoben werden. Abbildung 5.43 zeigt eine solche Anordnung, die darüber hinaus auch noch gegen Durchsatzprobleme helfen kann. Dabei findet bei niedrigen Durchsätzen eine Rezirkulation um den Verdichtereintritt statt, mit der Folge eines scheinbar höheren Durchsatzes und einer damit verbesserten Schaufelanströmung. Bei hohen Durchsätzen wirkt dieser Bypass als zusätzlicher Verdichterzuströmquerschnitt mit der Folge höherer möglicher Durchsätze vor Erreichen der Stopfgrenze.

Das Gleiche gilt bei einem beschaufelten **Austrittsdiffusor** (Abb. 5.44), wo mit der Wahl des Schaufelwinkels der Förderstrom des Verdichters und seine Grenzen in weiten Bereichen beeinflusst werden können (Abb. 5.45). Generell gilt dabei: Je steiler der Austrittswinkel, desto höher der Durchsatz durch den Verdichter (Strömungsquerschnitt) und desto kleiner der Druckgewinn.

Sowohl die Vordrallregelung als auch eine Regelung der Diffusorschaufelanstellung sind – vorzugsweise in Kombination – geeignet, das nutzbare Betriebsfeld von Strömungsverdichtern spürbar auszuweiten. Damit werden solche Verdichter für hohe mögliche Aufladegrade bei breitem

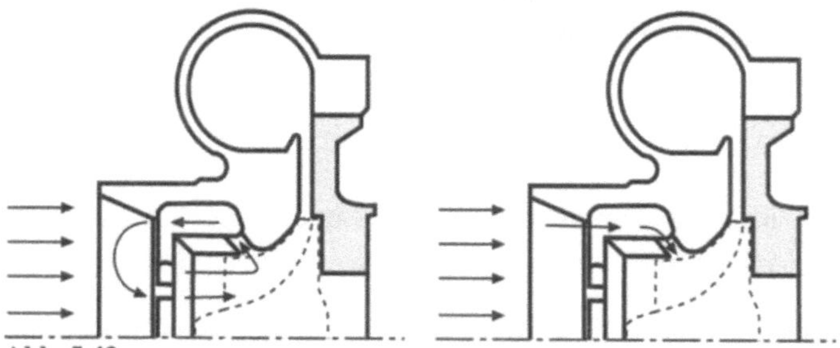

Abb. 5.43

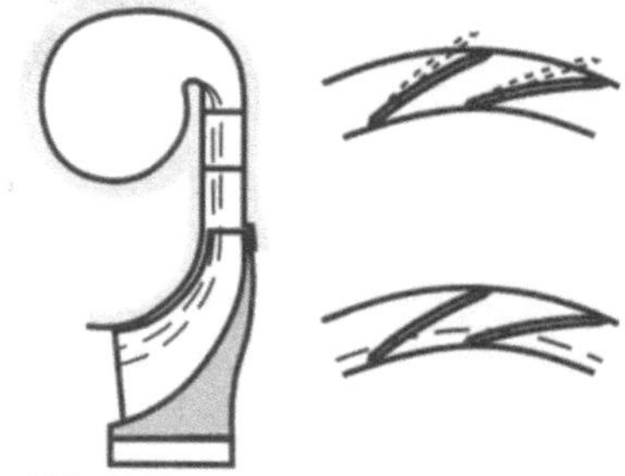

Abb. 5.44

Abb. 5.43. Kennfeldstabilisierende Maßnahme (KSM) durch gezieltes Umströmen des Verdichterrades [KKK]

Abb. 5.44. Beschaufelter Austrittsdiffusor

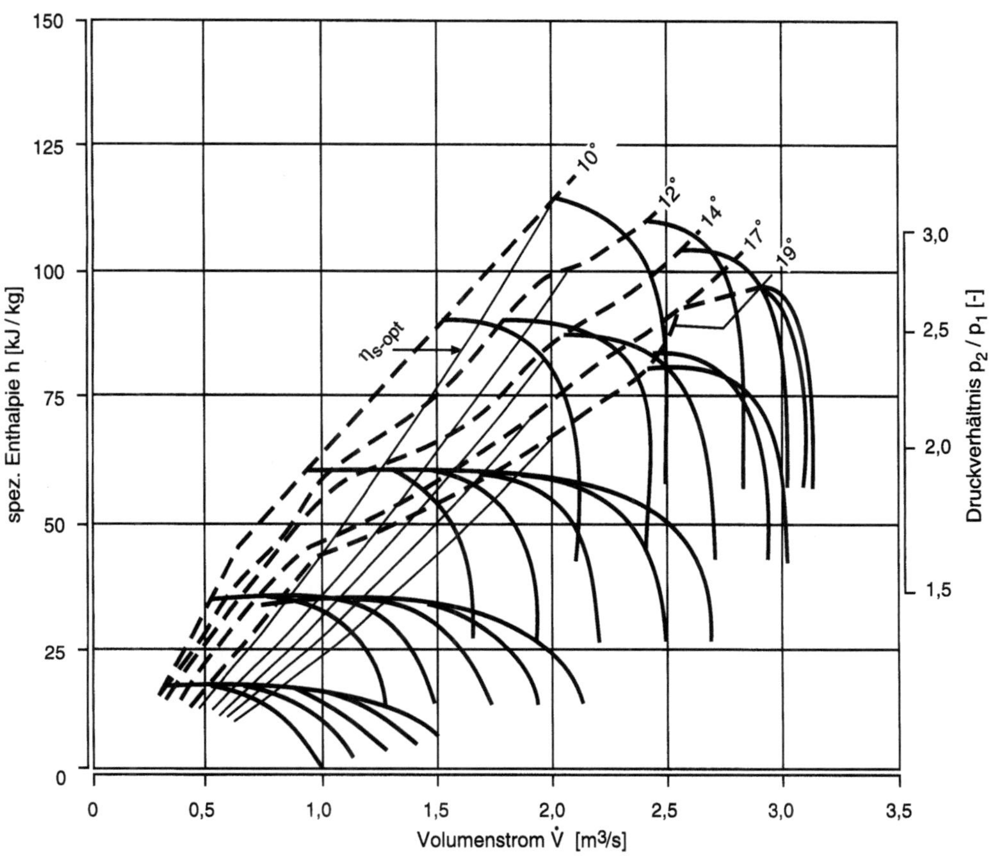

Abb. 5.45. Förderstrombeeinflussung des Verdichters durch geänderte Ausströmdiffusoreinstellungen (Verstellbereich 10–19°) [156]

Durchsatzband, d. h. großen Nutzdrehzahlspannen eines Motors, geeignet.

Die Regelung der **Verdichterschaufelanstellung** ist nur bei einem Axialverdichter möglich, der allerdings bei der Aufladung von Verbrennungsmotoren aus Bauraum- und Kostengründen nicht eingesetzt wird.

5.5 Dimensionierung und Optimierung der Gasführungs- und Aufladekomponenten mittels Kreisprozess- und CFD-Simulationen

5.5.1 Auslegungskriterien

Die Aufgaben der thermodynamischen Motorauslegung von Motoren mit Abgasturboaufladung können, neben dem bereits behandelten Motor selbst, in folgende drei Bereiche eingeteilt werden:

- Ansaugsystem (Rohrleitungen, Filter, Ladeluftkühler, AGR-Zumischer, Geräuschdämpfer)
- Auspuffsystem (Rohrleitungen, Katalysatoren, Rußfilter, Schalldämpfer, AGR-Leitungen)
- Aufladesystem (Verdichter, Turbinen, Compound-Turbinen, Waste-Gate)

Das Röhrenwerk aufgeladener Motoren beeinflusst neben dem Motor selbst ganz entscheidend auch das Betriebsverhalten des Verdichters. Hohe Druckverluste der Ladeluftsystems stromauf und stromab des Verdichters erhöhen das erforderliche Druckverhältnis für ein gewünschtes Ladedruckniveau. In Abb. 5.46 ist die Folge derartig erhöhter Druckverhältnisse auf die Verdichterbetriebszustände dargestellt.

Im unteren Drehzahlbereich, bei dem Fahrzeugmotoren unter Volllast nahe der Pumpgrenze des Verdichters betrieben werden (Bereich A), führen höhere Druckverluste zu einer Verschiebung der Motorvolllastbetriebslinie zu dieser Grenze hin. So können daraus dann Beeinträchtigungen der Betriebssicherheit des Verdichters resultieren. Bei hohen Motordrehzahlen nahe der Nennleistung wird der Betriebsbereich der Verdichters durch die Stopfgrenze eingeschränkt. Überdies nähert man sich hier der mechanisch bedingten Drehzahlgrenze des Laders (Bereich B). Höhere Druckverluste können weiterhin eine unzulässige Annäherung oder Überschreitung der maximalen Laderdrehzahl (z. B. im Höhenbetrieb) verursachen und somit auch hier die Betriebssicherheit des Laders einschränken. Darüber hinaus erfordern die höheren Verdichterdruckverhältnisse gesteigerte Antriebsleistungen, wodurch in der Regel wiederum höhere Turbinendruckverhältnisse erforderlich sind.

Durch die dabei verursachte steigende Ausschiebearbeit des Motors reduziert sich der effektive Motormitteldruck sowohl durch saug- als auch abgasseitige Druckverluste, wie dies in Abb. 5.47 für einen aufgeladenen Ottomotor im Nennleistungspunkt dargestellt ist. Bei gegebenen Luftzahlen eines bestimmten Verbrennungverfahrens steigt damit der Ladedruckbedarf. In dieser Form entsteht eine spiralartige Rückkoppelung des negativen Einflusses höherer saugseitiger Druckverluste, die den direkten Nachteil noch verstärken.

Es sind daher auch bei aufgeladenen Motoren minimale saugseitige Druckverluste anzustreben, d. h., die Aufladegruppe kann solche Verluste nicht einfach ausgleichen. Neben der Minimierung der Druckverluste ist auch auf strömungsgünstige Gestaltung des Röhrenwerkes speziell nahe dem Verdichtereintritt zu achten. Hier sollte ein möglichst gleichmäßiges Geschwindigkeitprofil angestrebt werden.

Ebenso sind ungewollte oder unkontrollierte Drallströmungen am Verdichtereintritt zu vermeiden, da sie Geschwindigkeitprofile und Geschwindigkeitsdreiecke am Laufschaufeleintritt und damit die Verdichter-Arbeitspunkte beziehungsweise die entsprechenden Wirkungsgrade beeinflussen. Indirekt messbar ist diese Tatsache durch Erfassung der Verdichteraustrittstemperatur. Ist diese deutlich höher als aus Eintrittstemperatur, Kennfeldwirkungsgrad und Gl. (2.14) folgend, so sollte die Zuströmung zum Verdichter genauer untersucht werden.

Druckseitig muss der Ladeluftkühler für ladeluftgekühlte Motoren ausgelegt (Auslegung der Kühlleistung unter Berücksichtigung der Temperaturerhöhung im Verdichter sowie des simulierten Motormassenstroms bei Nennleistung) werden. Darüber hinaus ist der Einfluss verschiedener

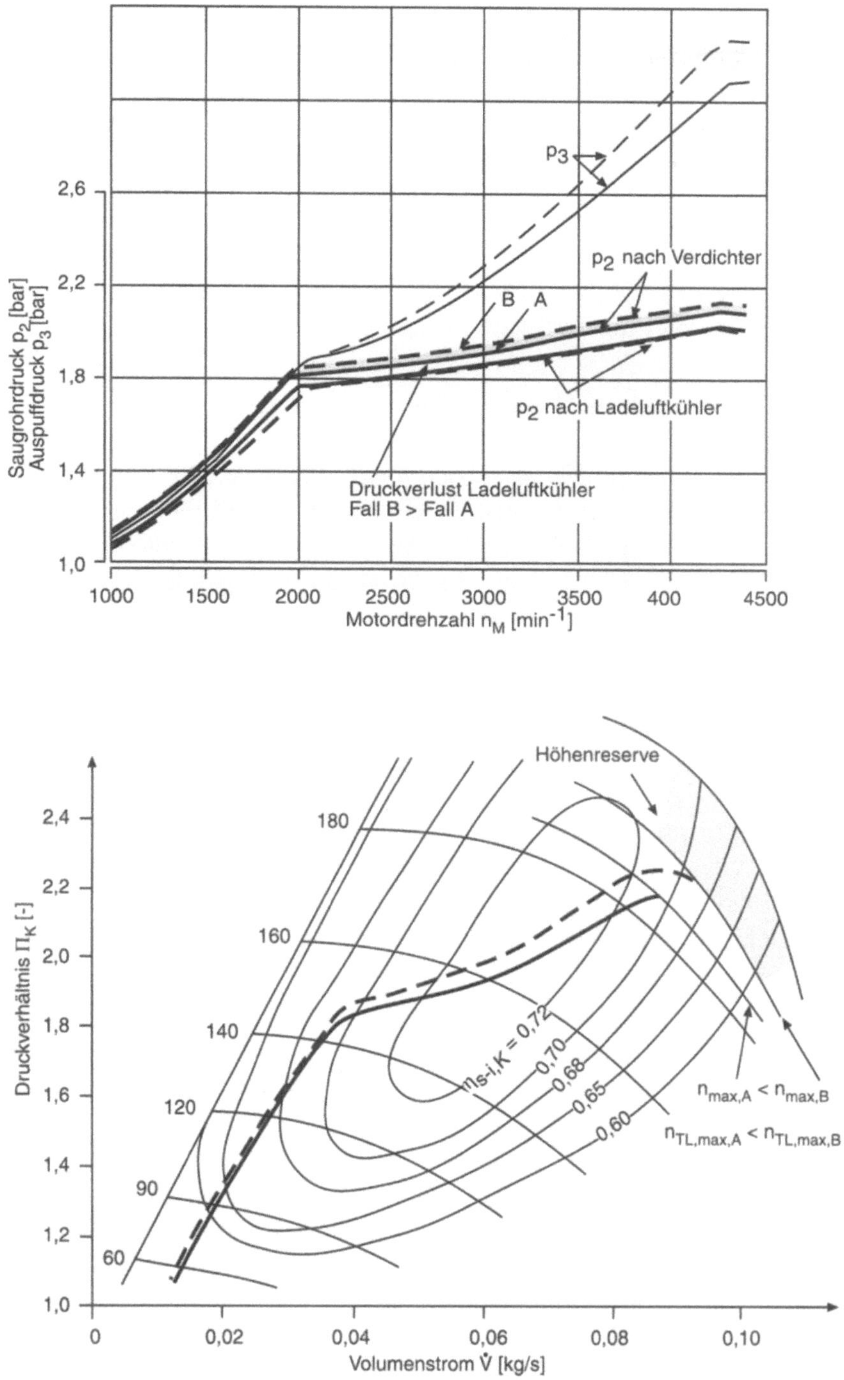

Abb. 5.46. Verdichterkennfeld mit Motorvolllastbetriebslinien bei unterschiedlichen Druckverlusten im Saugsystem

Kühlerbauarten – charakterisiert z. B. durch die entsprechenden Ladeluftkühlerwirkungsgrade – abzuschätzen.

Auspuffseitig ist besonders auf die optimale Umsetzung der Abgasenergie in der (den) Turbine(n) zu achten. Das heißt, die Druck- und Wandwärmeverluste zwischen Motor und Turbine müssen minimal sein. Motorseitig können dazu z. B. Isolierungen des Auslasskanals, „portliner", vorgesehen werden. Die Röhrenwerke selbst werden bereits oft als luftspaltisolierte Doppelrohre

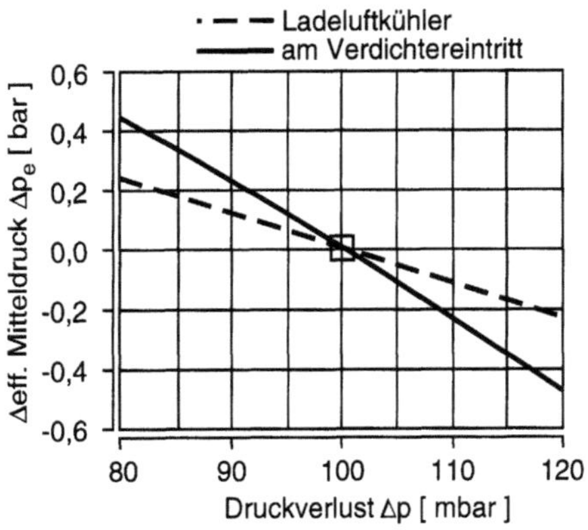

Abb. 5.47. Einfluss saugseitiger Druckverluste auf den Motormitteldruck

ausgeführt, um die Abgastemperaturen vor der Turbine hoch zu halten und die Wärmeabstrahlung in die meist ohnehin sehr engen, schlecht durchlüfteten Motorräume zu minimieren.

Zur geometrischen Auslegung der Abgasrohre kann festgehalten werden, dass einerseits kurze Leitungslängen und kompakte Querschnitte die kinetische Energie der Auslasspulse bestmöglich zur Turbine weiterleiten. Abhängig von Motorbauform und Zündfolge entsteht dadurch möglicherweise ein Nachteil für den Ladungswechsel des Motors selbst. Auch führen die engen Querschnitte bei steigenden Gasdurchsätzen zu stark steigenden Druckverlusten. Für Fahrzeugmotoren muss dementsprechend ein Kompromiss zwischen ausreichendem Ladedruckaufbau und gutem Ansprechverhalten im unteren Drehzahlbereich und im transienten Betrieb sowie zufriedenstellenden spezifischen Kraftstoffverbräuchen bei hohen Drehzahlen gefunden werden.

Abbildungen 5.48 und 5.49 zeigen die Ergebnisse einer derartigen Untersuchung, wo einerseits der spezifische Kraftstoffverbrauch bei Nennleistung (Stationärbetrieb) (Abb. 5.48) als Funktion des relativen Auspuffdurchmessers und andererseits das Ansprechverhalten des Motors bei unterschiedlichen Auspuffdurchmessern (Abb. 5.49) untersucht wurde.

Stromab der Turbine(n) sind ähnlich wie auf der Saugseite minimale Druckverluste anzustreben, da bei gegebenem erforderlichem Turbinendruckverhältnis die Höhe des absoluten Abgasgegendrucks und damit Ausschiebearbeit und Kraftstoffverbrauch zunehmen. Die Turbine selbst muss nun so dimesioniert werden, dass im gesamten Motorbetriebsbereich ausreichende Leistung zum Antrieb des Verdichters und damit zur Erzielung der gewünschten Aufladegrade bereitgestellt wird. Die wichtigsten Auslegungskriterien für Fahrzeugantriebe sind dabei die erzielbaren Ladedrücke im Drehzahlbereich unterhalb des Drehmomentmaximums. Für Fixgeometrielader muss der Auslegungspunkt in diesem Drehzahlbereich gefunden werden. Für Turbinen mit variabler Geometrie muss in diesem Drehzahlbereich der Turbineneintrittsquerschnitt hinsichtlich Schluckfähigkeit und Turbinenwirkungsgrad optimiert werden.

Für Anwendungen im Stationärbetrieb und bevorzugt volllastnahen Betrieb (Nfz, Genset) sind hingegen der spezifische Kraftstoffverbrauch sowie die Erfüllung der Emissionsvorschriften die wichtigsten Auslegungskriterien für das Aufladesystem. Dementsprechend muss in diesen Fällen die Auslegung auf möglichst gute Gesamtwirkungsgrade der Aufladung in den betreffenden Lastpunkten zielen. Damit ist die Turbinenkonfiguration hinsichtlich Wirkungsgrad, erzielbarem Ladedruck und damit Verbrennungsluftverhältnis sowie minimalem Aufstau für bestmögliche Ladungswechselarbeit zu optimieren.

Sind Motor- und Aufladekomponenten thermodynamisch ausgelegt, so kann die Detailkonstruktion gestartet werden. Während der konstruktiven Umsetzung sind in der Regel Detail-

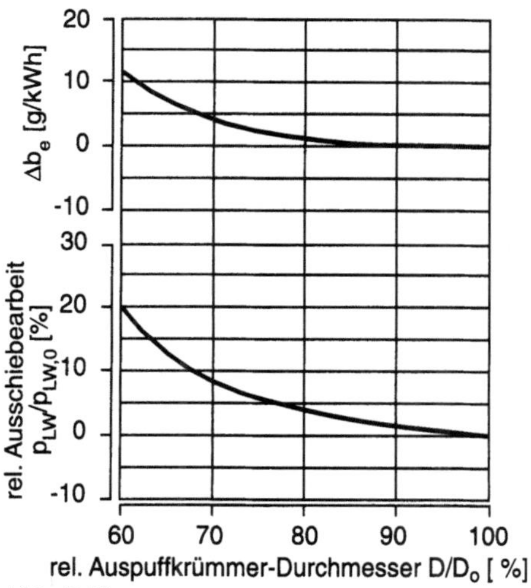

Abb. 5.48

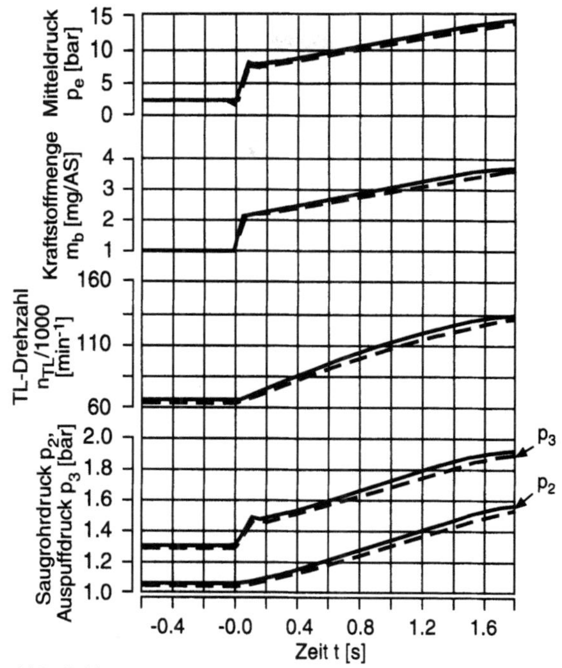

Abb. 5.49

Abb. 5.48. Einfluss des Auspuffkrümmerdurchmessers auf stationären Motorbetrieb (Volllast/Nenndrehzahl)

Abb. 5.49. Einfluss des Auspuffkrümmerdurchmessers (– –, 100 %; —, 70 %) auf transienten Motorbetrieb

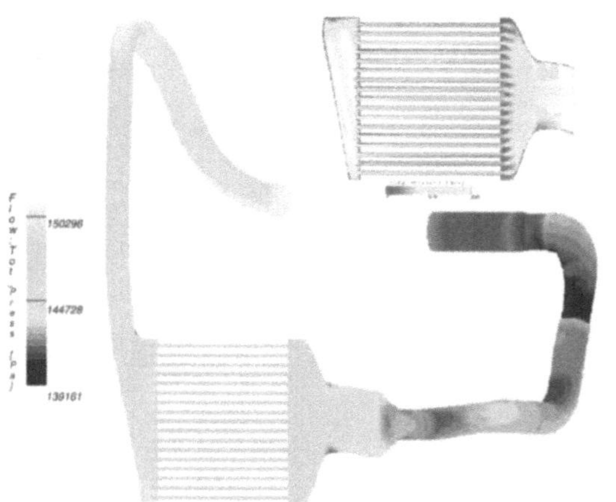

Abb. 5.50

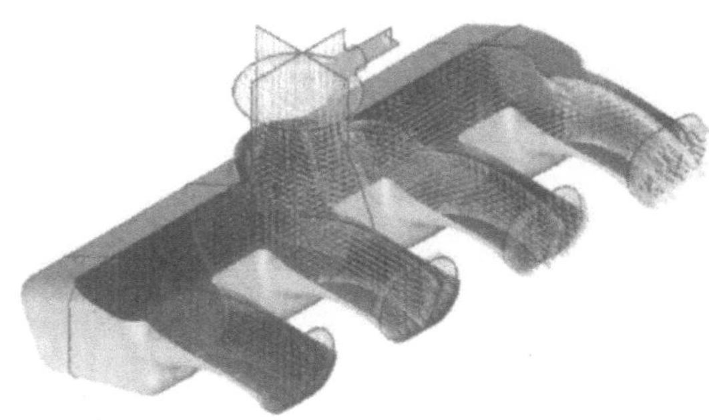

Abb. 5.51

Abb. 5.50. CFD-Berechnungsergebnisse eines Ladeluftrohres mit Ladeluftkühler

Abb. 5.51. CFD-Berechnungsergebnisse eines Luftsammlers für AGR-Zumischung [128]

optimierungen notwendig, welche die Vorhersagemöglichkeiten der eindimensionalen Kreisprozesssimulation überschreiten. Die dann notwendig werdende 3-D-CFD-Simulation umfasst alle gasführenden Bauteile wie z. B. das Ladeluftrohr mit dem Ladeluftkühler (Abb. 5.50), den Saugsammler (Abb. 5.51), die Zylinderinnenströmung mit bewegten Randbedingungen wie Kolben und Ventile (Abb. 5.52) sowie den Abgaskrümmer (Abb. 5.53 und 5.54).

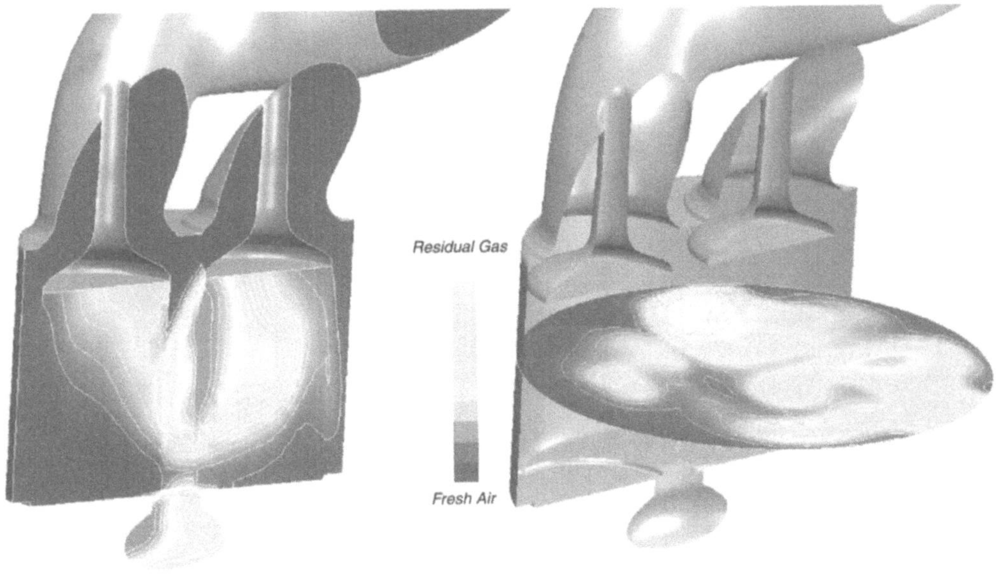

Abb. 5.52. CFD-Berechnungsergebnisse einer Simulation der Zylinderinnenströmung

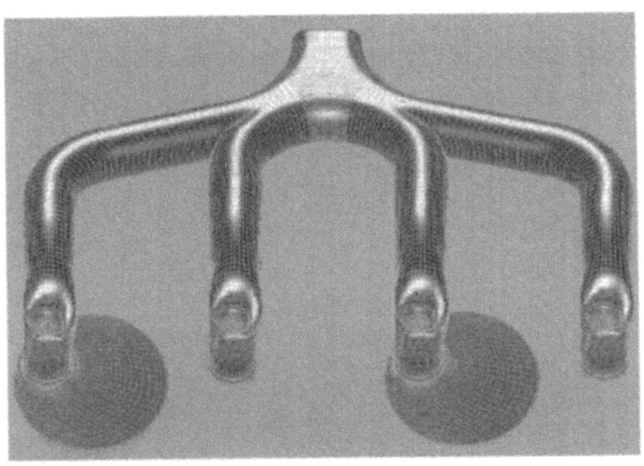

Abb. 5.53

Abb. 5.54

Abb. 5.53. CFD-Berechnungsgitter eines Abgaskrümmers

Abb. 5.54. CFD-Berechnungsergebnis eines Abgaskrümmers

5.5.2 Beispiele zur numerischen Simulation von Motoren mit Abgasturboaufladung

4-Zylinder-4-Ventil-Ottomotor mit Fixgeometrieturbolader und Waste-Gate (2,0 l Hubraum)

Das in Abb. 5.55 gezeigte Rechenmodell des Motors erfasst das abgasseitige Röhrenwerk zwischen Auslassventilen und Turbolader mit Rohrelementen. Die Fixgeometrieturbine des Turboladers weist in der realen Ausführung ein integriertes Waste-Gate (Turbinen-Bypass zur Ladedruckregelung) auf, so dass die Gaswege für die Teilmassenströme durch die Turbine und das Waste-Gate sehr ähnlich sind.

Im unteren Drehzahlbereich und im Teillastbetrieb, wenn das Waste-Gate geschlossen ist, kann der Turbolader abgasseitig durch das Turbinenkennfeld vollständig nachgebildet werden. In Be-

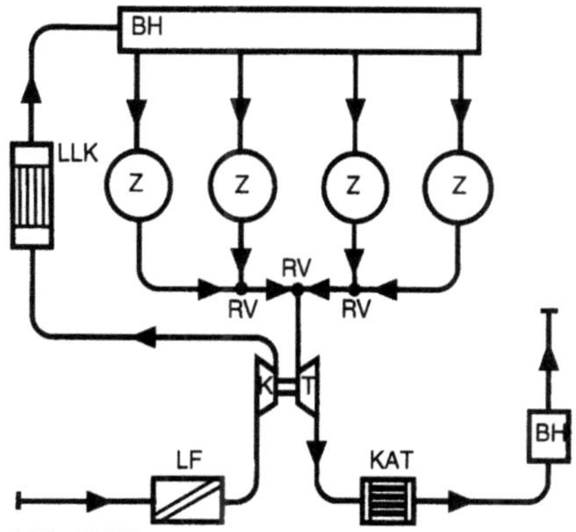

Abb. 5.55

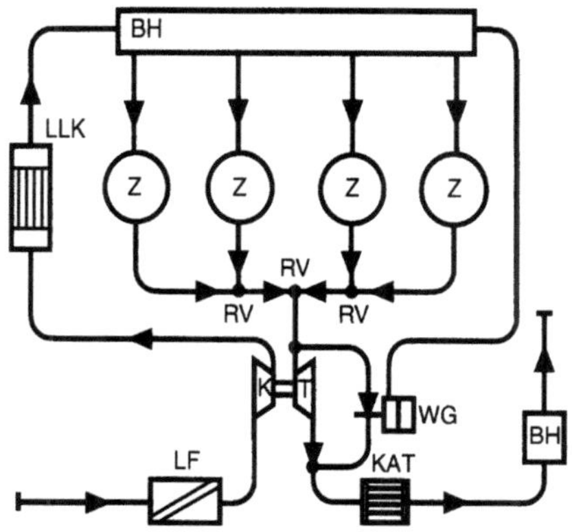

Abb. 5.56

Abb. 5.55. Rechenmodell eines 4-Zylinder-4-Ventil-Ottomotors mit Fixgeometrieturbolader und Waste-Gate (im Turbinenmodell integriert)

Abb. 5.56. Motormodell mit expliziter Modellierung des Waste-Gates

triebspunkten mit geöffnetem Waste-Gate erhöht sich jedoch scheinbar die Schluckfähigkeit der Turbine, weil ein Teil des Massenstroms durch das Waste-Gate geleitet wird. Gleichzeitig reduziert sich der auf den Gesamtmassenstrom bezogene Turbinenwirkungsgrad, da nur ein Teilstrom in der Turbine zur Arbeitsleistung herangezogen wird.

Dieser Tatsache muss nun dadurch Rechnung getragen werden, dass parallel zur Turbine ein Waste-Gate-Element zwischen Auspuffkrümmer und Abgasrohr platziert wird, das, wie beim realen Bauteil, mittels einer Differenzdruckdose, einer Feder und der zu erwartenden Dämpfungscharakteristik die Stellung der Regelklappe und damit deren Durchflusskapazität simuliert (Abb. 5.56).

Die Erfahrung zeigt, dass diese Vorgangsweise mit großem zusätzlichen Messaufwand (Feder- und Dämpfungscharakteristik, Durchflussbeiwerte der Waste-Gateklappe) verbunden und der Abgleich des Rechenmodells sehr zeitintensiv ist. Zielführender ist es, die an sich (aus Messwerten) bekannten oder gewünschten Kompressorverdichtungsverhältnisse als Regelgröße für den Turbinen-Bypass-Massenstrom heranzuziehen. Durch diese Größe und den im Rahmen der Prozesssimulation aktuell berechneten Verdichtermassenstrom ist die erforderliche Turbinenleistung und damit auch der Bypassteilstrom bekannt. So kann auch ohne genaue Kenntnis der Stellung der Regelklappe eine hinreichende Genauigkeit der Simulation erreicht werden. Sind hingegen bestimmte Aussagen zum Betriebsverhalten der Klappe (Dynamik, Aufschlagen durch Vorauslasspulse u. a.) gewünscht, so ist eine exakte Modellierung unerlässlich.

Frischluftseitig ist bei Ottomotoren in der Regel ebenfalls eine Verdichter-Bypass-Klappe – auch Umluftventil genannt – vorzusehen. Diese dient jedoch nicht zur Ladedruckregelung, sondern wird während negativer Lastsprünge geöffnet, um auch bei geschlossener Motordrosselklappe nennenswerte Verdichtermassenströme zuzulassen. Es gilt zu beachten, dass der Lader beim schnellen Schließen der Drosselklappe auf Grund seiner Trägheit nur langsam an Drehzahl verliert, der Verdichtermassenstrom jedoch entsprechend der neuen Drosselklappenstellung sehr rasch abnimmt. Dadurch würde der Verdichter in den Pumpbetrieb abrutschen, wodurch Laderschäden möglich wären. Mittels des Umluftventils kann aber ein ausreichender Massenstrom sichergestellt werden, so dass die Betriebspunkte im Verdichterkennfeld auch während eines negativen Lastsprunges im stabilen Bereich bleiben.

6-Zylinder-4-Ventil-DI-Dieselmotor mit variabler Turbinengeometrie (2,5 l Hubraum)

Die steigenden Anforderungen an Aufladesysteme bezüglich der Bereitstellung hoher Ladedrücke in einem weiten Motordrehzahlband haben zur Entwicklung von Abgasturbinen mit variabler Geometrie, d. h. mit variabler Schluckfähigkeit geführt. In Abb. 5.57 ist das Rechenmodell eines DI-Dieselmotor mit einem derartigen Turbolader dargestellt.

Im Simulationsmodell selbst wird diese Variabilität durch eine Vielzahl von Turbinenkennfeldern erfasst, die jeweils eine bestimmte Geometriestellung der Turbine charakterisieren. Typischerweise werden die Kennfelder von „voll geschlossen" über „$\frac{1}{4}$-, $\frac{1}{2}$- und $\frac{3}{4}$-geöffnet" bis voll geöffnet vermessen (Abb. 5.58). Während der Kreisprozesssimulation muss nun zusätzlich die aktuelle Turbinenleitschaufelposition definiert werden, um die erforderlichen Kennzahlen (Schluckfähigkeit und Wirkungsgrad) aus den Kennfeldern berechnen zu können.

Zum Simulationsmodell sei noch angemerkt, dass die zwischen Abgas- und Frischluftseite

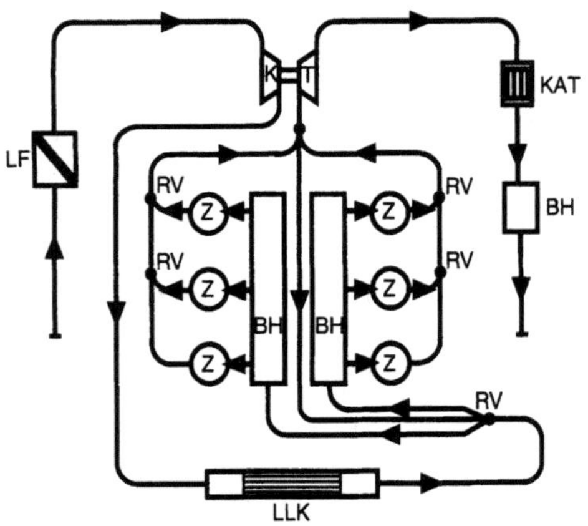

Abb. 5.57

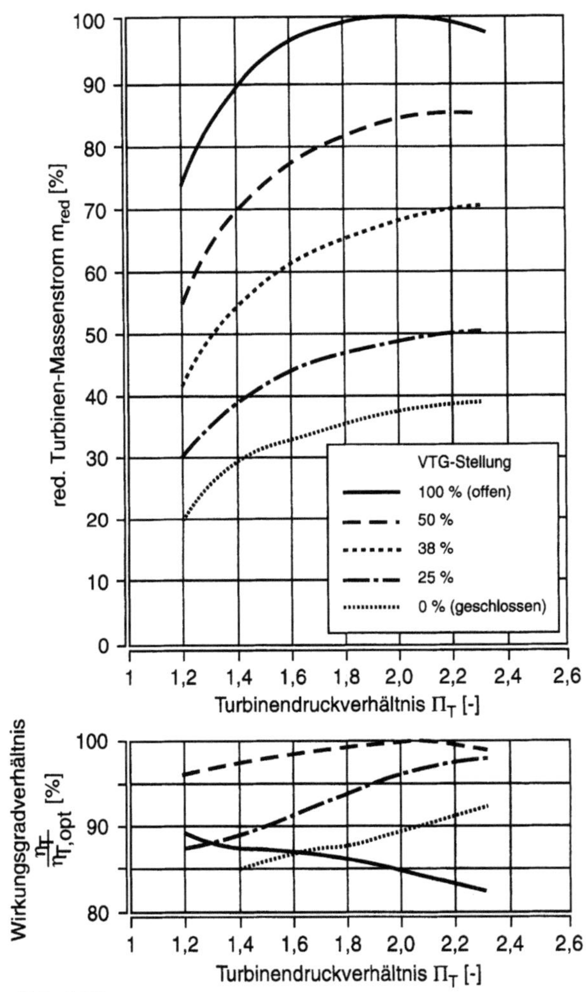

Abb. 5.58

Abb. 5.57. DI-Dieselmotormodell mit Verstellturbine

Abb. 5.58. Verstellturbinenkennfelder (VTG) für verschiedene Öffnungspositionen

verlaufenden Rohrelemente die Abgasrückführleitung darstellen. Da eine Abgasrückführung nur in emissionsrelevanten Kennfeldbereichen stattfindet, hat dieses Bauelement bei Pkw-Motoren praktisch keinen Einfluss auf die Leistung der Aufladegruppe.

6-Zylinder-4-Ventil-DI-Dieselmotor mit zweiflutiger Turbine (12 l Hubraum)

Im Gegensatz zum Pkw-Motor wird der Nfz-Motor im realen Fahrbetrieb sehr oft im volllastnahen Bereich betrieben, so dass auch emissionsreduzierende Maßnahmen, wie speziell die Abgasrückführung, unter Volllastbedingungen richtig simuliert werden müssen. In Abb. 5.59 ist das Simulationsmodell eines 12-l-Nfz-Motors mit AGR dargestellt.

Abhängig von der Motorbauform und der Zündfolge kann die Stoßenergie der Vorauslasspulse der einzelnen Zylinder in der Turbine durch eine gezielte Flutzusammenfassung besser genutzt werden – beim 6-Zylindermotor durch jeweils eine Flut für die Zylinder 1, 2, 3 und für 4, 5, 6. Natürlich beeinflussen die beiden Fluten einander, wenn sie am Eintritt ins Laufrad aufeinander treffen. Um dieses Verhalten richtig zu erfassen, muss das Turbinenkennfeld ähnlich einer Rohrvereinigung beschrieben werden, indem die Wirkungsgrade und Durchflusswiderstände als Funktion der Strangmassenstromverhältnisse erfasst werden (siehe Abschn. 5.4.2). Abbildung 5.60 zeigt Wirkungsgrad- und Durchflusskennfelder für eine Zwillingsstromturbine.

Eine weitere Besonderheit des gezeigten Rechenmodells stellt die Abgasrückführeinheit dar, die aus der Verbindungsleitung zwischen Abgaskrümmer und Saugsystem, dem AGR-Kühler, dem Regelventil sowie dem AGR-Zumischer besteht. Dieser Mischer kann z. B. als Venturi-Injektor ausgebildet werden, so dass auch bei positiven statischen Druckdifferenzen zwischen Saugrohr und Auspuff noch Abgas ins Saugsystem rückgeführt werden kann (Abb. 5.61). Die Geometrieoptimierung eines derartigen Zumischers stellt ein typisches Aufgabengebiet der CFD-Simulation dar, da die 1-D-Simulation die Vorgänge im Venturirohr und die Interaktion mit dem Abgasstrom nicht im Detail auflösen kann.

5.5.3 Verifikation der Simulation

Die Verifikation der Simulationsmodelle kann nur durch Vergleich von Prüfstandsmessgrößen mit den entsprechenden Rechenwerten erfolgen. Dazu dienen die auf Motorprüfständen protokollierten Standardmessgrößen: Motordrehzahl, Motormoment, Luftvolumenstrom, zyklusgemittelte Temperaturen, mittlere statische Drücke, Kraftstoffverbrauch, Blow-By-Massenstrom und Emissionen.

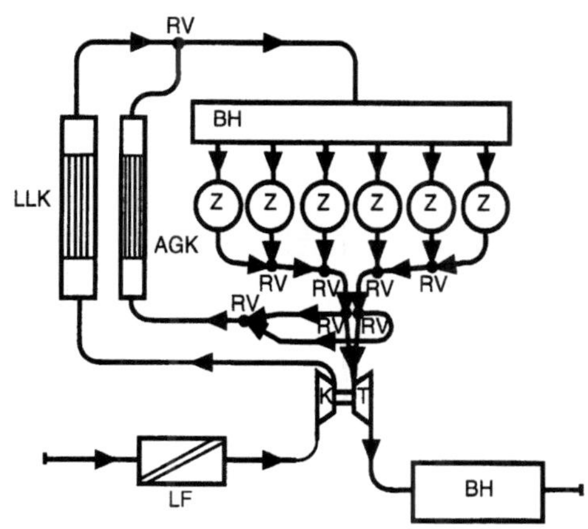

Abb. 5.59. Simulationsmodell eines 12-l-Nfz-Motors mit Zwillingsstromturbine [46]

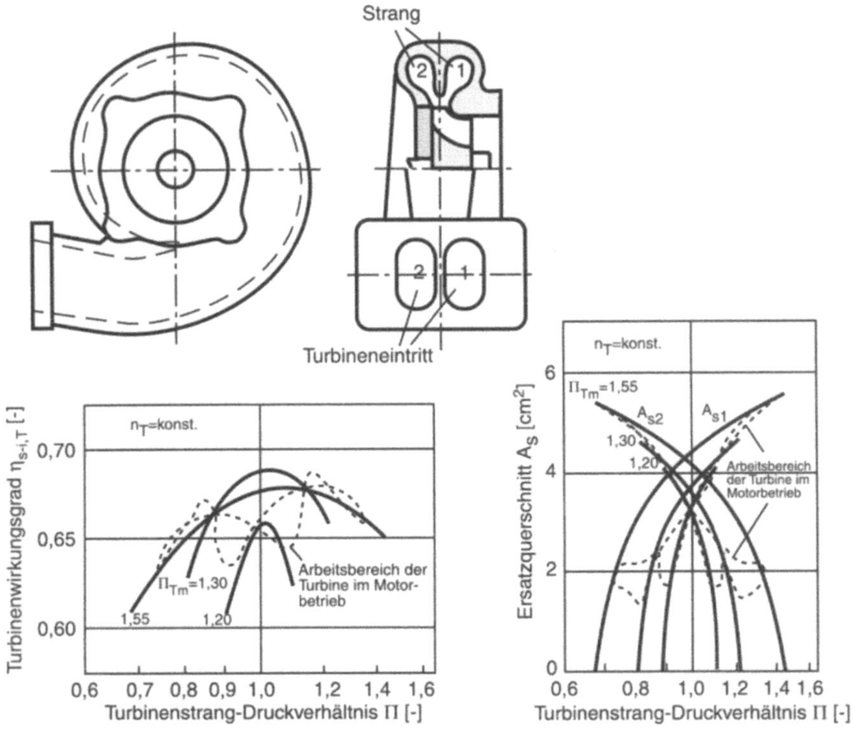

Abb. 5.60. Wirkungsgrad- und Durchflusskennfelder einer Zwillingsstromturbine

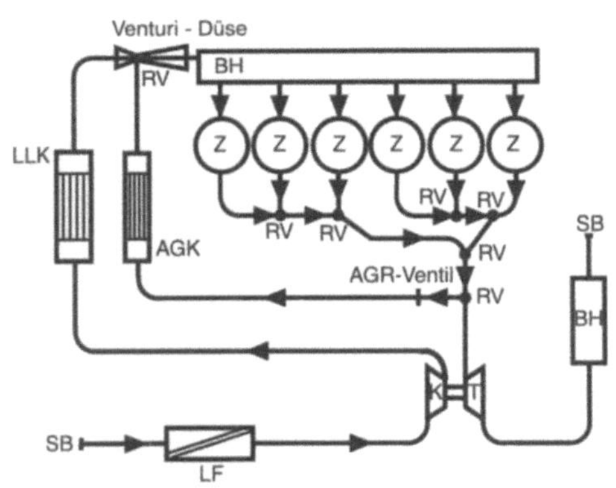

Abb. 5.61. Ausbildung eines AGR-Zumischers in Form eines Venturi-Injektors

Für Verifikationen sollten speziell bei aufgeladenen Motoren noch zusätzlich folgende Messgrößen erfasst werden:
Zylinderdruckverläufe („Hochdruckindizierungen"),
indizierte (winkelaufgelöste) Druckverläufe im Saug- und Auspuffsystem („Niederdruckindizierungen"),
Zündzeitpunkt und Nadelhubbewegung der Einspritzdüsen,
Turboladerdrehzahl.

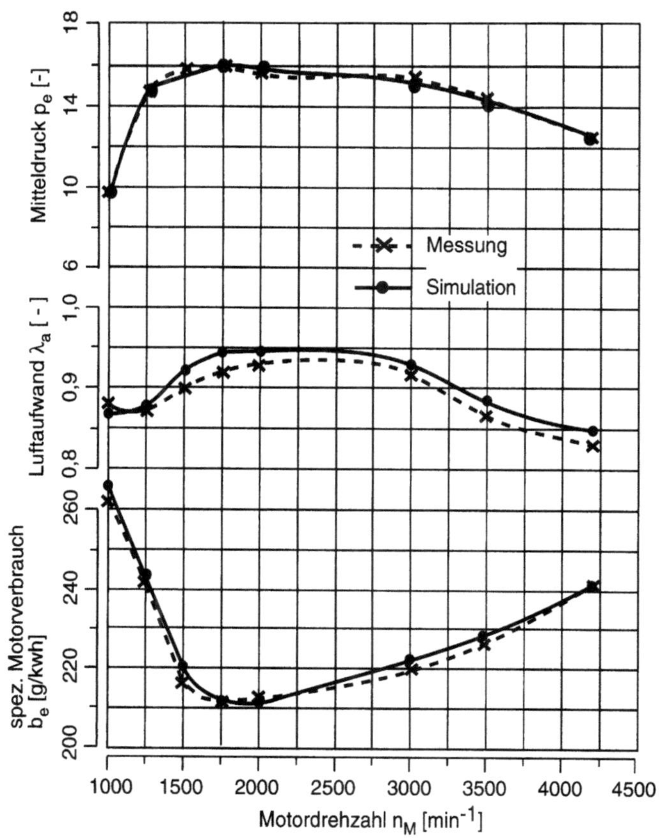

Abb. 5.62. Vergleich gemessener und simulierter Volllastdaten eines 6-Zylinder-2,5-l-DI-Dieselmotors mit variabler Turbinengeometrie (p_e, λ_a, b_e)

Abbildung 5.62 zeigt eine Zusammenstellung der gemessenen und simulierten, stationären Volllastbetriebsdaten des in Abschn. 5.5.2 angesprochenen Pkw-DI-Dieselmotors mit variabler Turbinengeometrie.

Generell kann davon ausgegangen werden, dass mit gut ausgeführten Simulationsmodellen die Motorbetriebsdaten im gesamten Kennfeld mit einer maximalen Abweichung von 2 % nachvollzogen werden können. Wichtig ist dabei, die Modellabstimmung im gesamten Kennfeld, zumindest aber im gesamten Drehzahlbereich unter Volllast zu prüfen. Abbildungen 5.62 und 5.63 zeigen den Vergleich gemessener und simulierter Volllastbetriebsdaten eines 6-Zylinder-2,5-l-DI-Dieselmotors mit variabler Turbinengeometrie.

Die richtige Erfassung der gasdynamischen Vorgänge im Saug- und Auspuffsystem eines derartigen Motors kann nun an Hand der oben genannten Druckindizierdaten erfolgen. Vor allem von Interesse ist die Ladungswechselphase, da diese durch die Ladungswechselarbeit (Integral aus $p\,\mathrm{d}V$ während des Ladungswechsels) Qualität und Quantität der Zylinderladung sowie des nachfolgenden Hochdruckprozesses entscheidend beeinflusst. Abbildungen 5.64 und 5.65 zeigen Vergleiche derartig gemessener und simulierter Druckverläufe für den genannten Motor.

Als Basis für die Optimierung transienter Vorgänge und zur Beurteilung von Parametereinflüssen bei Lastwechseln ist es überdies notwendig, auch das transiente Betriebsverhalten eines Simulationsmodells an Hand von Messdaten zu validieren. Dazu müssen alle mechanischen Trägheiten des ATL-Laufzeuges sowie die gasdynamischen und thermischen Speichereffekte richtig abgebildet werden. Speziell das thermische Verhalten der Abgasleitungen zwischen Zylinder und Turbine beeinflusst entscheidend das Ansprechverhalten der Abgasturbine. Abbildung 5.66 zeigt

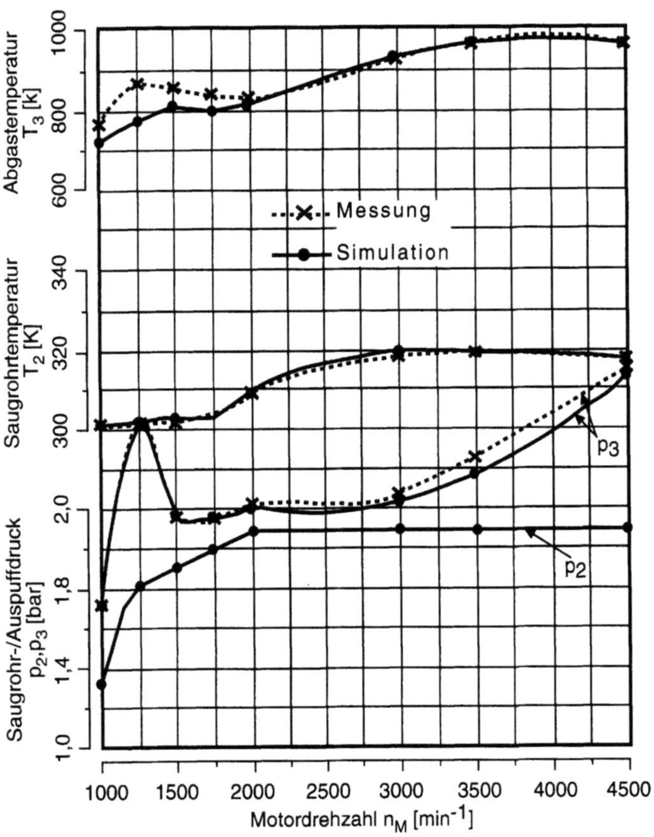

Abb. 5.63. Vergleich gemessener und simulierter Volllastdaten eines 6-Zylinder-2,5-l-DI-Dieselmotors mit variabler Turbinengeometrie (p_2, T_2, p_3, T_3)

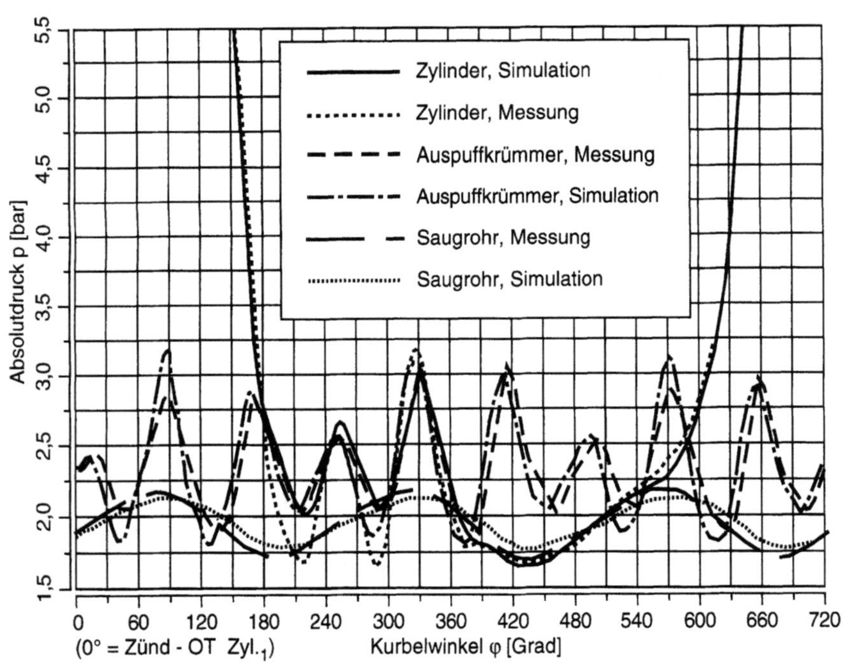

Abb. 5.64. Vergleich gemessener und simulierter Druckdaten eines 6-Zylinder-2,5-l-DI-Dieselmotors mit variabler Turbinengeometrie bei 2000 Upm Motordrehzahl und Volllast

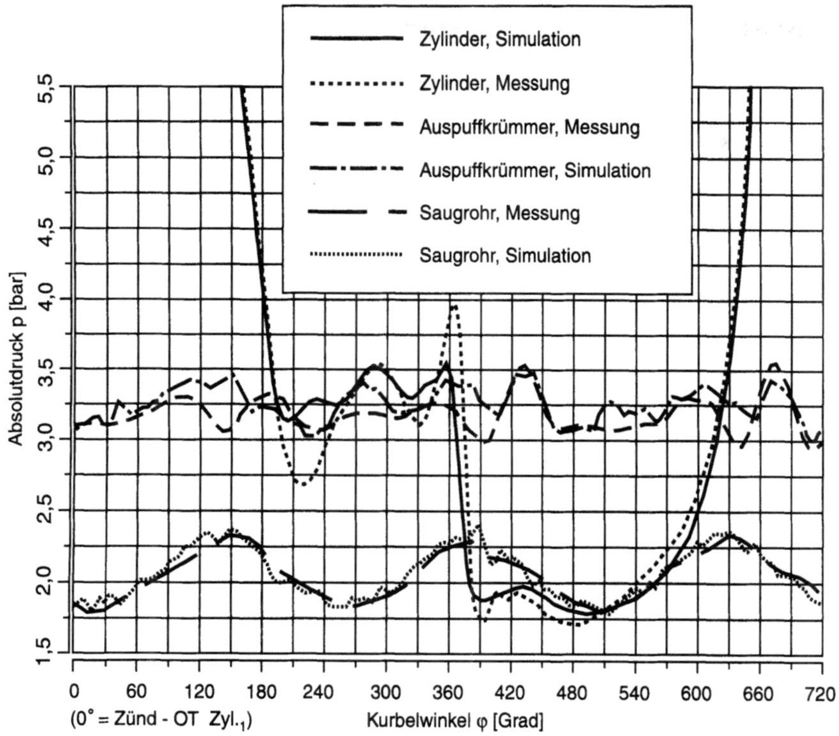

Abb. 5.65. Vergleich gemessener und simulierter Druckdaten eines 6-Zylinder-2,5-l-DI-Dieselmotors mit variabler Turbinengeometrie bei 4200 Upm Motordrehzahl und Volllast

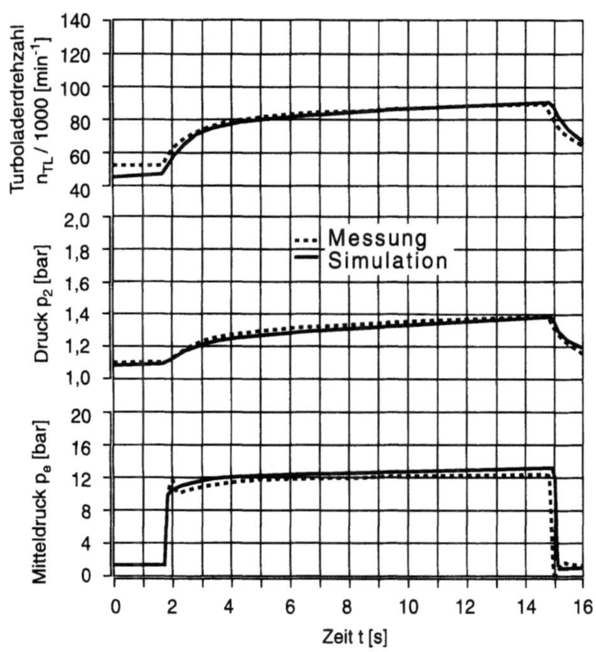

Abb. 5.66. Vergleich gemessener und simulierter Motorbetriebsdaten eines 6-Zylinder-2,5-l-DI-Dieselmotors mit variabler Turbinengeometrie während eines Lastwechsels bei 1500 Upm

einen Vergleich der gemessenen Betriebsdaten des genannten Pkw-DI-Motors während eines Lastwechsels mit entsprechenden Simulationsdaten. Die Simulationen müssen die Änderungen der Verbrennungscharakterstik während des Lastwechsels berücksichtigen können.

Die richtige Hochlaufcharakteristik des Turboladers und damit das Ansprechen des Motors kann nur mit richtig erfassten Wärmespeichereffekten des Auspuffkrümmers wiedergegeben werden. Bei der Modellierung dieser Effekte müssen Material und Gestaltung der Rohrleitungen beachtet werden (Guss, Stahlrohre, doppelwandige luftspaltisolierte Rohre, Konvektionbedingungen an den Rohroberflächen).

6 Besondere Arbeitsverfahren mit Nutzung der Abgasturboaufladung

6.1 Zweistufige Aufladung

Mit heutigen, meist aus Aluminium gefertigten Verdichterrädern sind Umfangsgeschwindigkeiten von ca. 520 m/s dauerfest darstellbar und damit Druckverhältnisse von ca. 4,5. Bei Abgasturboladern von Großmotoren werden mit Titanrädern, die noch höhere Umfangsgeschwindigkeiten zulassen, Druckverhältnisse größer als 5 erreicht. Will man noch höhere Druckverhältnisse und damit Motormitteldruckwerte um oder sogar über 30 bar erreichen, so muss zumindest für einen Dauerbetrieb mehrstufig aufgeladen werden.

Dabei versteht man unter einer 2-stufigen Aufladung die Hintereinanderschaltung von Abgasturboladern mit jeweiliger Kühlung der Ladeluft zwischen den Ladern. Die Anordnung von je zwei Lader- und Turbinenstufen auf ein und derselben Welle wird hingegen als zweistufige Aufladegruppe bezeichnet [157]. Solche zweistufigen Aufladegruppen stellen eine Sonderkonstruktion dar, die heute aus Preisgründen nicht mehr zur Diskussion steht. Trotzdem wurden solche Anlagen zum Einsatz gebracht, und zwar bei mittelschnelllaufenden Großdieselmotoren. Abbildung 6.1 zeigt eine kompakte 2-Stufen-ATL-Kombination von MAN, Abb. 6.2 eine solche von Hispano-Suiza.

Die mehrstufige, heute meist 2-stufig ausgeführte Aufladung weist generell gegenüber einer einstufigen Aufladung folgende **Vorteile** auf:

- ein bedeutend höheres Ladedruckniveau mit der bereits erwähnten Möglichkeit der Realisierung sehr hoher Motormitteldrücke;
- besserer Aufladewirkungsgrad, selbst bei unverändertem Ladedruck, da die Wirkungsgrade von Verdichter und Turbine mit steigendem Druckverhältnis in einer Stufe abnehmen und

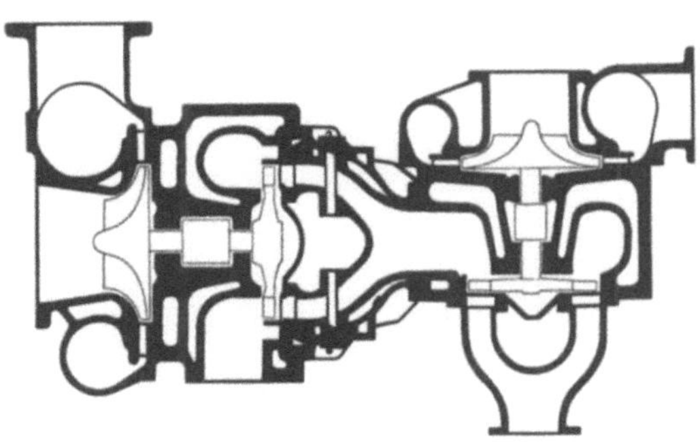

Abb. 6.1

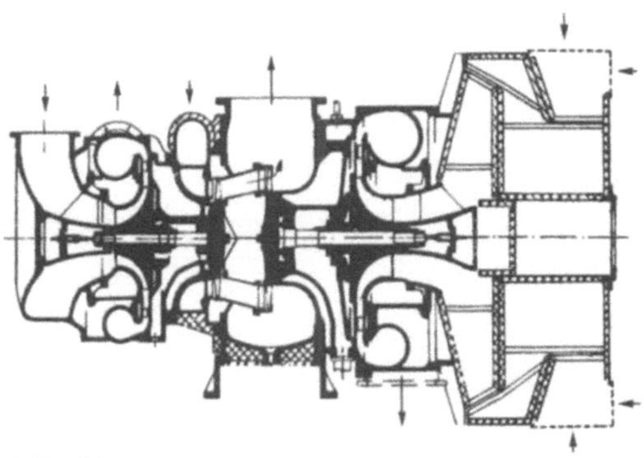

Abb. 6.2

Abb. 6.1. 2-stufige Aufladegruppe von MAN

Abb. 6.2. 2-stufige ATL-Gruppe von Hispano-Suiza

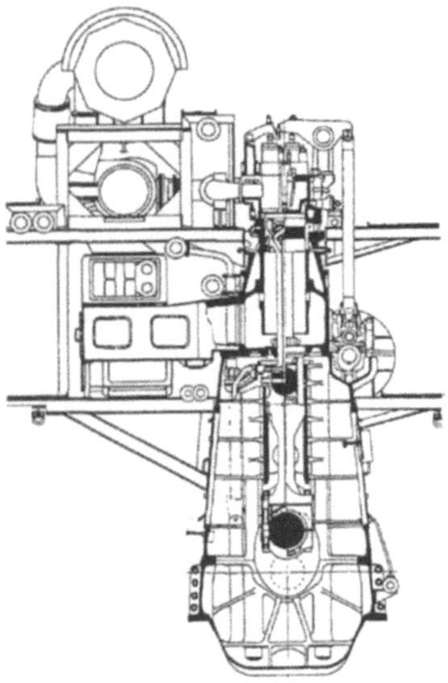

Abb. 6.3. Zweitaktgroßmotor mit 2-stufiger Abgasturboaufladung [Mitsubishi]

der Gesamtwirkungsgrad durch die mögliche Zwischenkühlung weiter gesteigert wird;
- breitere Verdichter- und Turbinenkennfelder und damit bessere Anpassungsmöglichkeiten an den gewünschten Motorbetriebsbereich.

Diesen Vorteilen stehen aber nicht unerhebliche **Nachteile** gegenüber:
- ein weitaus schlechteres Beschleunigungs- und Lastaufnahmeverhalten, da mit derselben Abgasenergie zwei Läufer der jeweiligen Abgasturbolader beschleunigt werden müssen;
- ein erhöhter Bauraumbedarf sowie eine nicht unerhebliche Gewichtszunahme und damit erhöhte Kosten;
- durch größere thermische Trägheit des Abgassystems verschlechterte Möglichkeiten einer ausreichenden Abgasnachbehandlung (Katalysatoranspringverhalten).

Bei großen Zweitaktmotoren lohnt sich die zweistufige Aufladung früher, d. h. bereits bei einem kleineren Mitteldrucksprung als bei Viertaktmotoren aus den folgenden Gründen.

Gewicht, Bauraum und Kosten der zweiten Aufladegruppe samt Zubehör fallen bei einem sehr teuren Großmotor weniger ins Gewicht.

Bei der einer Düse ähnlichen Schlucklinienchararakteristik des Zweitaktmotors macht das Teillastverhalten weniger Probleme.

Der Abgasturboladerwirkungsgrad geht bei solchen Motoren wegen der Notwendigkeit eines ausreichenden Spülgefälles sehr stark in die erreichbare Leistung ein.

Der für Großmotoren entscheidend wichtige Kraftstoffverbrauch sinkt mit steigendem Abgasturboladerwirkungsgrad stärker als bei Viertaktmotoren.

Aus diesem Grunde werden bereits heute solche Motoren für den Kundeneinsatz produziert. Abbildung 6.3 zeigt einen derartigen Größtmotor von Mitsubishi.

6.2 Geregelte zweistufige Aufladung

Die geschilderten Nachteile im Ansprechverhalten von Mehrstufenaufladesystemen werden durch eine neuartige, erstmals von KKK vorgestellte zweistufige Aufladung vermieden, ja ins Positive verkehrt. Abbildung 6.4 zeigt die prinzipielle Anordnung. Es wird ein kleiner **Hochdrucklader** verwendet, dessen Turbine mittels eines strömungsgünstigen und widerstandsarmen Bypass-Ventils

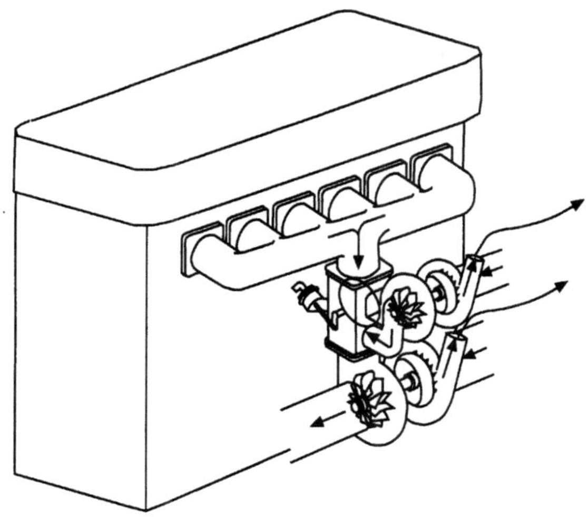

Abb. 6.4. Prinzipbild der geregelten 2-stufigen Aufladung [107]

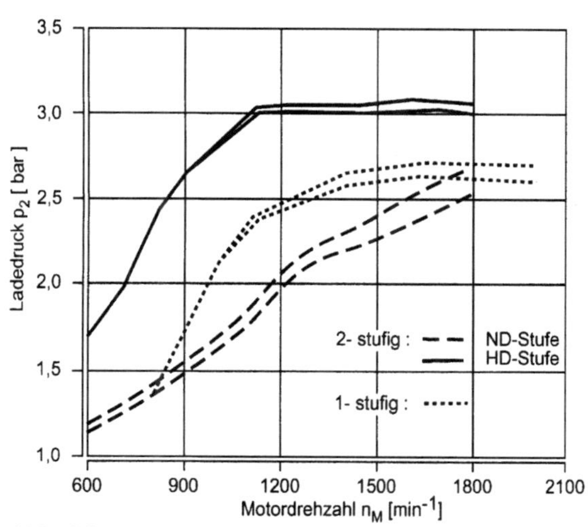

Abb. 6.5

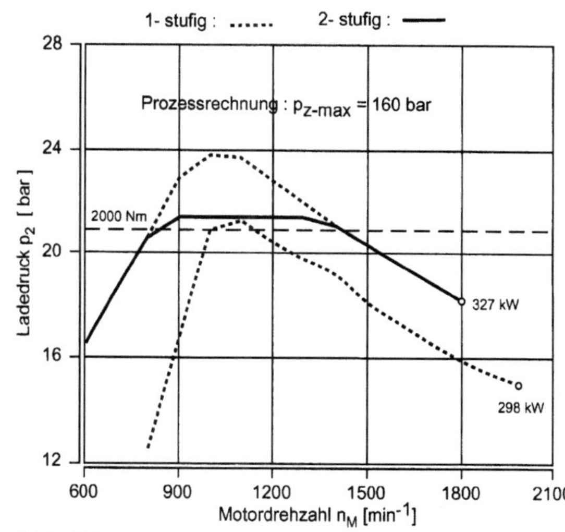

Abb. 6.6

Abb. 6.5. Ladedruckverlauf 2-stufiger Aufladung an 12-l-Nfz-Motor [107]

Abb. 6.6. Mitteldruckverlauf 2-stufiger Aufladung an 12-l-Nfz-Motor [107]

bei höheren Abgasströmen umgangen werden kann, wobei der **Umgehungsstrom** ebenfalls der nachgeschalteten Niederdruckturbine des Niederdruckladers zugeführt, d. h. genutzt wird.

Dadurch ist ein sehr gutes Ansprechverhalten des kleinen Hochdruckladers einerseits und eine volle Ausnutzung der gesamten Abgasenergie in beiden Turbinen für hohe Ladedrücke mit niedriger Ladelufteintrittstemperatur (Ladeluftzwischenkühlung zwischen Nieder- und Hochdruckverdichter) in den Motor bei höheren Lasten und Drehzahlen gegeben. Abbildungen 6.5 und 6.6 zeigen einige markante Ergebnisse, die an einem 12-l-Nfz-Motor erreicht wurden.

6.3 Registeraufladung

Unter einer Registeraufladung werden heute zwei Laderanordnungen verstanden, und zwar die einstufige und die zweistufige Registeraufladung.

6.3.1 Einstufige Registeraufladung

Bei der einstufigen Registeraufladung wird im unteren Drehzahlbereich des Motors ein oder die Hälfte der verwendeten Lader abgeschaltet und der gesamte Abgasstrom über den anderen Lader oder die andere Hälfte geleitet. Damit erreicht z. B. bei einem Motor mit zwei Ladern der in Betrieb befindliche Lader infolge des gestiegenen Abgasenergieangebotes wesentlich höhere Ladedrücke, als im Zweiladerbetrieb erreicht werden könnten, mit der Folge, dass im unteren Motordrehzahlbereich höhere Mitteldruckwerte erzielt werden. Abbildungen 6.7 und 6.8 zeigen die prinzipielle Schaltung einer derartigen Anordnung. Mit dem beschriebenen Verfahren können für Spezialeinsätze, wie z. B. bei Tragflächenbooten mit einer hohen Austauchdrehmomentenforderung, ausreichende Beschleunigungsreserven realisiert und entsprechend kleinere Grundmotoren

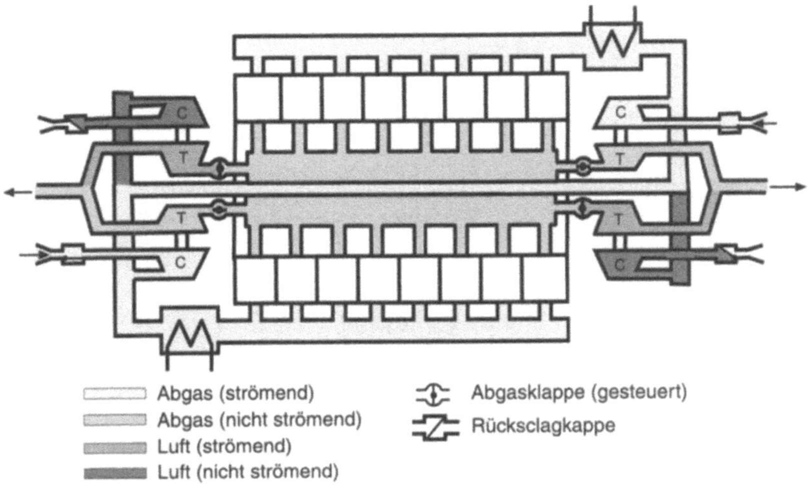

Abb. 6.7. Schalt-Prinzipdarstellung einstufiger Registeraufladung (Draufsicht)

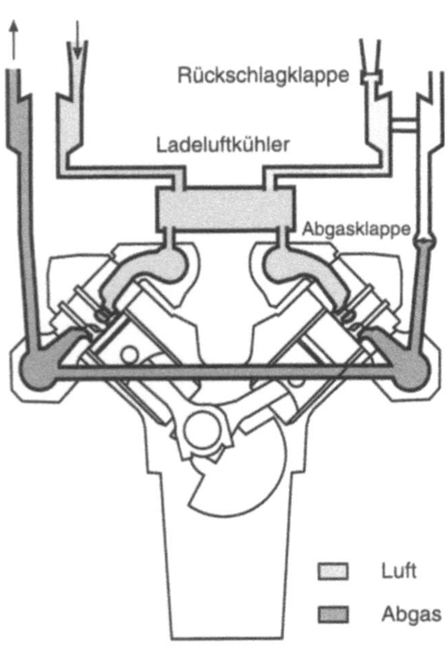

Abb. 6.8. Schalt-Prinzipdarstellung einstufiger Registeraufladung (Ansicht von hinten)

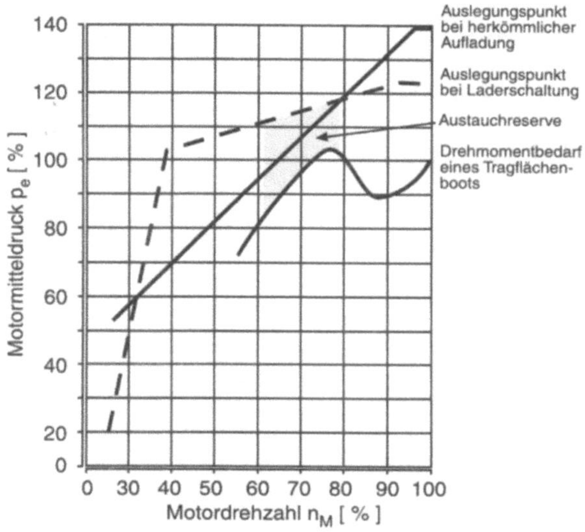

Abb. 6.9. Drehmomentanforderung und -verläufe bei Motoren mit und ohne Registeraufladung [MTU]

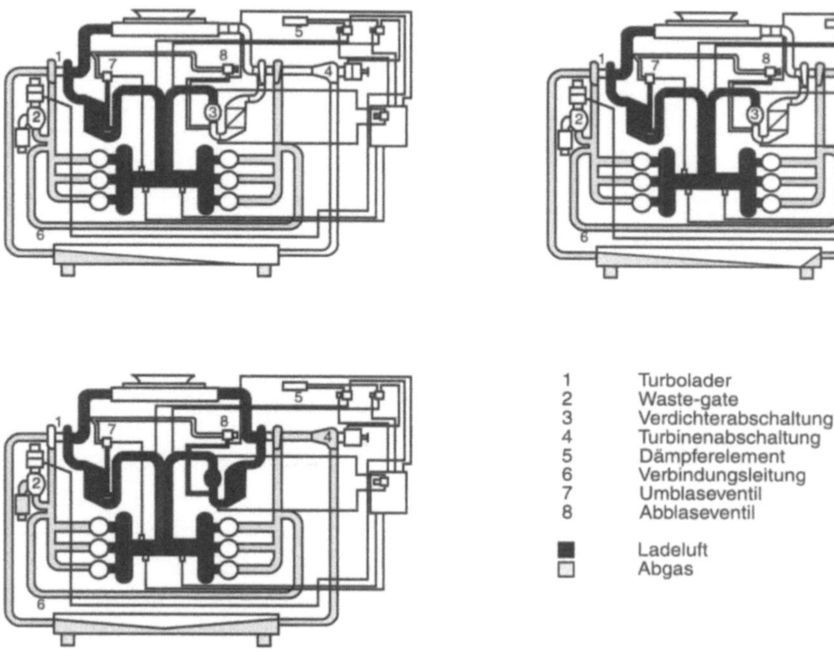

Abb. 6.10. Schaltbilder der Registeraufladung [15]

verwendet werden (Abb. 6.9). Das Verfahren ist bei schnelllaufenden Hochleistungsmotoren von MTU serienmäßig im Einsatz.

Auch für Pkw-Antriebssysteme mit Ottomotoren kamen derartige Aufladeverfahren bereits mehrfach zur Anwendung. Das bekannteste Beispiel ist der 6-Zylinder-Porsche-Motor mit Registeraufladung für die Fahrzeugtype 956. Die prinzipiellen Schaltbilder dieser Registeraufladung sind in Abb. 6.10 zusammengestellt. Die Umsetzung der Registeraufladung ermöglicht sowohl im stationären (Abb. 6.11) als auch transienten Motorbetrieb (Abb. 6.12) deutliche Verbesserungen der Motorkennwerte, vor allem des Ladedruckaufbaues.

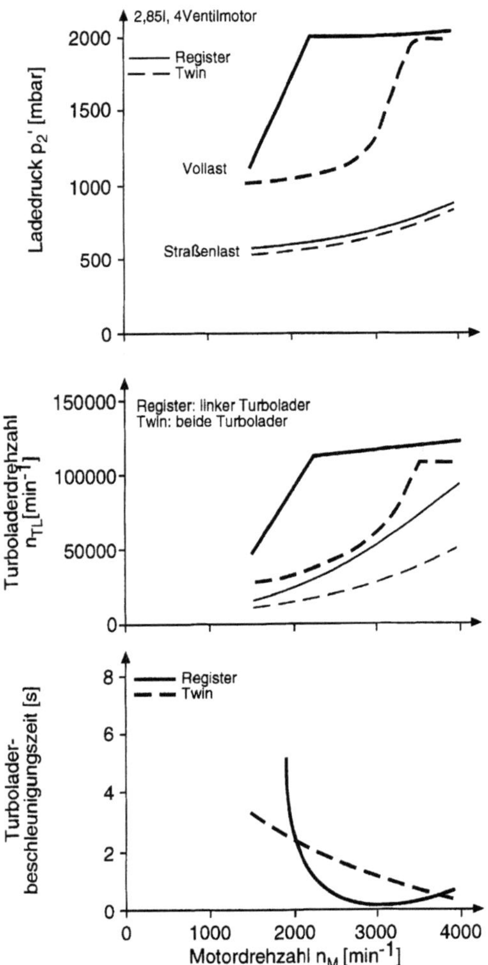

Abb. 6.11

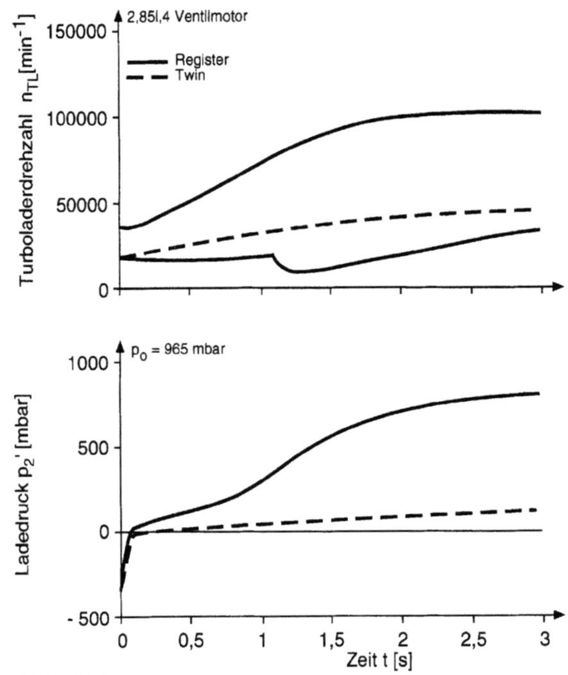

Abb. 6.12

Abb. 6.11. Effekt der Registeraufladung im stationären Motorbetrieb [50]

Abb. 6.12. Effekt der Registeraufladung im transienten Motorbetrieb [50]

Das Ergebnis einer numerischen Laderauslegung und einer Untersuchung der Betriebsstrategien im gesamten Volllastdrehzahlbereich eines Nfz-Motors zeigt Abb. 6.13. Ausgehend von einer gewünschten Mitteldruckkurve des Motors kann mittels der Kreisprozesssimulation das Betriebsverhalten des ersten und zweiten Laders im Kennfeld (Abb. 6.13) verfolgt werden und so die Schaltpunkte für die Abblaseregelung des ersten Laders bei ca. 680 min^{-1} sowie für die Zuschaltung des zweiten Laders bei ca. 900 min^{-1} vorausberechnet und die Lader vorausgewählt werden.

6.3.2 Zweistufige Registeraufladung

Bei der zweistufigen Registeraufladung werden sehr kompakt angeordnete Ladegruppen nacheinander mit steigender Motordrehzahl zugeschaltet mit dem Ziel, trotz zweistufiger Hochaufladung über den gesamten Motordrehzahlbereich genügend hohe Drehmomentwerte zu erreichen. Abbildung 6.14 zeigt die Ansicht einer solchen Kompaktaufladeanlage mit zwei Nieder- und zwei Hochdruckabgasturboladern. In Abb. 6.15 ist die Schaltphilosophie für die Ladegruppen im Druck-Volumenstrom-Kennfeld dargestellt. In Abb. 6.16 sind im oberen Teil die damit erreichten

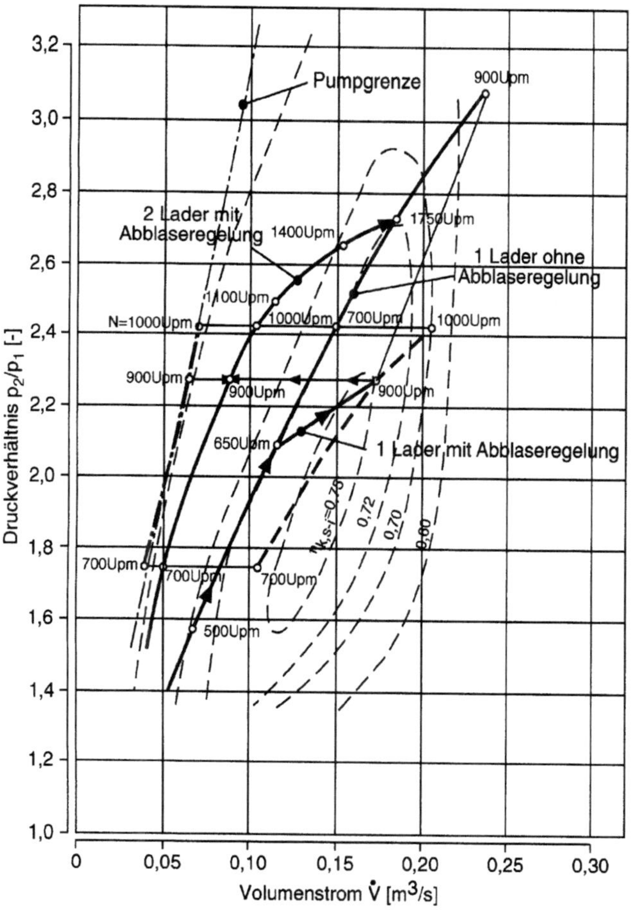

Abb. 6.13. Betriebskennlinien in Verdichterkennfeldern für Registeraufladung (Simulationsergebnisse)

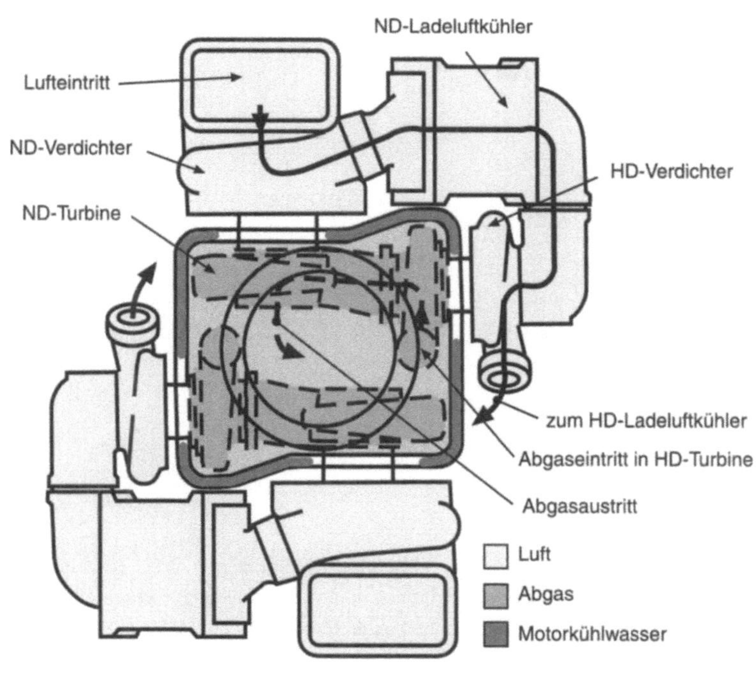

Abb. 6.14. 2-stufige Registeraufladung; Blockanordnung von Hoch- und Niederdruckabgasturboladern [MTU]

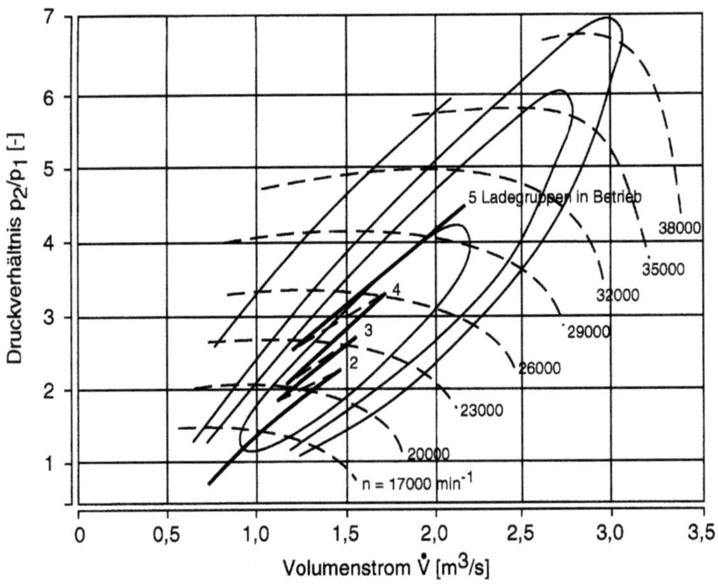

Abb. 6.15. Registerschaltstrategie im Verdichterkennfeld [MTU]

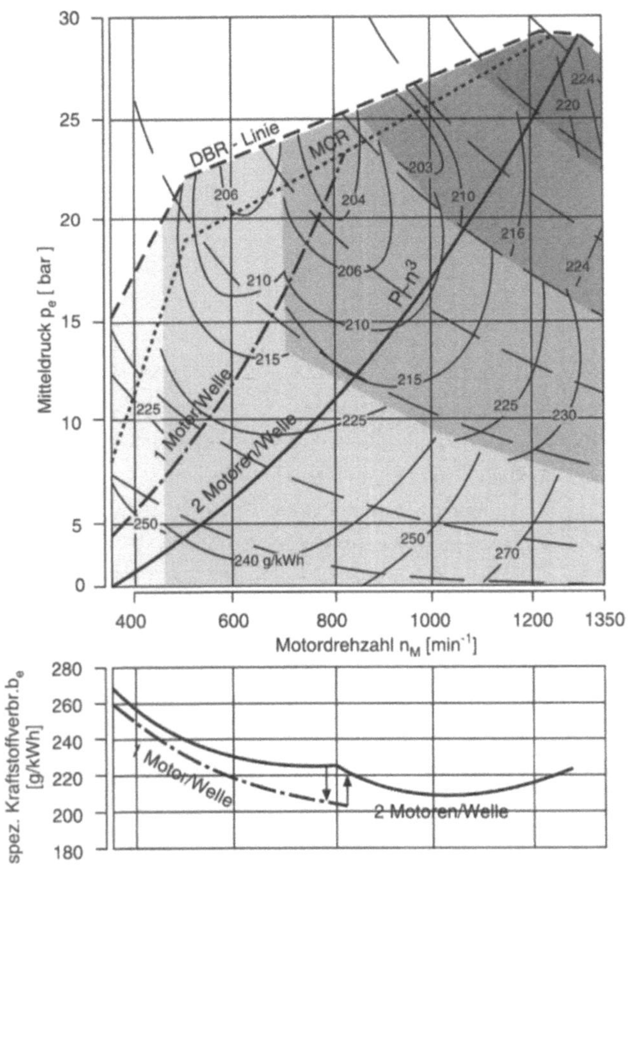

Abb. 6.16. Drehmoment- und Kraftstoffverbrauch eines Hochleistungs-Dieselmotors mit und ohne Registerbetrieb [MTU]

Mitteldruckwerte bis 30 bar und im unteren Teil die mit und ohne Registerbetrieb erzielten Kraftstoffverbräuche aufgetragen.

Man erkennt, dass die sehr hohe Mitteldruckausbeute und der erzielte, für Hochleistungsbootsmotoren außerordentlich gute Drehmomentenverlauf über der Motordrehzahl mit recht ungünstigen Kraftstoffverbräuchen bezahlt werden müssen. Solche Motorauslegungen sind demnach nur für Einsatzfälle zielführend, wo meist kurzzeitig höchste Leistungsdichten und Motorleistungen erforderlich sind.

6.4 Turbokühlung und Millerverfahren

6.4.1 Turbokühlung

Wie in Kap. 2 dargelegt, kann die Leistung eines aufgeladenen Motors durch Ladeluftkühlung nicht unbeträchtlich gesteigert werden. Eine Grenze stellt jedoch die Kühlmitteltemperatur dar, die von der Ladeluft nicht unterschritten werden kann. Aus praktischen und wirtschaftlichen Gründen – z. B. der Kühlergröße – liegt die Ladelufttemperatur im Volllastpunkt meist deutlich über der Kühlmitteltemperatur. Eine Möglichkeit, die Temperatur der Ladeluft – unabhängig von einem Kühlmittel – weiter abzusenken, ergibt sich durch Anwendung der Turbokühlung. Dabei wird die Ladeluft über das vom Motor benötigte Maß hinaus verdichtet, dann im Ladeluftkühler rückgekühlt und schlussendlich ihre Temperatur durch Entspannung, z. B. in einer Expansionsturbine, noch weiter abgesenkt. Abbildung 6.17 zeigt eine Schaltung, bei der die Kühlturbine auf gleicher Welle mit dem Abgasturbolader angeordnet ist. Der Lader verdichtet in dieser für Daimler Benz patentierten Anordnung mehr Luft, als der Motor benötigt. Der Luftmengenüberschuss wird in der Kühlturbine auf Umgebungsdruck entspannt, dabei weit unter die Temperatur nach Ladeluftkühler K_1 abgekühlt und zur weiteren Abkühlung der Ladeluft im zweiten Ladeluftkühler K_2 verwandt.

Die in der Kühlturbine erreichbare Temperaturabsenkung ist umso höher, je höher der Druck vor der Turbokühlgruppe über dem benötigten Ladedruck liegt. Der Erfolg der Turbokühlung hängt

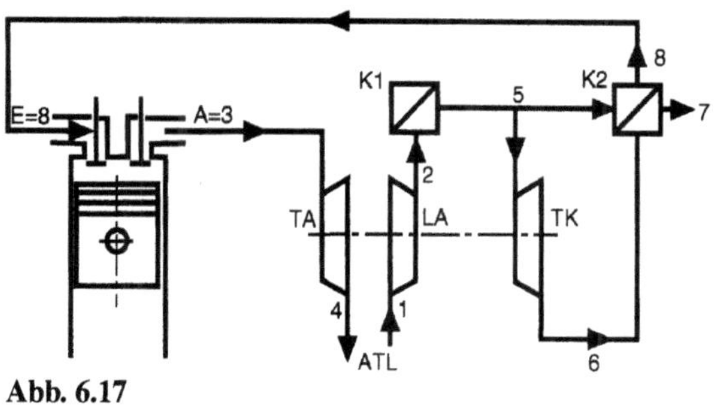

Abb. 6.17

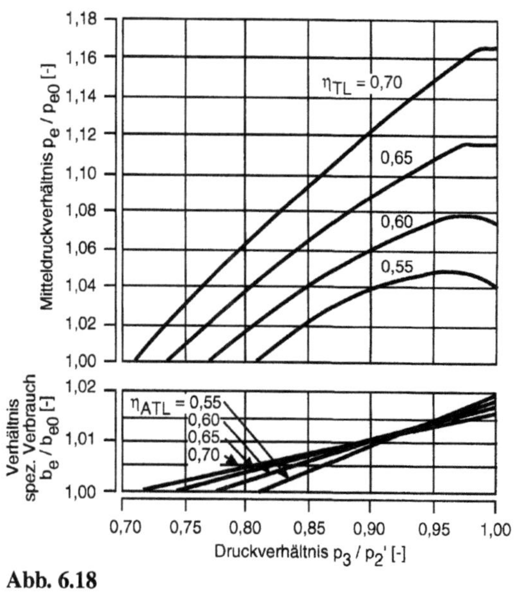

Abb. 6.18

Abb. 6.17. Prinzip-Schaltbild einwelliger Turbokühlungsladergruppe

Abb. 6.18. Einfluss des Abgasturboladerwirkungsgrades auf erreichbare Leistungssteigerung mittels Turbokühlung [156]

also auch von der Leistungsfähigkeit – besser gesagt von den guten Wirkungsgraden – des Abgasturboladers, insbesondere seiner Turbine ab. Abbildung 6.18 zeigt den Einfluss des Abgasturboladerwirkungsgrades auf die erreichbare Leistungssteigerung, wobei deutlich erkennbar wird, dass nur bei sehr hohen Ladergesamtwirkungsgraden deutliche Leistungssteigerungen bei nur minimalen Verbesserungen des Kraftstoffverbrauches realisierbar sind.

Die Turbokühlung lohnt sich trotz der genannten Vorteile heute bei Großserien-Dieselmotoren nicht, da der Aufwand für die Turbokühlgruppe und einen zweiten Ladeluftkühler im Vergleich zu der möglichen Übererhöhung des Ladedruckes – ohne auch noch zweistufig aufladen zu müssen – zu hohe Kosten verursacht.

Mehr Aussicht auf Erfolg hat die Turbokühlung bei Gasmotoren, bei denen die Leistung in der Regel nicht durch den möglichen Aufladegrad, sondern durch das Auftreten klopfender Verbrennung begrenzt wird. Die Klopfgrenze hängt aber nun weit stärker von der Kompressionsendtemperatur und damit (bei gegebenem Verdichtungsverhältnis) der Ladelufttemperatur vor Motor ab als vom Aufladegrad.

6.4.2 Millerverfahren

Eine besondere Art der Ladeluftkühlung wird durch ein ursprünglich von Miller [101] beschriebenes und nach ihm benanntes Verfahren erreicht. Es arbeitet im Gegensatz zu üblichen Aufladeverfahren mit sehr frühen, über der Last veränderlichen Schließzeiten des Einlassventils (Abb. 6.19). Damit wird der Zylinder nur bis zum Einlassschluss mit Frischladung gefüllt, die dann im Rest des Ansaughubes expandiert und dabei abgekühlt wird. Die Verdichtung beginnt dann – auf Kosten der Ladungsmenge – von einem niedrigeren Temperaturniveau aus. Man kann daher von einem Arbeitsprozess mit innerer Kühlung sprechen.

Da infolge der verkürzten Einströmphase der Expansionshub automatisch länger als der Ansaughub wird, kann man auch von einem Prozess mit verlängerter Dehnung sprechen, wie ihn Atkinson beschrieben hat. Entsprechend dieser Charakterisierungen wird auch der Haupteinsatzfall für solch einen Arbeitsprozess klar. Er wird immer dann zu diskutieren sein, wenn Begrenzungen in der Prozesstemperatur vorteilhaft sein können oder Prozessbeeinflussungen durch die Brennraumtemperatur zu befürchten sind. Solche Einflüsse sind z. B. bei großen Gasmotoren durch die temperaturabhängige Klopfgrenze gegeben.

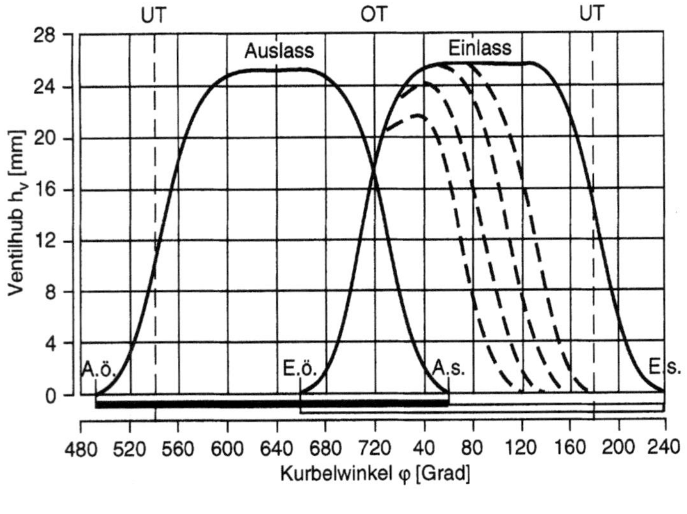

Abb. 6.19. Einlassventilsteuerzeit-Diagramm für Millerverfahren

Der zulässige Maximaldruck während der Verbrennung ist einer der wichtigsten Faktoren, welche den effektiven Mitteldruck eines aufgeladenen Motors begrenzen, will man nicht Verschlechterungen des Kraftstoffverbrauchs hinnehmen. Dazu kommt in letzter Zeit das Problem der Schadstoffemissionen – hier vornehmlich der NO_X-Emission –, die ebenfalls zum Teil sehr stark von der Prozesstemperatur abhängen. Man könnte das Millerverfahren damit auch zur Kühlung einer internen oder externen Abgasrückführung benutzen.

Abbildung 6.20 zeigt Diagramme eines vollkommenen Viertaktauflade-Normal-Dieselmotors und eines Motors mit Millerverfahren. Man erkennt, dass zur Ausnutzung des gleichen Prozessmaximaldruckes (p_{3z}, p_{4z}) im Falle des Millerverfahrens ein weitaus höherer Ladedruck p_2 notwendig ist. Geht man trotz dieser Tatsache von einer gleichen Temperatur der Ladeluft vor Einlassventil aus, was in jedem Falle eine aufwändigere Ladeluftkühlung voraussetzt, so wird die Temperatur bei Verdichtungsbeginn (p_{1z}) beim Millerverfahren niedriger und damit die Tempera-

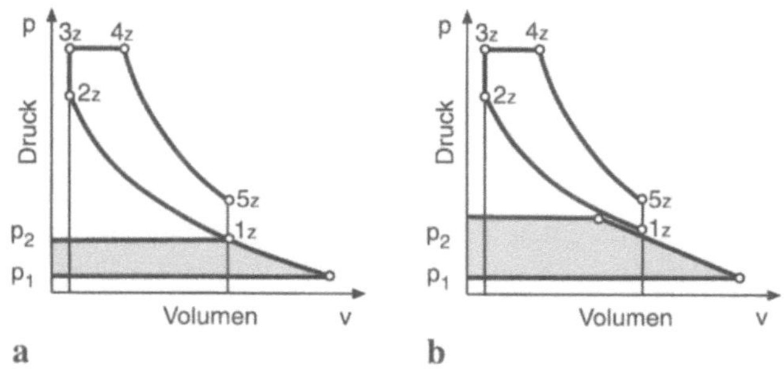

Abb. 6.20. *pV*-Diagramme eines vollkommenen Viertaktauflade-Normal-Dieselmotors (**a**) und eines Motors mit Millerverfahren (**b**)

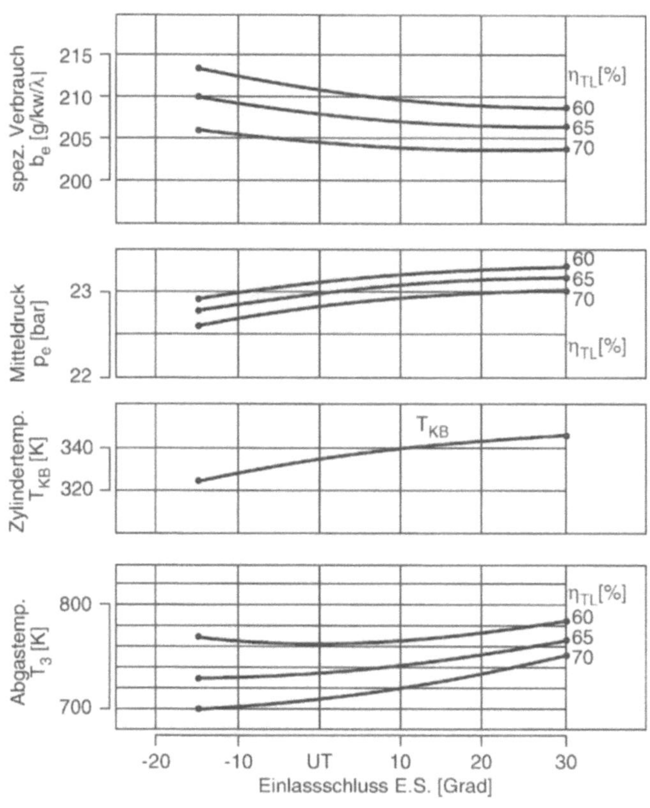

Abb. 6.21. Motorbetriebsergebnisse des Millerverfahrens über Einlasssteuerzeit [156]

turen des gesamten Prozesses. Die Diagrammzusammenstellung in Abb. 6.21 gibt den Einfluss von Einlassschließzeitpunkt und Turboladergesamtwirkungsgrad auf die Betriebswerte eines aufgeladenen Motors mit einem Spitzendruckwert von ca. 150 bar wieder.

Das Millerverfahren erfordert demnach für eine bestimmte Leistung wesentlich höhere Ladedrücke und Turboladergesamtwirkungsgrade als der normale Arbeitsprozess eines aufgeladenen Diesel- oder Gasmotors. Seine Anwendung wird sich daher auf Fälle beschränken, wo entweder der höchste zulässige Arbeitsdruck des Prozesses, z. B. der mechanisch zulässige Spitzendruck für die Motorkonstruktion, erreicht ist, das Aufladesystem aber noch Druckreserven aufweist, oder aber durch Prozessgrenzgrößen, wie die Klopfgrenze oder die Stickoxidemission, eine Absenkung der Prozessspitzentemperaturen erforderlich wird.

6.5 Turbocompound-Verfahren

Ein Verbundverfahren ist definitionsgemäß dadurch gekennzeichnet, dass die Nutzleistung eines solchen Motors nicht nur durch den Arbeitszylinder erzeugt wird, sondern auch in einer nachgeschalteten, weiteren Expansionsstufe. Von einem Turbocompound-Motor spricht man demgemäß dann, wenn die Abgasturbine oder eine weitere, ihr nachgeschaltete Turbine auch Leistung an die Kurbelwelle abgibt. Der Sinn dieses Verfahrens liegt in der vollständigeren Ausnutzung der Abgasenergie mit der Folge einer Kraftstoffverbrauchsreduzierung.

Berechnungen hierzu [151] zeigen, dass mit sehr guten Verdichter- und Turbinenwirkungsgraden im Auslegungspunkt des Gesamtmotors Verbesserungen von mehr als 5 % im Kraftstoffverbrauch erreichbar scheinen. Da dies naturgemäß vor allem bei hoher Auslastung des Motors der Fall ist, kommen die markantesten Beispiele solcher Verbundmotoren einmal aus der Seeschifffahrt, wo (unter dem Aspekt stetig steigenden Kostendrucks) gerade in jüngster Zeit der Verringerung des Kraftstoffverbrauchs, d. h. einer weiteren Wirkungsgradsteigerung höchste Aufmerksamkeit zukommt, weil lange Zeit mit konstant hoher Leistung gefahren wird.

Der andere Einsatzfall war – vor dem Siegeszug der Gasturbine auf diesem speziellen Gebiet –, ebenfalls wegen langer Betriebsdauern mit konstanter, hoher Leistung, bei Flugzeugkolbenmotoren. Wegen der hohen Verdichtungs- und Entspannungsverhältnisse am Lader und den Turbinen infolge des geringen Außendruckes in großen Flughöhen lagen hier besonders günstige Verhältnisse vor.

Das leistungsstärkste im Ottoverfahren arbeitende Kolbentriebwerk für Verkehrsflugzeuge war der Curtiss-Wright-Compound-Flugmotor mit 18 Zylindern in Doppelsternanordnung (Abb. 6.22). Er wies eine Startleistung von 2420 kW bei 2900 min^{-1} aus. Der Lader wurde bei dieser Konstruktion von der Kurbelwelle aus starr angetrieben, was wegen der Propellerlastcharakteristik ohne Nachteile möglich ist. Drei in einem Winkelabstand von 120° angeordnete ebenfalls starr mit der

Abb. 6.22. Curtiss-Wright-Compound-Flugmotor mit 18 Zylindern in Doppelsternanordnung

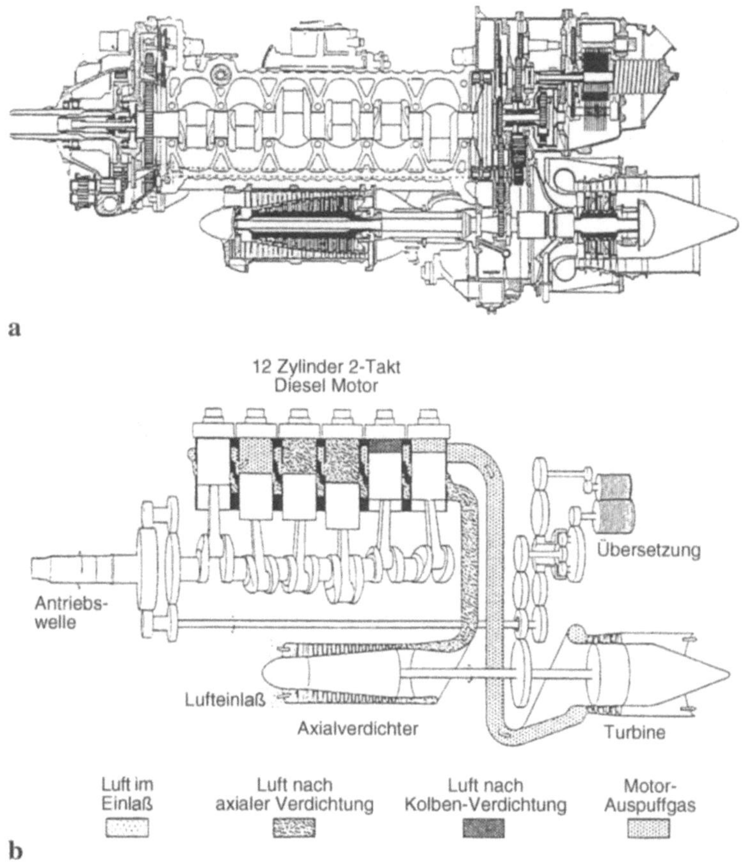

Abb. 6.23. **a** Napier-Diesel-Compound-Flugmotor; **b** Schema

Kurbelwelle verbundene Abgasturbinen gaben ihre Leistung an eben diese ab. Neben Ottomotoren wurden auch Flug-Dieselmotoren realisiert, z. B. das 12-Zylinder-Zweitakt-Verbundtriebwerk Nomad von Napier (Abb. 6.23).

Der Einsatz der Gasturbine, auch als leistungsstarke und mit höchster Leistungsdichte ausgestattete Antriebseinheit für Propellerbetrieb, hat den Kolbenverbrennungsmotor auf den Einsatz in Kleinflugzeugen zurückgedrängt, wo allenfalls ein Normalabgasturbolader für einen vernünftigen Höhenbetrieb preislich akzeptabel ist.

Beim heutigen Einsatz von Verbundantrieben gibt es zwei Wege der Abgasenergienutzung, die mechanische Rückspeisung in den Motor und die elektrische Energierückgewinnung.

6.5.1 Mechanische Rückspeisung in den Motor

Die mechanische Rückspeisung in den Motor ist eine Lösung für die Seeschifffahrt in der Form, dass ein Teil der Abgase vor der Turbine des Abgasturboladers, also in Parallelentnahme, abgezweigt und – bei Teillast durch Abgasklappen abkuppelbar – einer Nutzturbine zugeführt wird (Abb. 6.24). Die Nutzturbine speist ihre Leistung dabei über ein Reduziergetriebe und eine hydraulische Dämpfungskupplung in den Abtrieb des Verbrennungsmotors ein, Abb. 6.25 zeigt eine Ausführung von ABB für einen Großmotor.

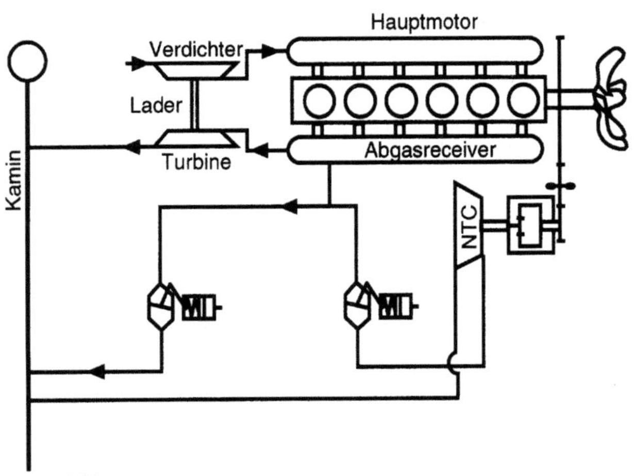

Abb. 6.24

Abb. 6.25

Abb. 6.24. Schema einer Anlage mit mechanischer Energierückspeisung

Abb. 6.25. Mechanische Rückspeisung bei einem Großmotor (BBC)

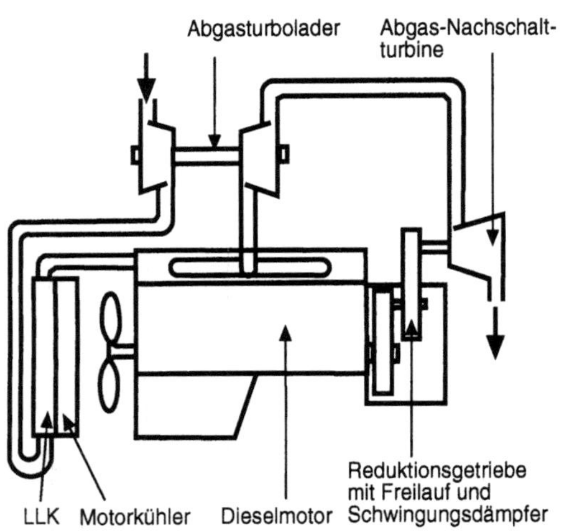

Abb. 6.26. Prinzip mechanischer Rückspeisung bei Nfz-Anwendung

In jüngster Zeit hat der Compound-Dieselmotor auch im Nutzfahrzeug erfolgreich Einzug gehalten, und zwar mit mechanischer Rückspeisung. Hier wird allerdings aus Gründen eines besseren dynamischen Verhaltens bei Laständerungen die Nutzturbine nach dem Abgasturbolader angeordnet (Abb. 6.26).

Die Firma Scania rüstet ihren 6-Zylinder-Motor DTC 1101 (Abb. 14.44) mit Nachschaltturbine aus und erreicht dadurch Vorteile im Kraftstofffahrverbrauch zwischen 1 bis 3 %. Die generelle Energiebilanz mit den prozentualen Mehr- und Minder-Kraftstoffverbräuchen in einem Nfz-Motorkennfeld zeigt Abb. 6.27. Man erkennt, dass nur im Hochlastbereich Kraftstoffverbrauchsverbesserungen möglich sind.

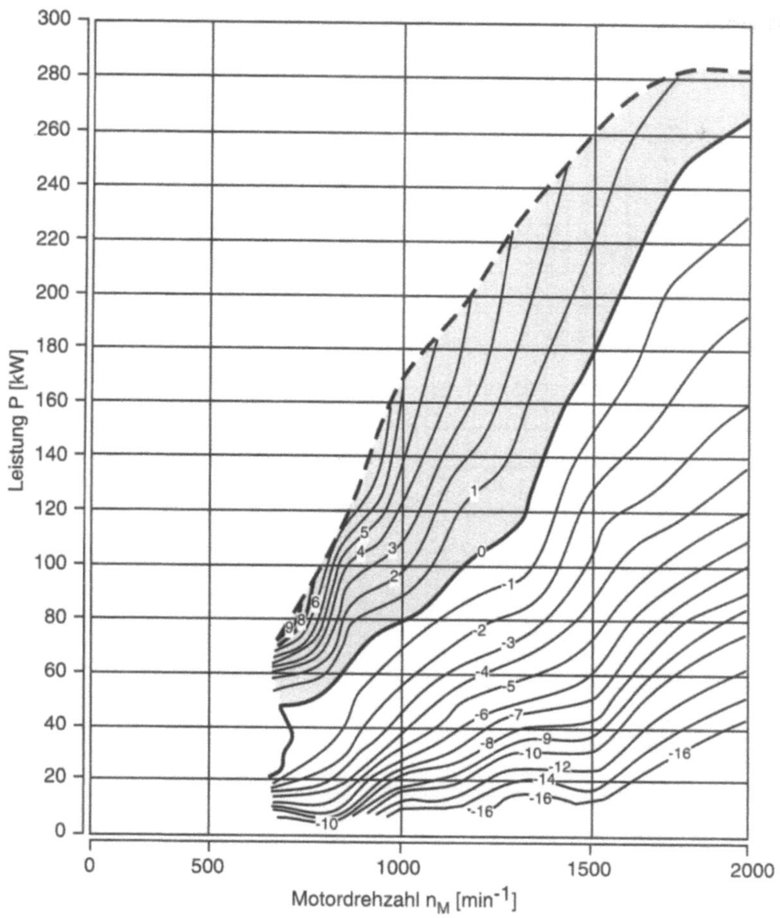

Abb. 6.27. Kraftstoffverbrauchsauswirkungen (positive Werte entsprechen prozentualer Verbrauchsverbesserung) im Kennfeld eines Nfz-Motors mit Nachschaltturbine

Die angesprochenen erzielbaren Wirkungsgradverbesserungen hängen ganz wesentlich von den Wirkungsgraden der eingesetzten Turbomaschinen ab. Da die Nutzturbine die Exergie des Abgases in Nutzarbeit umsetzt und zu diesem Zweck den Gegendruck nach der ATL-Turbine etwas anhebt, müssen die dadurch bedingten motorischen Verschlechterungen in der Ladungswechselarbeit durch die Nutzturbinenarbeit, die dem Turbinenwirkungsgrad direkt proportional ist, überkompensiert werden. Für jeden Betriebspunkt kann somit unter Berücksichtigung der aktuellen Wirkungsgradverhältnisse ein optimales Verhältnis zwischen ATL- und Nutzturbine gefunden werden (Abb. 6.28).

Derartige Untersuchungen müssen in allen relevanten Lastpunkten durchgeführt werden, bevor die endgültige Auslegung hinsichtlich des bestmöglichen Betriebskraftstoffverbrauchs erfolgen kann. Unterstützt werden derartige Auslegungen auch durch Simulation von Teillastschnitten, in denen der sinkende Beitrag der Nutzturbine zur gesamten Nutzarbeit erfasst werden kann. Mittels der thermodynamischen Kreisprozesssimulation kann so nach Anpassung des Turboladers und der Nutzturbine das Verbrauchsverbesserungspotential im gesamten Lastbereich vorhergesagt werden.

In Abb. 6.29 und 6.30 wird für einen 12-l-HSDI-Dieselmotor mit und ohne Turbocompound-Einsatz das Verbrauchsverbesserungspotential im Teil- und Volllastbetrieb mittels numerischer Simulationen prognostiziert.

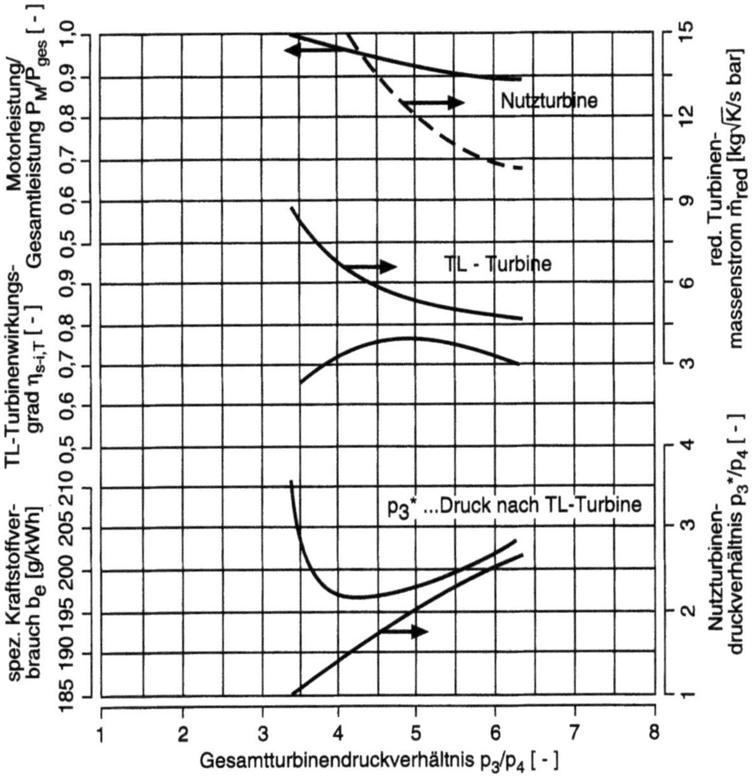

Abb. 6.28. Auslegung einer Nutzturbine mittels thermodynamischer Kreisprozesssimulationen für optimale Gesamtsystemleistung bei 75 % Nenndrehzahl

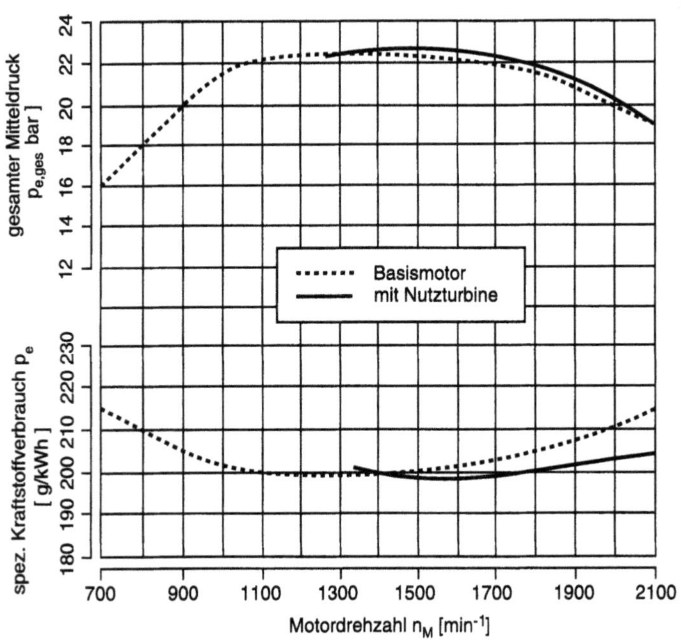

Abb. 6.29. Vergleich simulierter Motorvolllastergebnisse für einen 13-l-HSDI-Dieselmotor mit konventioneller Aufladung sowie mit Aufladung und Nutzturbine

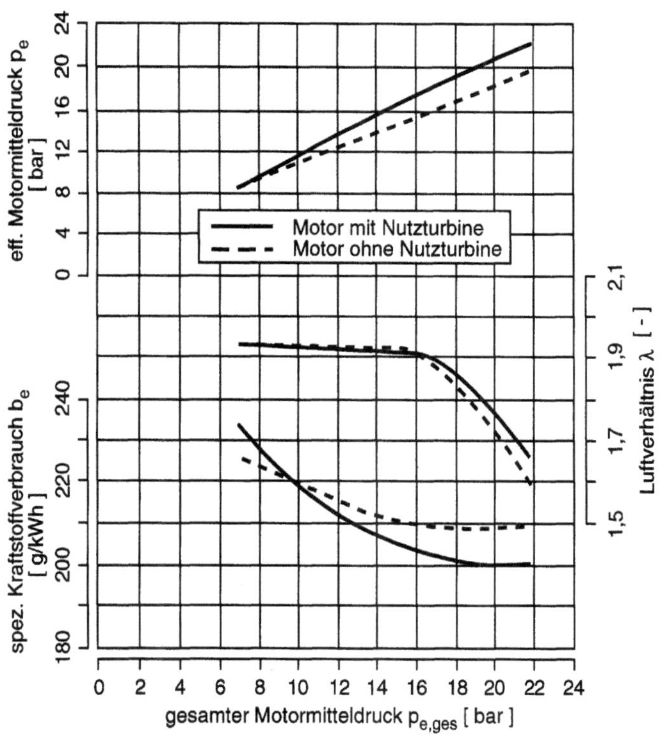

Abb. 6.30. Teillastschnitt bei 75 % Nenndrehzahl eines aufgeladenen Motors mit Nutzturbine (Simulationsergebnisse)

6.5.2 Elektrische Energierückgewinnung

Die heute favorisierte Lösung bei Schiffsgrößtmotoren ist das elektrische Turbocompound-System, auch geregelte Nutzturbinen-Generatoranlage genannt (Abb. 6.31). Hier wirkt die Nutzturbine, statt einer Koppelung mit dem Hauptantrieb, drehzahlgeregelt auf einen elektrischen Generator, um so mit hohem Wirkungsgrad die in Schiffen benötigte elektrische Energie direkt zu erzeugen.

Die vorgestellte Lösung ist zudem deutlich billiger, da man die hochtourige Abgasturbine nicht mit dem langsam laufenden Motor koppeln muss, sondern mit bordnetzfrequenzbezogener Konstantdrehzahl betreiben kann. Die Hauptkomponenten des beschriebenen Systems zeigt Abb. 6.32. Schiffsantriebe mit Compound-Antriebsmotoren erreichen heute Gesamtwirkungsgrade von deutlich über 50 %.

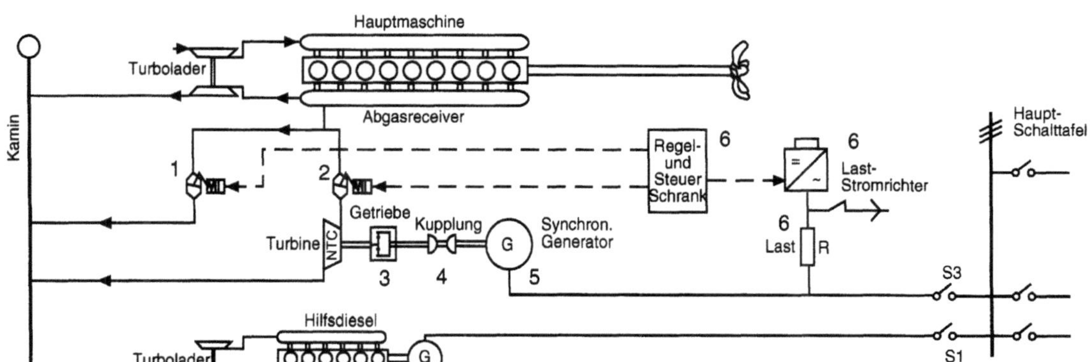

Abb. 6.31. Elektrisches Turbocompound-System für Schiffsmotoren (geregelte Nutzturbinen-Generatoranlage) [ABB]

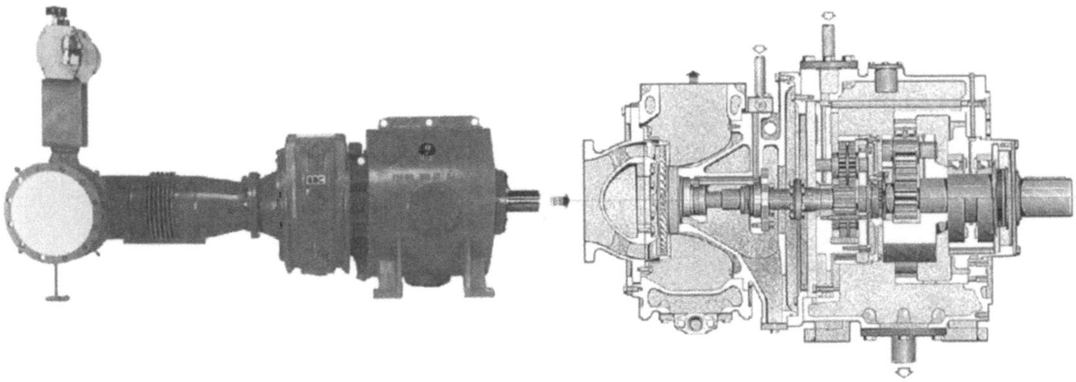

Abb. 6.32. Ausführungsbeispiel der Hauptkomponenten einer geregelten Nutzturbinen-Generatoranlage [ABB]

6.6 Kombinierte Auflade- und Aufladesonderverfahren

6.6.1 Differential-Verbundaufladung

Die nur für den Einsatz an einem Fahrzeugmotor sinnvolle Differential-Verbundaufladung beruht auf einer in Leistungsverzweigung angeordneten Aufladegruppe, wobei ein Leistungszweig des Differential- oder Planetengetriebes auf das Fahrzeuggetriebe wirkt, während der andere den Lader antreibt. Die so auf Getriebe und Verdichter wirkenden Drehmomente stehen in einem festen, durch die Übersetzung vorgegebenen Verhältnis. Das Ziel dieser Schaltung besteht darin, einen der Zugkrafthyperbel ähnlichen Ladedruck- und damit Drehmomentenverlauf zu erreichen (Abb. 6.33). Perkins Ltd. hat um 1960 Versuche mit solch einem System durchgeführt [53]. Es konnten sehr große Drehmomentenüberhöhungen bis in die Nähe der Konstantleistung über der Drehzahl erreicht werden (Abb. 6.34). Im Endeffekt stand der dadurch möglichen Reduzierung der Getriebestufen ein deutlich höherer Bauaufwand am Motor und am Aufladesystem gegenüber. Die Wirkungsgrade

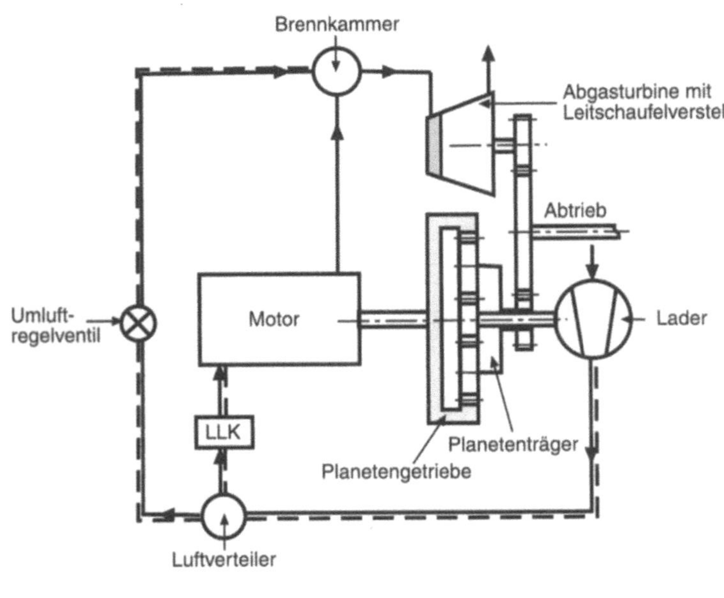

Abb. 6.33. Schaltbild einer Differential-Verbundaufladung

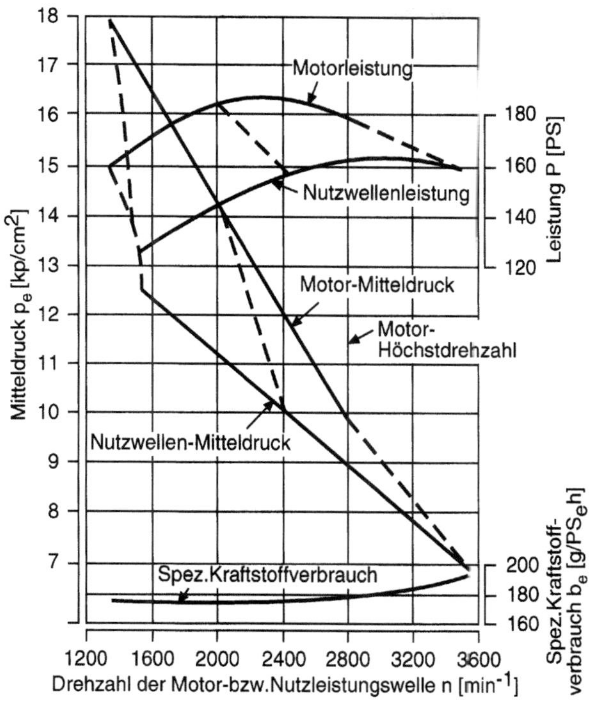

Abb. 6.34. Ergebnisse von Perkins Ltd. mit einer Differential-Verbundaufladung [53]

der Gesamtanordnung lagen damit deutlich schlechter als die eines vergleichbaren konventionellen Triebstranges, so dass keine guten Kraftstoffverbräuche – das eigentliche Ziel der Entwicklung – erreicht werden konnten.

6.6.2 Mechanische Zusatzaufladung

Das Verfahren der mechanischen Zusatzaufladung ist gekennzeichnet durch die Hintereinanderschaltung eines mechanischen (Verdränger-)Laders und eines Abgasturboladers mit dem Ziel, im unteren Drehzahlbereich des Motors, also dem Anfahrbereich, ein hohes, spontan zur Verfügung stehendes Drehmoment bei guten Abgastrübungs- und Kraftstoffverbrauchswerten zu erzeugen. Die prinzipielle Anordnung zeigt Abb. 6.35, die im Vergleich zu einem normal aufgeladenen Motor erreichbare Verbesserung des transienten Ladedruck- und Drehmomentenaufbaus zeigt Abb. 6.36.

Die beschriebene Laderanordnung hat darüber hinaus das Potential, durch Einsatz alleine des mechanischen Laders im Motorbremsbetrieb sehr hohe Bremsleistungen realisieren zu können, da sowohl der Motor selbst infolge eines deutlich erhöhten Luftdurchsatzes stark erhöhte Bremsleistungen liefert als auch die aufzubringende Verdichterleistung der Bremsleistung voll zugeschlagen werden kann.

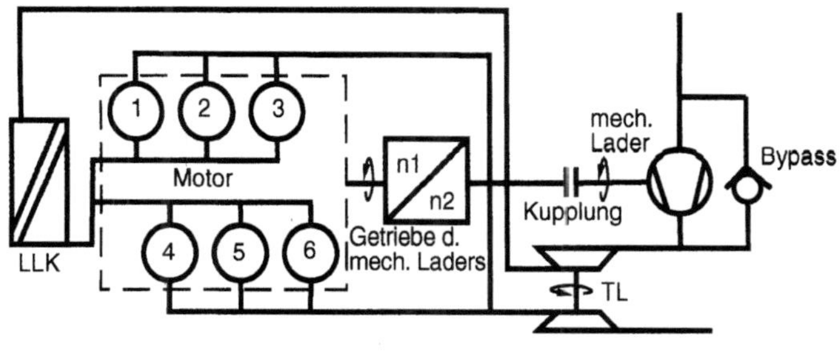

Abb. 6.35. Prinzipielle Anordnung einer mechanischen Zusatzaufladung [120]

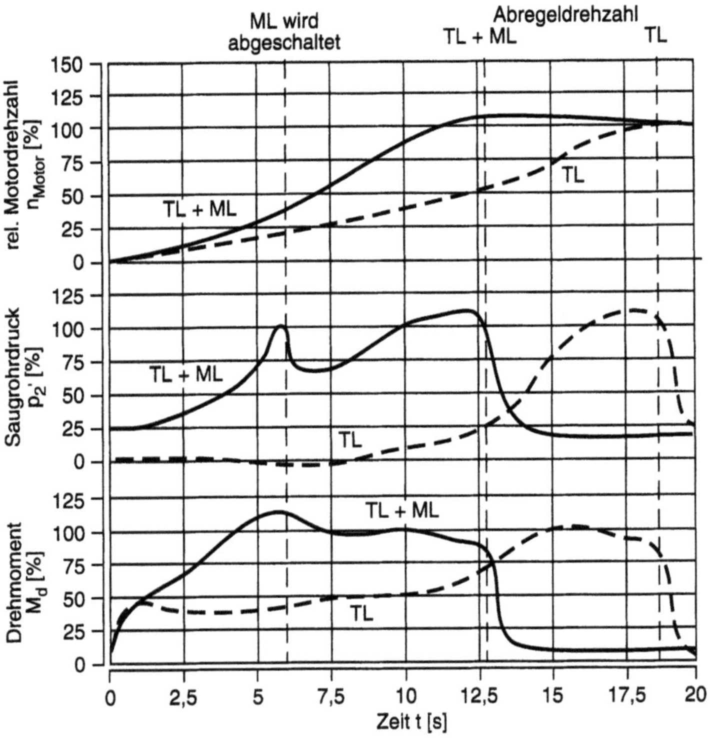

Abb. 6.36. Vergleich der mit mechanischer Zusatzaufladung relativ zu normal aufgeladenem Motor erreichbaren Drehmoment-, Ladedruck- und Motordrehzahlwerte [120]

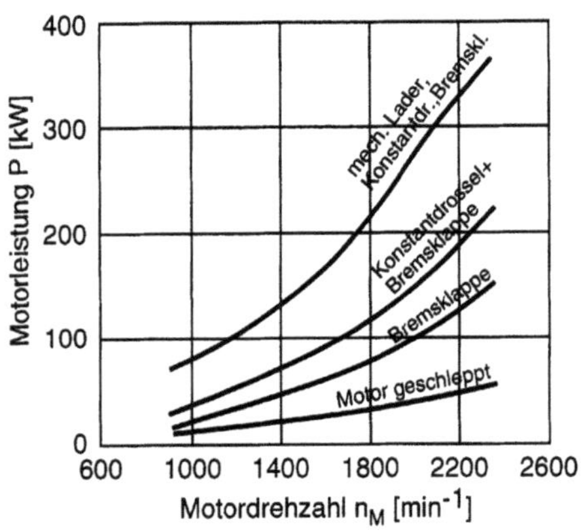

Abb. 6.37. Erreichbare Bremsleistungen mit verschiedenen Motorbremssystemen

Dies gilt in gesteigertem Maße, wenn der Motor mit einem Konstantdrossel-Bremssystem, wie es z. B. Mercedes Benz bei den schweren Nutzfahrzeugmotoren serienmäßig einsetzt, ausgerüstet ist. Abbildung 6.37 zeigt die mit verschiedenen Motorbremssystemen erreichbaren Bremsleistungen. Mit dem beschriebenen System werden Bremsleistungswerte in der Höhe der maximalen Motornutzleistung erreicht [120].

6.6.3 Unterstützte Abgasturboaufladung

Der Wunsch, den Abgasturbolader in kritischen Betriebsbereichen durch die Zuführung von Zusatzantriebsenergie zu unterstützen, ist sehr alt. Die unterstützte Abgasturboaufladung ist in

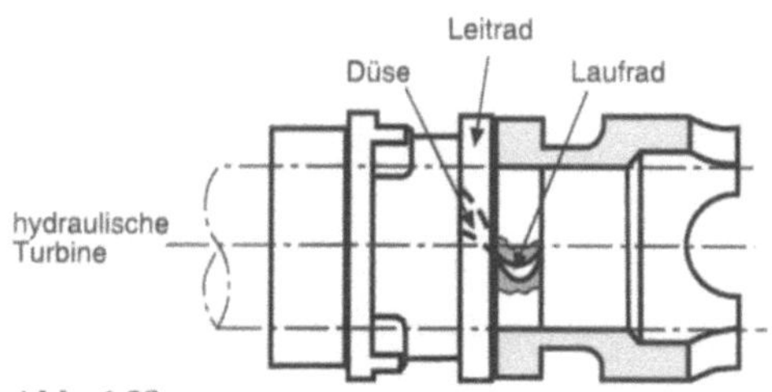

Abb. 6.38

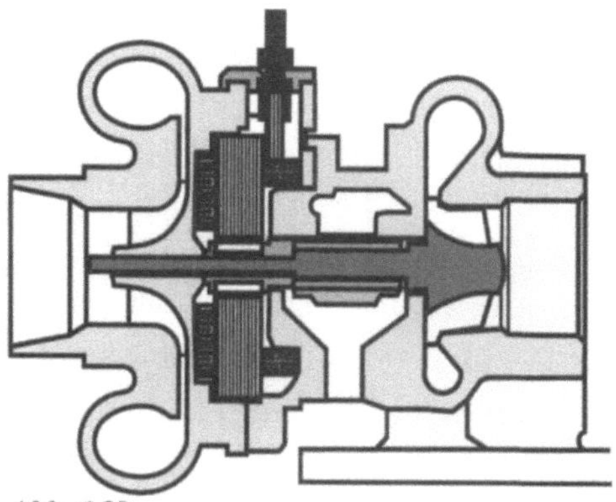

Abb. 6.39

Abb. 6.38. ATL mit hydraulischem Zusatzantrieb von Garrett [86]

Abb. 6.39. ATL-System mit elektrischem Zusatzantrieb von Garrett

gewissem Sinne die logische und höher integrierte Weiterentwicklung der mechanischen Zusatzaufladung. Sie hat die identische Zielsetzung, erreicht dieses Ziel aber bei erfolgreicher Entwicklung nur durch einen Zusatzantrieb des Abgasturboladers. Verschiedene, auch schaltbare, Antriebssysteme sind zur Zeit in intensiver Entwicklung. Als ausgeführte Beispiele sollen hier ein Abgasturbolader mit hydraulischem Zusatzantrieb (Abb. 6.38 zeigt die am Laufzeug angeordnete hydraulische Hilfsturbine) sowie Systeme mit elektrischem Zusatzantrieb angeführt werden. Ähnlich der hydraulischen Hilfsturbine ist auch der Läufer des Hilfselektromotors auf der Turboladerwelle angeordnet (Abb. 6.39).

Mit derartigen Hilfsantrieben kann die Luftversorgung des Motors im untersten Drehzahlbereich sowie während transienter Vorgänge deutlich verbessert werden. Durch den damit auch an der Turbine gesteigerten Enthalpiestrom des Abgases werden Leistungszahlen (bezogen auf den Energieeinsatz für den Hilfsantrieb) deutlich über 1 (bis zu 1,4) erreicht. Folglich können mit derartigen Systemen ebenso deutliche Steigerungen der stationären Motormitteldrücke bei niedrigen Drehzahlen (Abb. 6.40) sowie Verkürzungen des transienten Ladedruckaufbaus (Abb. 6.41) dargestellt werden [156].

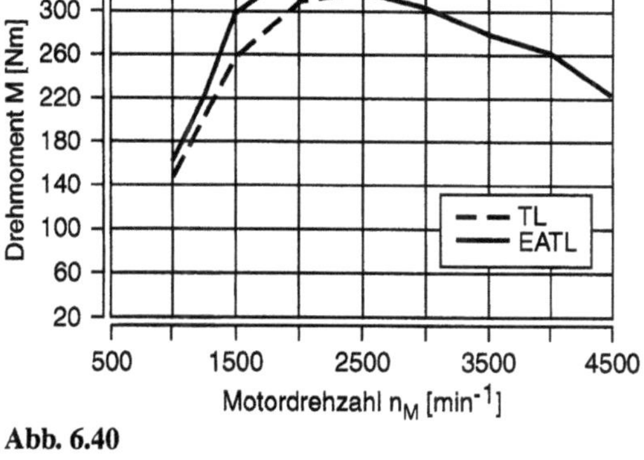

Abb. 6.40

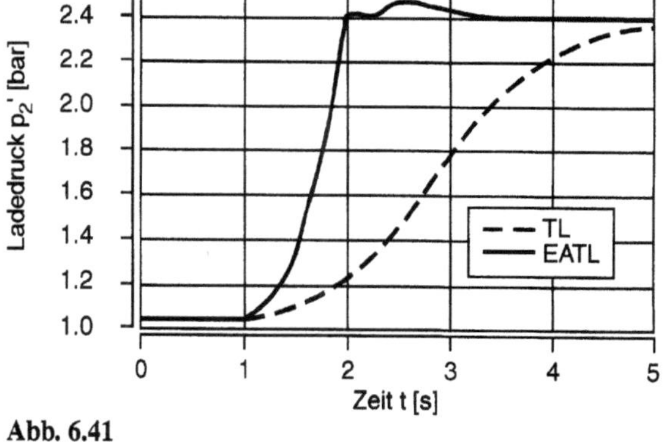

Abb. 6.41

Abb. 6.40. Steigerung des Motormitteldruckes durch Einsatz eines ATL mit elektrischem Zusatzantrieb

Abb. 6.41. Verbesserung des Motoransprechverhaltens durch Einsatz eines ATL mit elektrischem Zusatzantrieb

6.6.4 Comprex-Druckwellenaufladeverfahren

Die bereits vielfach erwähnten Unzulänglichkeiten des Abgasturboladers hinsichtlich seines Beschleunigungsverhaltens und seines Drehmomentaufbaues gaben Anlass, nach anderen Möglichkeiten der Abgasenergienutzung zur Ladedruckerzeugung zu suchen, welche die erwähnten Nachteile nicht aufweisen. Eine dieser Möglichkeiten besteht darin, die Druckenergie im Abgas in einem gasdynamischen Prozess direkt auf die Ladeluft zu übertragen.

Brown-Boveri hat eine solche Maschine unter dem Namen Comprex entwickelt und zur Serienreife gebracht [152–154]. Die Wirkungsweise des Druckwellenladers beruht auf dem Reflexionsverhalten von Druckwellen in einer Rohrleitung. So wird eine in einem Rohr laufende Druckwelle – egal ob Überdruck- oder Unterdruckwelle – an einem offenen Ende in ihr Gegenteil gewandelt, an einem geschlossenen Ende aber zum Doppelten ihres Normalamplitudenwertes aufgestaut.

In der Praxis besteht der Druckwellenlader (Abb. 6.42) aus einem Zellenrad mit am Umfang stirnseitig angeordneten offenen Kanälen. Das Zellenrad muss zur Steuerung des Prozesses angetrieben werden, hat dabei aber nur Lager- und Ventilationsverluste zu überwinden. Auf der einen Seite des Zellenrades sind nun die Niederdruck-(NDL-) und Hoch- bzw. Ladedruck-(HDL-) Luftkanäle stirnseitig angeordnet, auf der gegenüberliegenden Seite die identischen Niederdruck- und Hochdruck-Abgaskanäle (NDG und HDG). Die Verdichtungsenergie für die Ladeluft wird dem Abgas entnommen. Die Vorgänge im Zellenrad selbst werden am besten anhand einer Abwicklung des Zellenradumfanges (Abb. 6.43) erklärt, in die auch die Zu- und Abführkanäle des feststehenden Gehäuses eingezeichnet sind.

Der Zyklus beginnt in Abb. 6.43 bei 1. Zu diesem Zeitpunkt seien alle Zellen mit Frischluft unter Umgebungsdruck (Ansaugzustand p_0) gefüllt. Durch die senkrechten Striche wird angezeigt, dass sich das Gas an dieser Stelle in Ruhe befindet. Die Auspuffgase des Motors werden in einem Abgassammler gesammelt und strömen nunmehr druckausgeglichen und somit mit konstantem Druck dem Zelleneintritt (HDG) zu. Wird nun durch die Rotation des Zellenrades eine mit Luft unter Umgebungsdruck gefüllte Zelle mit dem Hochdruckkanal in Verbindung gebracht, dringt das unter höherem Druck stehende Abgas in diese Zelle ein und löst eine sich mit Schallgeschwindigkeit fortpflanzende Druckwelle darin aus, die die Zellenluft verdichtet und in Richtung Ladeluftdruckkanal (HDL) beschleunigt.

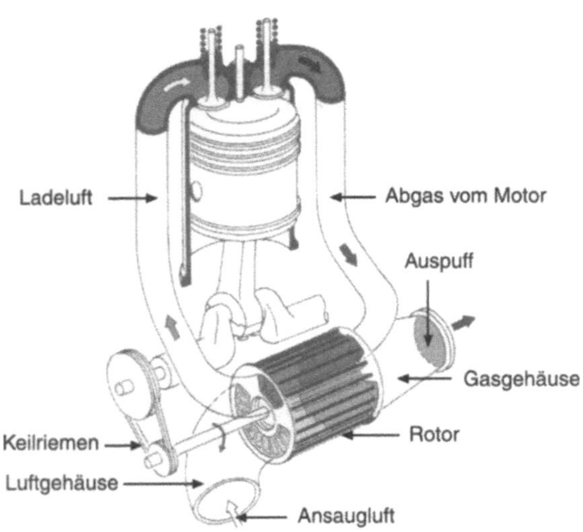

Abb. 6.42. Schnittbild eines Druckwellenladers [37]

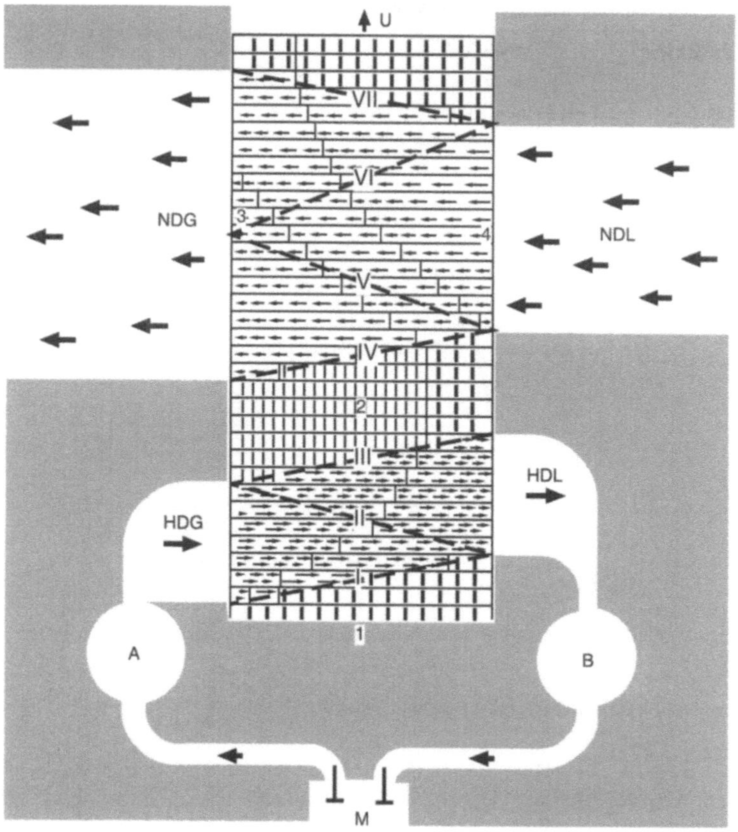

Abb. 6.43. Vorgänge im Zellenrad eines Druckwellenladers [92]. M, Motor; A, Abgassammler; B, Ladeluftsammler; HDG, Hochdruckgas; HDL, Hochdruckluft; NDG, Niederdruckgas; NDL, Niederdruckluft; U, Umgebung

Die Druckwelle soll das andere Ende des Zellenrades in dem Augenblick erreichen, in dem infolge der Drehung des Zellenrades der Ladeluftkanal (HDL) geöffnet wird. Die verdichtete Luft kann damit in den Ladeluftsammler und von da zum Motor strömen. Die Zelle erreicht die Schließkante des Hochdruckkanals zu einem Zeitpunkt, zu dem das Abgas etwa zwei Drittel der Zelle füllt, und verhindert damit ein weiters Nachströmen von Hochdruckabgas. Im Zellenkanal ist damit ein Gemisch von ca. 2/3 Abgas und 1/3 Luft unter einem Druck, der niedriger als der Abgasdruck in HDG, aber höher als der Druck in HDL ist. Auf dem Weg zum Niederdruckkanalsystem kommt das Abgasluftgemisch in der Zelle zur Ruhe (2).

Sobald die Zelle in ihrer weiteren Bewegung die Kante des Niederdruckabgaskanals überstreicht, kann das Abgasluftgemisch die Zelle Richtung Auslass verlassen und löst dabei eine Unterdruckwelle aus, die in die Zelle hineinläuft. Diese Unterdruck- und damit Saugwelle erreicht das andere Zellenende bei optimaler Prozesszellenraddrehzahl zu dem Augenblick, in dem der Niederdruckluftkanal geöffnet wird, so dass die Zelle nunmehr wieder mit Luft aus dem Ansaugsystem gefüllt werden kann, während das Abgas weiterhin Richtung Auslass abströmt. Wenn Abgas und Mischgas die Zelle verlassen haben, also eine vollständige Zellenspülung stattgefunden hat, beginnt der Prozess von neuem.

Aus der Beschreibung wird klar, dass der Prozess nur bei exakter Steuerung befriedigende Ergebnisse hinsichtlich Ladedruck und Wirkungsgrad liefern kann. Genau hier lagen aber früher

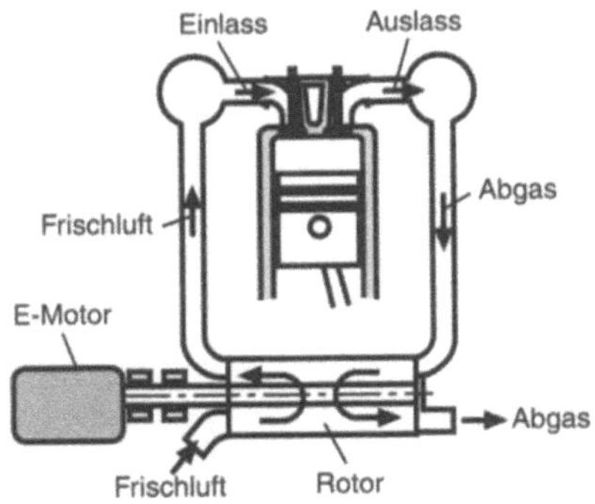

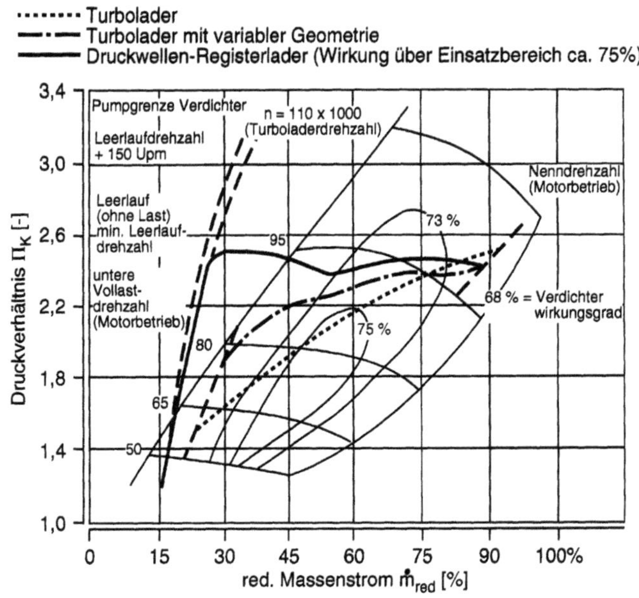

Abb. 6.45

Abb. 6.44. Weiterentwicklung des Druckwellenladers durch Antrieb mittels Elektromotor (Zellenrad nicht mehr mit starrer Übersetzung an Motor gekoppelt)

Abb. 6.45. Mögliche Ladedruckcharakteristik elektrisch drehzahlgeregelten Druckwellenladers

die Probleme bei der praktischen Anwendung der Druckwellenaufladung. Es ist klar, dass der Prozess von der Schallgeschwindigkeit und damit der Abgas- und Lufttemperatur in hohem Maße abhängt, nicht aber von irgendwelchen Last- und Drehzahlzuständen des Motors. Da der Antrieb des Zellenrades aber in irgendeiner Form vom Motor und damit mit der Motordrehzahl verknüpft erfolgen musste, waren komplizierte gasdynamische Zusatzprozesse erforderlich, um den Prozess optimal an den Motorzustand anzupassen. Dazu kam und kommt eine große Empfindlichkeit des Druckwellenprozesses auf den Abgasgegendruck im Auspuffsystem.

Im Rahmen von Überlegungen zur Weiterentwicklung des Druckwellenladers wird versucht, das Zellenrad nicht mehr mit einer starren Übersetzung mit dem Motor zu koppeln, sondern z. B. von einem kleinen Elektromotor abgastemperaturgerecht anzutreiben, da die Antriebsleistung für das Zellenrad sehr gering ist (Abb. 6.44). Ähnlich den in Abschn. 6.6.3 vorgestellten Systemen von Turboaufladung mit verschiedenen Zusatzantrieben ermöglicht auch die Comprex-Aufladung beachtliche Steigerungen der Ladedruckverhältnisse im untersten Drehzahlbereich, d. h. bei kleinen absoluten Massen- bzw. Volumenströmen (Abb. 6.45).

Es wird von den Ergebnissen dieser Entwicklung abhängen, ob solche neuen Überlegungen zu einer Renaissance des Druckwellenladers führen werden, zumal zwischenzeitlich der Abgasturbolader mit variabler Turbinengeometrie von praktisch allen Herstellern aufgeladener Pkw-Dieselmotoren verwendet wird. Auf Ergebnisse eines druckwellenaufgeladenen Pkw-Dieselmotors wird in Abschn. 14.2 eingegangen.

6.6.5 Hyperbar-Aufladeverfahren

Um ein möglichst schnelles Ansprechen des Abgasturboladers zu erreichen (bei besonders hohen Anforderungen an den Drehmomenten-, sprich: Ladedruckaufbau), kann vor der Turbine des

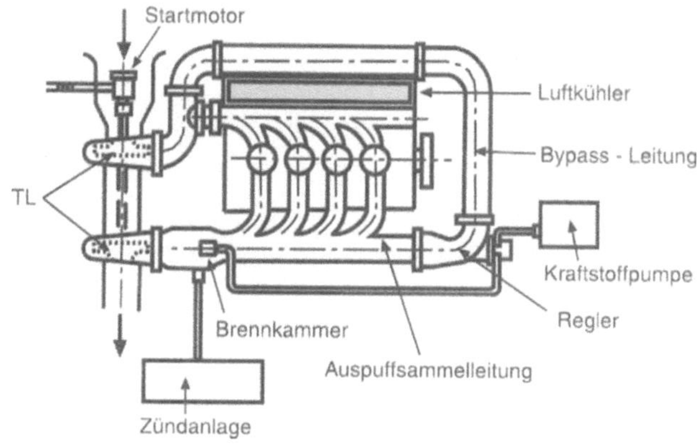

Abb. 6.46. Hyperbar-Aufladeverfahren [98]

Turboladers eine Brennkammer angeordnet werden, mittels deren durch Einspritzen von Kraftstoff das Enthalpieangebot an der Turbine stark erhöht werden kann. Eine derartige Anordnung (Abb. 6.46) wird als Hyperbar-Aufladeverfahren bezeichnet [98]. Auf Kosten des schnellen Ansprechens des Aufladesystems verschlechtert sich aber der Gesamtwirkungsgrad des Antriebs durch diesen Nachbrenner-Prozess und damit erhöhten sich die Kraftstoffverbräuche so dramatisch, dass dem Verfahren kein Erfolg in Seriefahrzeugen beschieden war.

6.6.6 Auslegung kombinierter Aufladeverfahren mittels thermodynamischer Kreisprozesssimulationen

Zweitaktmotor mit kombinierter Aufladung

Zweitaktmotoren können im Gegensatz zu Viertaktmotoren den Ladungswechsel nicht durch die Kolbenbewegung erzwingen, weil ihnen die Ausschiebe- und Ansaughubtakte des Kolbens fehlen. Dementsprechend muss beim Zweitaktmotor über eine externe **Spülpumpe** das Abgas ausgespült und das Frischgas eingebracht werden.

Um mit Zweitaktmotoren bestimmte gewünschte Drehmomentverläufe zu erreichen, ist es wichtig, Gaswechsel und Aufladesystem des Motors vor allem im untersten Volllastdrehzahlbereich aufeinander abzustimmen, da hier der schlechte Gaswechsel-Fanggrad relativ hohe Luftaufwände und damit Massendurchsätze erfordert. Damit muss der Auslegungspunkt eines mechanischen Spül- oder Aufladegebläses eines Zweitakt-Fahrzeugmotors in diesen Drehzahlbereich gelegt werden.

Darüber hinaus ist die Turboaufladung für den Zweitaktmotor eine unumgängliche Methode zur Steigerung der Leistungsdichte. Sind die Wirkungsgrade des Turboladers so gut, dass zwischen Saug- und Auspuffseite ein positiver Druckgradient besteht, kann überdies die Spülpumpe entfallen. Dazu müssen die Gesamtwirkungsgrade des Laders allerdings Werte von mindestens 55 % erreichen, was für große Zweitakt-Schiffsdieselmotoren übliche Werte sind.

Bei Zweitaktgroß- und -größtmotoren muss neben den Anforderungen des Spülvorganges und des Aufladesystems auch auf eine ausreichende Kühlung des Brennraumes – speziell des (der) Auslassventils(-ventile) – Rücksicht genommen werden. Dies wird durch ein verspätetes Schließen dieses Ventils erreicht, wodurch ein bedeutender Teil der eintretenden Frischgasmasse wieder ausgeschoben wird (folglich Fanggrade von nur 0,6–0,7!), womit sehr effektive Bauteilkühlungen durch die vorbeistreichende Ladeluft erreicht werden.

Zum Spül- und Aufladesystem von Größtmotoren kann festgehalten werden, dass auf Grund der guten Turboladerwirkungsgrade mechanisch angetriebene Verdichter in der Regel nur in der Teillast (bzw. während der Startvorgänge) eingesetzt werden, soferne nicht bereits elektrisch angetriebene Turbolader zur Verfügung stehen. Ladeluftkühlung ist hier ebenfalls hinsichtlich bester Wirkungsgrade und maximaler Lebensdauerforderungen unumgänglich.

Turbolader für kleine Pkw-Motoren erbringen jedoch Wirkungsgrade weit unter diesem Niveau, weshalb der kleine Zweitaktmotor neben dem Turbolader zusätzlich eine Spülpumpe aufweisen muss, die das erforderliche Spüldruckgefälle zwischen Frisch- und Abgasseite sicherstellt. Im Allgemeinen wird eine derartige Anordnung als kombinierte Aufladung und Spülung bezeichnet.

Es gibt für derartige kombinierte Spül- und Aufladesysteme verschiedene Ausführungsmöglichkeiten:

1. Turbolader **vor** Verdrängerspülpumpe ohne Ladeluftkühlung
2. Turbolader **nach** Verdrängerspülpumpe ohne Ladeluftkühlung
3. Varianten 1 und 2 mit Ladeluftkühlung unmittelbar **vor** dem Motor
4. Varianten 1 und 2 mit Ladeluftkühlung **zwischen** den zwei Verdichtern
5. Varianten 1 und 2 mit Ladeluftkühlung **zwischen** den zwei Verdichtern und unmittelbar vor dem Motor

Die Varianten 1 und 2 ohne Ladeluftkühlung erfordern den geringsten Bauaufwand, ermöglichen aber, wie bereits mehrfach dargestellt, die geringsten Leistungsdichten und werden deshalb in Zukunft kaum noch zur Anwendung kommen. Wird hingegen eine Ladeluftkühlung unmittelbar vor dem Motor eingesetzt (Variante 3), so kann die spezifische Leistung und das Drehmoment des Motors einerseits durch Steigerung der Ladeluftdichte (bis zu 40 %) und andererseits durch Absenken der thermischen Belastung gesteigert werden. Überdies werden die Schadstoffemissionen (NO_X) reduziert, so dass die Ladeluftkühlung zur Erzielung bester Rohemissionen praktisch unumgänglich ist.

Aus Sicht der erforderlichen Antriebsleistung des zweiten Verdichters ist Variante 4 von Vorteil, da durch die Zwischenkühlung nach dem ersten Verdichter die Eintrittstemperatur in die zweite Verdichterstufe um bis zu 100 K (je nach Verdichtungsverhältnis) und damit die Laderantriebsleistung um bis zu 25 % abgesenkt werden. Folglich verbessert sich auch der spezifische Verbrauch des Motors. Variante 5 vereint die Vorteile der zuvor beschriebenen Anordnungen mit dem Nachteil des größten Bauaufwandes und sehr hoher Systemkosten.

Die Festlegung des Spül- und Aufladesystems muss in enger Abstimmung mit der Auslegung der Gaswechselsteuerzeiten erfolgen, wofür in der Regel thermodynamische Kreisprozessrechnungen eingesetzt werden. Als Auslegungskriterien sind neben dem frischgasseitigen Druck, vor allem der Auspuffgegendruck und damit ein ausreichendes Spüldruckgefälle zu berücksichtigen. Geringe Spüldruckgefälle verlangen relativ lange Öffnungszeiten der Steuerorgane (Schlitze oder Ventile), die aber wieder bei niederen Drehzahlen zu einer Verschlechterung des Frischgasfanggrades führen. Dementsprechend muss in einem ersten Schritt der Einfluss der Steuerzeiten analysiert und dann diese entsprechend der geforderten Drehmomentcharakteristik festgelegt werden (Abb. 6.47).

Nach Festlegung der Steuerzeiten können das Spülgebläse und der Turbolader ausgelegt werden. Dabei können entweder Fixgeometrielader oder Lader mit variabler Turbinengeometrie zur Anwendung gelangen. Mit letzterem ist es möglich, durch Schließen des Leitapparates den Durchflusswiderstand der Turbine speziell im unteren Drehzahlbereich stark anzuheben, wodurch die Spülverluste reduziert und damit sowohl der erzielbare effektive Mitteldruck als auch der spezifische Kraftstoffverbrauch deutlich verbessert werden können. Der Vorteil der variablen

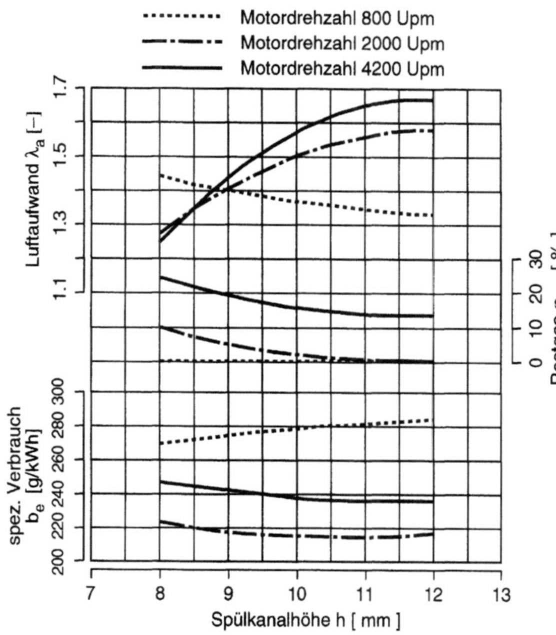

Abb. 6.47

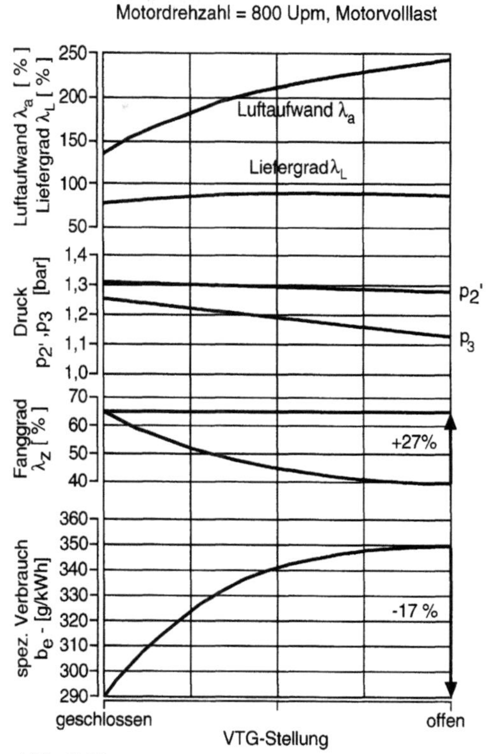

Abb. 6.48

Abb. 6.47. Ermittlung des Einflusses der Spülkanalhöhe eines aufgeladenen Pkw-Zweitaktmotors auf Motorbetriebsverhalten mittels thermodynamischer Kreisprozesssimulationen

Abb. 6.48. Einfluss variabler Turbinengröße auf Volllastbetrieb eines Pkw-Zweitaktmotors bei niederer Drehzahl (Simulationsergebnisse)

Turbinengröße ist in Abb. 6.48 als Ergebnis numerischer Kreisprozesssimulationen (AVL-BOOST) für einen unteren Volllastpunkt des obengenannten 3-Zylinder-Pkw-Zweitakt-Dieselmotors gezeigt.

Viertaktmotor mit kombinierter Aufladung

Für Viertaktfahrzeugmotoren stellen ebenfalls die Drehmomentanforderungen im untersten Drehzahlbereich (low end torque) ein sehr wichtiges Auslegungskriterium für das Aufladesystem dar. Für Auslegungen von Turbinen sowohl mit fixer als auch mit variabler Geometrie wird hier die minimale Turbinenschluckfähigkeit festgelegt. Beim Vergleich verschiedener Ladervarianten kann der Ladedruck- und damit Mitteldruckaufbau im untersten Drehzahlbereich sowie der Motorvolllastverbrauch bei hohen Drehzahlen simuliert und beurteilt werden (Abb. 6.49).

Die kombinierte Aufladung von Viertaktmotoren bietet darüber hinaus weitere Möglichkeiten zur Anhebung der Mitteldrücke im untersten Drehzahlbereich. Vorteilhaft ist in diesem Fall, dass der Turboladerverdichter vom mechanischen Lader unterstützt wird und somit auch kleinere Turbinenleistungen erforderlich sind. Damit können größere Turbinen eingesetzt werden, die speziell bei hohen Drehzahlen den Kraftstoffverbrauch des Motors deutlich verbessern.

Die Auslegung derartiger komplexer Aufladesysteme kann in jedem Fall durch numerische Simulationsstudien unterstützt oder z. B. zur Festlegung von Übersetzungsverhältnissen mechanischer Lader verwendet werden (Abb. 6.50).

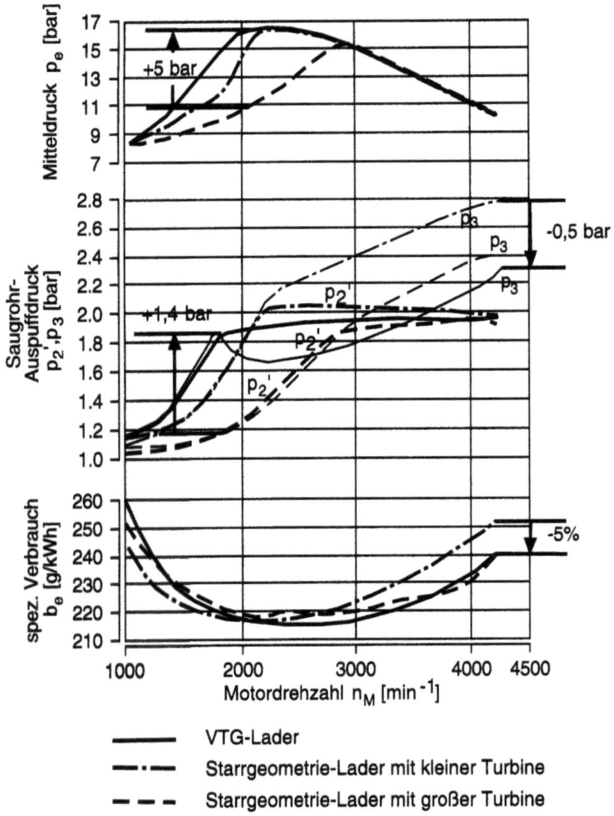

Abb. 6.49. Vergleich der Motorvolllastcharakteristik mit verschiedenen Turboladervarianten für Viertakt-Diesel-Fahrzeugmotor

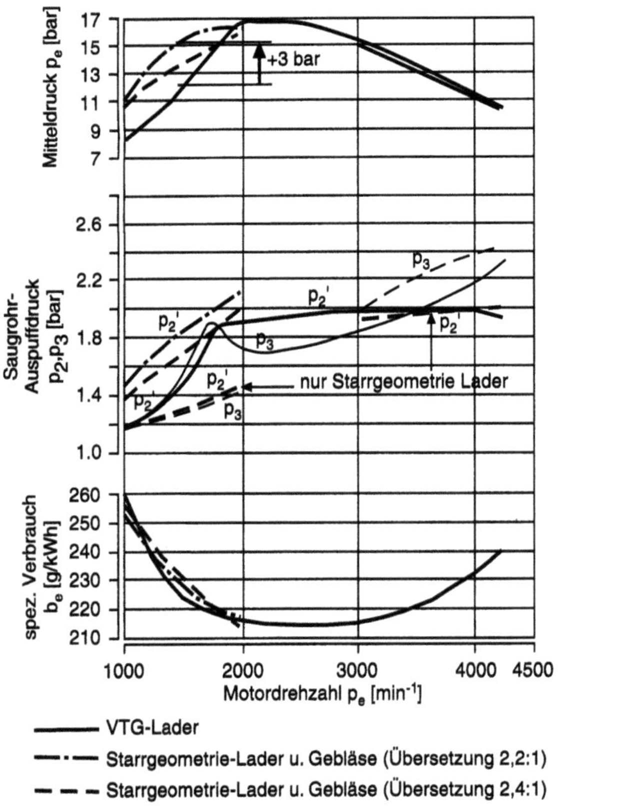

Abb. 6.50. Vergleich der Motorvolllastdrehmomentverläufe mit reiner VTG-Turboaufladung und mit kombinierter Aufladung (Starrgeometrie-ATL und mechanisch angetriebener Verdrängerlader)

7 Betriebsverhalten aufgeladener Motoren

7.1 Lastaufnahme und Beschleunigungsverhalten

Bei einem Diesel-Saugmotor ist der Luftdurchsatz durch den Motor nahezu unabhängig von der Last und nur durch seine Drehzahl bestimmt. Mit dieser Charakteristik weist er das bestmögliche Lastaufnahmeverhalten auf, denn sein Leistungs- und Momentenanstieg hängt nur von der Änderungsgeschwindigkeit der Kraftstoff-Einspritzmenge ab, wobei Verbrennungsgüte und Einspritzzeitpunkt hier in erster Näherung als konstant angenommen werden und die Drehzahländerung als klein im Vergleich zur Änderung der eingespritzten Kraftstoffmenge betrachtet werden kann.

Das Gegenteil, den Worst-Case, stellt der abgasturboaufgeladene Ottomotor dar, da bei Ottomotoren die Last mittels der Gemischquantität durch Drosselung der Ansauggemischmenge geregelt wird. Deshalb herrscht hier bei Niedriglast im gesamten Luftführungssystem nach der Drosselklappe Unterdruck (bis 0,5 bar) und auch die Drehzahl des Laders fällt wegen der niedrigen zugeführten Abgasmenge zu sehr kleinen Werten ab.

Soll nun dieser Motor – der Einfachheit halber auch wieder bei in etwa gleichbleibender Motordrehzahl – schnell auf volle Last, d. h. auf volles Moment gebracht werden, so gestaltet sich dieses Vorhaben hier sehr aufwändig und vor allem zeitintensiv. Es muss nämlich das gesamte Saugsystem nach Drosselklappe durch ihr Öffnen auf Atmosphärendruck gebracht und parallel dazu die zugeführte Kraftstoffmenge erhöht werden.

Während dieses Vorganges nimmt auch die Abgasmenge und ihre Temperatur zu, womit die Turbinenleistung des Abgasturboladers ansteigt. Dadurch wird die Beschleunigung des Laderlaufzeuges und damit verbunden die Erhöhung des Ladedruckes bewirkt. Der Prozess beschleunigt sich ab dem genannten Zeitpunkt progressiv, da die Turbinenleistung schneller steigt als die benötigte Verdichterleistung. Es ist einsichtig, dass der geschilderte Vorgang nicht in sehr kurzer Zeit ablaufen kann.

Als Beispiel dafür ist in Abb. 7.1 eine Volllast-Lastaufschaltung in einem Fahrzeug mit einer Startgeschwindigkeit von 40 km/h, d. h. aus niedriger Teillast wiedergegeben. Es erfolgt zuerst das Auffüllen des Saugrohres auf Atmosphärendruck. Dieser Vorgang benötigt ca. 0,2 s und tritt auch bei Laständerung eines jeden Otto-Saugmotors auf. Daran anschließend vollzieht sich beim abgasturboaufgeladenen Motor der geschilderte exponentiell ansteigende Ladedruckaufbau, der in diesem Extremfall weitere ca. 5 s in Anspruch nimmt.

In Abb. 7.2 ist in demselben Fahrzeug ein transienter Motorhochlauf mit einer Anfangslast dargestellt, die ungefähr mit Atmosphärendruck im Saugrohr erreicht wird. Man erkennt, dass hier ohne Füllvorgänge und einer höheren Abgasanfangsenergie der Ladedruckaufbau bedeutend rascher, nämlich in ca. 0,6 s, vor sich gehen kann.

Motoren mit mechanisch angetriebenem und starr gekoppeltem Lader verhalten sich wie Diesel-Saugmotoren, bei zwischengeschalteter Kupplung hängt der Ladedruckaufbau von der Kupplungscharakteristik ab.

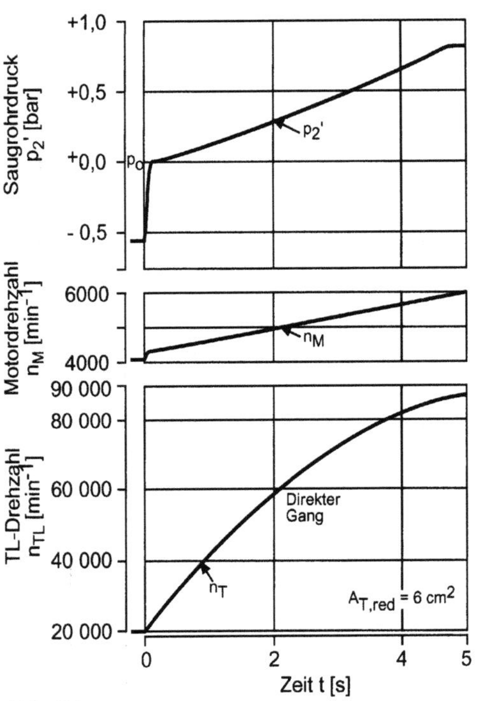

Abb. 7.1

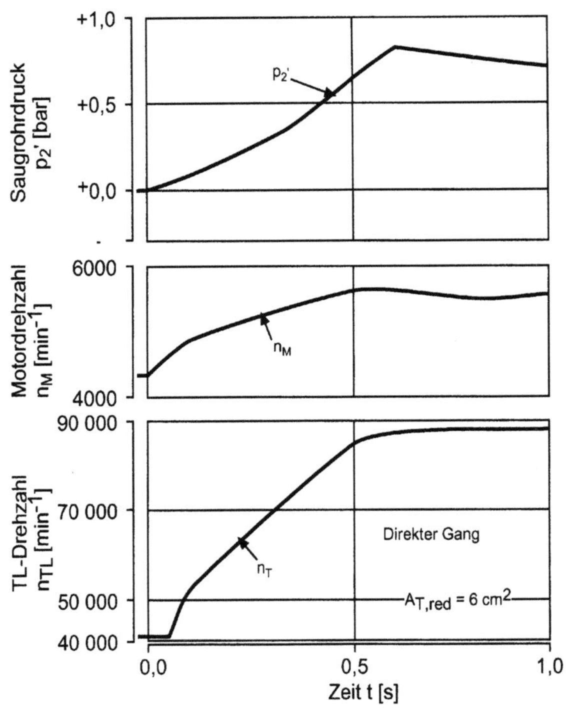

Abb. 7.2

Abb. 7.1. Niedrigteillast-Volllast-Lastaufschaltung bei abgasturboaufgeladenem Ottomotor [60]

Abb. 7.2. Volllast-Lastaufschaltung von Saugrohrdruck ca. 1 bar bei abgasturboaufgeladenem Ottomotor [60]

7.2 Drehmomentverhalten und Drehmomentenverlauf

Das erreichbare Drehmoment hängt bei jedem aufgeladenen Motor vom Zustand der Ladeluft, also ihrem Druck und ihrer Temperatur, sowie vom notwendigen Luftüberschussbedarf des verwendeten Brennverfahrens ab. Über der Drehzahl wird damit das Motordrehmoment durch die Ladercharakteristik bestimmt, wobei sich beim ATL-Motor ein Gleichgewicht zwischen Turbinenleistung und Verdichterleistungsbedarf, vermehrt um die Laderverlustleistung, einstellt.

Diese Zusammenhänge wurden in Abschn. 2.6 für den Stationärfall ausführlich dargestellt. Bei mechanisch aufgeladenen Motoren ergeben sich demnach Betriebskennfelder, wie beispielhaft in Abb. 7.3 dargestellt. Bei abgasturboaufgeladenen Motoren entstehen, je nach Einsatzfall, die in Abb. 7.4 zusammengefassten Druck-Volumenstrom-Kennfelder. In Abb. 7.4a ist der ungeregelte Abgasturbolader eines Nfz-Dieselmotors mit geringer Drehzahlspanne dargestellt, in Abb. 7.4b das Kennfeld eines abgasturboaufgeladenen Pkw-Dieselmotors und in Abb. 7.4c das breite Kennfeld eines abgasturboaufgeladenen Ottomotors jeweils mit Waste-Gate. Durch die thermodynamische Koppelung an den jeweiligen Motortyp stellt sich ein Druckgleichgewicht ein, das zu weit besseren Ladedruckverläufen über der Motordrehzahl führt als eine starre Drehzahlkoppelung des Strömungsladers.

Der Drehmomentenverlauf abgasturboaufgeladener und mechanisch aufgeladener Dieselmotoren wird damit in erster Linie durch die vorgegebenen Einspritzmengen über der Drehzahl bestimmt, der des aufgeladenen Ottomotors, mit in etwa konstantem Luftverhältnis über Last und Drehzahl, durch den Ladedruckverlauf (Abschn. 8.6.2).

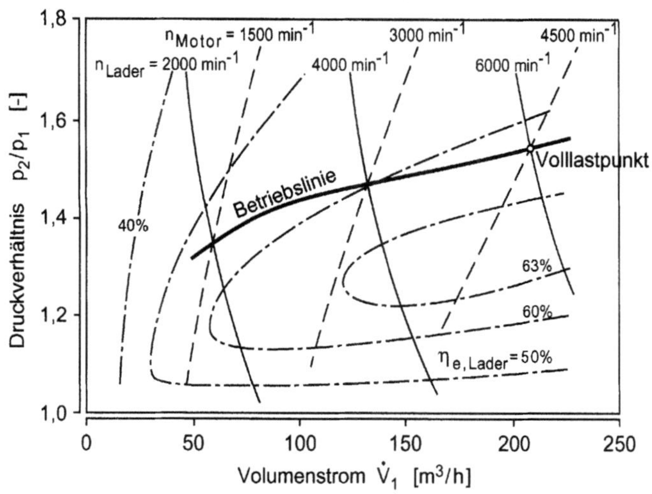

Abb. 7.3. Druck-Volumenstrom-Kennfeld eines mechanisch aufgeladenen Motors

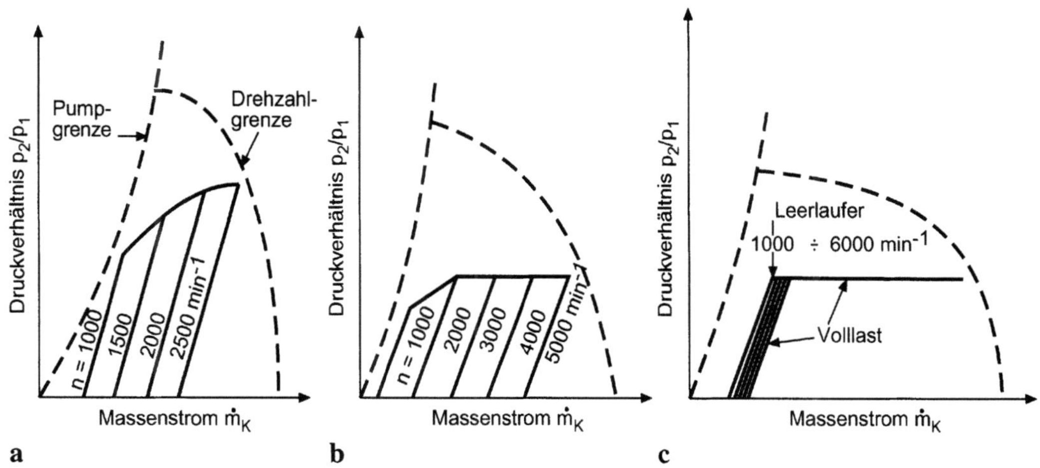

Abb. 7.4. Prinzip-Druck-Volumen-Kennfelder abgasturboaufgeladener Motorkategorien: **a** Lkw-Diesel mit ungeregeltem ATL, **b** Pkw-Diesel mit ATL und Waste-Gate, **c** Pkw-Ottomotor mit ATL und Waste-Gate

7.3 Höhenverhalten aufgeladener Motoren

Bei der Betrachtung des Höhenverhaltens muss zwischen mechanisch und turboaufgeladenen Motoren unterschieden werden. Im Fall einer Aufladung mit mechanisch angetriebenem Lader in starrer Drehzahlkoppelung können – wie im Detail in Kap. 4 ausgeführt – Verdränger- oder Strömungslader eingesetzt werden.

Strömungslader zeichnen sich dabei bekanntlich durch annähernd konstante Druckverhältnisse (abhängig von der Drehzahl) zwischen Pump- und Stopfgrenze aus. Im Höhenbetrieb wird deshalb ein solcher Lader das Druckverhältnis bei unveränderten Übersetzungen beibehalten und den Volumenstrom liefern, der jeweils vom Motor aufgenommen werden kann. Durch den reduzierten Umgebungsdruck im Höhenbetrieb sinkt aber (bei unveränderter Laderdrehzahl) der Ladedruck und die Motorleistung reduziert sich im selben Maße wie bei einem Saugmotor.

Im Gegensatz zum Strömungsverdichter liefern Verdrängerlader entsprechend ihrer Drehzahlkennlinien annähernd jedes beliebige Druckverhältnis bei einer bestimmten Drehzahl. Durch die geringere Umgebungsdichte der Ansaugluft im Höhenbetrieb reduziert sich jedoch die pro Volumen geförderte Masse und dementsprechend ebenfalls die erzielbare Motorleistung.

Zusammenfassend kann festgehalten werden:

- Der Verdrängerlader kann nur für einen konstanten Volumenstrom durch den Motor sorgen und dafür auch höhere Druckverhältnisse erzeugen, müsste dann aber im Höhenbetrieb mehr Volumen ansaugen, d. h. mit höherer Drehzahl laufen, um die Motorleistung höhenunabhängig konstant zu halten.
- Der Strömungslader andererseits kann beinahe jeden erforderlichen Volumenstrom – unabhängig von der Drehzahl – liefern, für die gewünschten höheren Druckverhältnisse im Höhenbetrieb müsste jedoch die Laderdrehzahl entsprechend angehoben werden.

Anders liegt der Fall beim nur thermodynamisch mit dem Motor gekoppelten Abgasturbolader.

Hier nimmt mit zunehmender Höhe und damit abnehmendem Atmosphärendruck zuerst einmal das nutzbare Turbinenexpansionsverhältnis Π_T durch Abnahme von p_4 zu. Damit steigt aber – alle sonstigen Werte konstant angenommen – die Turbinenleistung und führt damit automatisch zu einer höheren Verdichterleistung, die naturgemäß nur in einen erhöhten Verdichterluftdurchsatz bei erhöhtem Druckverhältnis gewandelt werden kann. Dies führt zu einer weitgehenden Korrektur der Luftdichteabnahme vor dem Eintritt der Ladeluft in den Motor.

Ein abgasturboaufgeladener Motor hat damit in erster Näherung eine von der Höhe unabhängige Leistung zumindest so lange, wie die Verdichter- und Turbinenwirkungsgrade in etwa konstant

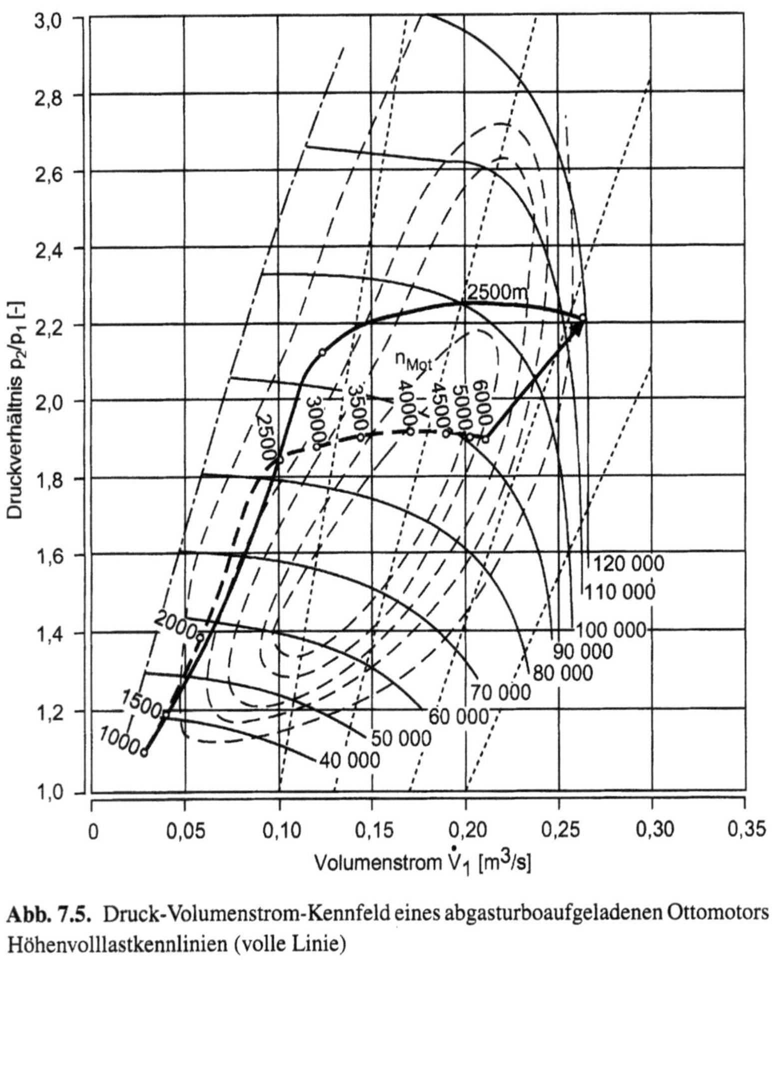

Abb. 7.5. Druck-Volumenstrom-Kennfeld eines abgasturboaufgeladenen Ottomotors mit Normal- (gebrochene Linie) und Höhenvolllastkennlinien (volle Linie)

Tabelle 7.1. Typische Einflüsse geänderter Umgebungsbedingungen auf Motorbetriebsparameter [157]

Motorparameter	Rel. Änderung je 1000 m Höhenzunahme	Rel. Änderung je 10 K Anhebung der Umgebungstemperatur
p_e	−1 bis −2 %	−0,5 bis −1,0 %
b_e	+1 bis +2 %	+0,5 bis +1,0 %
n_{TC}	+6 bis +8 %	leichter Anstieg ohne LLK[a], leichter Abfall mit LLK
$p_{z,\text{Zünddruck}}$	−3 bis −4 %	−1,5 bis −2,0 %
λ	−6 bis −7 %	−3 bis −4 %
$T_{\text{vorTurbine}}$	Anstieg um 30 K ohne LLK, Anstieg um 15 K mit LLK	Anstieg um 20 K ohne LLK, Anstieg um 5 K mit LLK
Therm. Belastung	stärkerer Anstieg ohne LLK, leichter Anstieg mit LLK	stärkerer Anstieg ohne LLK, leichter Anstieg mit LLK

[a] LLK, Ladeluftkühler

bleiben und die Verdichter- und Turbinen-Kennfelder genügend Durchsatzreserven aufweisen. Abbildung 7.5 zeigt für einen aufgeladenen Ottomotor die Änderung, die sich im Laderkennfeld für eine Höhe von 2500 m ergibt. Der Volumendurchsatz steigt in etwa wie die Dichteabnahme und ebenso das sich einstellende Ladedruckverhältnis. Man erkennt darüber hinaus, dass in dieser Höhe auch die zulässigen Drehzahlgrenzen des Laders erreicht werden.

Heute wird bei Nfz- und Pkw-Dieselmotoren meist eine Höhenkorrektur bis ca. 2500 m realisiert. Ab dieser Höhe werden – durch Zurücknahme der Kraftstoffmenge auf etwa konstante Abgastemperatur – Drehmoment und Leistung reduziert, um damit auch Überdrehzahlen des Laders zu vermeiden. Beim abgasturboaufgeladenen Ottomotor, für den der Ladedruck ohnehin geregelt werden muss, werden bestimmte Absolutladedruckwerte mit der dafür notwendigen Kraftstoffmenge eingehalten. Auch hier ist die Abgastemperatur die bestimmende Größe.

Tabelle 7.1 gibt einige Richtwerte für die Änderung wichtiger Betriebsdaten von abgasturboaufgeladenen Viertakt-Dieselmotoren bei Änderung des Außenzustandes der Luft und konstanter Einspritzmenge an.

7.4 Stationär- und Großmotoren

Auch bei Stationär- und Großmotoren ist das Instationärverhalten bei Abgasturboaufladung ein wichtiges Thema, da ja auch hier plötzliche Laständerungen durch Lastaufschaltung oder Betriebszustandsänderungen auftreten und, wie mehrfach erwähnt, jede Ladedruckänderung beim Abgasturbolader zwangsweise mit einer Drehzahländerung verbunden ist. So kommt bei diesen Motoren sehr oft eine Beschleunigung aus dem niedrigen (kleinste zulässig fahrbare Motordrehzahl) Leerlauf auf höchstes Drehmoment bei mittlerer Motordrehzahl oder sogar auf Nennleistung, d. h. höchstes Moment bei Nenndrehzahl, vor. Dafür muss der Abgasturbolader mittels einer vergrößerten Abgasmenge sowie einer damit steigenden Abgastemperatur auf höhere Drehzahl gebracht werden. Die Luftförderung hinkt hier der Leistungsanforderung nach.

Das Beschleunigungsverhalten verschiedener Abgasturboladerbauarten ist die erste Einflussgröße, die dazu untersucht werden soll. Dazu kann entweder ein von Zinner [157, 158] entwickelter Vergleichswert oder eine numerische Simulation des zu untersuchenden Transientverhaltens herangezogen werden (s. Abschn. 7.5).

Das Nachhinken des Abgasturboladers ist bei plötzlicher Leistungssteigerung naturgemäß umso größer, je höher der Aufladegrad gewählt wird. Würde z. B. der mittlere effektive Druck eines aufgeladenen Viertakt-Dieselmotors 20 bar betragen und geht man davon aus, dass ein solcher Motor als Saugmotor ca. 9 bar erreichen könnte, so beträgt das Leistungsdefizit bei plötzlicher Laststeigerung 11 bar. Man kann also, und dies gilt für alle qualitätsgeregelten Motoren, in diesem Falle nicht sofort die Volllasteinspritzmenge freigeben, sondern muss die Einspritzmenge der Ladedruckentwicklung anpassen.

Früher geschah dies meist mit einem so genannten ladedruckabhängigem Volllastanschlag (LDA). Heute, mit elektronisch geregelten Einspritzpumpen, wird der Ladedruckzustand des Motors dauernd miterfasst und die Einspritzmenge dem aktuellen Ladedruck angepasst, wobei zur besseren Laderbeschleunigung in dieser Phase die Luftzahl λ elektronisch geregelt auf ein ertragbares Minimum abgesenkt wird. In jedem Falle dauert es eine gewisse, von Motorgröße und -konstruktion abhängige Zeit bis die Volllast erreicht wird.

7.4.1 Generatorbetrieb

Ein kritischer Fall ist bei großen Motoren die Lastaufschaltung im Generatorbetrieb. Abbildung 7.6 zeigt den Verlauf der elektrischen und der Motordaten bei plötzlicher Belastung des Generators. Infolge des Schwungmomentes der Anlage kann zwar die Stromanforderung I sofort gedeckt werden, die volle Erholung von Motor- und Laderdrehzahl dauert aber ca. 6 s. Verbesserungen sind vor allem durch Reduktion des Laderträgheitsmomentes, d. h. eventuell auch die Anordnung mehrerer Lader mit kleineren Laufradabmessungen anstelle eines großen Laders, sowie durch Anhebung der Verdichter- und Turbinenwirkungsgrade zu erreichen.

Auch die Schaltung der Aufladegruppe selbst trägt zu einem besseren Lastaufnahmeverfahren nicht unerheblich bei, wie Abb. 7.7 für einen Motor mit Quasi-Stauaufladung sowie einer 3-Stoßaufladung zeigt. Der Drehzahleinbruch ist bei **Stoßaufladung** mit einer Dauer von ca. 5 s

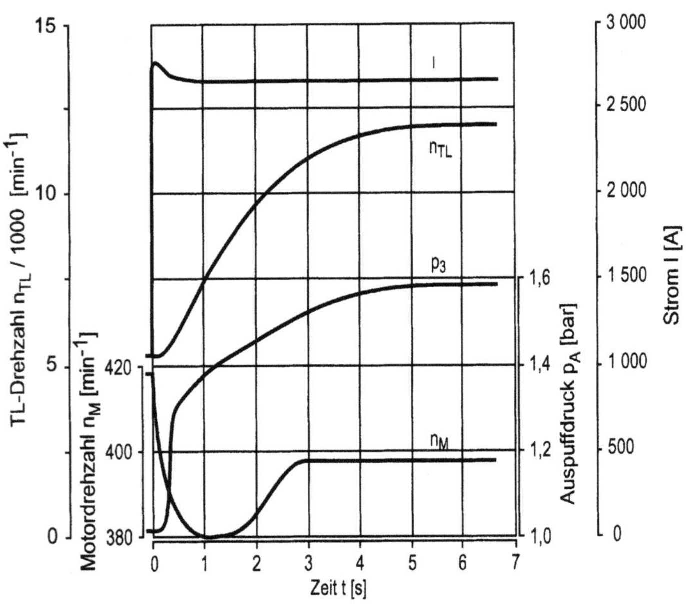

Abb. 7.6. Verlauf der elektrischen und der Motordaten bei plötzlicher Belastung eines Generatoraggregates [156]

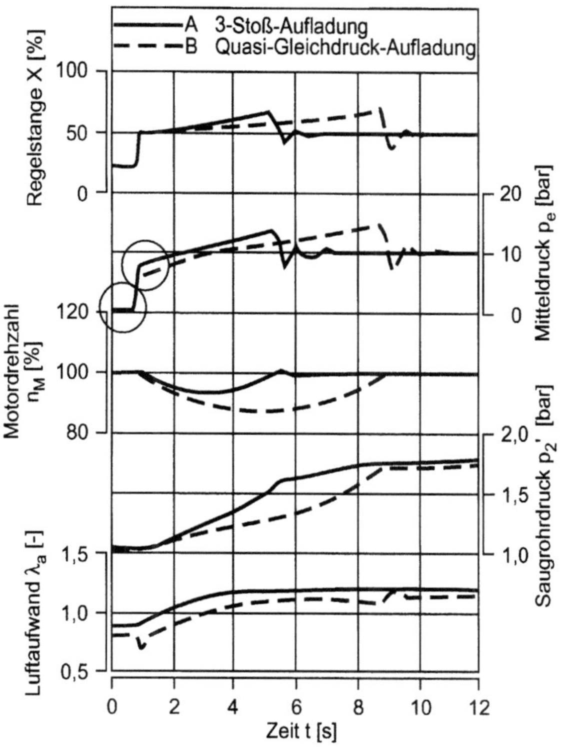

Abb. 7.7. Vergleich der Lastaufnahme bei Stau- und Stoßaufladung [156]

und einer Drehzahldrückung um ca. 8 % deutlich günstiger als bei der **Stauaufladung**, wo derselbe Vorgang ca. 9 s dauert und ein Drehzahlabfall von 15 % eintritt.

7.4.2 Propellerbetrieb

Auch im Propellerbetrieb, bei dem die Last durch die Leistungsaufnahmefähigkeit eines Schiffs- oder Flugzeugpropellers vorgegeben wird, kommt der Beschleunigungsfähigkeit des Antriebssystems eine hohe Bedeutung zu. Dies gilt umso mehr, als auch in transienten Zuständen der Antriebsanlage bestimmte Vorschriften hinsichtlich sowohl der Geräusch- als auch der Schadstoffemissionswerte erfüllt werde müssen.

Abbildung 7.8 zeigt für einen mittelschnelllaufenden, hochaufgeladenen Viertakt-Dieselmotor mit ca. 4000 kW die vergleichende Darstellung eines Beschleunigungsvorganges, einmal mit Stoßaufladung und eimal mit Stauaufladung. Ausgehend von einer Leerlaufeinstellung bei 135 min^{-1} wurde dabei die Zeit gemessen, nach der bei Freigabe der jeweils zulässigen vollen Einspritzmenge der Volllastmitteldruck von 16 bar bei 400 min^{-1} erreicht wird. Man erkennt hier deutlich den Vorteil der Ausnutzung gasdynamischer Vorgänge bei der Abgasturboaufladung.

Als zweites Beispiel ist der Beschleunigungsvorgang eines großen, direkt mit dem Schiffspropeller gekoppelten Zweitaktmotors wiedergegeben (Abb. 7.9). Es handelt sich um einen mit Stauaufladung ausgerüsteten Motor, dessen Kolbenunterseiten für eine mechanische Zusatzluftförderung genutzt werden. Diese Zusatzluft wird bei niedriger Last über Injektoren direkt dem Lader zugeführt, bei höherer Last dann, parallel zum Abgasturbolader, direkt in das Ladeluftrohr. Da bei Stauaufladung die Turbine im Teillastgebiet nur sehr wenig Energie liefern kann, wäre ohne die Zusatzaufladung durch die Kolbenunterseiten das zur Spülung notwendige positive Spülgefälle nicht darstellbar. Die Einführung dieser Zusatzluft in den Lader ist auch notwendig, um das Pumpen des Verdichters zu verhindern. Wie Abb. 7.9 zeigt, geht der Beschleunigungsvorgang recht langsam

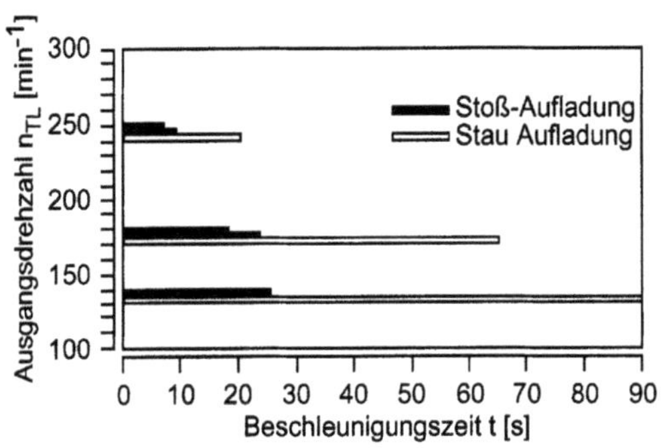

Abb. 7.8

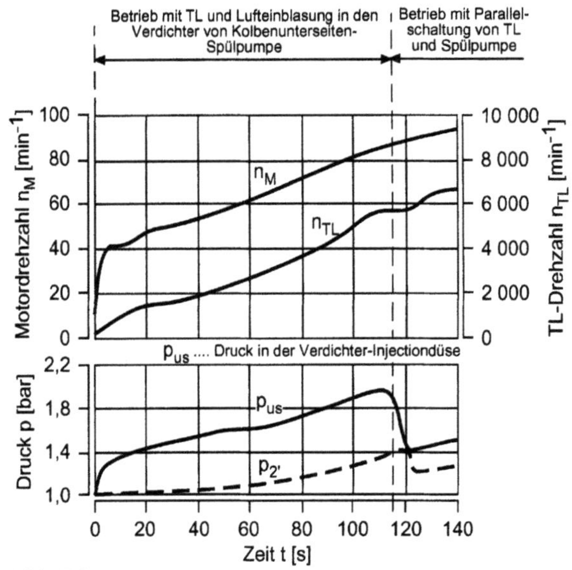

Abb. 7.9

Abb. 7.8. Beschleunigungsvorgang eines Großmotors mit Stoß- und Stauaufladung [156]

Abb. 7.9. Beschleunigungsvorgang eines großen, direkt mit Schiffspropeller gekoppelten Zweitaktmotors [156]

vor sich, was einerseits auf die großen Massen der Abgasturbolader mit einem Verdichterdurchmesser von 760 mm, andererseits auf die bei Stauaufladung sehr niedrige Turbinen-Überschussleistung zurückgeführt werden kann (s. auch Abschn. 7.4.3).

7.4.3 Beschleunigungshilfen

Die im Folgenden diskutierten Beschleunigungshilfen sind vor allem für Großmotoren gedacht und sollen nur als Hochlaufhilfen und zur Anpassung bei erforderlichen raschen Laständerungen dienen. Eine Klassifizierung kann dabei wie folgt vorgenommen werden:

- Beschleunigungshilfen, die nur zum Anfahren und bei schneller Belastung des Motors aus dem Leerlauf notwendig werden und nur in größeren zeitlichen Abständen angewandt werden müssen;
- Beschleunigungshilfen, die in kürzeren Zeitabständen notwendig werden können, dafür aber einen gewissen zusätzlichen Bauaufwand rechtfertigen.

Für den ersten Fall kommen vorzugsweise fremd- oder vom Motor angetriebene Zusatzverdichter sowie das Zuführen von Druckluft aus einem Speicher in Betracht. Dabei wirkt diese Zusatzluftmenge bei Zwei- und Viertaktmotoren jedoch unterschiedlich.

Beim Zweitaktmotor, dessen Druck-Volumenstrom-Kennfeld mit Betriebslinie exemplarisch in Abb. 7.10 dargestellt ist, verursacht eine Zusatzluftmenge, b_2, bei niedrigen Lasten ein Zurückdrängen der vom ATL geförderten Luftmenge a_1 in die Pumpregion des Verdichters, während bei hohen Lasten diese Zusatzmenge toleriert wird. A_1 liegt links der Pumpgrenze. Beim Zweitaktmotor muss deshalb die Zuführung von Zusatzluft für eine bestmögliche Beschleunigung des ATL bei kleinsten Lasten mittels Injektor in den Verdichter erfolgen (Abb. 7.9). Nur bei hohen Lasten wäre die Direkteinblasung sinnvoll.

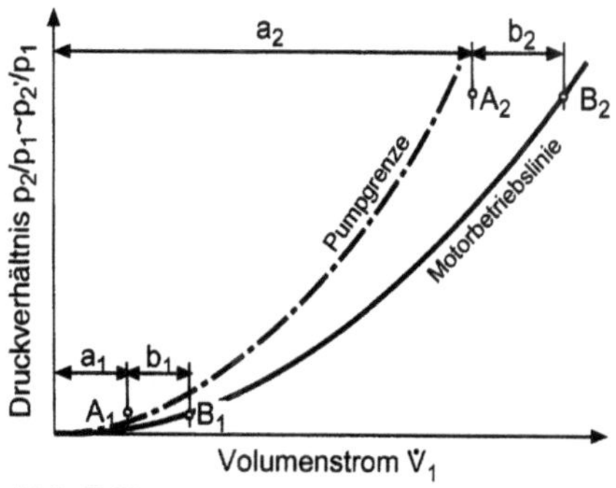

Abb. 7.10

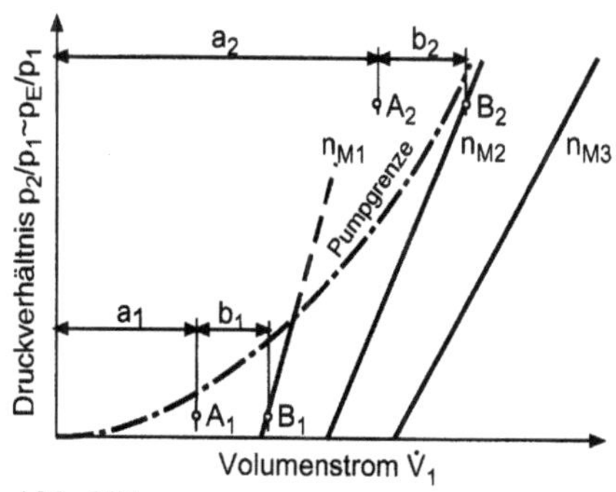

Abb. 7.11

Abb. 7.10. Laderpumpgrenze und Motorbetriebslinie beim Zweitaktmotor (Schema)

Abb. 7.11. Laderpumpgrenze und Betriebslinie eines Viertaktmotors (Schema)

Beim Viertaktmotor liegen die Verhältnisse genau umgekehrt (Abb. 7.11). Eine Fremdluftzugabe im Leerlaufgebiet wird vom ATL-Verdichter akzeptiert, die Zugabe im hohen Lastbereich würde den Verdichter ins Pumpgebiet drücken (A_2 links der Pumpgrenze). Beim Viertaktmotor muss deshalb die Zusatzluft sinnvollerweise direkt ins Ladedruckrohr zugeführt werden und zwar nur im unteren Drehzahl- und Lastgebiet.

7.4.4 Besondere Probleme bei Aufladung von Zweitaktmotoren

Ständig bereite Beschleunigungshilfen mit erhöhtem Bauaufwand sind vor allem bei Zweitaktmotoren notwendig, deren Abgasturbolader das für die Spülung notwendige positive Spülgefälle (der Ladedruck muss höher als der Druck vor Turbine sein) nicht bei allen Betriebszuständen liefern kann. Als eine erste Maßnahme bietet sich hier die Zuschaltung eines mechanisch angetriebenen Verdichters in Reihe mit dem Verdichter der Aufladegruppe an. Bei niedriger Auspuffenergie und demzufolge fehlendem Ladedruck des Abgasturboladers übernimmt der mechanische Lader die Ladeluftverdichtung. Mit steigender Motorleistung nimmt der Anteil der Verdichtungsleistung durch den Abgasturbolader zu, der des mechanischen Verdichters ab. Ein Ausführungsbeispiel für einen Fahrzeugmotor ist in Abschn. 6.6.6 beschrieben.

Eine besonders elegante, wenn auch aufwändige Art ist der Antrieb des Abgasturboladers über ein Getriebe und einen Freilauf von der Motorwelle aus (Abb. 7.12), wie beim Zweitaktlokomotivmotor EMD 567 und 645 von General Motors angewandt. Bei niedrigen Motorleistungen mit nicht ausreichender Auspuffenergie wird die Abgasturboladerwelle vom Motor aus angetrieben, mit steigender Motorleistung übernimmt die Abgasturbine einen immer größeren Anteil der Verdichterleistung. Wird die Deckung der Verdichterleistung nur mittels Abgasturbine erreicht, löst sich der mechanische Antrieb über den Freilauf.

Bei Zweitaktgrößtmotoren, z. B. die MAN-Baureihen KSZ und KEZ, wird ein elektrisch angetriebenes Vorgebläse (Abb. 7.13) eingesetzt, das sich ab einem bestimmten Lastpunkt automatisch zu- oder abschaltet. Dadurch konnte auf die Ausbildung der Kolbenunterseiten als Hilfspumpen verzichtet werden. Als Alternative dazu hat Siemens einen direkt mit einer Abgasturboladerwelle gekoppelten Elektromotor entwickelt. Dieser wird über eine Leistungselektronik gesteuert bei Start und Teillastbetrieb zugeschaltet und läuft ansonst leistungslos mit, ohne abgekuppelt zu werden.

Den beschriebenen Systemen muss eine gute Chance für zukünftige, moderne Motorkonstruktionen mit modernster Aufladetechnik zugesprochen werden. Das umso mehr, als neue Emissions-

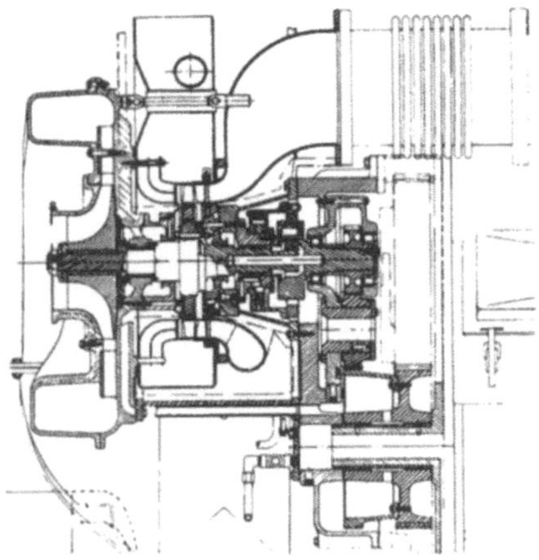

Abb. 7.12

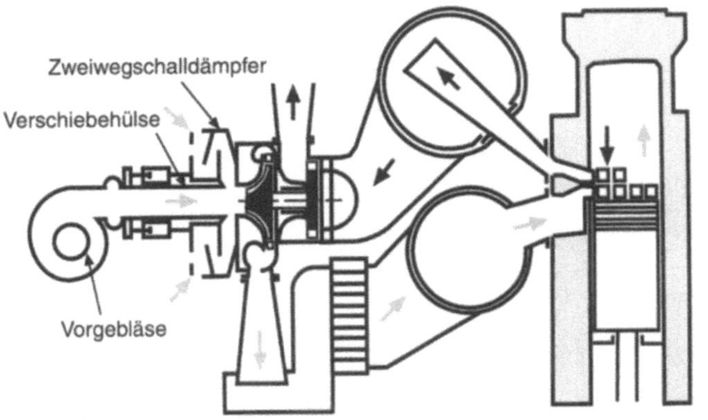

Abb. 7.13

Abb. 7.12. Zusatzantrieb des Abgasturboladers von der Motorwelle über Getriebe mit Freilauf [GMC]

Abb. 7.13. Elektrisch angetriebenes Vorgebläse für Zweitaktgrößtmotoren [MAN]

vorschriften im Hafenbereich sehr bald Zusatzmaßnahmen zur Emissionsabsenkung im Niedriglastbereich erforderlich machen dürften. Näheres dazu findet sich in Kap. 13.

7.5 Instationärbetrieb eines Schiffsmotors mit Registeraufladung

Ebenso wie für Straßenfahrzeuge ist das transiente Betriebsverhalten aufgeladener Motoren auch in anderen Einsatzgebieten von wesentlicher Bedeutung zur Erfüllung der betriebstechnischen Anforderungen. Beispielhaft soll hier ein in Lit. 55 beschriebener Hochleistungsschiffantrieb und

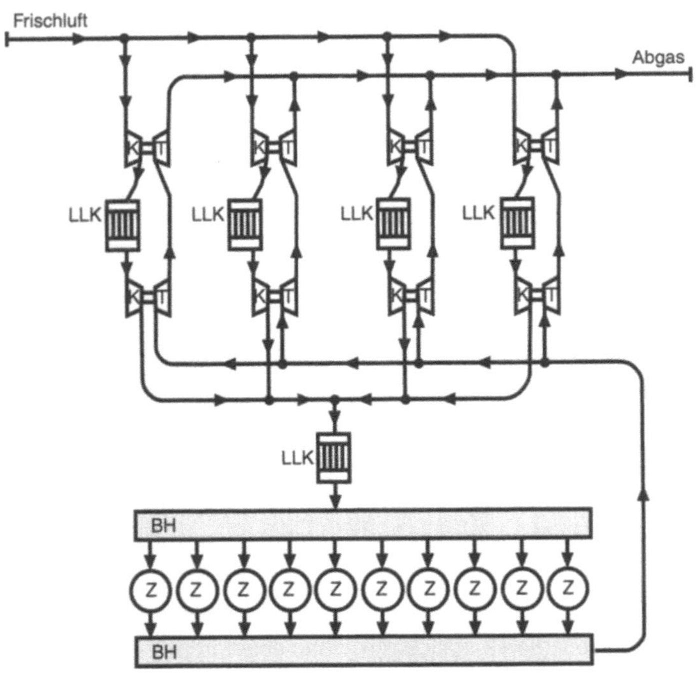

Abb. 7.14. Schiffantriebssystem mit registeraufgeladenen Turbomotoren [55]

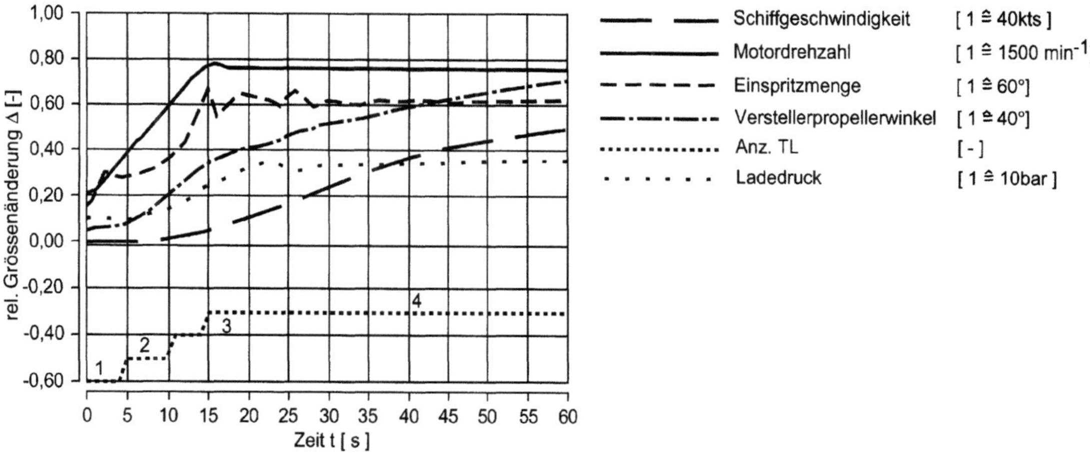

Abb. 7.15. Regelstrategie zur optimalen Beschleunigung eines aufgeladenen Schiffsmotors mit Registeraufladung [55]

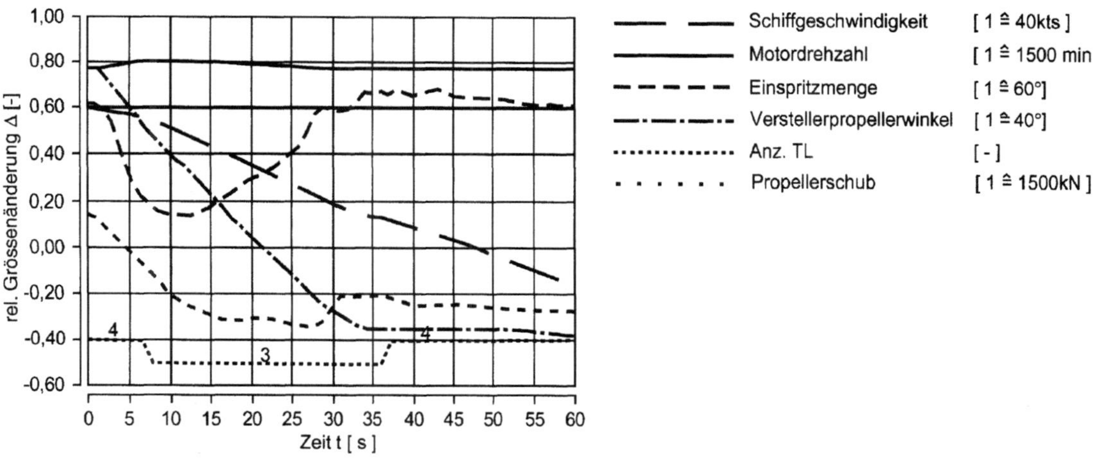

Abb. 7.16. Regelstrategie zur optimalen Lastabschaltung eines aufgeladenen Schiffsmotors mit Registeraufladung [55]

sein dynamisches Betriebsverhalten angeführt werden. Das Gesamtsystem (Abb. 7.14) besteht aus dem Verbrennungsmotor und vier 2-stufigen Registeraufladegruppen. Zwischen den Verdichterstufen ist überdies jeweils eine wassergekühlte Ladeluftrückkühlung vorgesehen. Für dynamische Betriebsvorgänge können nun die Registergruppen über die entsprechenden Regelelemente schrittweise an die Abgasleitung angekoppelt werden.

Die Regelstrategie zur Auf- und Abschaltung der verschiedenen Registereinheiten und das resultierende Ansprechverhalten des Motors sowie die Beschleunigung und Verzögerung des Schiffes sind in Abb. 7.15 und 7.16 zusammengefasst. Es muss erwähnt werden, dass ein derart schnelles Hoch- und Niederfahren des Antriebsmotors nur im Zusammenspiel mit einem Verstellpropeller möglich ist.

8 Betriebsverhalten aufgeladener Motoren im Fahrzeugeinsatz

Obwohl naturgemäß der Begriff „Fahrzeug" neben den reinen Straßenfahrzeugen auch noch Offroadfahrzeuge, Traktoren und auch z. B. Lokomotiven umfasst, soll hier zuerst nur in Pkw- und Nutzfahrzeuganforderungen differenziert werden, wobei die Offroad- und Traktorenbelange unter Nfz-Anforderungen subsummiert werden können. Die Lokomotivmotoranforderungen entsprechen weitest gehend den Stationärmotor-Betriebsbedingungen. Die speziellen Anforderungen der letztgenannten Fahrzeugkategorien werden in Abschn. 8.3 diskutiert.

Für den Einsatz eines aufgeladenen Verbrennungshubkolbenmotors in Fahrzeugen reicht die ausschließliche Steigerung seiner spezifischen Leistung und seiner Drehmomentgenerierung bei weitem nicht aus. Es müssen weit mehr Kriterien erfüllt werden, wie sie die sicher nicht vollständige Auflistung in Tabelle 8.1 zu charakterisieren versucht.

Es ist also zu prüfen, welche Anforderungen heute verwendete Motorkonstruktionen an ein Aufladesystem stellen, um in den genannten Kriterien merkliche Vorteile aufweisen zu können, und inwieweit die beschriebenen Aufladesysteme diese Forderungen erfüllen können.

Dabei ist der Begriff „Motor" eigentlich zu eingeschränkt. Es geht darüber hinaus um die Erfüllung der genannten Kriterien in bestimmten Fahrzeugkategorien wie z. B. Personenkraftwagen oder Nutzfahrzeugen. Damit sind diese Kriterien stark unterschiedlich zu wichten oder gegebenenfalls zu ergänzen, bevor sie in ein Rahmenheft für neu zu konzipierende Motortypen zusammengefasst und mit vorgesehenen Einsatzspektren für diese abgeglichen werden können. Auf das Aufladesystem bezogen können solche Anforderungsprofile wie folgt beschrieben werden.

8.1 Anforderungen im Personenwageneinsatz

Es müssen derzeit und in Zukunft in verstärktem Maße zum Teil recht hohe Fahrleistungen im Pkw-Einsatz realisiert werden. Diese sind gekoppelt mit ebenso hohen Anforderungen hinsichtlich des Fahr- und Bedienkomforts, d. h. harmonischen Leistungsverlaufs und -aufbaus, breiten

Tabelle 8.1. Optimierungskriterien für Verbrennungshubkolbenmotor

Wirtschaftlichkeit	Umweltfreundlichkeit	Betriebsverhalten
Kraftstoffverbrauch	Abgasemissionen	Drehmoment und Leistungs-Charakteristik, Lastaufnahmeverhalten
Lebensdauer	Betriebsmittelverbrauch (Öl)	
Wartungsaufwand	Geräuschemission	Start- und Anfahrverhalten
Beschaffungskosten	Recyclinggerechte Herstellung	Motorbremsleistung
Lifecycle-cost	Kaltstartverhalten	Laufruhe und Schwingverhalten

Nutz-Drehzahlbands, hoher Motorelastizität und exzellenter Laufruhe. Darüber hinaus muss eine hohe Wirtschaftlichkeit mit niedrigen Anschaffungs- und Unterhaltungskosten sowie – und das ist der Hauptrealisierungsgrund für aufgeladene Pkw-Motoren – außerordentlich niedrigen Betriebsmittelverbräuchen erreicht werden.

Die Erfüllung, besser noch Unterbietung, der sicher in Zukunft noch schärfer werdenden Emissionsgrenzwerte ist dabei eine selbstverständliche Voraussetzung. Versucht man aus den oben angerissenen Szenarien – wieder stark verkürzt – Anforderungen an ein Aufladesystem abzuleiten, so kommt man zu folgenden Aussagen:

- ein **breites Durchsatzband** des Verdichters auf Grund des breiten Drehzahlbandes von Pkw-Motoren;
- ein nur **begrenzter Drehmomentenanstieg** aus der **niedrigsten Volllastdrehzahl** aus Gründen eines kontrollier- und steuerbaren Anfahrverhaltens;
- ein relativ **flacher Drehmomentenverlauf** aus Gründen der über das Gaspedal anforderbaren gleichen Fahrleistung (Beschleunigung) bei gleicher Pedalstellung, unabhängig von der Motordrehzahl;
- ein **preisgünstiges** Aufladesystem.

8.2 Anforderungen im Nutzfahrzeugeinsatz

Die Nutzfahrzeugeinsatzspektren sind – man denke z. B. an Verteiler- oder Fernverkehr – weitaus vielschichtiger als die des Personenkraftwagens. Deswegen soll hier beispielhaft das Fernverkehreinsatzprofil angerissen werden. Hier sind die vorgeschriebenen Höchstgeschwindigkeiten möglichst lange aufrechtzuerhalten, was hohe Motorüberschussleistungen und hohe Bremsleistungen erfordert. Zusätzlich muss, wirtschaftlich sehr bedeutendend, der niedrigstmögliche Kraftstoffverbrauch – bei einem Fernverkehrs-Nfz machen die Kraftstoffkosten ca. 30 % der Betriebskosten aus – angestrebt werden. Weiterhin muss mit voller Zuladung am Berg angefahren werden können, was an den Drehmomentenverlauf und seinen Aufbau hohe Anforderungen stellt. Niedrige Anschaffungskosten, hohe Lebensdauer, lange Wartungsintervalle und hohe Zuverlässigkeit sind weitere unabdingbare Forderungen.

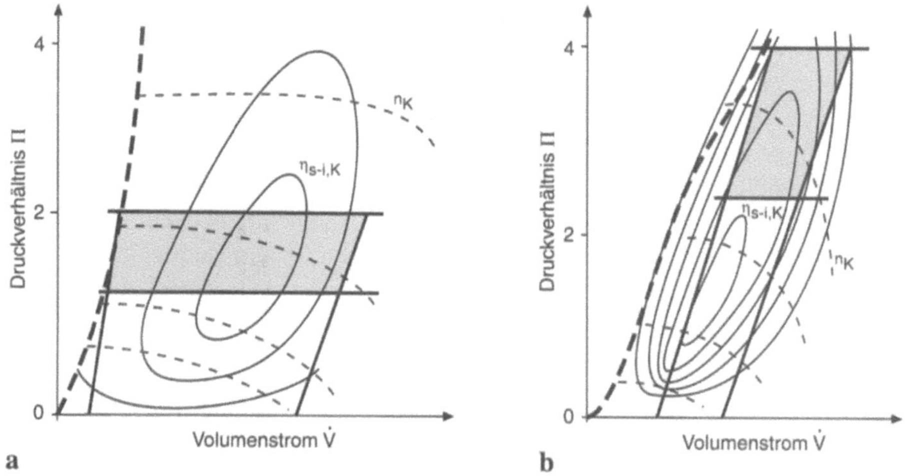

Abb. 8.1. Kennfeld-Eigenschaften für Pkw- (**a**) und Nfz-Einsatz (**b**)

Für den Einsatz im Nutzfahrzeug gelten somit andere Anforderungen an das Aufladesystem:

- ein relativ **schmales Durchsatzband** des Laders wegen des schmaleren Nutzdrehzahlbandes;
- **hohe bis sehr hohe realisierbare Druckverhältnisse** von 3,5–4,5, die an die Festigkeitsgrenze heutiger Radialverdichter in Aluminiumguss gehen, wegen der heute notwendigen hohen Aufladegrade sowie gewünschter deutlicher Drehmomentüberhöhungen bis zu 30 %;
- eine **Lebensdauer** des Aufladesystems ähnlich der Lebensdauer des Motors, das sind heute 0,6–1 Mio. km.

Betrachtet man die oben gestellten Forderungen im für die Laderbeurteilung relevanten Druck-Volumenstrom-Kennfeld, so ergeben sich für den Pkw-Einsatz ein breites, flaches und für den Nfz-Einsatz ein schmales, hohes Kennfeld (Abb. 8.1).

8.3 Sonstige Fahrzeugeinsätze

Neben den bereits für Nfz-Einsätze herausgearbeiteten Anforderungen an Verbrennungsmotoren müssen Motoren für den **landwirtschaftlichen Einsatz** noch folgende aufladespezifischen Kriterien erfüllen: große Drehmomentenanstiegswerte bei Drehzahldrückung bis zur niedrigsten Volllastdrehzahl, um bei Lastspitzen (z. B. beim Pflügen) das Abwürgen des Motors zu verhindern.

Gelingt dies nicht in ausreichendem Maße, müssen Motoren mit höheren Nennleistungen eingebaut werden, die Lastspitzen über die normale Lastaufnahme abdecken können.

Für den **Lokomotivbebetrieb** muss zwischen der dieselhydraulischen und der dieselelektrischen Antriebsvariante unterschieden werden.

Für die dieselhydraulische Antriebseinheit gelten weitgehend die Anforderungen von Nfz-Motoren mit einem Drehmomentenanstieg bei Drehzahldrückung, um die Zugkrafthyperbel in den einzelnen Fahrgetriebeübersetzungen möglichst zu erreichen.

Bei der dieselelektrischen Variante kann dagegen weitest gehend von einem Lastlinienbetrieb ausgegangen werden, so dass hier mehr die Kriterien von Stationärmotoren zu erfüllen sind.

Bei **Bootseinsätzen** sind, je nach Bootsbauart, zum Teil sehr unterschiedliche Anforderungen zu erfüllen. So muss bei normalem Betrieb mindestens die zusätzliche Beschleunigungsleistung für Motor, Antriebsstrang und Schiffspropeller aufgebracht werden, während z. B. bei Tragflächenbooten zusätzlich der Austauchwiderstand überwunden werden muss.

8.4 Instationärverhalten des abgasturboaufgeladenen Motors

Im Folgenden soll nun näher untersucht werden, was die angesprochenen Forderungen bezogen auf ein Abgasturboaufladesystem bedeuten. Die in Abschn. 7.4.1 geschilderten und auf den Fahrzeugeinsatz hin spezifizierten Probleme der Lastaufnahme sind bei abgasturboaufgeladenen Fahrzeugmotoren deshalb so besonders unangenehm, weil der Fahrer eines Fahrzeuges, wie oben ausgeführt, mit dem Gaspedal die Leistung und die Vortriebskraft – sprich: das Drehmoment – seines Fahrzeugs wählen möchte. Dies gilt vor allem für kritische Anfahrsituationen.

Aber auch in sonstigen, eventuell sogar kritischen, Fahrsituationen ist der Fahrer eines Straßenfahrzeuges auf die Berechenbarkeit seiner Antriebseinheit angewiesen. Man denke hier an einen Überholvorgang. Es bedarf keiner besonderen Erwähnung, dass für die geschilderte Problematik ein Saugmotor oder mechanisch aufgeladener Motor die beste Lösung darstellt. Ein Grund, warum Pkw heute überwiegend mit Saugmotoren ausgerüstet werden.

Dazu kommt, dass bei einigen Motorkonzepten wie dem aufgeladenen Ottomotor – auf Grund der Problematik klopfender Verbrennung – der Ladedruck begrenzt werden muss. Aus all diesen

Aussagen folgt, dass bei aufgeladenen Fahrzeugmotoren oder anderen aufgeladenen Motoren mit einem hohen Instationärbetriebsanteil dem **Ladedruckaufbau** und der **Regelung des Ladedruckes** eine hohe Bedeutung zukommt. Dabei geht es vor allem um **jene Zeit, in der Ladedruck bei Laststeigerungen aufgebaut** werden kann.

Um diese Problematik näher zu beleuchten, wurden vergleichende Lastaufnahmeversuche mit einem sehr schnell ansprechenden Comprex-Druckwellenlader (Abschn. 6.5.4) und einem Starrgeometrie- und Waste-Gate-Abgasturbolader durchgeführt. Die typischen Unterschiede im Ladedruckaufbau bei Lastaufschaltungen aus niedriger (Abgastemperatur, 150 °C) und mittlerer Teillast (Abgastemperatur, 450 °C) zeigt Abb. 8.2. Man erkennt, dass der Druckwellenlader mit Aufbauzeiten von ca. 0,5 s für den vollen Ladedruck sehr gute Werte aufweist.

Es machte deshalb Sinn, für typische Nfz- und Pkw-Einsatzprofile sowohl auf dem Prüfstand als auch in den entsprechenden Fahrzeugen Lastaufschaltuntersuchungen durchzuführen, die sich ergebenden Fahreindrücke zu charakterisieren und anhand der Ladedruckaufbaucharakteristika zu kommentieren.

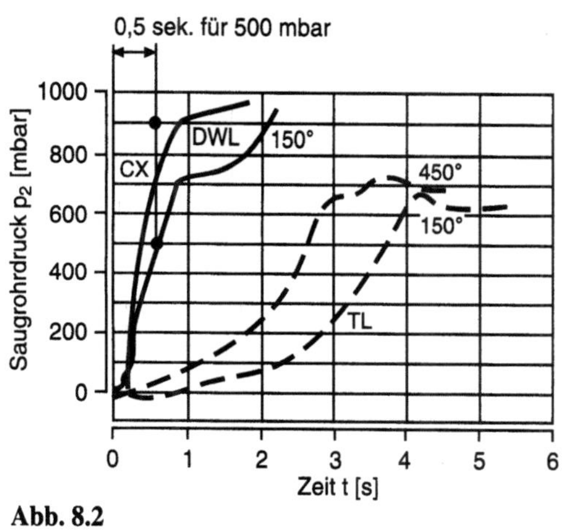

Abb. 8.2

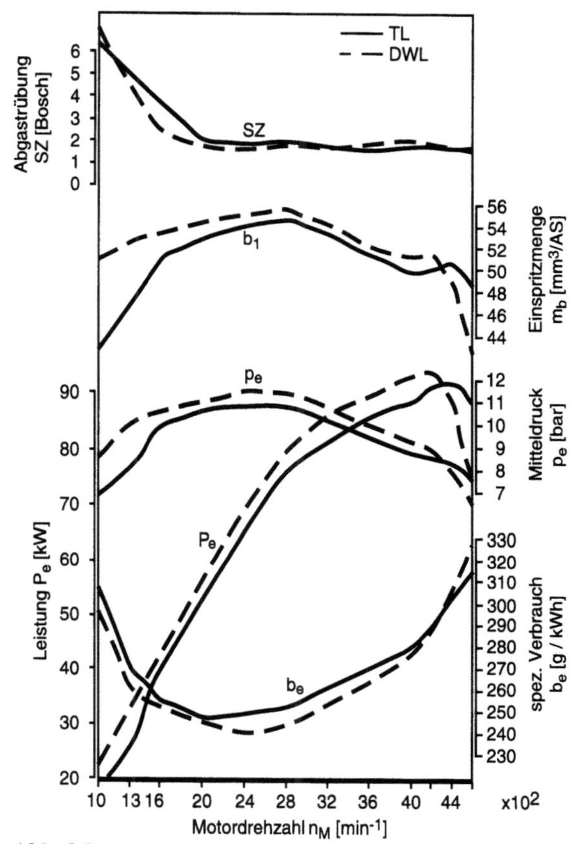

Abb. 8.3

Abb. 8.2. Ansprechverhalten von Druckwellenlader (DWL) und Abgasturbolader (TL) bei Lastaufschaltung aus Niedrig- und Mittellast [154]

Abb. 8.3. Leistungs- und Drehmomentenverläufe eines Pkw-Dieselmotors mit Druckwellenlader (DWL) und Abgasturbolader (TL)

8.4.1 Personenwageneinsatz

Abbildung 8.3 zeigt die Leistungs- und Drehmomentenverläufe eines Pkw-Dieselmotors mit Druckwellenlader oder mit Abgasturbolader. Die Motoren sind leistungsgleich und der Druckwellenlader hat – zumindest stationär – keine deutlichen Drehmomentverlaufsunterschiede.

In Abb. 8.4 ist ein instationärer Beschleunigungsversuch auf dem Prüfstand im ersten und vierten Gang dargestellt. Hier zeichnen sich allerdings sehr deutliche Unterschiede in der Lastaufnahmegeschwindigkeit ab. Während der Abgasturbolader ca. 3 s für den Aufbau des vollen Ladedruckes benötigt, kann dies der schnelle Druckwellenlader in ca. 1 s.

Was dies für die Fahrleistung eines Personenwagens bedeutet, zeigt Abb. 8.5, in der das Anfahr- und Beschleunigungsverhalten eines Fahrzeugs mit oben beschriebenen Motoren und einem 4-Gangautomatikgetriebe dargestellt ist. Man erkennt, dass der Ladedruckaufbau beim Druckwellenlader innerhalb 1 s realisiert wird, was zu einem harmonischen Leistungsaufbau und demzufolge zu einer harmonischen Geschwindigkeitszunahme mit in etwa konstanter Beschleunigung führt. Dies ist vom Fahrer so gewollt und wird deshalb als **gutes Fahrverhalten** eingestuft.

Beim ATL-Motor benötigt der volle Ladedruckaufbau ca. 3 s und erfolgt auch noch **nichtlinear**. Dies hat einen deutlichen Einbruch in der Geschwindigkeitszunahme und der Fahrzeugbeschleunigung zur Folge, den der Fahrer weder wünscht noch akzeptiert. Es wird daraus sehr klar, dass beim Pkw-Einsatz dem Druckaufbauverhalten des Aufladesystems eine entscheidende Rolle zukommt. Zieht man daraus verkürzt Schlussfolgerungen für den Pkw-Einsatz von Aufladesystemen, so kann man Folgendes feststellen:

Aufladesysteme mit **Druckaufbauzeiten deutlich größer als 1 s** werden im Personenwagen zu **keinem akzeptablen Lastaufnahmeverhalten** führen.

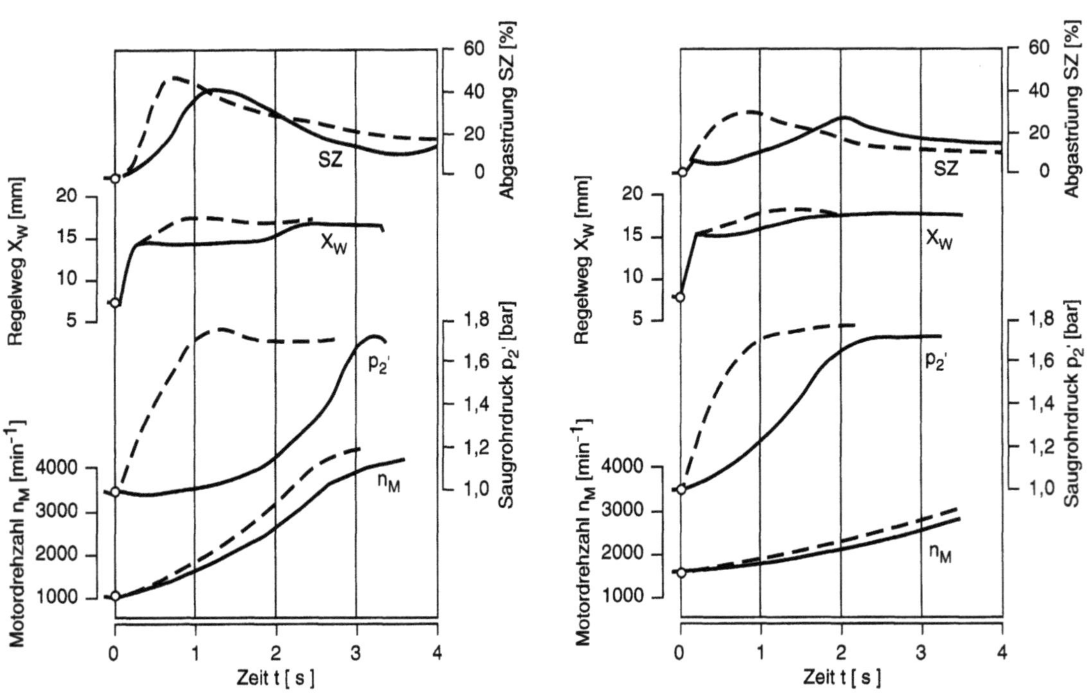

Abb. 8.4. Instationär-Beschleunigungsversuch eines Pkw-Dieselmotors mit Druckwellen- (---) und Turbolader (——) auf dem Prüfstand im ersten (**a**) und vierten Gang (**b**)

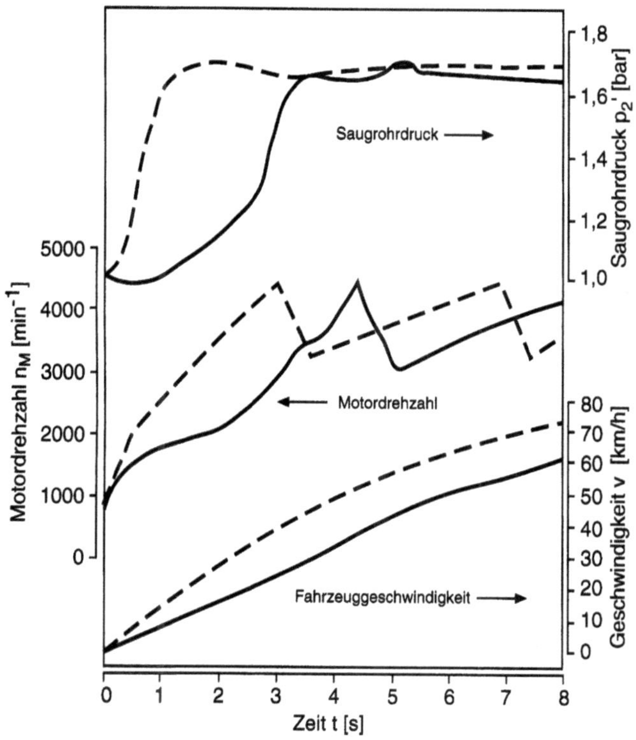

Abb. 8.5. Fahrleistung eines Personenwagens mit Druckwellen- (– – –) und Turbolader (——) aufgeladenem Dieselmotor und Automatikgetriebe

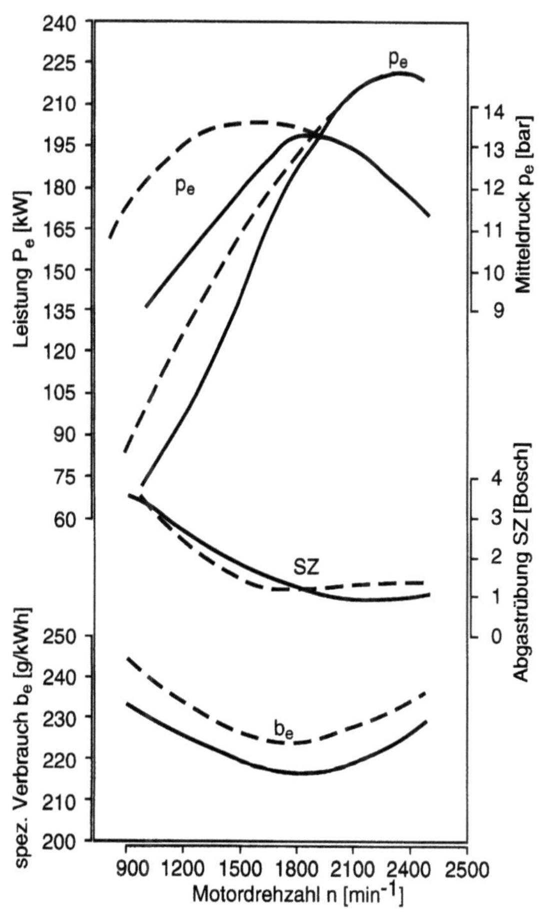

Abb. 8.6. Leistungs-, Drehmoment- und Kraftstoffverbrauchskurven zweier Nfz-Motoren mit Druckwellen- (– – –) und Turboaufladung (——) und je 224 kW Nennleistung

Es müssen deshalb alle Anstrengungen unternommen werden, die Druckaufbaugeschwindigkeit des Abgasturboladers durch geeignete Maßnahmen zu steigern.

8.4.2 Nutzfahrzeugeinsatz

Abbildung 8.6 zeigt die Leistungs-, Drehmoment- und Kraftstoffverbrauchskurven zweier Reihen-6-Zylinder-Nfz-Motoren mit je 224 kW Nennleistung. Man erkennt einen deutlichen Vorteil im Drehmomentenverlauf für den Druckwellenlader gegenüber der zum Auslegungszeitpunkt bestmöglichen Abstimmung für einen Abgasturbolader. Der zugehörige Lastaufnahmeversuch auf dem Motorprüfstand ist in Abb. 8.7 zusammengefasst. Während der schnelle Druckwellenlader seinen vollen, d. h. im Stationärbetrieb bei gegebener Motordrehzahl sich einstellenden Ladedruck in ca. 1 s aufbauen kann, braucht der Abgasturbolader dazu beinahe 4 s. Dies ist, für sich betrachtet, ein gewaltiger Unterschied.

Einen Anfahrvorgang mit diesen beiden Motoren in identischen Fahrzeugen am Berg mit voller Zuladung zeigt Abb. 8.8. Man erkennt, dass sich der scheinbar träge Ladedruckaufbau des abgasturboaufgeladenen Motors wegen der großen Masse des Lkw in den beiden unteren Gängen so gut wie nicht bemerkbar macht. Dagegen erkennt man den fehlenden Anschluss im dritten Gang infolge des bei niedrigen Drehzahlen beim ATL-Motor fehlenden Drehmomentes sehr deutlich.

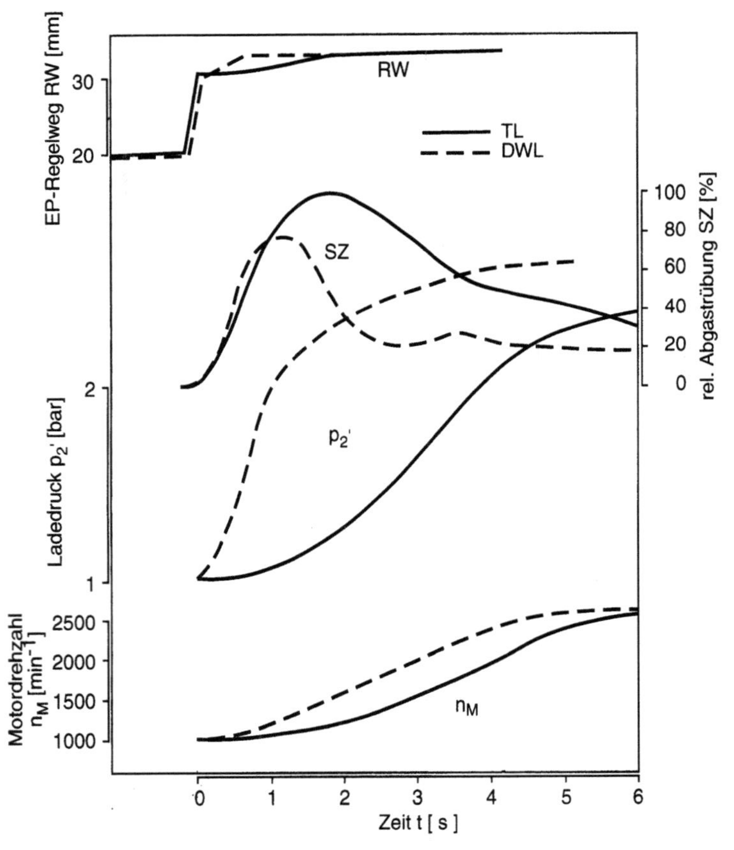

Abb. 8.7. Lastaufnahmeversuch der Motoren von Abb. 8.6 auf dem Motorprüfstand (– – –, Druckwellenlader; ——, Turbolader)

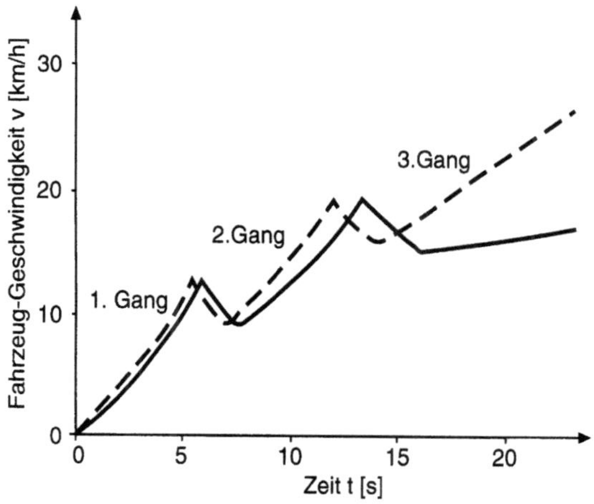

Abb. 8.8. Anfahrvorgang mit den beiden Motoren aus Abb. 8.6 (– – –, Druckwellenlader; ——, Turbolader) in identischen Fahrzeugen am Berg mit voller Zuladung

Damit ergeben sich die folgenden Schlussfolgerungen für den abgasturboaufgeladenen Nfz-Motor.

- Für einen Nfz-Motor ist ein hohes Drehmoment bis zu niedrigen Drehzahlen aus Gründen des Leistungsanschlusses bei Hochschaltungen sehr wichtig.
- Gegenüber einem guten Drehmomentenverlauf ist die Lastaufnahmezeit des Abgasturboladers für die Fahrleistung relativ unkritisch.
- Für den Anfahrvorgang selbst ist ein schneller Ladedruckaufbau dann erforderlich, wenn das Grunddrehmoment des Motors, d. h. sein im Saugbetrieb erreichbares Drehmoment, zum Anfahren unter schwierigen Bedingungen nicht ausreicht.

Diese wiederum verkürzt dargestellten Aussagen müssen naturgemäß für eine Gesamtmotorbeurteilung hinsichtlich der Schadstoffemissionen, der Forderung nach niedrigstem Kraftstoffverbrauch sowie auch anderer für den Nfz-Betrieb wichtiger Motoreigenschaften wie z. B. erkennbarer Leistungseinbrüche von ATL-Motoren in Schaltpausen oder dem Motorbremsverhalten ergänzt werden.

8.5 Abgasturboladerauslegung für Fahrzeugeinsatz

8.5.1 Stationärauslegung

Die Auslegungsproblematik beim Abgasturbolader für den Fahrzeugeinsatz beginnt damit, dass die Turbine wegen der sich mit der Motordrehzahl ändernden Abgastemperaturen größere stark veränderliche Volumenströme als der Verdichter verarbeiten muss. Heutige Turbinen mit starrer Einlaufgeometrie sind dazu nur begrenzt in der Lage (Abb. 8.9), d. h. für Durchsatzverhältnisse von 3 : 1 und damit, in erster Näherung, auch für Volllastdrehzahlen in ähnlichem Verhältnis. Man erkennt diese Tatsache leicht an dem das Verdichterdruckverhältnis übersteigenden Turbinendruckverhältnis. Abbildung 8.10 zeigt dazu ein reales ATL-Verdichterkennfeld für einen Starrgeometrielader, in das durchsatzkorrigiert auch die entsprechend auftretenden Turbinendruck- und -druckverhältnislinien eingezeichnet sind.

Für Motoren mit größerer Drehzahlspanne, d. h. Pkw- und leichte Nfz-Motoren, verwendet man deshalb häufig eine so genannte Abblase- oder Waste-Gate-Regelung.

Bei der **Waste-Gate-Regelung** ist ein Ventil vor der Turbine im Abgasstrang angeordnet, mit dem bei Bedarf eine bestimmte Abgasmenge um die Turbine herum in den Niederdruckauspufftrakt abgeblasen werden kann. Mit dieser Maßnahme senkt man den Durchsatz durch die Turbine, allerdings – verglichen mit einer auf die Nennleistung ausgelegten Turbine – mit dem Nachteil eines

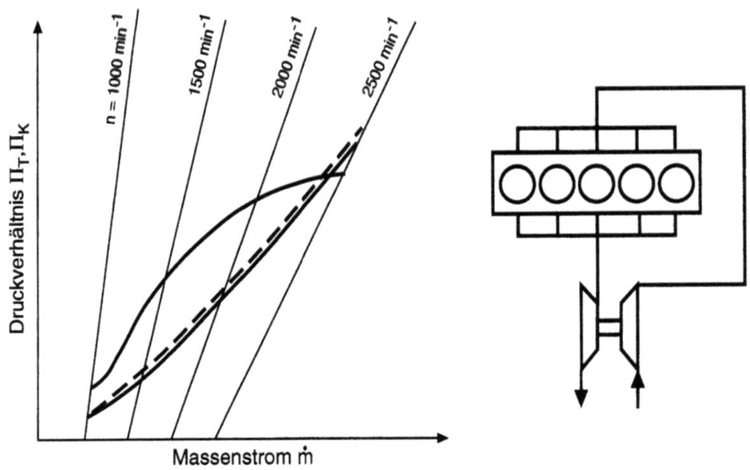

Abb. 8.9. Auslegungsproblematik für Turbinen mit starrer Einlaufgeometrie

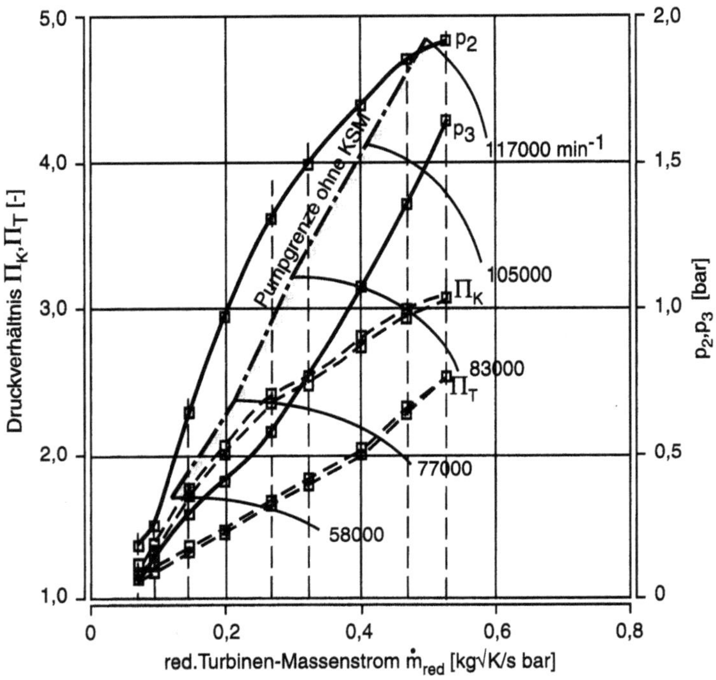

Abb. 8.10. Real-Turbinen- und Verdichterkennfeld eines Starrgeometrie-Nfz-Laders

höheren Aufstaudruckes vor Turbine für die Restabgasmenge, um so die benötigte Turbinenleistung für den Verdichterantrieb sicherzustellen. In Abb. 8.11 sind ein Verdichter- und Turbinen-Prinzip-Kennfeld mit möglichen Auslegestrategien für die Turbine zusammengestellt.

Abbildung 8.12 zeigt das zugehörige Prinzipschaltbild und Abb. 8.13 ein reales Verdichter- und Turbinenkennfeld eines abgasturboaufgeladenen Ottomotors mit Waste-Gate-Lader. Man erkennt hier sehr deutlich, dass, um negative Druckgefälle zwischen Ladeluft- und Abgasstrom zu vermeiden, der Ladedruck mit steigendem Durchsatz, sprich: Leistung, zurückgenommen werden muss.

Aus den bisher dargestellten Sachverhalten lässt sich ableiten, dass für kleinere Durchsatzspannen von ca. 3 : 1, also für Nfz-Verhältnisse, sehr wohl eine funktionierende Turbinenauslegung mit starrer Turbinengeometrie gefunden werden kann. Für Durchsatzverhältnisse über 4 : 1 muss, selbst

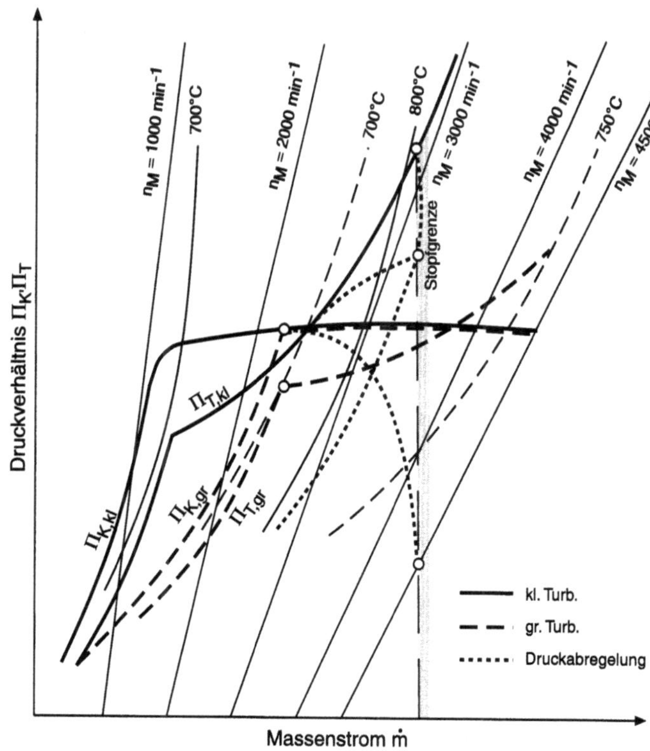

Abb. 8.11. Turbinenauslegungsstrategien bei Waste-Gate-Einsatz

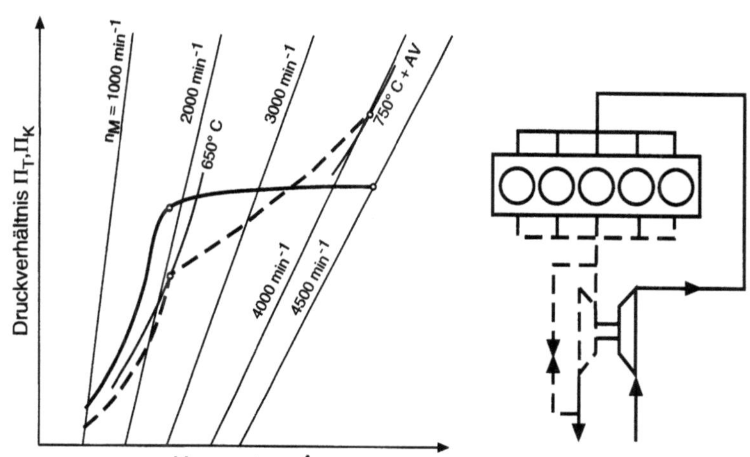

Abb. 8.12. Prinzip-Schaltbild eines Waste-Gate-Laders (——, Π_K; ---, Π_T)

mit Abblaseregelung, entweder auf einen hohen Ladedruck im unteren Drehzahlbereich verzichtet werden, oder die hohen Motordrehzahlen können von der Turbine, aus Durchsatz- und Aufstaugründen (p_3 wird untragbar hoch), nicht mehr bedient werden. Dies gilt umso mehr, wenn, was bei aufgeladenen Pkw-Motoren immer der Fall ist, aus Gründen der Triebwerksbelastung oder aus Verbrennungsgründen (klopfende Verbrennung beim Ottomotor) der Ladedruck begrenzt werden muss.

Es stellt sich deshalb die Aufgabe, nach wirksamen Wegen zu suchen, die Leistung der Abgasturbine bei kleinen Abgasmengenströmen und niedrigen Abgastemperaturen zu steigern und bei hohen Motordrehzahlen mit möglichst der gesamten Abgasmenge die notwendige Turbinenleistung

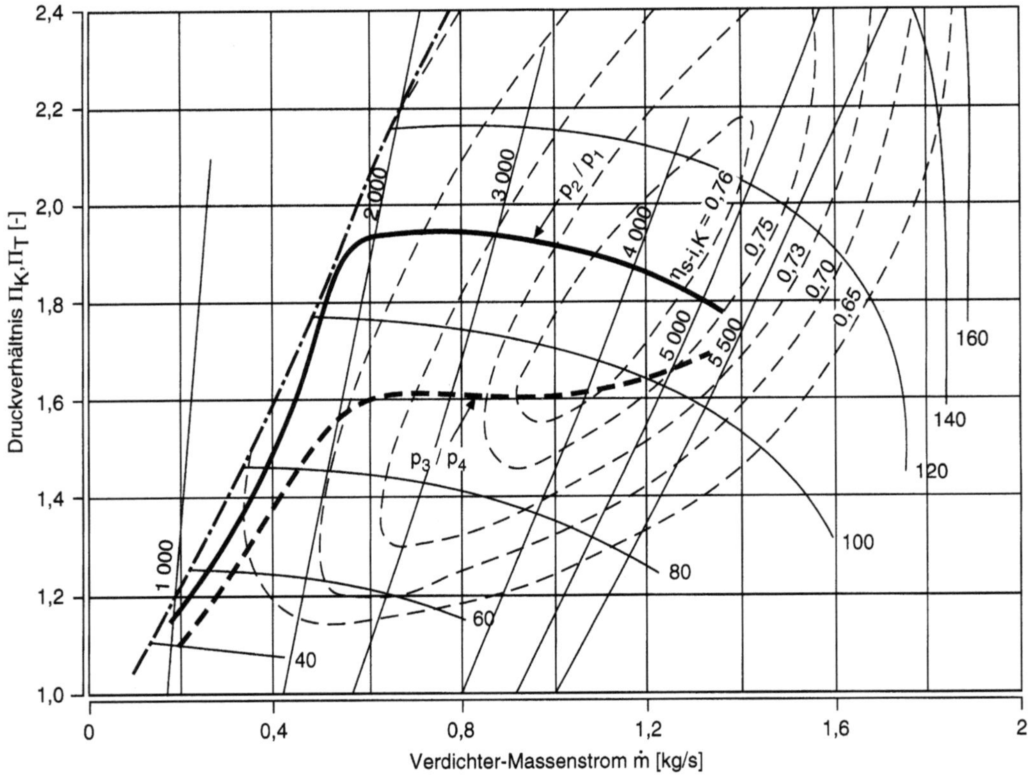

Abb. 8.13. Verdichter-Turbinenkennfeld eines abgasturboaufgeladenen Ottomotors mit Waste-Gate-Lader

bei niedrigstem Abgasaufstau zu erzeugen. Eine serienreife Lösung dieses Problems ist die variable Turbineneintrittsgeometrie.

Im **Abgasturbolader mit variabler Turbineneintrittsgeometrie** (VTG) wird die starre Einlaufspirale zum Turbinenrad durch ein verstellbares Schaufelgitter ersetzt. Damit können die Zuströmbedingungen zur Turbine über einen weiten Durchsatzbereich weitgehend optimal gestaltet werden, mit der Folge, dass mit einem solchen Abgasturbolader schon bei niedrigen Volllastdrehzahlen hohe Ladedrücke aufgebaut werden können. Darüber hinaus können auch bei hohen Durchsätzen die notwendigen Turbinenleistungen mit guten Wirkungsgraden, d. h. niedrigen Abgasaufstaudrücken erreicht werden, wie in Abb. 8.14 im Vergleich mit einem Lader mit Waste-Gate gezeigt.

Fast alle Pkw-Dieselmotoren sind mittlerweile mit einem solchen Lader in Serie und auch erste Nfz-Motoren sind oder kommen in nächster Zeit damit auf den Markt. Abbildung 8.15 zeigt ein reales Verdichter- und Turbinenkennfeld eines leichten Nfz-Motors. Ladedruck- und Abgasaufstaudruck sind für den Volllast-Minimalkraftstoffverbrauch ausgelegt.

8.5.2 Instationärauslegung

Bisher wurde nur das generelle Zusammenwirken des Motors mit dem Aufladesystem bei stationären Betriebszuständen betrachtet. Bei vielen Anwendungen, vor allem beim Fahrzeugeinsatz – und da wiederum vorzugsweise beim Pkw – liegen aber überwiegend instationäre Betriebszustände im Lastkollektiv vor.

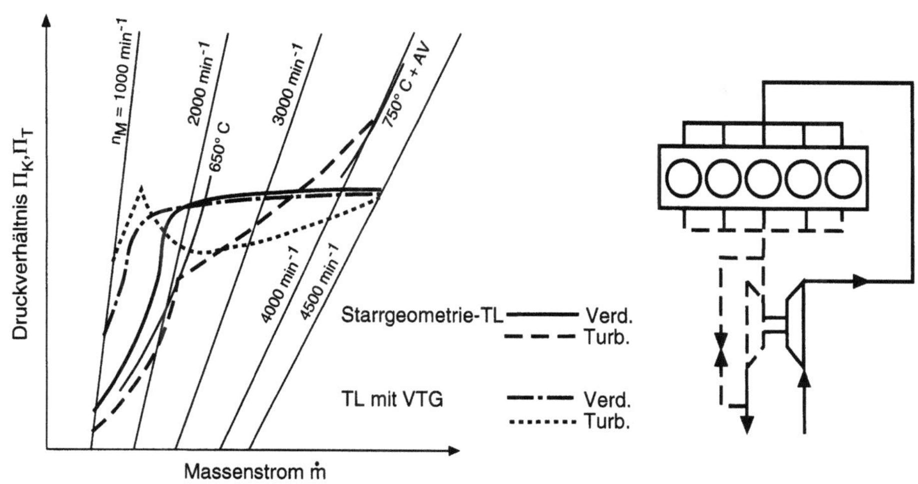

Abb. 8.14. Prinzip-Kennfeldvergleich von Normal- und VTG-Abgasturbolader

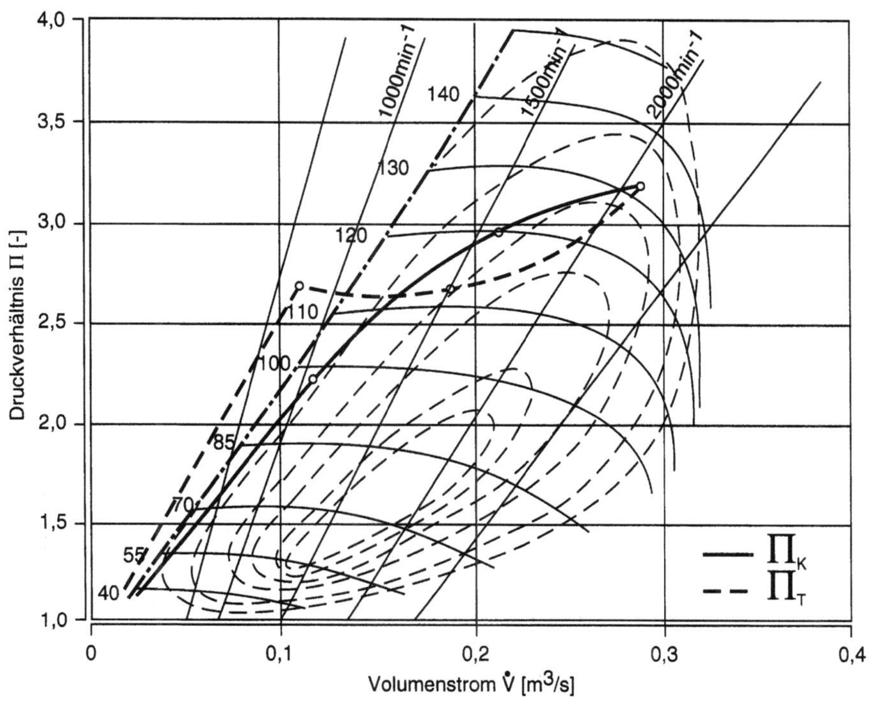

Abb. 8.15. Real-Kombination von Verdichter- und Turbinenkennfeld für Nfz-Motor mit VTG-Lader

Damit ist, wie in Abschn. 8.4 als empirisches Versuchsergebnis dargestellt, neben der Bereitstellung des Auslegeladedruckes auch die Zeit angesprochen, in der das Aufladesystem diesen bei plötzlichen Laststeigerungen aufbauen kann. Weiterhin müssen die Auswirkungen auf das Fahrverhalten, die ebenfalls in Versuchen aufgezeigt wurden, näher betrachtet und analysiert werden. Betrachten wir dazu die Diagramme in Abb. 8.16.

In Abb. 8.16a ist über dem Luftdurchsatz, der in etwa der Motordrehzahl proportional ist, die für den gewünschten Ladedruckverlauf notwendige Verdichterleistung dick ausgezogen aufgetragen. Zusätzlich sind die Leistungskurven für zwei Grenzturbinenauslegungen dargestellt.

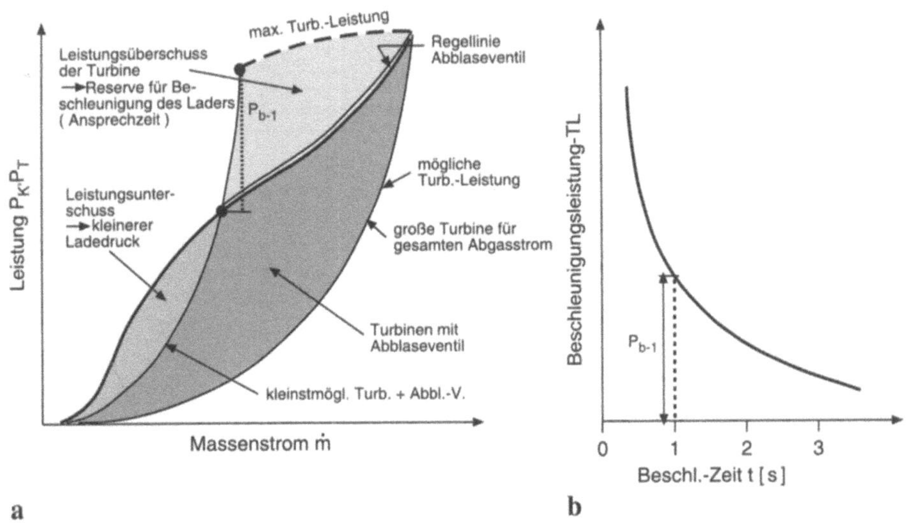

Abb. 8.16. Verdichterleistungsbedarf für optimalen Ladedruck und mögliche Turbinen-Leistungsabgabe in Abhängigkeit der Turbinenauslegung (**a**) sowie notwendige Laderbeschleunigungsleistungen in Abhängigkeit von der Beschleunigungszeit (**b**)

Als rechte Grenzkurve ist eine Turbinenauslegung eingetragen, die nur bei maximalem Luftdurchsatz, also Motornennleistung, die notwendige Verdichterleistung (erkennbar an dem Schnitt mit dessen Leistungskurve) aufbringen könnte. Als linke Grenzkurve ist eine Turbinenauslegung eingezeichnet, die mit maximaler Abblasemenge an der Stopfgrenze der Turbine gerade noch die maximale Verdichterleistung bereitstellen könnte.

Man erkennt nun einmal, dass selbst diese Kleinstturbine mit Waste-Gate im untersten Drehzahlbereich des Motors die Verdichterantriebsleistung für den gewünschten Ladedruck nicht erreicht, d. h. mit niedrigerem Drehmoment als gewünscht gefahren werden muss. Es besteht der hellgrau eingefärbte Leistungsunterschuss. Zum anderen kann man erkennen, dass eine für Beschleunigungsvorgänge des Laders ausreichende Überschussleistung an der Turbine erst bei relativ hohen Durchsatzwerten erreicht wird. Dazu sind im Diagramm die für bestimmte Drehzahlbeschleunigungswerte des Turboladers und damit Druckaufbauzeiten notwendigen Turbinenüberschussleistungsanforderungen aufgetragen.

Liest man aus dem linken Diagramm, wie eingezeichnet, für einen Ladedruckaufbau innerhalb einer Sekunde den Wert P_b ab und überträgt diesen in das rechte Diagramm, so ergibt sich der Durchsatzbereich, ab dem diese schnelle Ladedruckänderung erreicht werden kann. In unserem Beispiel wäre das ab etwa dem halben Luftdurchsatz, also bei in etwa halber Motornenndrehzahl, möglich.

Betrachtet man darauf hin in derselben Diagrammdarstellung (Abb. 8.17) die Situation für einen Abgasturbolader mit variabler Turbinengeometrie, so erkennt man, dass die Verhältnisse für das Erreichen eines ausreichend hohen Ladedruckes bei niedriger Motordrehzahl einerseits und für die notwendige Überschussleistung zum raschen Ladedruckaufbau andererseits deutlich verbessert sind.

In Abb. 8.18 sind Prüfstandshochläufe mit dem Starrgeometrie-Abgasturbolader, dem bekannt schnellen Druckwellenlader, der hier als Maßstab dienen soll, und einem Abgasturbolader mit variabler Turbineneinlassgeometrie an einem Pkw-Dieselmotor für den ersten und den vierten Gang zusammengezeichnet. Man sieht, dass der VTG-Lader mit Druckaufbauzeiten von ca. 1 s

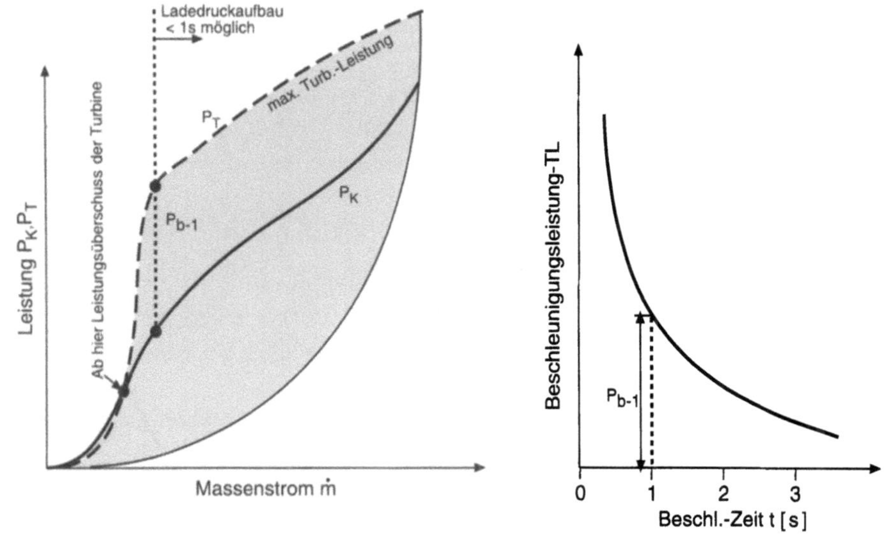

a b

Abb. 8.17. Verdichterleistungsbedarf für optimalen Ladedruck und mögliche Turbinenleistung bei einem Abgasturbolader mit variabler Turbinengeometrie (**a**) sowie notwendige Laderbeschleunigungsleistungen (**b**)

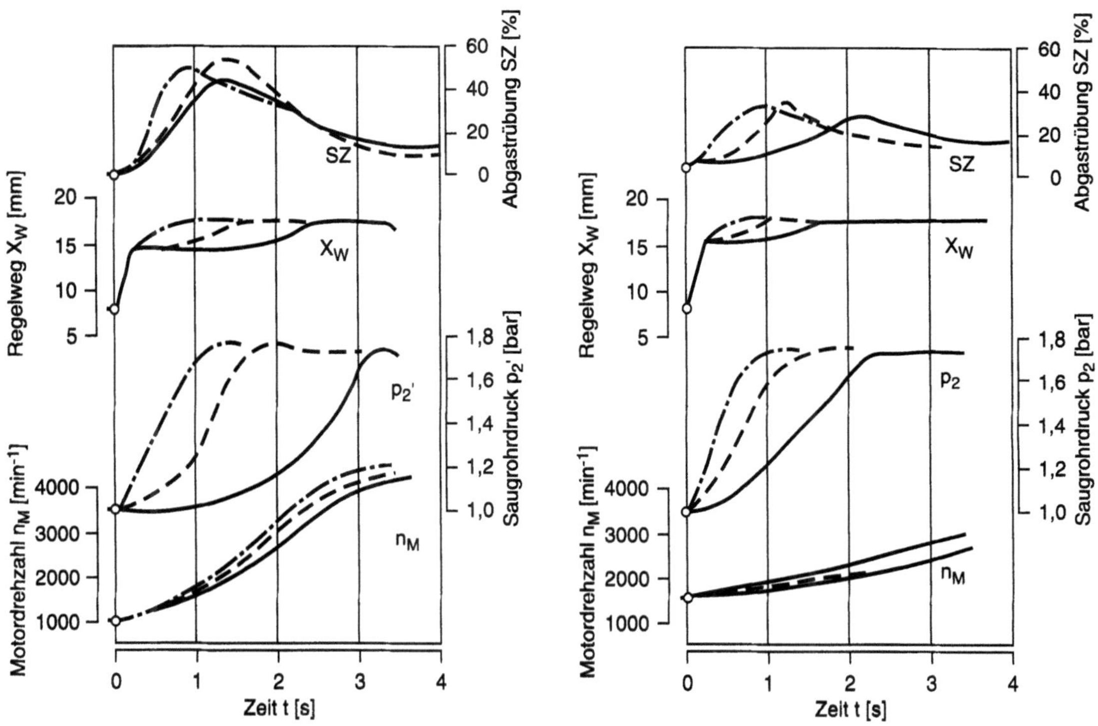

a b

Abb. 8.18. Prüfstandshochläufe mit einem Starrgeometrie-Abgasturbolader mit Waste-Gate (——), dem Druckwellenlader (- - -) und einem Abgasturbolader mit variabler Turbineneinlassgeometrie (—·—) an einem Pkw-Dieselmotor für ersten (**a**) und vierten Gang (**b**)

in beiden Gangstufen die entsprechenden Werte des Starrgeometrie-Turboladers auf 1/3 senken kann.

In ausgedehnten Fahrversuchen hat sich herausgestellt, dass **Druckaufbauzeiten von ca. 1 s** vom normalen Autofahrer als angenehme und deshalb **anzustrebende Drehmomentenaufbauzeit** empfunden werden. Dieser Zielwert ist mit einem VTG-Lader außerhalb des Anfahrbereichs erreichbar.

Fassen wir die Instationär-Auslegeproblematik zusammen, so stellen wir das Folgende fest.

- Die Auslegung eines Abgasturboladers für hohe Instationäranteile im Lastkollektiv macht sowohl bei Nfz- als auch bei Pkw-Anwendung Probleme, wenn auch aus verschiedenen Gründen: Beim Nfz-Einsatz ist das Turbinen- und Verdichterkennfeld wegen der heute verwendeten hohen Aufladegrade mit Druckverhältnissen von $\Pi_K = 3{,}5–4{,}5$ eng.
  Beim Pkw-Einsatz wird die Ausnutzung der Verdichter- und Turbinenkennfelder aus Gründen der großen Nutzdrehzahlspanne moderner Motoren problematisch.
- Darüber hinaus muss die Turbinenauslegung so erfolgen, dass, mit oder ohne Waste-Gate, bei Maximaldrehzahl ein genügender Abstand zur Stopfgrenze der Turbine sowie eine ausreichende Höhenreserve eingehalten und bei niedrigen Motordrehzahlen ein möglichst hoher Ladedruck erreicht werden kann.
- Als letzte Grundforderung ist weiterhin darauf zu achten, dass für rasche Druckaufbauzeiten von der Turbine genügend Beschleunigungsleistung bereitgestellt werden kann.

Die Erfüllung all der genannten Forderungen gelingt naturgemäß mit Waste-Gate- oder VTG-Ladern besonders gut.

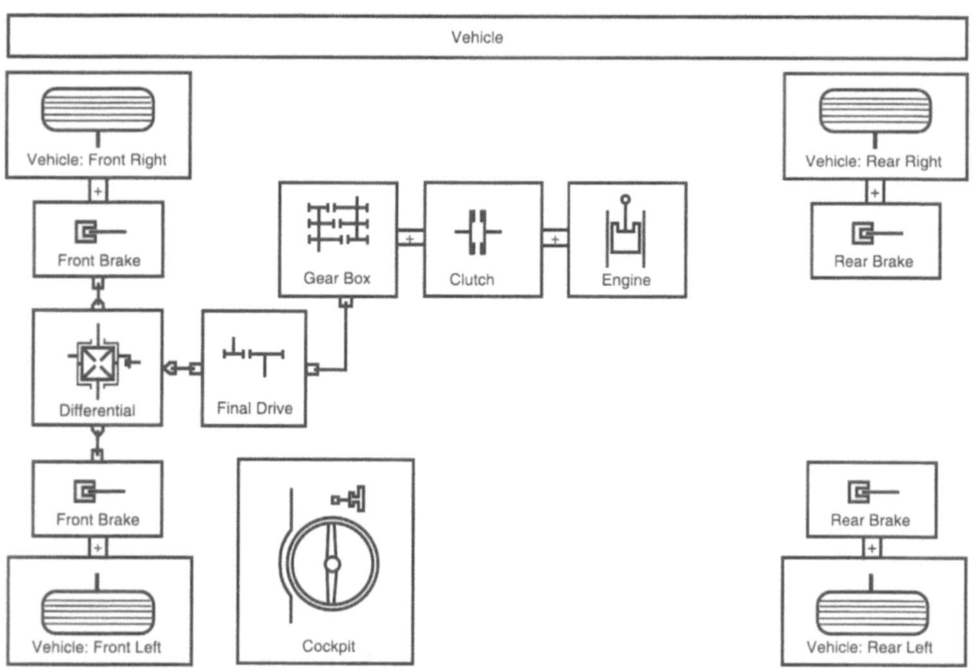

Abb. 8.19. Simulationsmodell eines Pkw-Antriebsstranges mit einem Dieselmotor für eine Fahrzyklussimulation (AVL-CRUISE)

Tabelle 8.2. Vergleich gemessener und simulierter Emissionswerte eines Pkw mit einem 2,5-l-HSDI-Dieselmotor im MVEG-Test

Parameter	Messung (Fahrzeugrollenprüfstand)	Simulation (AVL-CRUISE)
Kraftstoffverbrauch [l/100 km]	6,75	6,80
Partikelemission [g/km]	0,030	0,035
NO_x-Emission [g/km]	0,385	0,360
Fahrstrecke [km]	11,13	11,01

8.5.3 Numerische Simulation des Betriebsverhaltens des Motors im Zusammenwirken mit Fahrzeuggesamtsystem

Die numerische Vorauslegung aufgeladener Motoren beschränkt sich nicht nur auf die Laderauslegung und Ansteuerung selbst, sondern kann mit geeigneten Methoden auf den gesamten Antriebsstrang ausgedehnt werden. Entsprechende Programmsysteme ermöglichen die Modellierung des gesamten Fahrzeuges (GPA [123], CRUISE [35]) oder die erforderlichen Simulationsmodelle können mittels Methoden wie MATLAB-SIMULINK aufgebaut werden.

Als Beispiel für eine Gesamtsystemmodellierung mittels des Programmsystems AVL-CRUISE wird auf Abb. 8.19 verwiesen, wo ein Pkw-Antriebstrang mit einem 2,5-l-HSDI-Dieselmotor modelliert wurde. Derartige Gesamtsystemmodellierungen müssen an Hand von Vergleichen zu Messdaten verifiziert werden. Da diese Methoden bevorzugt zur Beurteilung von Gesamtkonzepten (z. B. hinsichtlich der Fahrzyklusverbrauchs- und -emissionswerte) herangezogen werden, sind neben den thermodynamischen Zuständen auch die am Prüfstand gemessenen Emissionswerte mit den Simulationsdaten zu vergleichen. Tabelle 8.2 zeigt einen derartigen Vergleich für das genannte Fahrzeugmodell.

8.6 Sonderprobleme aufgeladener Otto-Benzin- und -Gasmotoren

8.6.1 Klopfende Verbrennung

Klopfende Verbrennung wird beim Ottomotor dadurch verursacht, dass nach der normalen Zündeinleitung an der Zündkerze die bei Volllast auf hohem Druckniveau fortschreitende, mit einer weiteren Drucksteigerung verbundene Verbrennung das vor der Flammenfront liegende unverbrannte Gemisch isentrop mit verdichtet. Infolge der damit verbundenen Temperatursteigerung kommt es dann zur Selbstzündung oder zu einer Zündeinleitung an „hot spots" im Brennraum. Der unverbrannte Restgemischanteil im Brennraum verbrennt nun detonationsähnlich rasch und verursacht damit zum Teil sehr heftige Druckschwingungen im Brennraum, die zusammen mit den in solchen Detonationswellen sehr hohen Wärmeübergangswerten zur **mechanischen** und **thermischen Schädigung** des Motors führen. Klopfende Verbrennung muss deshalb unter allen Umständen vermieden werden und begrenzt damit die Aufladefähigkeit von nach dem Ottoverfahren betriebenen Motoren.

Bei der Betrachtung der klopfenden Verbrennung muss man die folgenden Haupteinflussgrößen berücksichtigen:

Gemischzustand (λ, Zylinderfüllung)

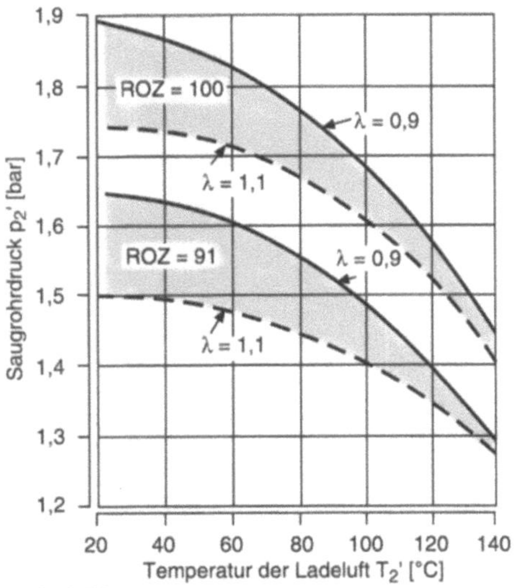

Abb. 8.20

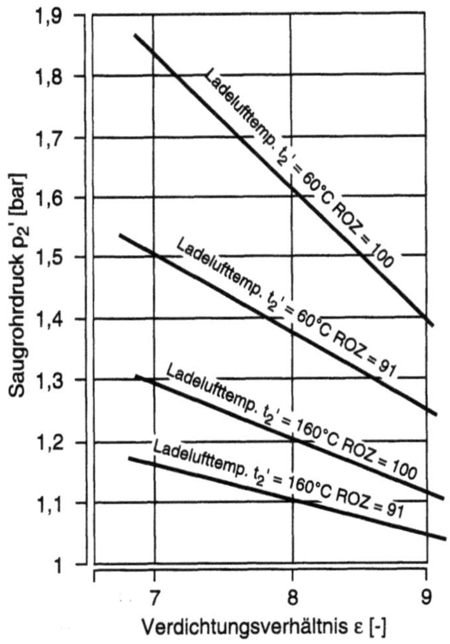

Abb. 8.21

Abb. 8.20. Maximal möglicher Ladedruck in Abhängigkeit von p_2', Oktanzahl und Luftverhältnis λ über der Ladelufttemperatur (für einen abgasturboaufgeladenen Ottomotor)

Abb. 8.21. An Klopfgrenze erreichbare Ladedrücke in Abhängigkeit von Oktanzahl und Ladelufteintrittstemperatur über Verdichtungsverhältnis ε (für abgasturboaufgeladenen Ottomotor)

Verdichtungsverhältnis
Zündzeitpunkt
Brennraumgeometrie

Für den Aufladefall sind davon die drei ersten besonders wichtig, weil sie mit Druck und Temperatur vor Turbine den Prozess nachhaltig beeinflussen. Ihr Einfluss wurde an einem 2,8-l-Reihenmotor für den Fall der Abgasturboaufladung bei einer besonders klopfgefährdeten Drehzahl von 2500 min^{-1} untersucht.

Der **Gemischzustand** im Zylinder eines fremdgezündeten Motors wird beschrieben durch die Größen Kompressionsendtemperatur T_{2Z}, Kompressionsendruck p_{2Z}, relatives Luft-Kraftstoffverhältnis λ sowie den Restgasanteil im Zylinder und die Krafstoff-Oktanzahl. Diese Größen, systematisch variiert, führen zu den in Abb. 8.20 aufgetragenen Abhängigkeiten.

Es wurde hier der an der Klopfgrenze mögliche Ladedruck p_2' in Abhängigkeit von der Gemischtemperatur T_2' vor dem Einlassventil bei den Luftverhältnissen $\lambda = 0{,}9$ und $\lambda = 1{,}1$ sowie für zwei Kraftstoff-Oktanzahlwerte ROZ = 91 (Normalbenzin) und ROZ = 100 (Superbenzin) aufgetragen. Man erkennt sehr deutlich den starken Einfluss der Oktanzahl sowie den der Ladelufttemperatur.

Das **Verdichtungsverhältnis** sollte Kompressionsenddruck und -temperatur und damit die Klopfneigung am deutlichsten beeinflussen. Bei den Versuchen mit ε-Änderungen von 8 : 1 auf 6 : 1 nahm jedoch die Klopfneigung nicht im erwarteten Maße ab. Eine überschlägige Abschätzung der Kompressionsendtemperatur nach der Gleichung:

$$T_{2Z} = T_{1Z}\varepsilon^{\kappa-1} \cong T_2\varepsilon^{\kappa-1} \tag{8.1}$$

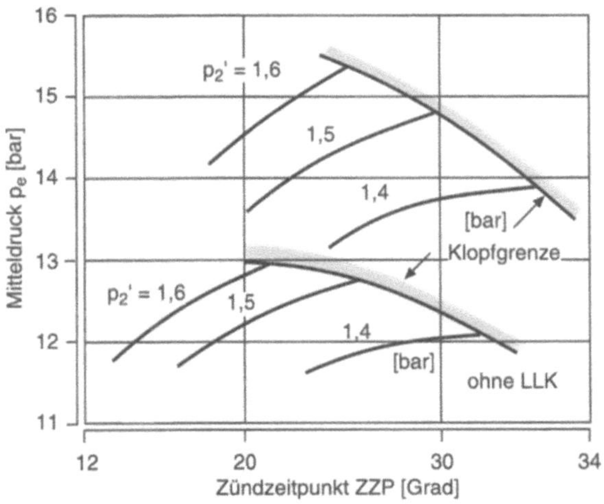

Abb. 8.22. Einfluss des gewählten Zündzeitpunktes auf erreichbaren Mitteldruck in Abhängigkeit vom gewählten Ladedruck mit und ohne Ladeluftkühlung (für abgasturboaufgeladenen Ottomotor)

lässt ein deutliches Absinken der Kompressionsendtemperatur und damit der Klopfneigung erwarten.

Es zeigt sich, dass die Kompressionsendtemperatur bei Berücksichtigung des Restgasanteils mit abnehmendem Verdichtungsverhältnis ε weit weniger abfällt als für den Fall ohne Restgas. Dies ist auf den steigenden Restgasanteil bei reduzierten Verdichtungsverhältnissen (Vergrößerung des Brennraumvolumens) und die damit erhöhten Ladungstemperaturen zurückzuführen.

In Abb. 8.21 sind die an der Klopfgrenze erreichbaren Ladedrücke des beschriebenen Versuchsmotors in Abhängigkeit von Oktanzahl und Ladelufteintrittstemperatur über dem Verdichtungsverhältnis ε aufgetragen. Man erkennt, dass infolge der oben geschilderter Zusammenhänge ohne Ladeluftkühlung durch eine Absenkung des Verdichtungsverhältnisses nur geringe Ladedrucksteigerungen erreichbar sind. Mit einer wirksamen Ladeluftkühlung steigt allerdings der Verdichtungseinfluss auf den erreichbaren Ladedruck, wie die obere Kurve in Abb. 8.21 zeigt, stark an.

Der **Zündzeitpunkt** ist ein sehr wesentlicher Faktor, was seinen Einfluss sowohl auf klopfende Verbrennung als auch auf den Wirkungsgrad des Hochdruckprozesses betrifft. Abbildung 8.22 zeigt den Einfluss des gewählten Zündzeitpunktes auf den erreichbaren Mitteldruck in Abhängigkeit vom gewählten Ladedruck mit und ohne Ladeluftkühlung.

Es kann selbst bei einem sehr niedrigen Verdichtungsverhältnis ε von 8 : 1 nur bis zu einem Ladedruck von 1,4 bar der optimale Zündzeitpunkt gefahren werden. Höhere Ladedruckwerte sind aus Klopfgründen nur mit zurückgenommenen Zündzeitpunkten zu realisieren. Auch hier zeigt sich wieder der große Einfluss der Ladeluftkühlung.

Die **Brennraumform** eines modernen Ottomotors muss einmal im Zusammenwirken mit der Ventil- und Einlasskanalgeometrie dafür sorgen, dass eine ausreichende Gemischbewegung erreicht wird. Zur Vermeidung klopfender Verbrennung ist eine intensive Gemischbewegung besonders wirksam, und zwar durch Mischung und damit Kühlung der einzelnen Gemischanteile einerseits und durch Steigerung der Flammgeschwindigkeit andererseits. Sie wird heute durch besondere Gestaltung der Einlasskanäle sichergestellt, die eine Walzenströmung (Tumble) im Brennraum erzeugen.

Neben der optimalen Brennraumform ist für eine ausreichende und gezielte Kühlung von Ventilen und Brennraumwänden Sorge zu tragen, um so genannte „hot spots“, d. h. heiße Stellen im Brennraum, an denen sich das Gemisch vorzeitig entzünden oder zumindest stark aufheizen kann, zu vermeiden.

Die Vierventiltechnik heutiger Ottomotoren, die eine weitaus bessere Kühlung der heißen Auslassventile aufgrund größerer Ventilauflage- und Ventilschaftflächen zulässt, bietet für die Aufladung die besten Voraussetzungen. Vor allem dann, wenn die gegebenen Kühlungspotentiale konsequent ausgeschöpft und durch eine Kühlung des Kolbens ergänzt werden. Hier sind weiterführende Forschungs- und Entwicklungsarbeiten notwendig und sinnvoll.

8.6.2 Probleme der Quantitätsregelung

Der Ottomotor kann bekanntlich nur innerhalb relativ enger Grenzen des Kraftstoff-Luftverhältnisses λ betrieben werden; mit dem heute unumgänglichen 3-Wege-Katalysator sogar nur bei $\lambda = 1$.

Die Lastregelung kann deshalb nicht, wie beim Dieselmotor, nur durch Änderung der Kraftstoffmenge bei gleichbleibendem Luftdurchsatz (Qualitätsregelung), erfolgen, sondern muss mittels Änderung der Gemischmenge bei konstantem $\lambda \approx 1$ (Quantitätsregelung) erreicht werden.

Eine Zuordnung von Schlucklinien zur Motordrehzahl in der für Dieselmotoren charakteristischen Form tritt deshalb beim aufgeladenen Ottomotor nicht auf. Vielmehr wird, wie Abb. 7.4 im Vergleich zu Dieselmotoren ohne und mit Waste-Gate zeigt und wie das Real-Druck-Volumenstrom-Kennfeld eines abgasturboaufgeladenen Ottomotors bestätigt, der Ladedruck im Saugrohr vor der Drosselklappe von der Ladedruckregelvorrichtung möglichst lange auf dem gewünschten Druckniveau gehalten. Die Rücknahme der angesaugten Gemischmenge – also die Lastreduktion – wird dann durch Drosselung mittels eben dieser Klappe zwischen Ladedruckrohr und Zylinder erreicht.

Erst wenn der Ladedruck wegen fehlender Turbinenleistung nicht mehr gehalten werden kann, fällt die Kennlinie im Verdichterkennfeld ab. Dies passiert, wie im Kennfeld erkennbar, bei unterschiedlichen Motordrehzahlen zu unterschiedlichen Zeiten und führt dann zu Diesel-ähnlichen Betriebslinien, die aber nur die unterschiedlichen Luftdurchsätze zur Überwindung der Verlustleistungen bei den verschiedenen Motordrehzahlen reflektieren.

Die gemachten Aussagen gelten allerdings nur für eine **Drosselklappenanordnung nach Lader**. Die Anordnung der Drosselklappe vor Verdichter wird später behandelt.

Beim aufgeladenen Ottomotor kommt deshalb der Ladedruckregelung eine weit höhere Bedeutung zu als beim Dieselmotor. Dies gilt naturgemäß in besonderem Maße für den abgasturboaufgeladenen Ottomotor.

9 Laderregeleingriffe und Regelungsphilosophien für Starrgeometrie- und VTG-Lader

Einleitend sollen die wichtigsten Begriffe für Regelvorgänge unter Beachtung der Definition von DIN 19226 festgehalten werden.

- Eine **Steuerung** liegt vor, wenn eine oder mehrere Eingangsgrößen eines Systems eine oder mehrere Ausgangsgrößen aufgrund von systemrelevanten gemessenen oder festgelegten Gesetzmäßigkeiten beeinflussen. Man spricht von einem **offenen Steuerungskreis**.
- Die **Regelung** definiert einen Vorgang, bei dem die zu regelnde Größe fortlaufend erfasst, mit der Führungsgröße verglichen und mit dem Ziel der Angleichung an diese beeinflusst wird. Der sich dabei ergebende Ablauf findet in einem geschlossenen Kreis statt. Man spricht vom **geschlossenen Regelkreis**.

Jeder Regelkreis enthält mindestens einen Steuerkreis, das ist die Reihenschaltung von Regler und Regelstrecke. Beim Regelkreis unterscheidet man Führungs- und Störverhalten.

- Mit **Führverhalten** bezeichnet man die Reaktion der Regelgröße des Regelkreises auf eine **Änderung der Führungs-(Vorgabe-)Größe**.
- Das **Störverhalten** ist durch die Reaktion der Regelgröße auf einen **Eingriff in die Störgröße** gekennzeichnet.

9.1 Grundsatzprobleme der Abgasturboladerregelung

Ein Vorteil, aber auch ein Problem der Abgasturboaufladung liegt darin, dass das Ladersystem nur thermodynamisch mit dem Motor gekoppelt ist. Damit stellt sich bei gewählter Verdichter- und Turbinenanpassung über dem Drehzahlbereich des Motors in Abhängigkeit von der Last jeweils ein ganz bestimmter Ladedruckverlauf entsprechend der Turboladerhauptgleichung (Gleichgewicht zwischen Turbinenleistung und der Summe aus Verdichter- und Verlustleistung des Laders) ein.

Will man also den Ladedruck beeinflussen, so geht dies nur, wie in Abschn. 8.5 behandelt, über eine Beeinflussung der Verdichter- oder Turbinenleistung.

Die **Verdichterleistung** lässt sich bei gegebenem oder gefordertem Luftdurchsatz durch den Motor einmal durch Veränderung der Verdichterwirkungsgrade und zum anderen durch eine Änderung der Fördermenge, z. B. durch einen verdichterseitigen Bypass, beeinflussen.

Zur Beeinflussung oder besser Änderung der **Turbinenleistung** stehen mehrere Möglichkeiten zur Auswahl:

- Änderung des Turbinendurchsatzes durch einen Bypass für das Abgas, heute meist als Waste-Gate bezeichnet.
- Änderung der Turbinenanströmverhältnisse durch eine so genannte variable Turbineneintrittsgeometrie, realisiert in der VTG-Turbine.
- Änderung der Motoreinstellung durch Beeinflussung der Verbrennungsgüte z. B. durch Variation des Verbrennungsluftverhältnisses oder des Verbrennungsablaufes (Wärmefreisetzung) und damit der Abgastemperatur.

Um die genannten Möglichkeiten für eine gezielte und sinnvolle Änderung des Laderverhaltens und der gelieferten Druck- und Volumenströme eines Abgasturboladers zu nutzen, bedarf es einer Steuerung oder besser Regelung. Dieser Regelbedarf bei Turboladern verschärft sich, wenn man zusätzlich transiente Motorbetriebszustände in die Betrachtung mit einbezieht. Es ist deshalb für alle modernen Abgasturboladersysteme notwendig, bei ihrer Anpassung auch die möglichen oder zulässigen Regelsysteme und -philosophien zu kennen.

9.2 Starrgeometrie-Abgasturbolader

Zuerst sollen die möglichen Regeleingriffe bei Abgasturboladern mit fixer Turbineneintrittsgeometrie, seien es gegebene Turbinen-Eintrittsspiralgehäuse bei Radialturbinen oder entsprechende Zuströmgehäuse bei Axialturbinen, behandelt werden.

9.2.1 Regelungseingriffsmöglichkeiten für stationäre Betriebszustände

Alle genannten Möglichkeiten sind im stationären Motorbetrieb für aufgeladene Otto- und Dieselmotoren wirksam. Folgende Möglichkeiten stehen zur Verfügung: luftseitiges Abblasen, abgasseitige Abblasregelung, luftseitiges Bypass-Ventil.

Luftseitiges Abblasen stellt die einfachste Möglichkeit dar, einen vorgegebenen Ladedruck zu erreichen. Das Verfahren ist heute bei luftmessenden Gemischbildungssystemen nicht mehr zeitgemäß und zudem energetisch außerordentlich ineffektiv, da dem Motor über einen unnötigen Abgasaufstau Leistung entzogen wird. Eine mögliche einfache Ausführung zeigt Abb. 9.1.

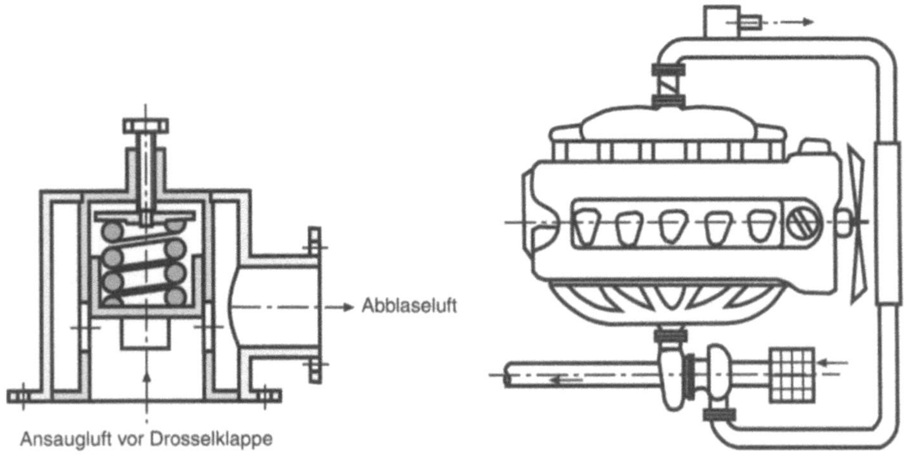

Abb. 9.1. Luftseitiges Abblaseventil

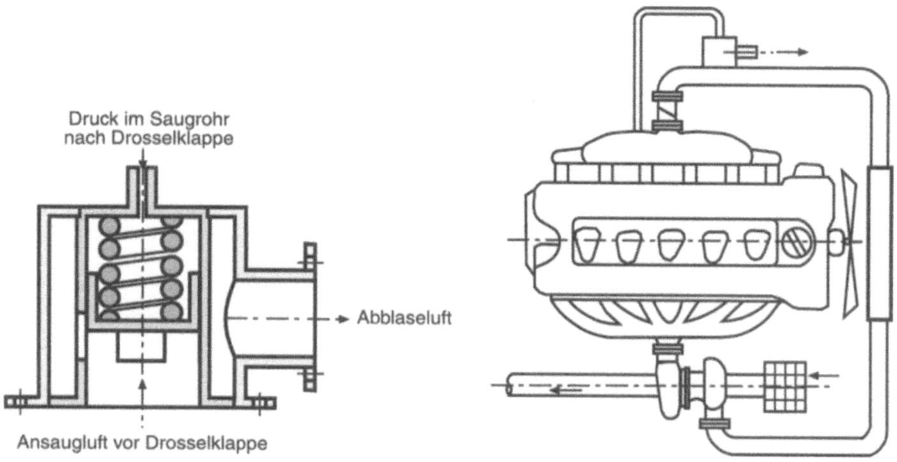

Abb. 9.2. Schaltung zur Ladedruckregelung mittels luftseitigem Abblaseventil

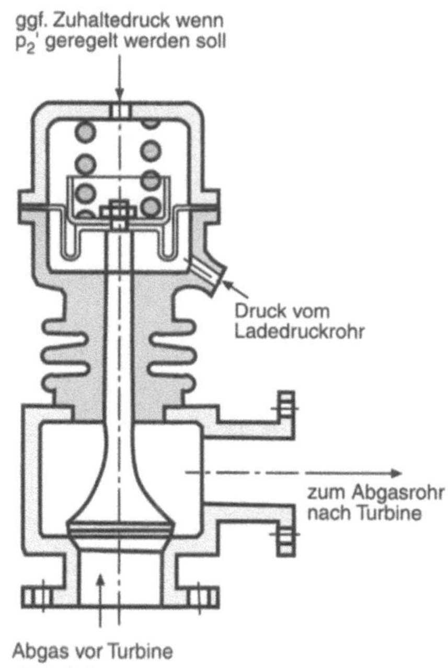

Abb. 9.3

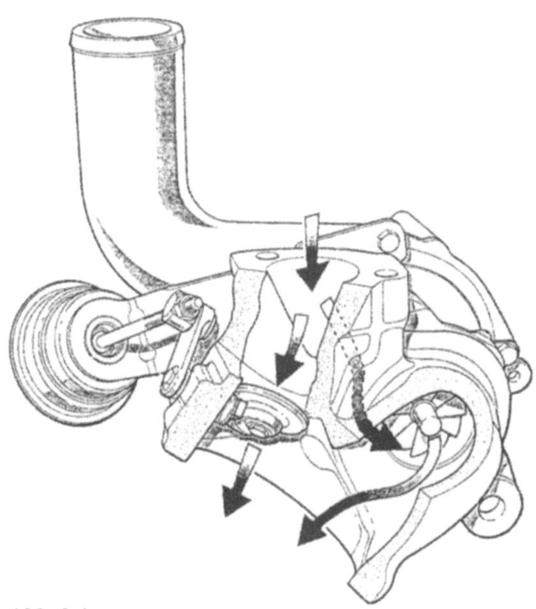

Abb. 9.4

Abb. 9.3. Separat anzuordnendes Waste-Gate-Ventil

Abb. 9.4. Gasführung durch Turbine und Abblaseventil

Will man den Ladedruck, z. B. beim Ottomotor, abhängig vom Lastzustand steuern, so kann dieses Ventil, wie Abb. 9.2 zeigt, durch Beaufschlagung der Federkammer mit dem Saugrohrdruck auch dazu eingesetzt werden.

Für die **abgasseitige Abblaseregelung** (Waste-Gate) wird ein Bypass-Ventil zur Umgehung der Turbine installiert, womit durch Steuerung der Abgasmenge, die durch die Turbine strömt, deren Leistung und damit der bei einem gegebenen Lastpunkt gewünschte Ladedruck eingestellt werden kann, wenn er unter dem ohne Waste-Gate erreichbaren liegt. Darüber hinaus ist eine Waste-Gate-Anordnung in der Lage, den scheinbaren Durchsatzbereich der Turbine durch deren Umgehung

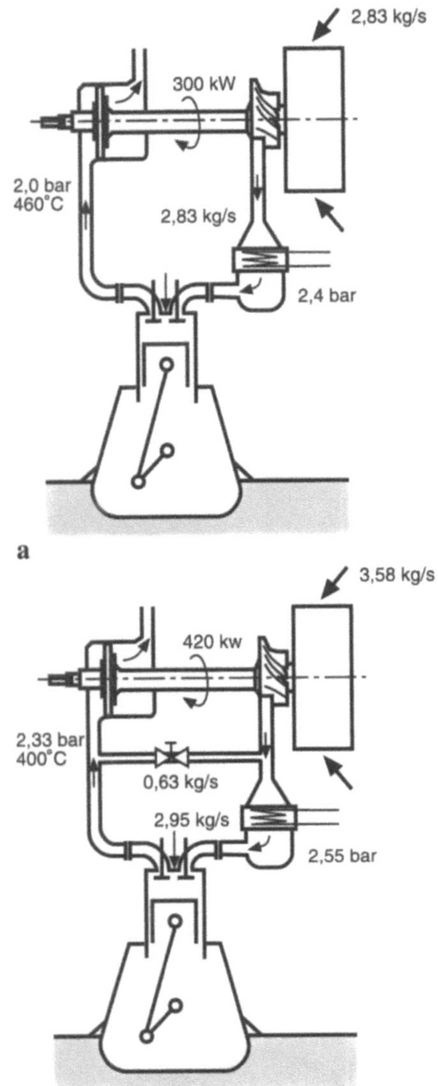

b
Abb. 9.5

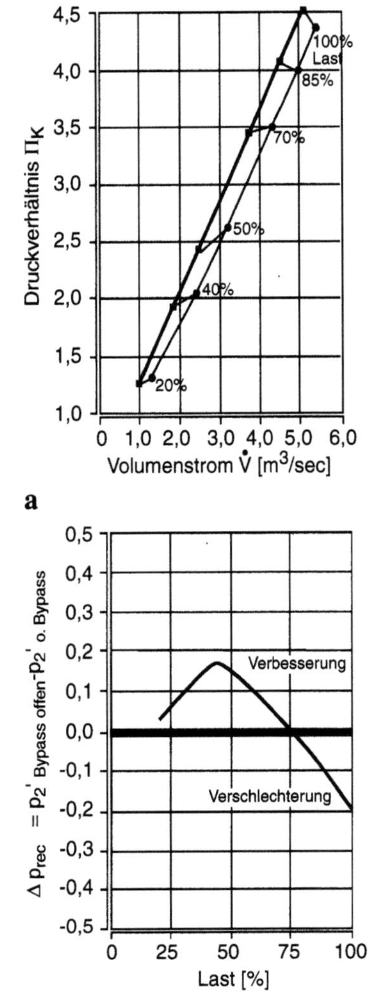

b
Abb. 9.6

Abb. 9.5. Prinzipielle Anordnung einer Motor-Bypass-Leitung mit den Leistungs-, Massenstrom-, Druck- und Temperaturdaten bei 50 % Last ohne (**a**) und mit (**b**) Bypass-Betrieb

Abb. 9.6. Durchsatzänderungen im Verdichterkennfeld (**a**) und die im Teillastgebiet aus der Bypass-Schaltung sich ergebenden Vor- und Nachteile (**b**) [54]

zu erweitern. Allerdings mit dem Nachteil, dass das real durch die Turbine strömende Abgas zur Erreichung ausreichender Turbinenleistung höher aufgestaut werden muss.

Das Waste-Gate, ein Abblaseventil, kann dabei separat im Abgasstrang vor Turbine angeordnet sein (Abb. 9.3). Es wird heute aber überwiegend als in das Turbinengehäuse integriertes Plattenventil ausgeführt. Die Gasführung durch die Turbine und das Abblaseventil als Beispiel in einer Ausführung von 3 K ist in Abb. 9.4 skizziert. Dieses Ventil wird entweder vom Ladedruck selbst, oder aber bevorzugt nach einem vorgegebenen Ladedruckverlauf elektronisch angesteuert.

Wird auch auf den Raum der Arbeitsfeder (Abb. 9.3) Ladedruck gegeben, so hat man damit den Grundbaustein für eine sehr einfache Ladedruckregelung (s. Abschn. 9.2.2).

Die Beeinflussung der Verdichterleistung über Wirkungsgrad und Luftdurchsatz mittels **luftseitigem Bypass-Ventil** wird bei Großmotoren genutzt, um einmal bei der heute üblichen Hochaufladung einen ausreichenden Abstand der Motorbetriebslinie zur Pumpgrenze sicherzustellen und zum anderen diese in den Bereich besserer Verdichterwirkungsgrade zu verlagern. Abbildung 9.5 zeigt dazu die prinzipielle Anordnung am Motor mit den Leistungs-, Massenstrom-, Druck- und Temperaturdaten bei 50 % Last mit und ohne Bypass. In Abb. 9.6a sind die Durchsatzänderungen im Verdichterkennfeld und Abb. 9.6b die im Teillastgebiet aus dieser Schaltung sich ergebenden Vor- und Nachteile eingetragen.

9.2.2 Transient-Regelungsstrategien

Neben den Ladedruckregeleingriffen zur Leistungs- und Drehmomentenformung im stationären Motorbetrieb sind Eingriffe zur Verbesserung des Transientverhaltens abgasturboaufgeladenener Motoren, wie wir in Kap. 8 gesehen haben, zwingend notwendig, um ein akzeptables Lastaufnahmeverhalten zu erreichen. Dazu können zum Teil die bereits beschriebenen Steuer- oder Regelstellorgane verwendet werden. Es ändern sich aber – und das wird noch zu vertiefen sein – die Regelphilosophien und -strategien.

Generelle Regeleingriffsmöglichkeiten bei aufgeladenen Otto- und Dieselmotoren
Hier sollen jene Möglichkeiten behandelt werden, die sich unabhängig vom gewählten Arbeitsverfahren des Grundmotors realisieren lassen.

Das zuvor beschriebene **Waste-Gate-Ventil** zur Umgehung der Turbine kann neben der Ladedrucksteuerung oder -regelung auch zur Verbesserung des Transientverhaltens bei Dieselmotoren eingesetzt werden. Dabei wird die Turbine unter Inkaufnahme von Wirkungsgradverlusten so klein wie möglich gewählt, was zu höheren verfügbaren Turbinenleistungen und damit kürzeren Laderhochlaufzeiten im unteren Motordrehzahlbereich führt, wie Abb. 9.7 für einen abgasturboaufgeladenen Ottomotor zeigt. Nachteilig dabei ist der unvermeidbare Anstieg des Kraftstoffverbrauchs bei hohen Motordrehzahlen.

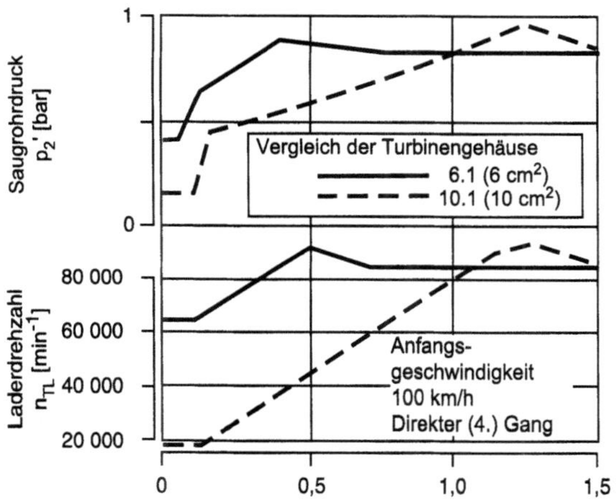

Abb. 9.7. Einfluss des Turbineneintrittsquerschnitts auf den Drehmomentenverlauf

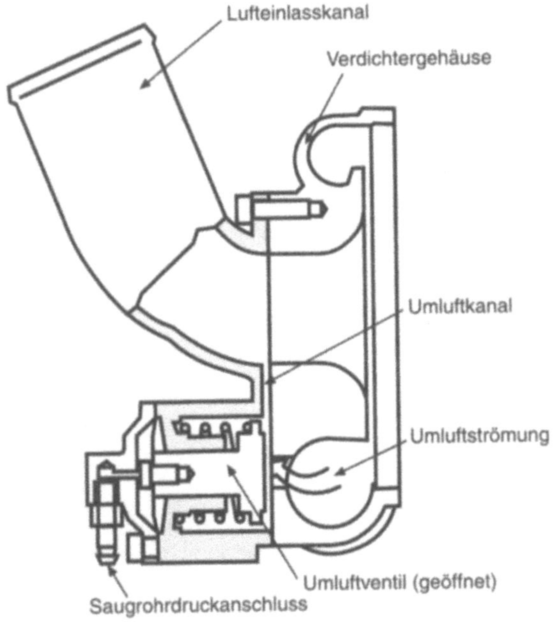

Abb. 9.8. Verdichterumblaseventil [KKK]

Regeleingriffsmöglichkeiten bei aufgeladenen Ottomotoren

Die bisher vorgestellten Regeleingriffe dienen beim Ottomotor zur Sicherstellung klopffreier Verbrennung und der Einhaltung der Verdichter- und Turbinenkennfeldgrenzen durch Vorgabe eines maximal möglichen oder gewünschten Ladedruckverlaufes. Beim abgasturboaufgeladenen Ottomotor kann nun das Instationärverhalten durch zusätzliche Regeleingriffe weiter verbessert werden. Es werden ja durch die Quantitätsregelung mit Drosselung auch im Teillastgebiet hohe Ladedrücke erzeugt und nur die durchgesetzten Gemischmengen der Last entsprechend angepasst.

Die einfachste Maßnahme ist ein so genanntes **Umblaseventil** (Abb. 9.8), das aus mehreren Gründen benötigt wird. Es dient einmal dazu, durch eine scheinbare Erhöhung des Verdichterdurchsatzes höheren Ladedruck an der Pumpgrenze zuzulassen und damit bei Lasterhöhung a priori einen höheren Ladedruck zur Verfügung zu stellen. Zum anderen ist es unbedingt dann notwendig, wenn die **Drosselklappe nach Verdichter** angeordnet ist. Wird diese Drosselklappe, zwecks Lastwegnahme, bei höheren Last- und Drehzahlpunkten schnell geschlossen, so würden, da durch den Motor kein nennenswerter Luftdurchsatz mehr stattfindet und die Abgasturbine aufgrund ihres hohen Trägheitsmomentes noch kurze Zeit hohe Leistungen erbringt, sehr hohe Druckverhältnisse im Pumpgebiet des Verdichters aufgebaut werden.

Das Umluftventil (Abb. 9.8) öffnet sich deshalb nach Überwindung eines durch Federbelastung vorgegebenen Differenzdruckes zum Saugrohr nach Drosselklappe und führt so Luft zum Verdichtereintritt zurück. Dadurch wird einmal Ladedruck abgebaut und zum anderen auch hier der Durchsatz durch den Verdichter scheinbar erhöht, womit das Pumpen des Verdichters verhindert werden kann.

Eine sehr wirksame Maßnahme zur Verbesserung des Ansprechverhaltens ist die **Anordnung der Drosselklappe vor Verdichter**, und zwar aus folgendem Grund: Infolge der beschriebenen Quantitätsregelung steht bei einem bestimmten Teillastpunkt immer dieselbe Abgasenergie, beschrieben durch Abgasmenge und -druck, und damit dieselbe Turbinenleistung zur Verfügung.

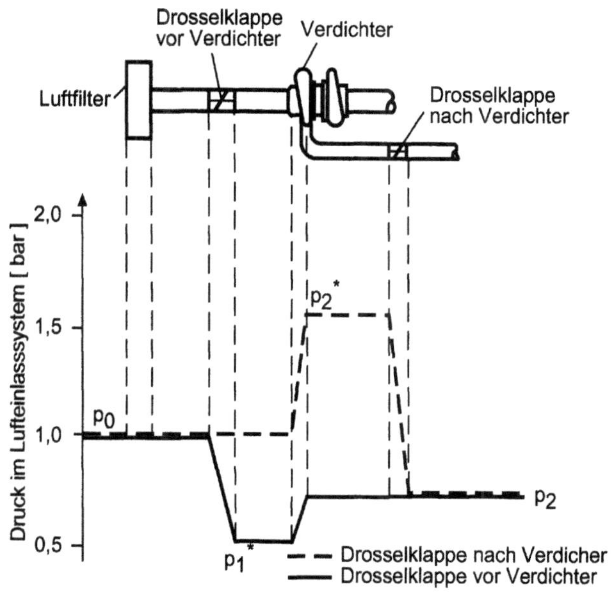

Abb. 9.9. Anordnung der Drosselklappe vor und nach Verdichter und die daraus im Einlasssystem resultierenden Druckverläufe

beschrieben durch Abgasmenge und -druck, und damit dieselbe Turbinenleistung zur Verfügung. Die Einregulierung der benötigten Gemischmenge für diesen Teillastpunkt erfolgt immer durch Drosselung. Diese kann nun aber vor oder nach Verdichter erfolgen. Der **Verdichter** fördert immer ein **bestimmtes Volumen**, während der **Motor**, wie beschrieben, eine **bestimmte Gemischmenge** benötigt. Das Volumen dieser Menge hängt aber nach

$$V = m/\rho \tag{9.1}$$

direkt von deren Dichte ab. Erst durch Normierung des Luftzustandes, z. B. am Verdichtereintritt, wird dem Volumen eine Masse zugeordnet. Abbildung 9.9 zeigt schematisch die Anordnung von Drosselklappen vor und nach dem Verdichter und die daraus über der Saugrohrlänge resultierenden Druckverläufe. In beiden Fällen herrscht am Verdichtereintritt der Umgebungsdruck p_0. Bei niedrigen Lastpunkten liegt dieser Druck über dem Druck p_2 in der Ladeluftleitung. Bei Anordnung der **Drosselklappe nach Verdichter** fördert dieser, wie Abb. 9.9 zeigt, also Luft von Umgebungsdruck normaler Dichte und entsprechend kleinem Volumen, verdichtet diese auf einen jeweiligen Zwischendruck p_2^* nach Verdichter, von wo aus auf den benötigten Saugrohrdruck p_2 gedrosselt wird. Dies ist in Abb. 9.10 für die Mitteldrücke $p_e = 2, 4$ und 6 bar mit den Punkten A_1–A_3 eingezeichnet.

Setzt man die **Drosselklappe vor Verdichter**, so wird von p_0 auf einen Zwischendruck p_1^* gedrosselt, der nun unter dem Druck p_2 in der Ladeluftleitung liegt (Abb. 9.9). Die Luft hat hier eine geringere Dichte und ein entsprechend größeres Volumen – Punkte B_1–B_3 in Abb. 9.10 –, mit denen sie in den Verdichter einströmt und dort von p_1^* auf p_2 verdichtet wird. Dies geschieht, wie Abb. 9.10 deutlich zeigt, bei besseren Verdichterwirkungsgraden, weit entfernt von der Pumpgrenze und mit höheren Verdichterdrehzahlen und demzufolge auch besseren Startbedingungen bei plötzlicher Laststeigerung. Abbildung 9.11 zeigt den Unterschied der Regelvarianten für verschiedene Lasten über der Motordrehzahl mit den jeweiligen Verdichterdrehzahlen bei Drosselung vor und nach Verdichter. Es werden Drehzahlanhebungen von bis zu 10000 min^{-1} erreicht.

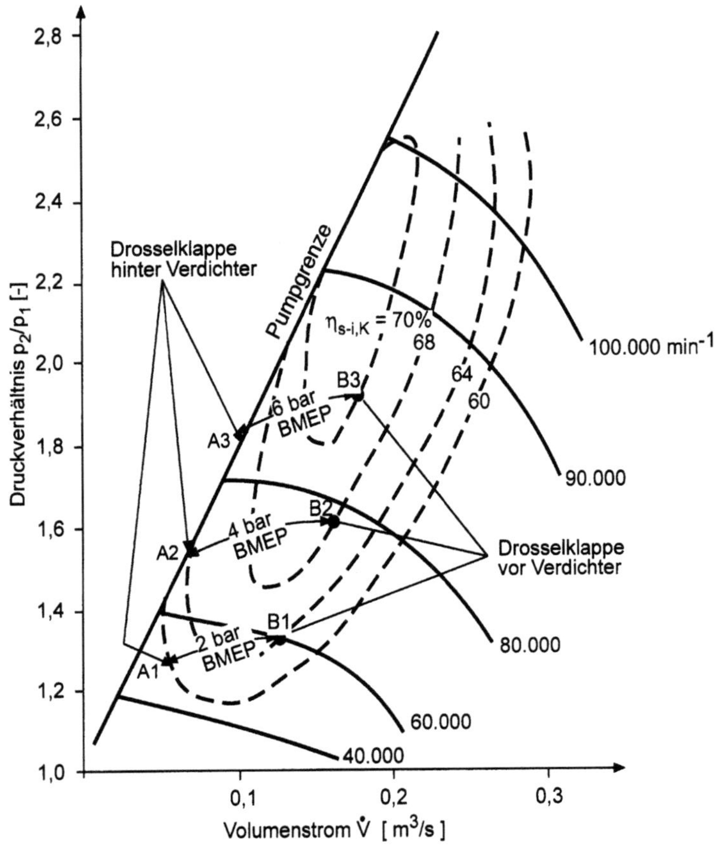

Abb. 9.10. Auswirkungen der Drosselklappenlage auf die Lage der Motorbetriebspunkte im Druck-Volumenstrom-Kennfeld

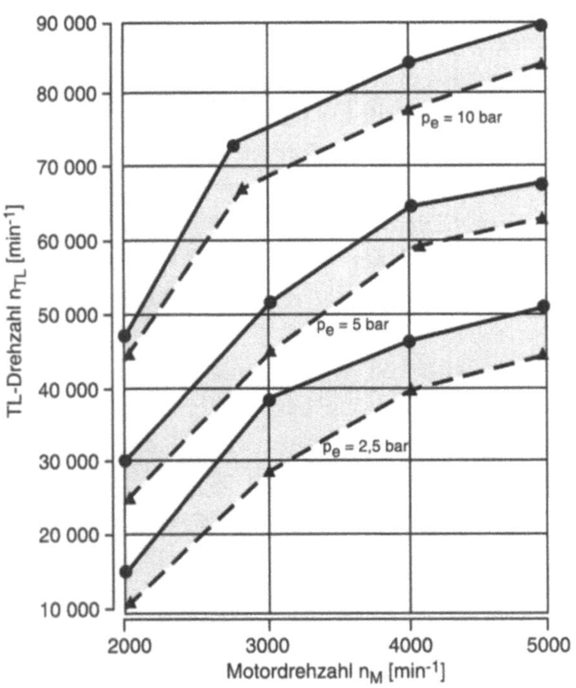

Abb. 9.11. Verdichterdrehzahlen bei Drosselung vor (●) und nach (▲) Verdichter

Die geschilderte Drosselklappenanordnung vor Verdichter hat allerdings zwei Probleme.

- Es ist ein Lader erforderlich, der über eine wirksame **Ölabdichtung auch bei Unterdrücken** im Verdichtergehäuse verfügt. Diese bereitet heute noch Probleme und verursacht vor allem Zusatzkosten.
- Falls nach dem Lader noch ein Ladeluftkühler und dessen Zu- und Ableitungen installiert werden müssen, kommt es zu einem **starken Anstieg des Ladesystemvolumens**, das bei Teillast zu entleeren und bei Laststeigerung zu füllen ist, wodurch das Ansprechverhalten des Motors verschlechtert wird.

Bei Stationärgasmotoren ist die Anordnung der Drosselklappe vor Verdichter heute Stand der Technik, weil damit die Gaseindüsung vor Verdichter erfolgen kann mit der Folge einer sehr guten Gemischhomogenisierung.

9.2.3 Teillast- und Emissionsregelgrößen und Regelungseingriffe

Otto-Benzin- und Gasmotoren

Neben der Begrenzung des Volllastladedruckes muss beim aufgeladenen Ottomotor auch darauf geachtet werden, dass – falls die Regeldrosselklappe nach Verdichter angeordnet wird – bei Teillast der Druck vor der Drosselklappe (sie regelt durch Drosselung des anstehenden Ladedruckes gerade diesen Lastzustand) nicht zu hoch ansteigt und dabei infolge kleiner Mengendurchsätze in den instabilen Bereich des Laderkennfeldes links von der Pumpgrenze des Laders driftet. Am einfachsten erreicht man diese Forderung dadurch, dass man das Volllastabblaseventil mit dem Druck vor Drosselklappe ansteuert und diesen als Regelgröße verwendet wie Abb. 9.12 zeigt.

Es wird dann, solange dies die Turbinenleistung ermöglicht, auf konstanten maximalen oder vorgegebenen Ladedruck vor Drosselklappe geregelt, auch bei Teillast. Der Vorteil dieser Anordnung besteht in dem gleichbleibenden Druck vor Drosselklappe und damit gutem Ansprechverhalten bei plötzlichen Laststeigerungen. Es entsteht ein Motorschlucklinienverlauf, wie ihn Abb. 9.13 zeigt. Die Teillastkraftstoffverbräuche sind wegen der geforderten hohen Turbinenleistungen zur lastunabhängigen Aufrechterhaltung des vollen Ladedruckes allerdings erhöht.

Es kann deshalb sinnvoll sein, den Druck nach Drosselklappe, der beim Ottomotor ein Maß für die Last darstellt, als Regelgröße zu wählen und somit diese Schaltung zum **Teillastabblaseventil**

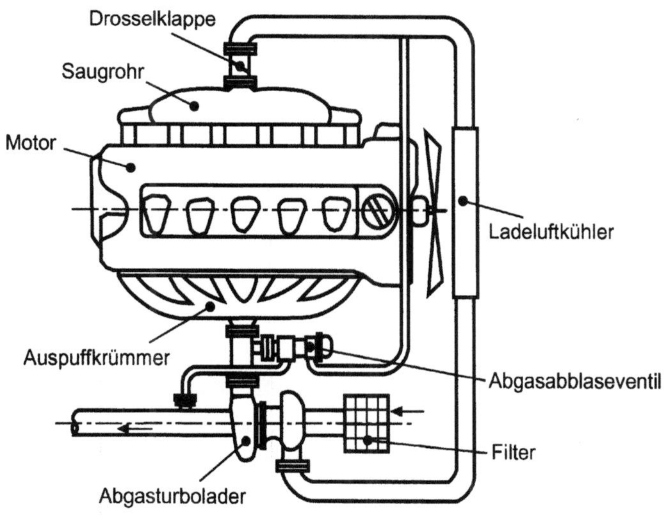

Abb. 9.12. Schaltbild eines Volllastabblaseventils angesteuert mit dem Druck vor Drosselklappe

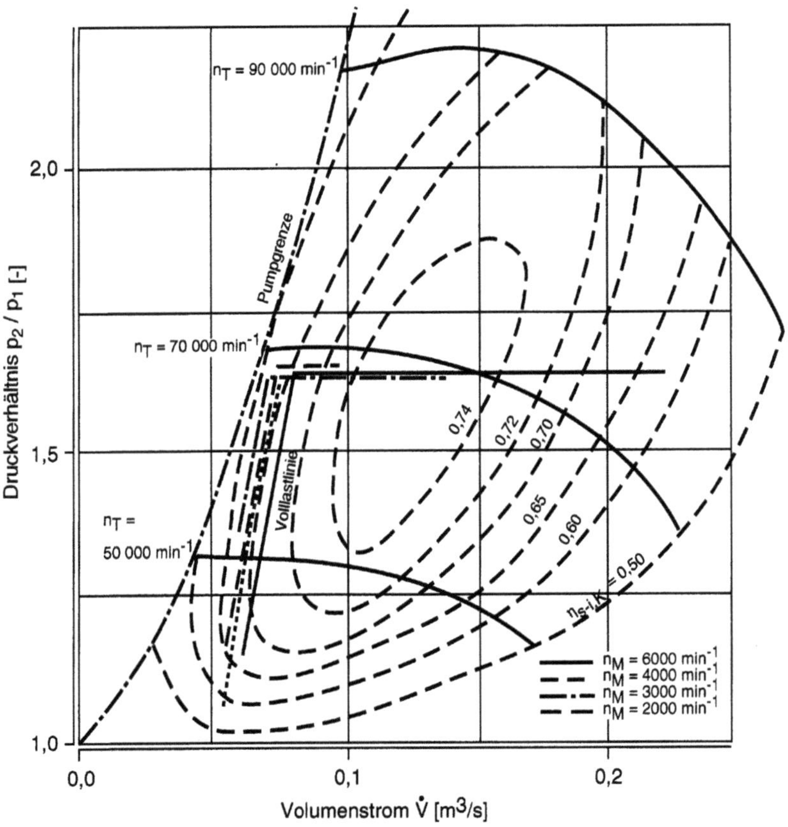

Abb. 9.13. Motorschlucklinienverlauf bei Druckansteuerung vor Drosselklappe

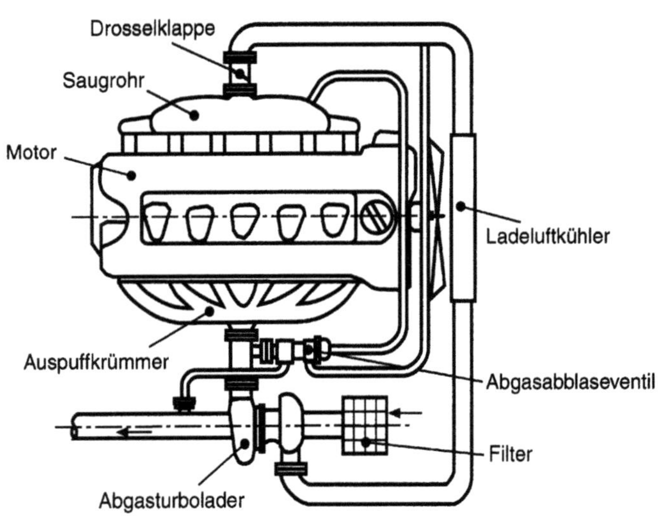

Abb. 9.14. Schaltbild eines Voll- und Teillastabblaseventils angesteuert mit dem Druck nach Drosselklappe

weiter zu entwickeln (Abb. 9.14). Höhere Drücke als gewünscht und kennfeldverträglich werden damit vermieden. Allerdings leidet das Ansprechverhalten des Laders etwas, da das Waste-Gate auch bei Teillast öffnet. Der Kraftstoffverbrauch wird durch Absenken der Teillastverdichterleistung aber positiv beeinflusst. Abbildung 9.15 zeigt die Anordnung und Steuerdruckentnahme für Teillastab-

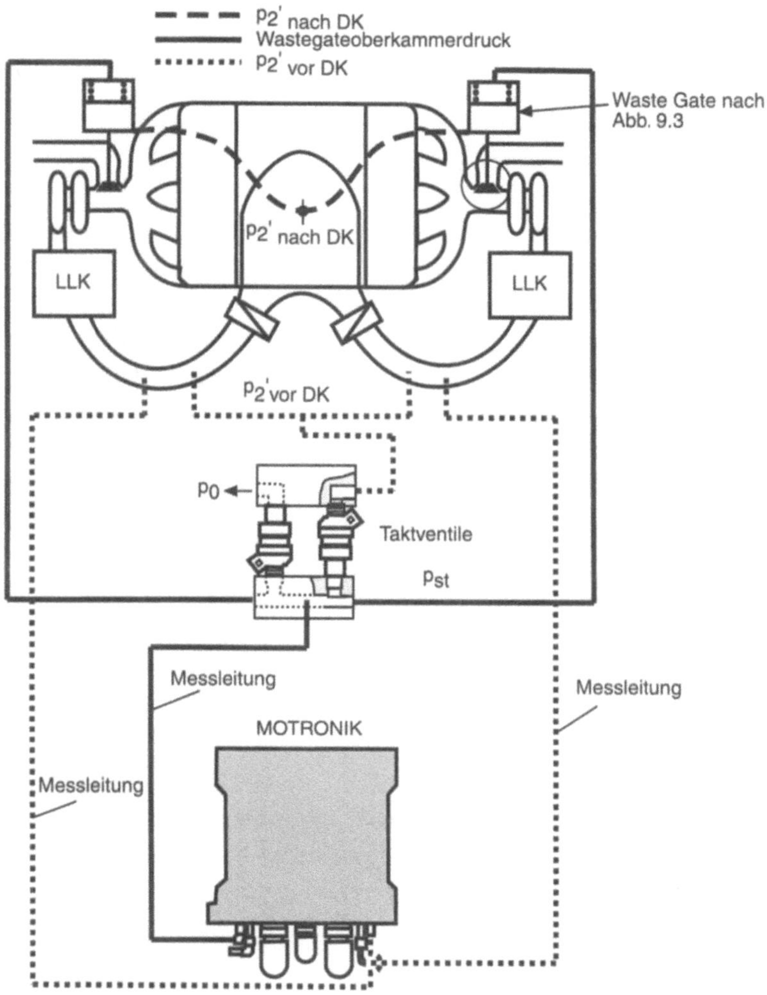

Abb. 9.15. Anordnung und Steuerdruckentnahme für Teillastabblasung sowie schematische Darstellung der elektronischen Regelung für Drucksteuerung in Waste-Gate-Oberkammer mittels Drucktaktventilen

blasung sowie die schematische Darstellung der elektronischen Regelung für die Drucksteuerung in der Waste-Gate-Oberkammer mittels Drucktaktventilen. Es wird somit ein Ladedruckkennfeld mit konstanter Druckdifferenz an der Drosselklappe möglich, was für die Regelung vorteilhaft sein kann. Für einen möglichst raschen und exakten Ladedruckaufbau einerseits sowie eine exakte Regelung des lastbestimmenden Ladedruckes im Teillastbereich andererseits lohnt es sich, all die bisher beschriebenen Maßnahmen zu einer **Waste-Gate-Ladedruckregelung** zusammenzufassen. Man beaufschlagt dazu die Federkammer (Abb. 9.3) des Waste-Gate-Ventils so lange mit dem Ladedruck vor Drosselklappe, bis der gewünschte Ladedruck nach Drosselklappe – mithin der lastbestimmende Ladedruckwert – erreicht ist. Es wird damit ein schleichendes Öffnen des Ventils bei kleinen Differenzen zwischen Soll- und Ist-Ladedruck mit dem Nachteil von Abgasdruckverlusten vermieden. Es erfolgt eine Waste-Gate-Zwangsschließung.

Zum anderen kann mit dieser Anordnung unterhalb des maximal erreichbaren Ladedrucks (Waste-Gate voll geschlossen) jeder gewünschte Wert realisiert werden, was bei modernen Dieselmotoren zur Regelung des Luftverhältnisses im Teillastgebiet, bei Ottomotoren zur Lastregelung im gesamten Ladedruckbetriebsbereich verwendet werden kann. Dazu bedarf es allerdings einer geeigneten Regelschaltung, wie sie in Abschn. 9.3.6 beschrieben wird.

Dieselmotor

Neben den Volllastregeleingriffen wird beim aufgeladenen Dieselmotor auch im Teillastgebiet eine Regelung angewandt, um einerseits das Emissionsverhalten zu verbessern und andererseits das Ansprechverhalten auf Laständerungen aus der Teillast zu verbessern.

Dazu kann z. B. der **Teillastladedruck** für die geringstmögliche Emission einer oder mehrerer Abgaskomponenten optimiert, in einem Kennfeld abgelegt und mittels des ohnehin vorhandenen Waste-Gates aktiviert und realisiert werden. Es kann sich dabei jedoch nur um eine Absenkung des ohne Aktivierung des Waste-Gates erreichbaren Druckes handeln. Um den Ladedruckaufbau und damit das Lastaufnahme- oder Ansprechverhalten des Motors unter diesen Betriebsbedingungen zu verbessern, wird man in jedem Falle auch die bereits beschriebene Waste-Gate-Zwangsschließung anwenden.

Als letzte Möglichkeit der Emissionsverbesserung muss man heute die **Wahl der Turbinengröße** in Verbindung mit einem Waste-Gate sehen. Es wird dabei die Möglichkeit geschaffen, durch eine sehr klein gewählte Turbine und einen demzufolge hohen Waste-Gate-Gasanteil einen hohen Abgasgegendruck zu erzeugen. Damit steht das für eine Abgasrückführung notwendige, gaswechseltechnisch negative Druckgefälle vom Auspuffsystem zur Ladedruckleitung zur Verfügung. Wie die Teillastladedruckregelung kann auch diese Maßnahme mit einer – eventuell nicht unbeträchtlichen – Erhöhung des Kraftstoffverbrauchs verbunden sein.

Sonderregeleingriffe für Motorbremsbetrieb

Für den Motorbremsbetrieb muss bei allen Starr- und Waste-Gate-Ladersystemen nach der Turbine eine Abgasbremsklappe angeordnet werden, die im Bremsbetrieb einerseits für hohe Drücke im Abgasstrang und damit verbundene, eigentlich unerwünschte Wiederöffnung der Auslassventile sorgt und andererseits auch hohe Drücke im Turbinengehäuse verursacht, mit allen daraus entstehenden Problemen für die Abdichtung des Laderlagergehäuses.

9.3 Abgasturbolader mit variabler Turbineneintrittsgeometrie

9.3.1 Generelle Regelungsmöglichkeiten und -strategien für Lader

Bei einem Lader mit variabler Turbinengeometrie (VTG) kann der Ladedruck sehr einfach durch eine Verstellung der Eintrittsschaufeln der Turbine, d. h. durch eine Änderung des Gaseintrittswinkels in das Turbinenrad, im Betrieb geändert und damit geregelt werden. Die Ansicht eines solchen Laders zeigt Abb. 9.16. Der Vorteil des VTG-Laders liegt dabei darin, dass immer die gesamte Abgasmenge in der Turbine zur Leistungserzeugung genutzt werden kann. Dies beeinflusst die erreichbaren Turbinenwirkungsgrade sehr positiv, da der nutzbare Durchsatzbereich der Turbine stark ausgeweitet (Abb. 9.17) und damit der notwendige Abgasaufstau, z. B. gegenüber einer Waste-Gate-Regelung, stark reduziert wird. Um diesen Vorteil zu nutzen, muss allerdings eine Steuerung oder besser eine Regelung der Stellung der Turbineneintrittsbeschaufelung in Abhängigkeit von geeigneten Regelgrößen angewandt werden.

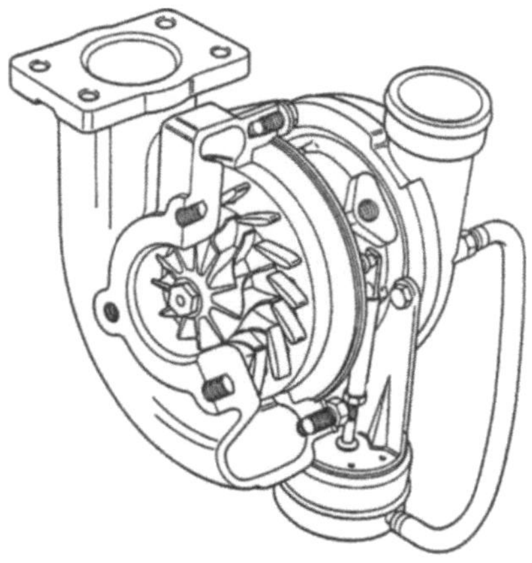

Abb. 9.16. Ansicht und Schnittbild eines VTG-Laders

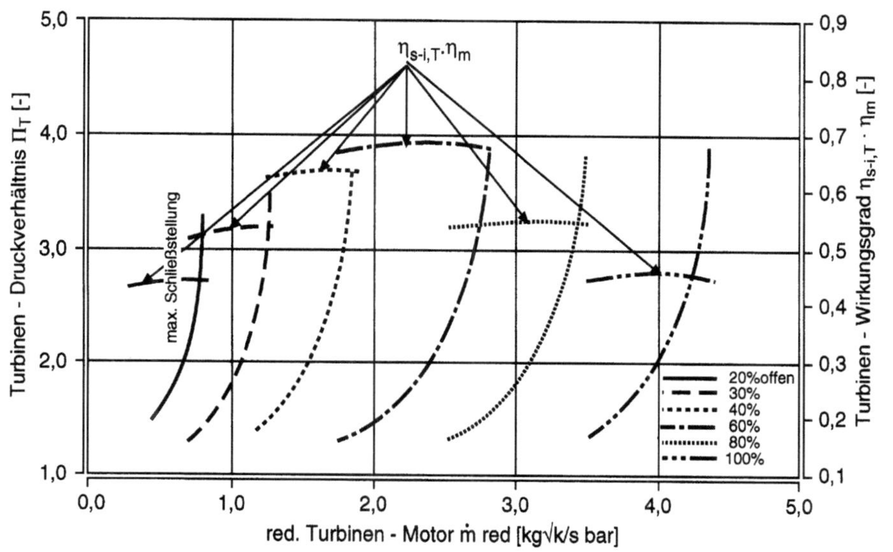

Abb. 9.17. Kennfeldbereich eines VTG-Laders

9.3.2 Regeleingriffe zur Verbesserung des Stationärverhaltens

Im Folgenden werden, da beim Ottomotor noch keine VTG-Lader serienmäßig eingesetzt werden, die Probleme des Dieselmotors, d. h. die der Qualitätsregelung, behandelt. Mit VTG ist es möglich, für jeden Motorbetriebspunkt die Menge und den Druck der geförderten Ladeluft durch Veränderung des Turbineneintrittsquerschnitts, d. h. durch Änderung der Turbinenleistung, in weiten Grenzen zu variieren.

So kann über die Wahl des Winkels der Eintrittsbeschaufelung, die im Folgenden über den Verstellweg beschrieben wird, jener Luftdurchsatz gewählt werden, bei dem sich z. B. ein kraftstoffverbrauchsoptimaler Betrieb einstellt. Wie Abb. 9.18a zeigt, steigt bei einer Abweichung in beide Verstellrichtungen der Kraftstoffverbrauch an. Dies hat folgende Ursachen: Mit kleineren Stellwegen, was hier größere Turbinenquerschnitte bedeutet, nimmt die geförderte Luftmasse und damit die Luftzahl λ ab, wodurch sich die Verbrennung verlangsamt (Brenndauer wird länger), der Umsetzungsgrad für den Brennstoff schlechter wird und die Wandwärmeverluste zunehmen. Als Indiz dafür erhöht sich die Rußemission.

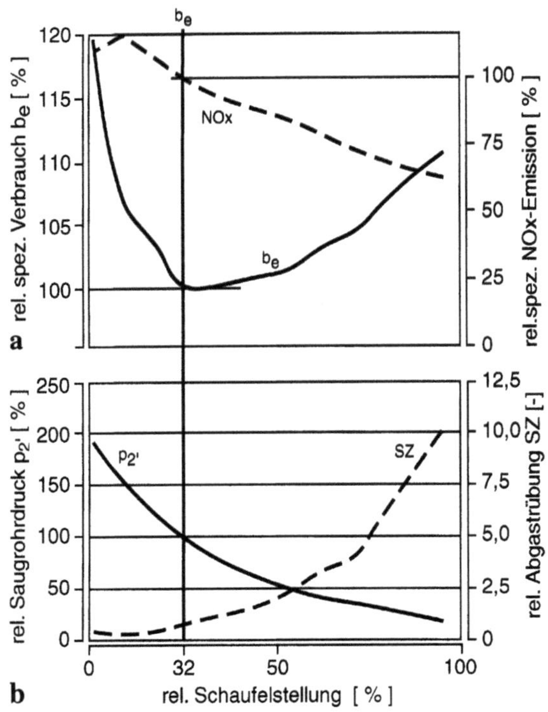

Abb. 9.18. Abhängigkeit wichtiger Motordaten von VTG-Schaufelstellung

Zu größeren Verstellwegen hin, also mit abnehmendem Turbinenquerschnitt, werden sich die Gaswechselverluste, repräsentiert durch das Spülgefälle, erhöhen. Der verbrauchsoptimale Luftdurchsatz und damit Schaufelwinkel bzw. Stellweg ist also der, welcher den besten Kompromiss aus Luftverhältnis und Spülgefälle darstellt.

9.3.3 Regeleingriffe zur Verbesserung des Instationärverhaltens

Im dynamischen Motorbetrieb gelten grundsätzlich ebenfalls beide zuletzt genannten Kriterien. Erste Reglerauslegungen (Abb. 9.19), die als einfache PI-Regler zur Einregelung von p_2' so aufgebaut sind, dass bei einem Lastsprung der neue, höhere Ladedruck möglichst rasch erreicht wird, ergaben schon bei Untersuchugen auf dem Transientprüfstand die in Abb. 9.20 gezeigten unbefriedigenden Ergebnisse. Wie Abb. 9.20b mit den Ladedruckverläufen für einen Festgeometrielader und den VTG-Lader mit p_{2s}-Regelung zeigt, steigt der Ladedruck beim VTG-Lader zwar sehr viel rascher an als beim Starrgeometrie-Lader. Allerdings, wie Abb. 9.20a zeigt, mit einem

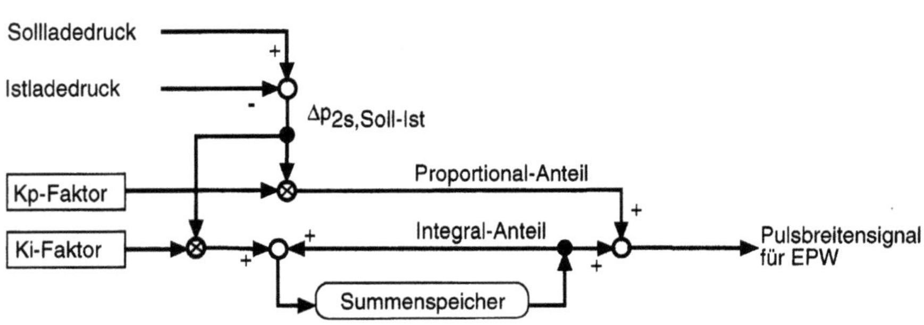

Abb. 9.19. Einfach-PI-Regler zur Einregelung von p_2'

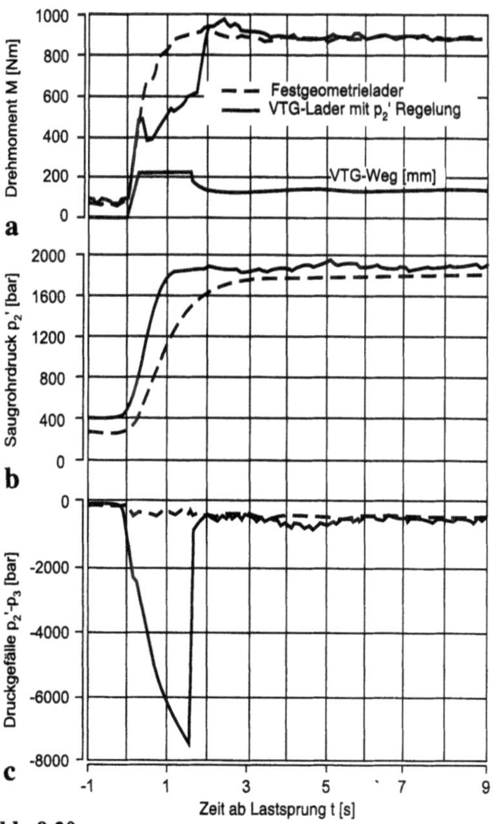

Abb. 9.20

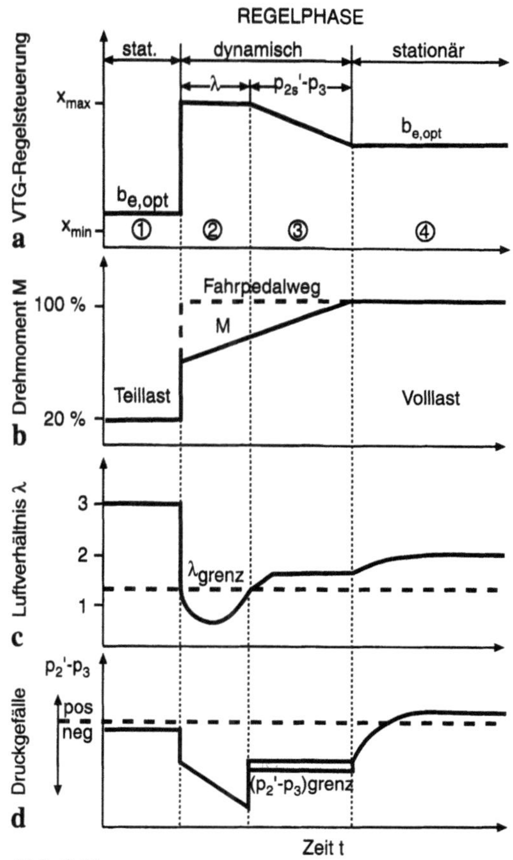

Abb. 9.21

Abb. 20a–c. Lastaufschaltergebnisse mit Einfach-PI-Regler

Abb. 21a–d. Prinzipielle Regelgrenzwerte und -größen

völlig unbefriedigenden Anstieg des Motordrehmoments, das für ca. 2 s sogar weit unter dem des Starrgeometrie-Laders bleibt.

Der Grund dafür wird aus Abb. 9.20c ersichtlich. Bei der Einregelung auf raschesten Ladedruckanstieg wird der Turbinenquerschnitt auf sein vorgegebenes Minimum reduziert mit der Folge, dass der Turbinenaufstau stark ansteigt, was zu negativen Gaswechselmitteldrücken führt, die der Motor unter Verlust von am Schwungrad verfügbarem Moment aufbringen muss. Es genügt deshalb keinesfalls, im Falle eines Lastsprunges die Verstellbeschaufelung bis zum Erreichen des gewünschten Ladedrucks auf ihren kleinsten Querschnitt zu stellen. Vielmehr ist darauf zu achten, dass bei der Einregelung eines neuen Ladedruckwertes bei plötzlichen Laststeigerungen bestimmte Grenzwerte (Abb. 9.21) eingehalten werden.

Wie aus Abb. 9.21 zu ersehen, kann eine Laststeigerung in 4 Phasen eingeteilt werden. Ausgehend von einem eingeschwungenen Teillastzustand (1), z.B. 20 % der Volllast, soll die Last schlagartig auf 100 % gesteigert werden, wie Abb. 9.21b mit der Fahrpedal-, sprich: Lastanforderungskurve ausweist. In dieser Phase (2) wird die VTG auf einen bestimmten Minimalwert zugefahren (Abb. 9.21a). Dabei ist darauf zu achten, dass weder ein bestimmtes, meist vom Abgastrübungswert bestimmtes Grenz-λ unterschritten noch das negative Gaswechselspüldruckgefälle $(p_2' - p_3)$ – jedenfalls nicht auf längere Dauer – überschritten wird. Dies geschieht durch Wiederöffnen der VTG in Phase 3, obwohl der gewünschte Ladedruck noch nicht erreicht ist. Erst in Phase 4

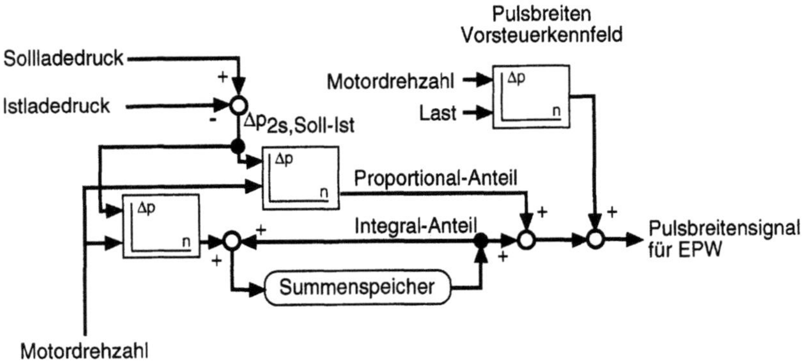

Abb. 9.22. Erweiterter PI-Reglers mit last- und drehzahlabhängigen Kennfeldern für die zu wählenden I- und P-Anteile sowie einer Vorsteuerung des VTG-Stellers [DC]

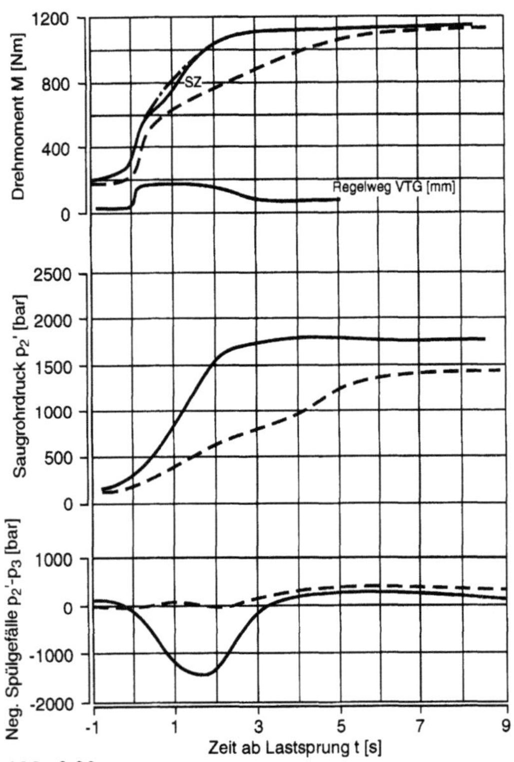

Abb. 9.23

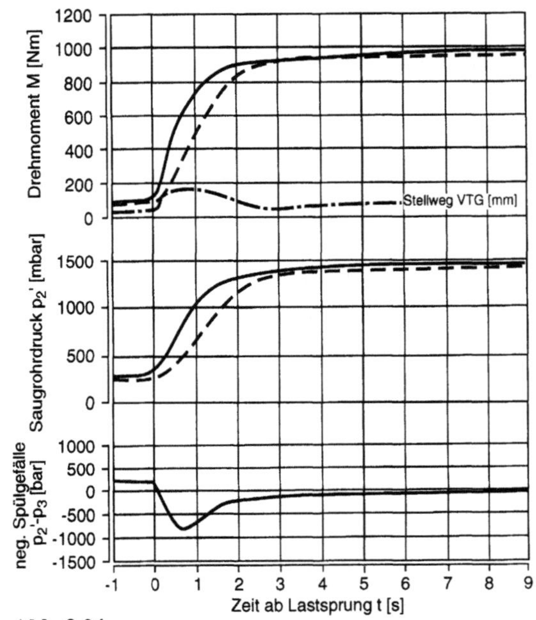

Abb. 9.24

Abb. 9.23. Lastaufschalt-Ergebnisse mit erweitertem PI-VTG-Regler bei niedrigster Volllastdrehzahl [DC]

Abb. 9.24. Lastaufschalt-Ergebnisse mit erweitertem PI-Regler bei hoher Volllastdrehzahl [DC]. — —, Waste-Gate-Lader; ——, VTG mit Vorsteuerung

steht der volle Ladedruck zur Verfügung und die Werte für λ und Spülgefälle laufen auf ihre Endwerte zu. Auch zur Ermittlung optimierter Regelungsstrategien für derartige transiente Aufladevorgänge stellt die numerische Kreisprozesssimulation ein hervorragendes Werkzeug dar – ein entsprechendes Beispiel dazu wird im Abschn. 9.3.7 im Detail vorgestellt.

Am besten wäre die gewünschte VTG -Regelstrategie mit einer direkten Verarbeitung der beiden kritischen Motorwerte, des Spülgefällegrenzwertes $\Delta p_s = (p_2' - p_3)$ und des λ-Grenzwertes,

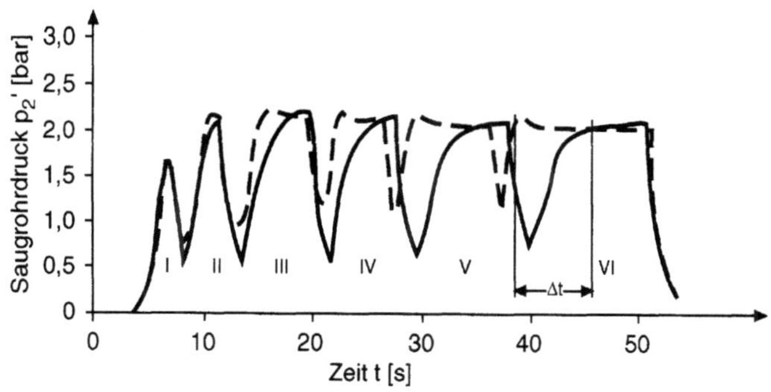

Abb. 9.25. Einfluss einer Schalt-VTG-Regelung auf den Ladedruckabfall in den Schaltpausen [DC]. — —, Waste-Gate-Lader; ——, VTG mit Vorsteuerung

zu realisieren. Deren messtechnische Erfassung ist aber zur Zeit noch nicht dauerhaltbar und kostengünstig zu realisieren. Eine mögliche Abhilfe ist die Erweiterung des bereits vorgestellten PI-Reglers mittels last- und drehzahlabhängiger Kennfelder für die zu wählenden Integral- und Proportional-Anteile sowie eine Vorsteuerung des VTG-Stellers (Abb. 9.22). Mit diesem verbesserten VTG-Regler lassen sich bereits sehr ansprechende Druck- und Drehzahlaufbauzeiten realisieren, wie Abb. 9.23 für eine Volllastlastaufschaltung bei niedriger Motordrehzahl und Abb. 9.24 für eine hohe Motordrehzahl zeigen.

Eine weitere Verbesserung lässt sich im Fahrzeugbetrieb, vor allem im Nutzfahrzeugeinsatz, dadurch erreichen, dass in den Schaltpausen, wo der normale Starrgeometrie-Lader infolge fehlender Abgasmengenströme in der Drehzahl und damit im Ladedruck stark abfällt, das Turbinen-Leitgitter der VTG zugefahren wird, was zu einem weit geringerem Drehzahlabfall und damit Ladedruckverlust führt. Auch wird dadurch der λ-Wert bei der Lastaufnahme nach dem Schaltvorgang verbessert, was bei zukünftigen Transientabgastests von Bedeutung sein kann. Abbildung 9.25 zeigt den Einfluss einer Schalt-VTG-Regelung mit deutlich reduziertem Ladedruckabfall in den Schaltpausen, einer verbesserten Lastannahme nach der Schaltung und dadurch verbesserten Fahrzeugbeschleunigungswerten. Mehr zur Reglerauslegung findet sich in Abschn. 9.3.6.

9.3.4 Regelsondereingriffe zur Erhöhung der Motorbremsleistung

Mit sich ständig weiter verbessernder Aufladetechnologie lassen sich gewünschte Leistungs- und Drehmomentwerte mit immer kleineren Motorhubvolumina realisieren. Dies führt bei Einsatz solch moderner Hochleistungsmotoren im Nutzfahrzeug zu dem Zusatzproblem, mit dem kleinen Motorhubvolumen nun auch höhere Bremsleistungen realisieren zu müssen. Neuerdings kommt verschärfend hinzu, dass diese hohen Bremsleistungen schon bei relativ niedrigen Motordrehzahlen zur Verfügung stehen sollten, um ohne Rückschaltung Anpassungsbremsungen mit der Motorbremse alleine durchführen zu können. Die VTG ist in der Lage, auch für dieses Problem Lösungen anzubieten, wenn folgende Voraussetzungen erfüllt werden:

- Die VTG muss zu kleinen Querschnitten hin noch ausreichend hohe Turbinenwirkungsgrade sicherstellen.
- Diese kleinen Turbineneintrittsquerschnitte müssen exakt und mit kleinster Hysterese angesteuert werden können und die VTG muss die sich einstellenden hohen Abgasaufstaudrücke mechanisch (inkl. der Abdichtung Turbinen- und Lagergehäuse) ertragen können.

Es stellen sich im Bremsbetrieb sehr hohe Druckverhältnisse bei kleinsten Turbinenquerschnitten ein (Abb. 9.26), da nur so die notwendigen Turbinenleistungen für hohe Luftdurchsätze im Schiebebetrieb realisierbar sind. Durch die so im Bremsbetrieb erreichbaren höheren Luftdurchsätze lassen

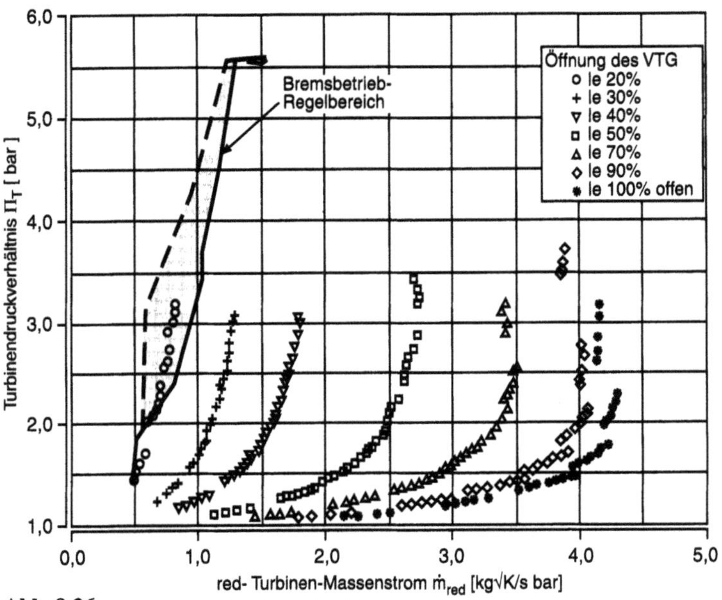

Abb. 9.26

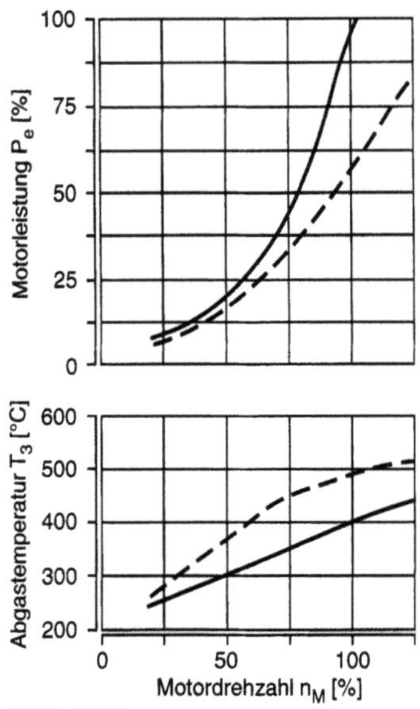

Abb. 9.27

Abb. 9.26. VTG-Druck-Volumenstrom-Turbinen-Diagramm mit eingezeichneter Schlucklinie bei Bremsbetrieb

Abb. 9.27. Motorbremsleistungen und Abgastemperaturen mit motorseitigen Maßnahmen und mit VTG-Einsatz zur Bremsleistungserhöhung. ——, VTG und Konstantdrossel; — —, Konstantdrossel und Abgasdrosselklappe

sich die Bremsleistungen, wie gefordert, stark erhöhen (Abb. 9.27) und dies sogar bei thermisch niedrigerer Belastung des Motors – erkennbar an den niedrigeren Abgastemperaturen.

9.3.5 Sonderprobleme bei aufgeladenen Otto-Benzin- und Gasmotoren

Die Anwendung der VTG-Ladertechnik ist beim Ottomotor mit zusätzlichen Schwierigkeiten verbunden. Einmal wegen der hohen Abgastemperaturen im Voll- und Teillastbetrieb. Zum anderen wegen der, aufgrund der notwendigen Quantitätsregelung, deutlich erhöhten Anforderungen an Regelgenauigkeit und -schnelligkeit. Darüber hinaus stellt die gesamte Regelstrategie für einen abgasturboaufgeladenen Ottomotor mit

- Drosselung im niedrigen Lastbereich,
- einer geregelten Abgasrückführung im niedrigen und mittleren Lastbereich,
- einer ausreichend exakten Lastregelung über den Ladedruck im oberen Lastbereich, die wegen der sonst hohen Gaswechselverluste mit der Folge erhöhten Kraftstoffverbrauchs sinnvoll und notwendig ist,
- der Kaltstart- und Warmlaufproblematik in Verbindung mit der notwendigen λ-Regelung sowie einem Katalysatortemperaturmanagement

an Auslegung und Architektur einer elektronischen Regelung sehr hohe Ansprüche.

9.3.6 Schematischer Aufbau leistungsfähiger elektronischer Waste-Gate- und VTG-Regelsysteme

Generell muss zwischen der **Qualitätsregelung des Dieselmotors** und der **Quantitätsregelung des Ottomotors** unterschieden werden.

Ottomotoren

Für abgasturboaufgeladene Ottomotoren wird die Reglerarchitektur sehr komplex, bereitet aber mit immer besseren Simulationsprogrammen als Auslegungshilfe (Abschn. 9.3.7) keine unüberwindlichen Schwierigkeiten mehr. Abbildung 9.15 zeigt das Prinzip einer elektronischen Regelung für einen abgasturboaufgeladenen Ottomotor mit Waste-Gate-Lader. Sie besteht darin, den vollen Ladedruck vor Drosselklappen – es handelt sich bei der dargestellten Anlage um einen Biturbomotor – einmal zu erfassen und dem Steuergerät als Eingangsgröße zuzuführen und zum anderen einem Taktventilblock zuzuleiten, der daraus mit Hilfe getakteter Zu- und Abströmventile einen Steuerdruck generiert.

Dieser Steuerdruck wird gemessen und vom Steuergerät via Taktzeitwahl so eingeregelt, dass im Waste-Gate-Steuerteil (z. B. einer beidseitig druckbeaufschlagten Membran mit Federvorspannung) ein Kraftgleichgewicht der für den gewünschten Ladedruck p_2 notwendigen Waste-Gate-Stellung erreicht wird.

Dieselmotoren

Die bisher beschriebenen Vorteile des VTG-Laders, wie freie Ladedruckwahl, Lastregelung bei Quantitätsregelung sowie die Einhaltung von lader- und motorseitigen Grenzen (verbunden mit einer Toleranzausregelung von Lader und Motor) können, wie bereits prinzipiell ausgeführt, nur mit einem leistungsfähigen elektronischen Regelsystem genutzt werden. Dabei muss das Stellglied in jedem Arbeitspunkt jede beliebige Stellung der Verstellschaufeln anfahren können. Die Eigenschaften von Stellglied und Regelkreis sind dabei entscheidend für die **Dynamik** des Ladedruckaufbaus und für die **Regelgüte**.

Die Abhängigkeit des Systems und damit der Systemeigenschaften nur vom Abgasstrom führt zu einem nichtlinearen Regelstreckenverhalten.

Darüber hinaus führen Begrenzungen, z. B. der Luftzahl λ, der Rußemission oder des Abgasgegendrucks, sowie Eingriffe für einen harmonischen Drehmomentenaufbau zu weiteren Einkoppelungen in das System und sind damit schwingungsanregend. Der Regler muss in der Lage sein, diese Nichtlinearitäten zu kompensieren und darüber hinaus einen stabilen Ladedruck bzw. Ladedruckaufbau im gesamten Last- und Drehzahlbereich des Motors bei guter Regeldynamik sicherzustellen. Dies lässt sich, wie die Überlegungen in Abschn. 9.3 und 9.4 gezeigt haben, mit einfachen PI-oder PID-Reglern nicht mehr realisieren. Dies umso weniger, als auch noch Toleranzen des Laders selbst sowie im Laufe des Betriebs eintretende Verschlechterungen der Laderleistungen kompensiert werden müssen.

VW wählt deshalb für seine Diesel-VTG-Lader-Motoren, z. B. den TDI-Motor mit 81 kW, einen PDI-Regler mit gesteuert adaptiver Parameterauswahl und zusätzlicher Störgrößenaufschaltung zur weiteren Verbesserung von Dynamik und Stabilität des Regelkreises. Untersuchungen ergaben eindeutig [75], dass eine Anpassung der Regelparameter an den jeweiligen Lastpunkt unbedingt erforderlich ist. Abbildung 9.28 zeigt die Struktur dieses Ladedruckreglers. Die Regelparameter werden dabei auf dem Motorprüfstand ermittelt, sodann zu definierten Betriebsbereichen zusammengefasst und im Steuergerät abgelegt. Eine Hauptadaptionsgröße ist dabei der aus Drehzahl und Einspritzmenge zu errechnende Kraftstoffverbrauch. Um ein Überschwingen des Ladedrucks bei Volllast zu verhindern, wird eine Störgrößenaufschaltung aus den Werten für die Kraftstoffverbrauchsberechnung – erweitert um den Umgebungsdruck und die Ladelufttemperatur – hinzugefügt.

Für Nfz-Dieselmotoren müssen, wenn sich der VTG-Lader dort durchsetzen sollte, weitere Ansteuergrößen, wie z. B. eine geregelte Abgasrückführung oder sogar ein VTG-geregelter Motor-

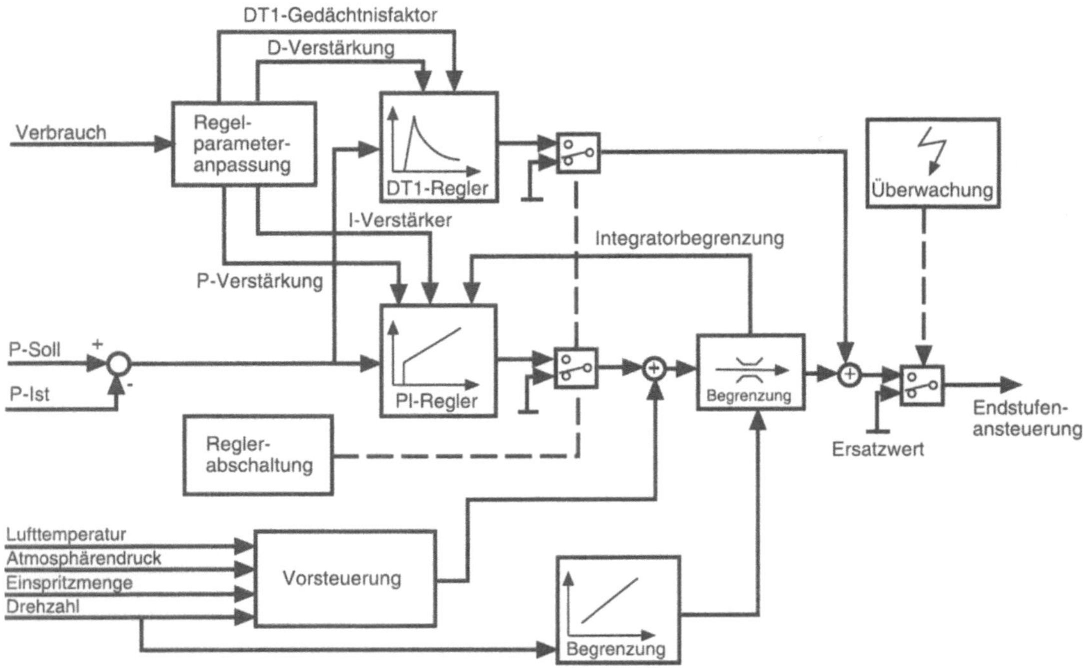

Abb. 9.28. Struktur eines Ladedruckreglers für einen Pkw-Dieselmotor mit VTG

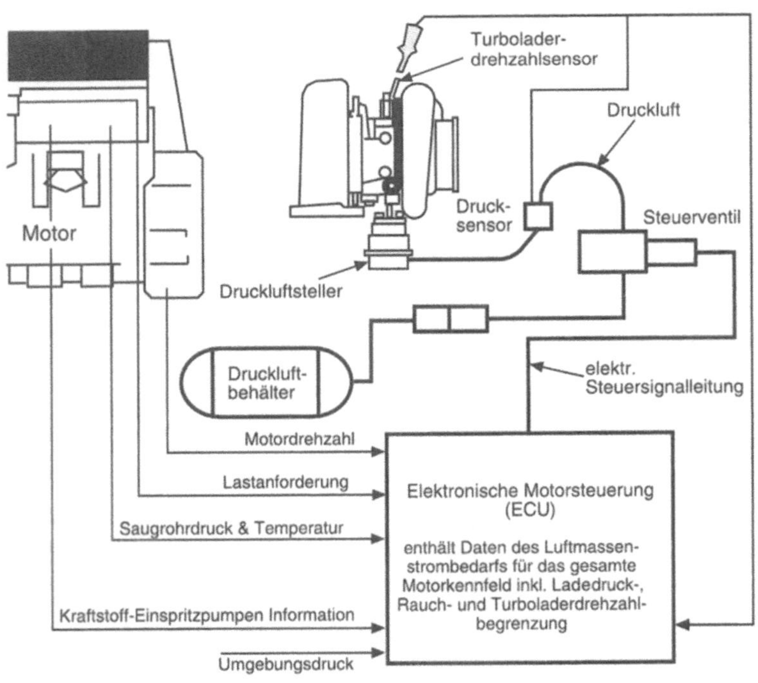

Abb. 9.29. Hardwarekomponenten eines Ladedruckreglers für einen Nfz-Dieselmotor mit VTG

bremsbetrieb, berücksichtigt werden. So hat z. B. Iveco mit dem neuen Cursor-9-Dieselmotor den VTG-Lader mit der in Abb. 9.29 dargestellten Reglerstruktur in Serie gebracht.

Auch andere Nfz-Motorenhersteller befassen sich mit der Entwicklung von VTG-Ladern für den Nfz-Einsatz, wobei man davon ausgehen kann, dass neben einer Regelung und gegebenenfalls sogar Erhöhung der Bremsleistung eine geregelte Abgasrückführung voraussichtlich zu berücksichtigen ist.

9.3.7 Bewertung von VTG-Regelstrategien mittels numerischer Simulationsmodelle

Als Beispiel für die numerische Simulation soll hier der Regelvorgang an einer Turbine mit variabler Geometrie für den in Abschn. 5.5 vorgestellten 6-Zylinder-Pkw-Motor diskutiert werden. Es sollte für derartige Untersuchungen auf ein genau verifiziertes Simulationsmodell zurückgegriffen werden (Abb. 9.30).

Im Rahmen der numerischen Simulationen kann die Turbinenstellung in jeder Phase des Lastsprungs optimiert werden, wobei die Laderansprechzeit, das Verbrennungsluftverhältnis, der Zylinderspitzendruck, die Ladungswechselarbeit und der spezifische Verbrauch oder weitere Motorparameter als Zielgröße von Bedeutung sein können. Im gegebenen Fall zeigt die erste Variante der Ladersteuerung die bereits angesprochene, nur scheinbar zielführende Strategie der VTG-Regelung: Sofort nach dem Lastsprung wird die Turbine auf minimaler Schluckfähigkeit betrieben, um eine möglichst hohe Antriebsleistung für den Kompressor zur Verfügung zu stellen. Vor allem durch die mechanische Trägheit des Systems können Verzögerungen des Turbinenstellvorganges auftreten.

Ist die Mitteldruck-, Spitzendruck- oder Getriebemomentenlimitierung während des Lastsprunges erreicht, so würde eine weitere Ladedrucksteigerung mit Verbrauchsnachteilen verbunden sein (Spätstellen der Verbrennung zur Spitzendruckbegrenzung, hohe Ladungswechselarbeiten durch hohe Auspuffgegendrücke). Damit kann in dieser Phase des Lastwechsels zu einer weiteren Öffnung der Leitschaufeln der variablen Turbine übergegangen werden. So steigt auch das Verbrennungsluftverhältnis nicht in verbrauchsungünstige Bereiche an. Begleitet wird diese Vorgangsweise von verbesserten spezifischen Motorverbräuchen, z. B. einer Reduktion der Kraftstoffmenge für das in Abb. 9.31 gezeigte Simulationsergebnis einer Fahrzeugbeschleunigung im 5. Gang von 80

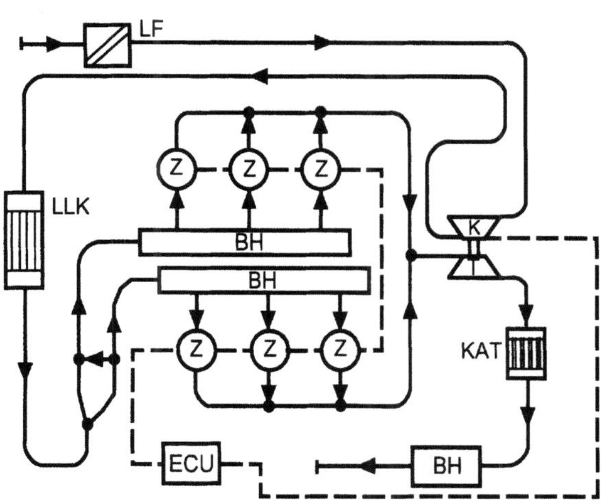

Abb. 9.30. Simulationsmodell für 6-Zylinder-Pkw-Motor mit ECU-Simulation zur Erfassung und Regelung des Transientverhaltens

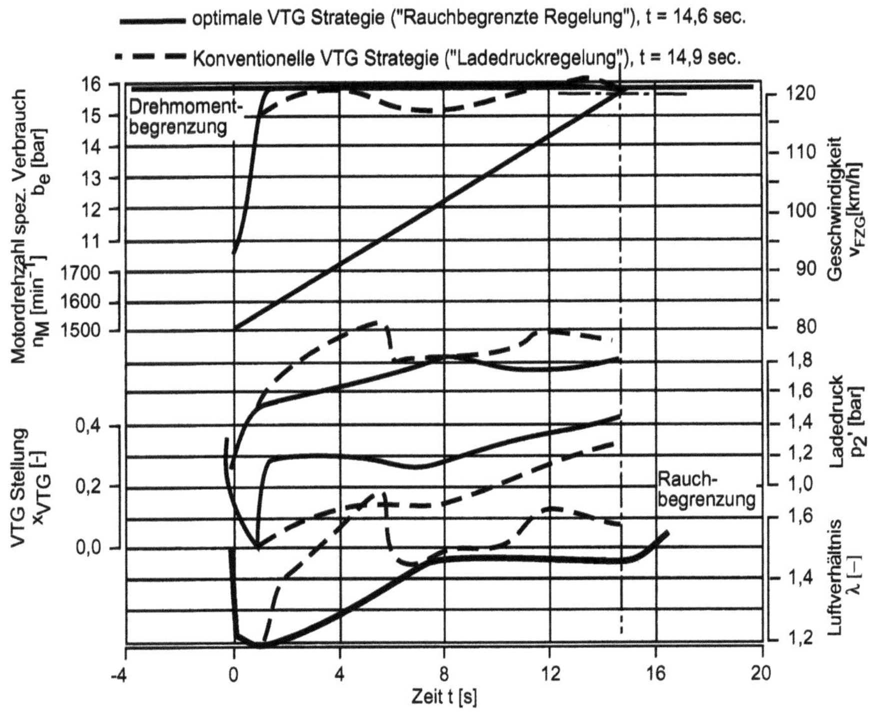

Abb. 9.31. Simulation des Einflusses der Turbinenregelstrategie auf das Motorbetriebsverhalten während eines Fahrzeugbeschleunigungsvorganges (80–120 km/h) bei konventioneller ladedruckgeführter Regelung sowie optimierter, rauchbegrenzter Regelung

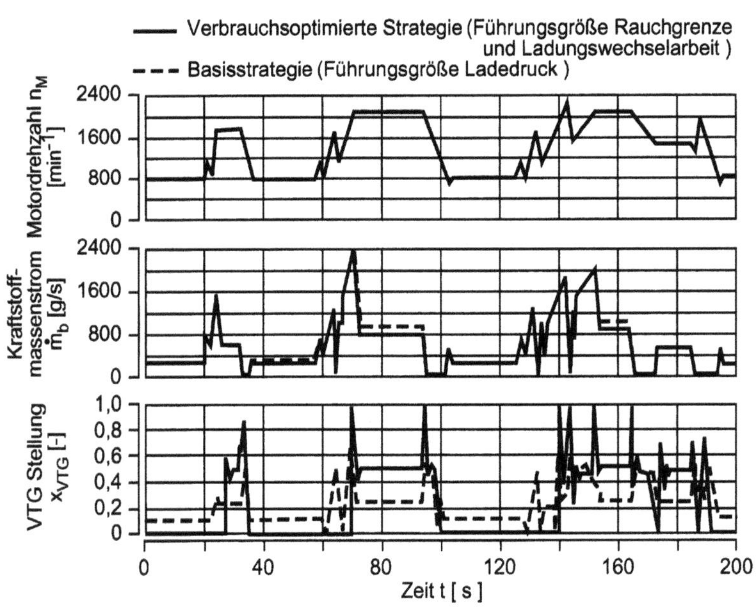

Abb. 9.32. Simulation des Effektes einer rauchbegrenzten Ladedruckregelungsstrategie im MVEG-Fahrzyklus für ein 2100 kg schweres Fahrzeug mit einem 2,5-l-HSDI-Dieselmotor

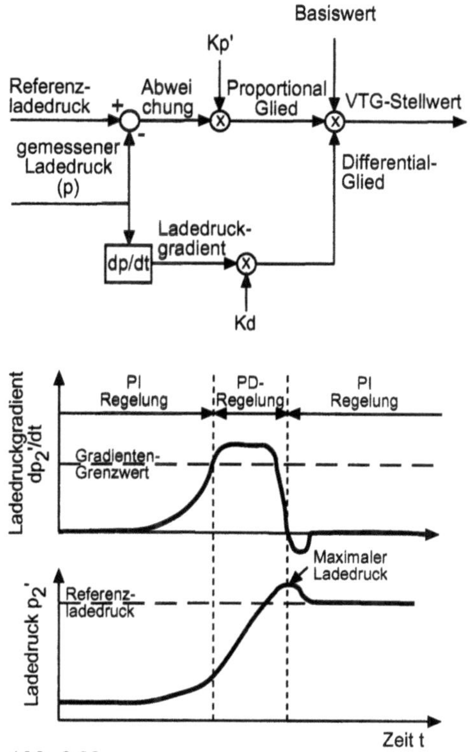

Abb. 9.33

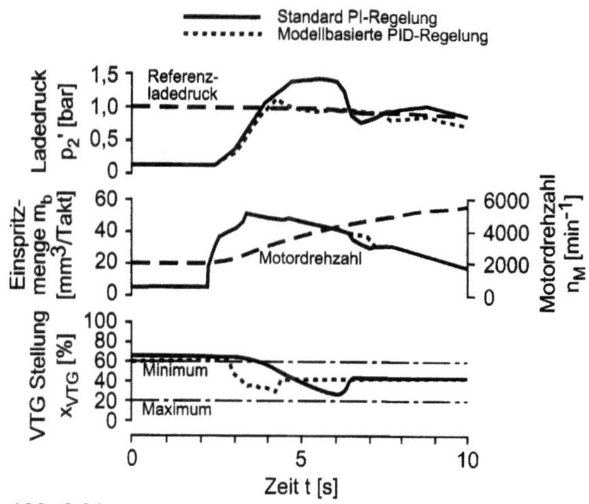

Abb. 9.34

Abb. 9.33. Ladedruckregelungsstrategie eines modellbasierten PID-Reglersystems [29]

Abb. 9.34. Vergleich des Ladedruckregelungsvorganges während eines positiven Lastsprunges mit Standard-PI-Regler sowie modellbasiertem PID-Reglersystem [29]

auf 120 km/h von 3,6 %. Beim Durchfahren des gesetzlichen MVEG-Fahrzyklus konnten mit dieser Regelungsstrategie mit Hilfe von Fahrzyklussimulationen Verbrauchsverbesserungen von ca. 1,5 % nachgewiesen werden (Abb. 9.32).

Neben der optimalen betriebstechnischen Regelstrategie ist auch die Auslegung und Optimierung eines zugehörigen Regelungssystems notwendig, um ihre Vorteile im realen Motorbetrieb bestmöglich umsetzen zu können. In Lit. 29 ist eine derartige Auslegung eines Regelalgorithmus speziell hinsichtlich der Minimierung der bei Turboladern mit variabler Geometrie auftretenden Ladedrucküberschwinger, wie in Abschn. 9.3.6 beschrieben, dargestellt (Abb. 9.33).

Durch Übergang von einer Standard-PI-Regelstrecke auf einen modellbasierten Regler können diese Drucküberschwinger deutlich gemindert werden (Abb. 9.34). Wichtig ist dies nicht nur für die exakte Einhaltung der Luftzahlen während transienter Vorgänge, sondern auch zur Einhaltung der Zünddruckgrenzen des Motors, die natürlich bei extremen Ladedrucküberschwingern auch zu unzulässigen Spitzendrucküberschreitungen führen können.

10 Messtechnische Erfassung der Betriebsdaten aufgeladener Motoren am Motorprüfstand

In Kap. 9 wurde die Bedeutung der Verifikation von Simulationsmodellen an Hand von Messdaten angesprochen. Dabei wurden verschiedenste Messgrößen wie z. B. Drücke, Temperaturen, Massenströme, Leistungen und Drehzahlen berücksichtigt. Wir wollen in diesem Kapitel einen sehr kompakten Überblick über die bevorzugt eingesetzten Messtechniken und -mittel zur Erfassung dieser Größen geben. Für ein vertieftes Studium dieses Themenbereichs soll aber auf die Literatur verwiesen werden [108].

Bevor näher auf die Messtechniken und Messmethoden eingegangen wird, sollen an Hand eines typischen Messstellenplanes für einen Prüfstandsaufbau eines aufgeladenen Dieselmotors die zu erfassenden Messgrößen definiert werden (Abb. 10.1)

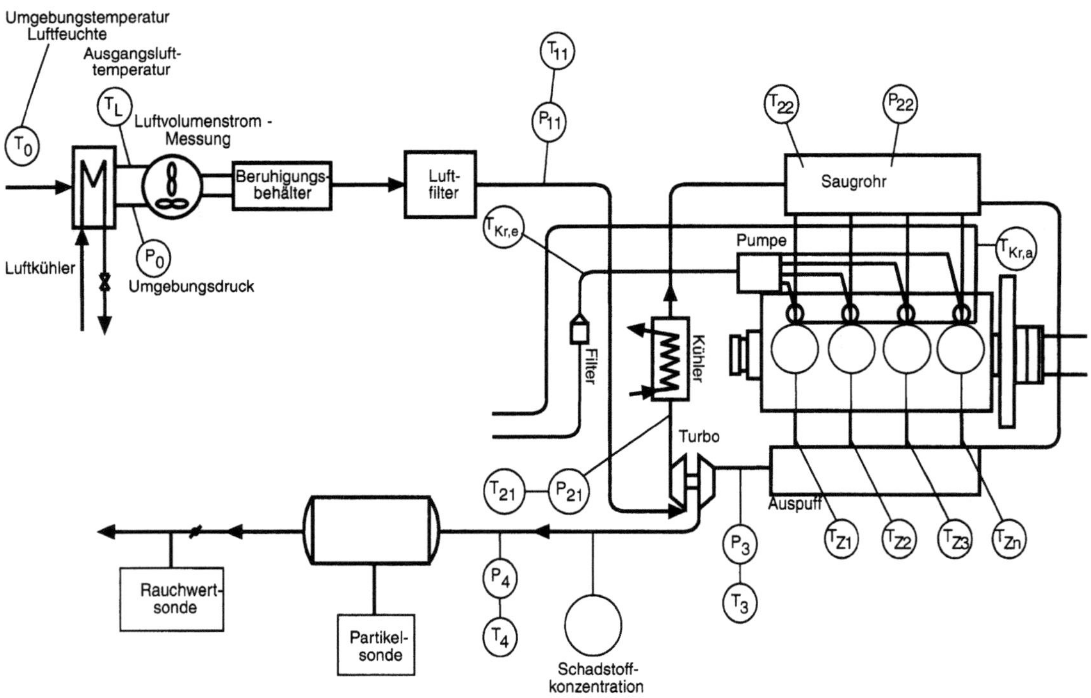

Abb. 10.1. Messstellenplan für den Prüfstandsaufbau eines aufgeladenen Dieselmotors mit Ladeluftkühlung

10.1 Messstellenplan

Am Lufteintritt in den Motor werden die Umgebungstemperatur TT sowie die relative Luftfeuchte PHI gemessen. Da in der nachfolgenden Gasuhr (z. B. von Pintsch) der Volumenstrom gemessen wird, ist neben dem Umgebungsdruck P_0 die Lufttemperatur T_L am Eintritt in das Volumenstrommessgerät von besonderer Bedeutung, da mit diesen Größen der Luftmassenstrom berechnet wird. Die Druck- und Temperaturänderung bis zum Verdichter (z. B. im Luftfilter) wird mit den Druck- und Temperaturmessgrößen T_{11} und P_{11} erfasst. Nach dem Verdichter kann durch Messung des Druckes P_{21} und der Temperatur T_{21} der Verdichterwirkungsgrad bestimmt werden (sorgfältige Wahl der Messposition!). Zur Beurteilung der Wirkung des Ladeluftkühlers sowie zur Berechnung der auf Saugrohrzustand bezogenen Motorliefergrade ist schließlich die Messung der Größen P_{22} und T_{22} im Saugsammler notwendig.

Abgasseitig ist es von Vorteil, die Einzelzylinder-Abgastemperaturen T_{Z1}–T_{Zn} zu messen, um die Gleichförmigkeit der einzelnen Zylinder beurteilen zu können. Möglichst nahe am Eintritt in die Turbine sollten Druck und Temperatur P_3 und T_3 (Indizes 31 und 32 für eine zweiflutige Turbine) gemessen werden, um neben der Beurteilung der Turbinenbetriebscharakteristik auch die Wandwärmeverluste des Krümmers erfassen zu können. Nach der Turbine ist schließlich neben der Temperatur T_{41} vor allem der Druck P_{41} von Bedeutung, um den Aufstau von Katalysator und Auspuffschalldämpfer zu ermitteln. Im Abgassystem nach der Turbine erfolgt auch die Gasprobenentnahme für die Emissionsmessung sowie die Bestimmung der Partikel- und Rauchemission.

Am Motor selbst müssen neben der Drehzahl N, dem Drehmoment M, den Ein- und Austrittstemperaturen des Kühlmittels T_{WE} und T_{WA} auch die Schmieröleintrittstemperatur $T_{Öl}$ und der Öldruck $P_{Öl}$ ständig gemessen werden. Als weitere wichtige Größen werden der Kraftstoffmassenstrom $\dot{m}_{Kr}$ sowie der Blow-By-Volumenstrom $\dot{V}_{Leck}$ ständig ermittelt.

Aufladetechnische Sondermessgrößen sind die Drehzahl des Turboladers, die Positionen von Schaufelstellungen (Verdichtervordrall, Diffusorbeschaufelung und Turbinenleitschaufeln) oder Ab- und Umblaseregelventilen sowie Druckindizierungen in den Zylindern und an sorgsam auszuwählenden Messpunkten im Saug- und Auspuffsystem.

Die Zusammenstellung eines erweiterten Messdatensatzes von einem typischen Motorentwicklungsprüfstand ist in Tabelle 10.1 gezeigt.

Tabelle 10.1. Erweiterter Messdatensatz für typischen Motorentwicklungsprüfstand

Messgröße	Messmittel	Bevorzugtes Messprinzip
Motormoment	Leistungsbremse	Reaktionsmoment mittels DMS-Wägezelle
Motordrehzahl	optischer Winkelmarkensensor	IR-Durchlicht-/Reflexionslichtschranke
Luftvolumenstrom	Gasuhr	Drehkolbendrehzahl entsprechend Volumendurchsatz
Blow-By-Massenstrom	Blow-By-Meter	volumetrische Durchflussmessung mittels Druckabfall an kalibrierter Blende
Kraftstoffverbrauch	Kraftstoffwaage	gravimetrische Massenmessung
TC-Drehzahl	optischer Markensensor	IR-Reflexionslichtschranke
Stat. und dyn. Druck	Drucksonde	DMS- und piezoelektrische Verformungsmessung
Temperatur	Temperatursonde	Widerstandthermometer, Thermoelement
Emission	Abgasanalysator	CO, CO_2: nichtdisp. IR-Absorption von CO CO_2: paramagnetischer Effekt von O NO_x: Chemolumineszenz bei NO_2-Bildung HC: Flammen-Ionisation durch HC-Gaschromatographie PM: Massenmessung eine Filterbeladung

10.2 Motormoment

Das Motormoment stellt eine zentrale Messgröße jedes Motorenversuchs dar. Speziell im Fall stationären Betriebes kann diese Größe aus dem Abstützmoment der Bremseinrichtung abgeleitet werden, wobei die an einem Hebelarm auftretende Abstützkraft über DMS-Wägezellen oder Präzisionswaagen gemessen wird. Je nach Aufgabe und Leistungsklasse des zu prüfenden aufgeladenen Motors werden verschiedene Bremsensysteme eingesetzt, wobei Wirbelstrom- (Abb. 10.2) und hydraulische Bremsen (Abb. 10.3) die gebräulichsten passiven Systeme sind. Wirbelstrombremsen werden in einem weiten Leistungs- (10^0 bis 10^2 kW) und Drehzahlbereich (bis zu 20.000 min^{-1}) eingesetzt. Hydraulische Systeme finden ihre Anwendung bevorzugt bei Großmotoren.

Darüber hinaus erfordert die Entwicklung moderner Motoren die Untersuchung des dynamischen Betriebsverhaltens des Motors bereits auf dem Prüfstand. Dementsprechend wurden für diese Zwecke elektrische 4-Quadrantenmaschinen inklusive Steuerung entwickelt, die neben dem generatorischen Bremsbetrieb auch den motorischen Betrieb ermöglichen. In diesem Fall kann

Abb. 10.2

Abb. 10.3

Abb. 10.2. Wirbelstrombremse für den Leistungsbereich bis 300 kW

Abb. 10.3. Hydraulische Bremse für Großmotorenversuche

Abb. 10.4. Schnittbild einer elektrischen 4-Quadranten-Leistungsbremse (bis zu 800 kW)

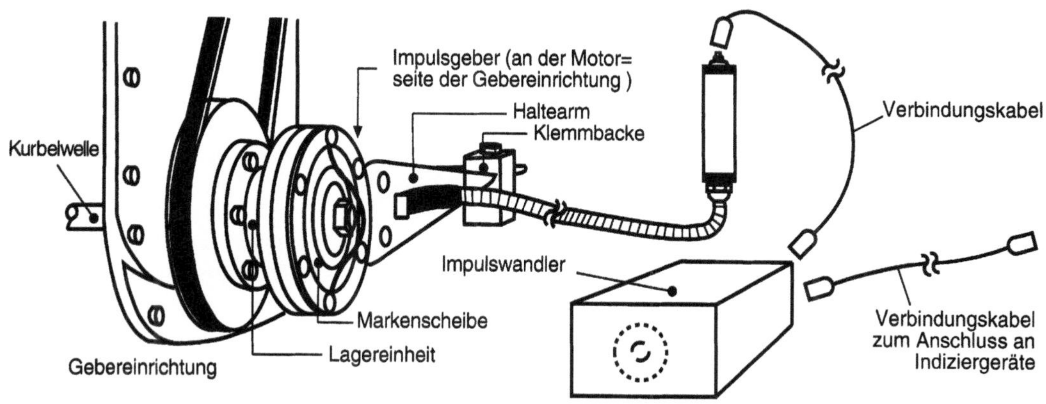

Abb. 10.5. Winkelaufnehmer zur Drehzahlmessung an rotierenden Bauteilen

somit an den Motor ein Moment abgegeben werden (Schleppbetrieb), wie dies z. B. im Fahrbetrieb in Schubphasen oder während Schaltvorgängen der Fall ist. In Abb. 10.4 sind Ansicht und Schnittzeichung einer entsprechenden 4-Quadranten-Leistungsbremse dargestellt.

Die letztgenannten Leistungsbremsen werden selbst zur Entwicklung von F1-Rennmotoren verwendet, wobei zur Darstellung der realen Drehzahlgradienten Motor- und Bremsleistungen von 1000 kW bereitgestellt werden müssen. Der Drehzahlbereich dieser Bremsen erstreckt sich bis zu 22.000 min^{-1} (unter Verwendung einer Getriebestufe). Die maximal fahrbaren Drehzahlgradienten erreichen Werte bis zu ca. 30.000 min^{-1}/s.

10.3 Motordrehzahl

Die Motordrehzahl wird oft als integrierter messtechnischer Bestandteil in der Bremseinrichtung miterfasst. Andererseits können auch am Motor selbst entsprechende Messeinrichtungen angebracht werden. Bevorzugt werden optische Messsysteme, bei denen Infrarotlichtsignale von einer Messscheibe mit Winkel- oder Triggermarken reflektiert oder absorbiert werden. Diese Intensitätsänderung wird von einem Infrarotsensor in ein Pulssignal umgesetzt. Nach der Digitalisierung des Signals kann die Drehzahl aus Zählung der Triggersignale pro Zeiteinheit ermittelt werden. Ferner kann das Winkelmarkensignal zur Steuerung winkelaufgelöster Messgrößen wie z. B. Druckindizierungen verwendet werden. Abbildung 10.5 zeigt einen derartigen Winkelaufnehmer, der zur Drehzahlmessung an rotierenden Bauteilen verwendet werden kann.

10.4 Turboladerdrehzahl

Messeinrichtungen wie der Winkelaufnehmer mit Markenscheiben sind zur Messung der Turboladerdrehzahl nicht geeignet, da die sehr sensible Rotordynamik des Turboladers bei geringsten Änderungen am Laufzeug empfindlich gestört wird. Dementsprechend werden zur Drehzahlbestimmung des Laders in der Regel optische Methoden eingesetzt. Derartige Sensoren, die speziell für rückwirkungsfreie Messung der Turboladerdrehzahl bis 200.000 min^{-1} entwickelt wurden, sind für Messungen sowohl im stationären als auch im transienten Motorbetrieb geeignet. Ein Laserlichtstrahl wird auf das Verdichterrad gerichtet, dort an einer Reflexmarke einmal pro Umdrehung reflektiert, vom Sensor empfangen und als periodische Folge von Spannungssignalen ausgegeben, die dann für eine weitere Signalverarbeitung (z. B. AVL-Trigger-Box TB350 zur Prüfstandanbindung,

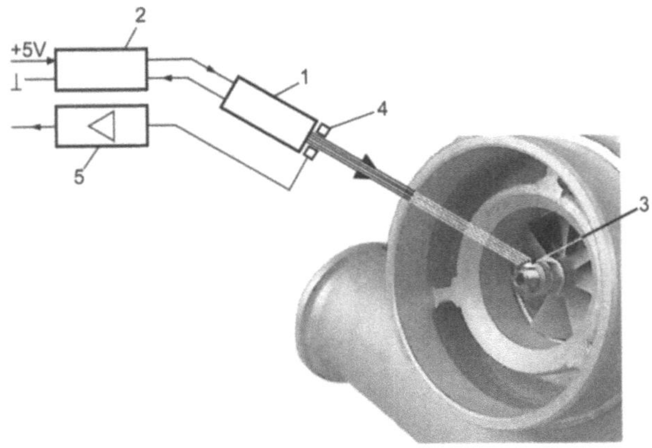

Abb. 10.6. Funktionsweise und Bauteilbeschreibung eines ATL-Drehzahlsensors. 1, Laser-Kollimator (bestehend aus Laserdiode, Monitor-Fotodiode und Linse); 2, Stromversorgungsbaustein; 3, Farbmarkierung am Verdichterrad des Turboladers (retro-reflektierende Farbe); 4, Lichtdetektor; 5, Verstärkerschaltung

Oszilloskop, Zähler) zur Verfügung stehen (Abb. 10.6). Die große optische Reichweite des Sensors ermöglicht eine Messung ohne Beeinflussung des Ansaugluftstromes.

10.5 Motorluftmassenstrom

Der Motorluftmassenstrom ist eine weitere wesentliche Messgröße. Diese wird in der Regel indirekt über eine Volumenstrommessung ermittelt, verbunden mit einer Bestimmung der Dichte der Ansaugluft. Gute, exakte Ergebnisse werden erfahrungsgemäß mit Drehkolbengaszählern erzielt, besonders dann, wenn dem Volumenstrommessgerät ein Beruhigungsbehälter als Puffervolumen nachgeschaltet ist. Abbildung 10.7 zeigt ein Ausführungsbeispiel eines entsprechenden Messgerätes.

Sowohl der geringe Messfehler derartiger Volumenstrommessgeräte (<1 % zwischen 5–100 % des maximalen Messbereiches) als auch geringe Druckverluste (bis zu ca. 5 mbar beim maximalen Durchsatz) unterstreichen die gute Eignung dieser Geräte zur Volumenstrommessung der Motoransaugluft.

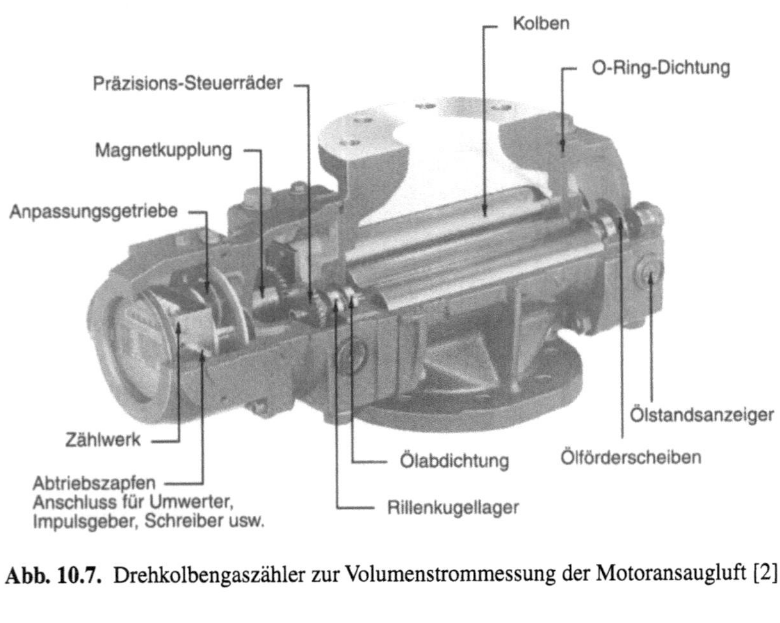

Abb. 10.7. Drehkolbengaszähler zur Volumenstrommessung der Motoransaugluft [2]

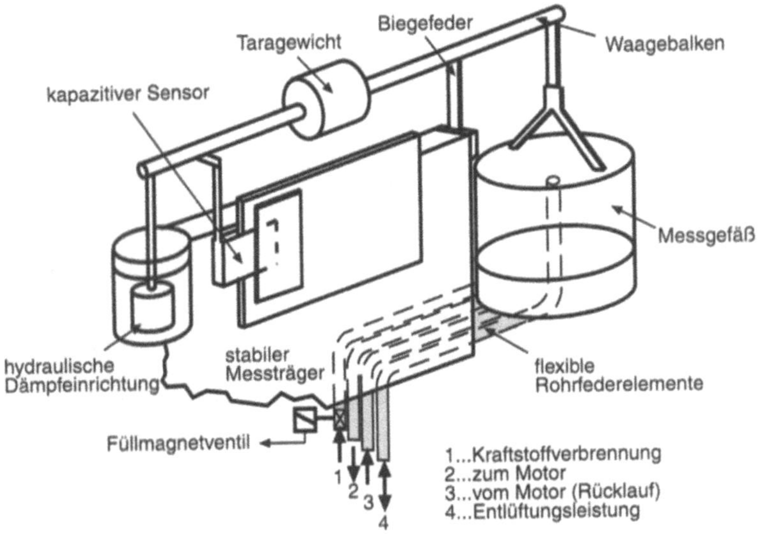

Abb. 10.8. Kraftstoffwaage zur Kraftstoffverbrauchsmessung nach gravimetrischem Prinzip

10.6 Brennstoffmassenstrom

Die Messung des Brennstoffmassenstrom muss mit besonderer Genauigkeit durchgeführt werden, da diese Größe direkt den ausgewiesenen spezifischen Kraftstoffverbrauch des Motors beeinflusst. Die Messung kann grundsätzlich ebenfalls indirekt auf Basis einer Volumenstrommessung erfolgen. Auf Grund der zusätzlichen Ungenauigkeiten der Dichtebestimmung des Kraftstoffs tritt bei dieser Art der Messung ein relativ großer Streubereich auf. Bevorzugt sollten daher Messungen nach dem gravimetrischen Prinzip durchgeführt werden. Hierbei wird die während der Zeiteinheit verbrauchte Kraftstoffmasse direkt mittels einer Waage (Auslenkung entsprechend Massenänderung) bestimmt. Damit ist im gesamten Messbereich, d. h. auch bei sehr geringen absoluten Kraftstoffströmen, bei bekannter Charakteristik der Waage eine gleichbleibende Genauigkeit der Messung gewährleistet. Die Skizze einer nach diesem Prinzip arbeitenden Kraftstoffwaage ist in Abb. 10.8 dargestellt.

10.7 Motor-Blow-By

Als weiterer Massenstrom ist während des Prüfstandsbetriebes das Motor-Blow-By zu erfassen. Erfahrungsgemäß ist die indirekte Messung über den Druckverlust des zu messenden Volumenstroms an einer kalibrierten Blende besonders geeignet. Abbildung 10.9 zeigt den schematischen Aufbau eines nach diesem Prinzip arbeitenden Messgerätes.

10.8 Druck- und Temperaturdaten

Speziell für aufgeladene Motoren ist die Ermittlung der Druck- und Temperaturdaten im Saug- und Auspuffsystem wichtig. Grundsätzlich sind darunter die zeitlich gemittelten Daten, d. h. die Mittelwerte während des Motorzyklus, zu verstehen. Auf Grund des zyklischen Verhaltens von Kolbenmaschinen weichen die kurbelwinkelaufgelösten Momentanwerte jedoch beträchtlich von den Mittelwerten ab, wie dies in Abschn. 5.5.3 an Hand gemessener und berechneter Saugrohr- und Auspuffdrücke gezeigt wurde. Somit müssen neben den Mittelwerten auch die Zeitverläufe mittels Druckindizierungen gemessen werden. Diese Indizierungen sind vor allem im Brennraum

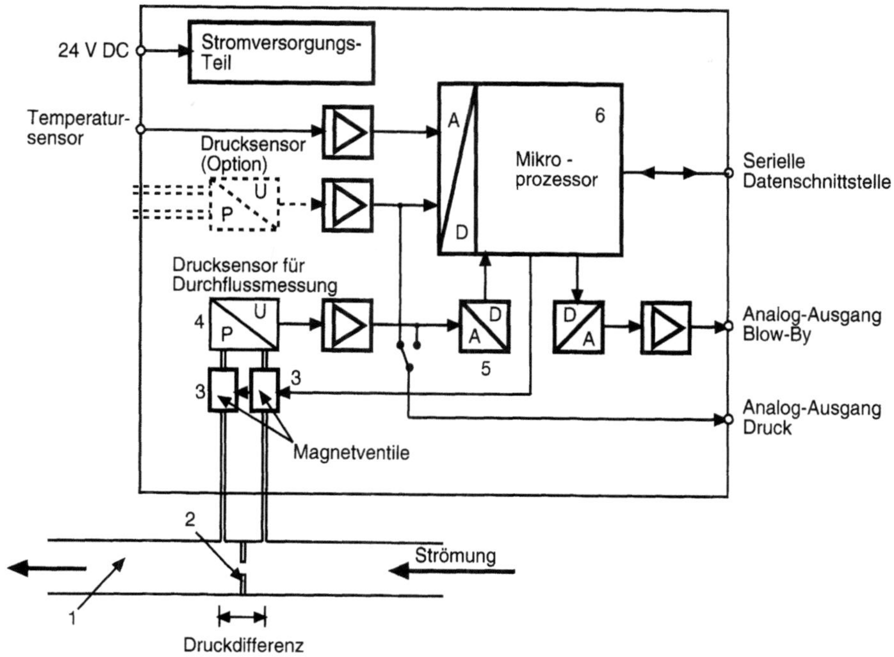

Abb. 10.9. Indirekte Motor-Blow-By-Bestimmung an Hand von Druckdifferenzmessungen an kalibrierter Blende

von besonderer Bedeutung, da sie die unmittelbare Beurteilung des Motorhochdruckprozesses ermöglichen. Für diese Messungen sollten Winkelauflösungen von 0,1 bis 0,2° Kurbelwinkel gewählt werden, um einerseits für allenfalls notwendige Glättungen eine ausreichende Signalwertdichte und andererseits für die Auswertung des Zylinderhochdrucksignals (z. B. Bestimmung des Brennverlaufs) genaue Informationen bezüglich der Druckgradienten zu erhalten.

Im Fall der Mittelwerte (im Saug- und Auspuffsystem) werden die statischen Drücke durch Druckbohrungen in der Rohrwand erfasst und mittels eines Druckwandlers (in der Regel auf Basis eines DMS-Sensors) in ein druckproportionales Spannungssignal umgewandelt. Dieses Signal kann in der Folge entsprechend der Sensorcharakteristik und -kalibrierung linearisiert und bewertet werden. Die dynamische Druckmessung (Indizierung) erfolgt durch spezielle Druckaufnehmer, die oft als piezoelektrischer Sensor (Ladungsänderung eines Kristalls bei Druckbelastung) oder als DMS-Messfühler ausgebildet sein können. Die Einbaulage dieser Sensoren muss besonders sorgsam ausgewählt werden, da Störungen der Strömung (Ablöseeffekte) zu beträchtlichen Verfälschungen des Messsignals führen können. Mögliche Einbausituationen im Brennraum sowie das Schnittbild eines derartigen Sensors sind in Abb. 10.10 zusammengestellt.

Mittlere Temperaturen werden mittels Pt-100-Fühlern bis 300 °C, für Temperaturen bis 1000 °C mit NiCr-Ni-Thermoelementen-Typ K gemessen. Die Pt-100-Sensoren beruhen auf dem Prinzip eines Widerstandsthermometers, bei dem eine direkte Proportionalität zwischen Temperatur und Widerstand des Sensors gegeben ist. Die NiCr-Ni-Sensoren hingegen arbeiten nach dem Prinzip von Thermoelementen, die an der Verbindungsstelle unterschiedlicher Metalle eine mit der Temperatur zunehmende Spannung ausbilden. Typische Kennlinien von Widerstandthermometern und Thermoelementen sind in Abb. 10.11 dargestellt.

Generell ist bei Temperaturmessdaten sowie den entsprechenden Simualtionsdaten zu beachten, dass die um den Mittelwert schwankenden momentanen Temperaturen – besonders ausgeprägt im Auspuffsystem – auch bei unterschiedlichen Massenströmen auftreten. Damit wird auch der

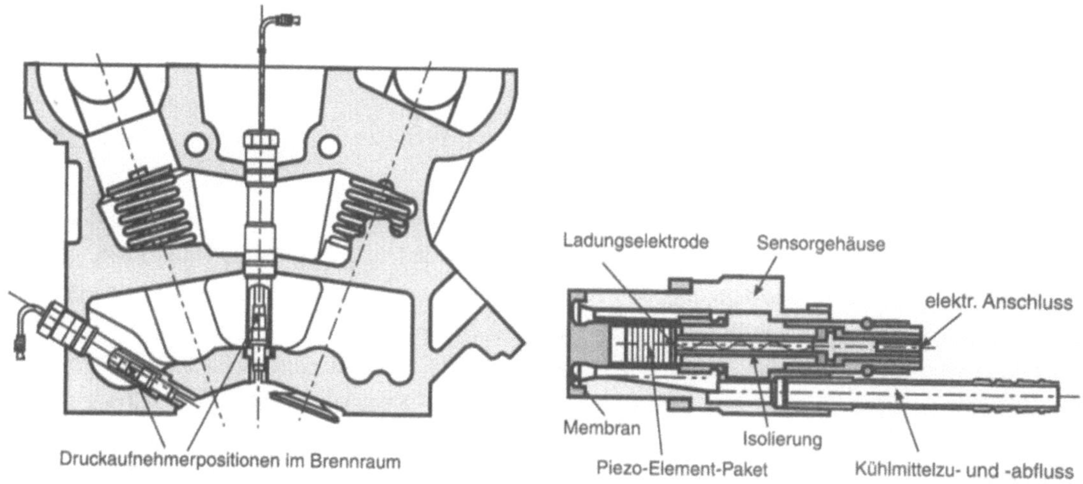

Abb. 10.10. Einbaulagen und Schnittbild eines piezoelektrischen Drucksensors für Zylinderdruckindizierungen

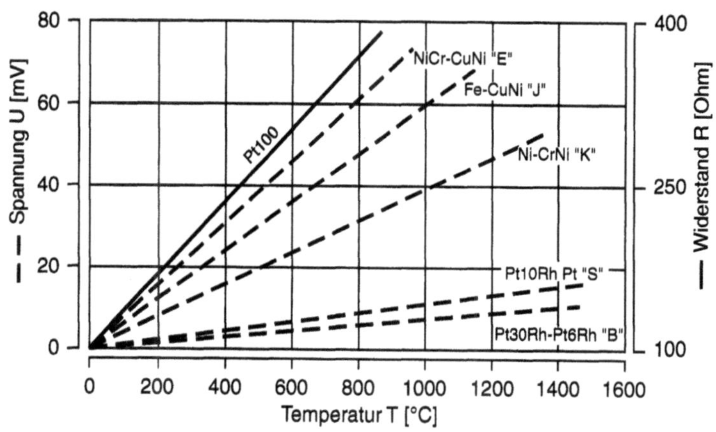

Abb. 10.11. Kennlinien von Widerstandthermometern und Thermoelementen zur Gastemperaturmessung

Wärmeübergang zum Thermoelement beeinflusst und jene Temperaturen, die bei hohen Massenstromraten und damit Strömungsgeschwindigkeiten auftreten, werden stärker gewichtet. Die Erfahrung zeigt, dass die gemessenen mittleren Temperaturen im Wesentlichen einem massenstromgewichteten Wert entsprechen:

$$T_{\mathrm{m}} = \frac{1}{720\dot{m}} \int_0^{720} T(\varphi)\dot{m}(\varphi)\,\mathrm{d}\varphi. \tag{10.1}$$

Deshalb sollten die Simulationswerte an den entsprechenden Messstellen auch mittels Gl. (10.1) gewichtet werden, bevor sie mit den Messdaten verglichen werden.

10.9 Emissionswerte

Zur umfassenden Beurteilung des Motorberiebsverhaltens ist schließlich auch die Messung und Analyse der Motoremissionswerte notwendig. Es wird dabei zwischen gasförmigen Abgasemissionen sowie Ruß- und Partikelemissionen unterschieden.

Die Gruppe der gasförmigen Emissionen umfasst im weitesten Sinne:

alle unverbrannten Kohlenwasserstoffe,
Kohlenmonoxid,
alle Stickoxide NO_x (Summe aus NO und NO_2),
Anteil der methanfreien Kohlenwasserstoffe,
Methanol- und Formaldehydanteile.

Die zwei letzteren Komponenten beziehen sich auf spezielle Gesetzgebungssituationen in den USA und sind daher nur in entsprechenden Anwendungsfällen zu erfassen. Konkret wird bei der Messung dieser Emissionskomponenten das gesamte oder ein Teilstrom des Motorabgases mit einem kalibrierten Verdünnungsluftmassenstrom versetzt, um die in diesem Gesamtgasstrom ermittelten Konzentrationen mit dem bekannten Verdünnungsluftmassenstrom in Beziehung setzen zu können. Darüber hinaus hat das Verdünnungverfahren die Aufgabe, Nachreaktionen des Abgases in der Atmosphäre zu simulieren sowie Wasserkondensation während der Messung zu verhindern. Das Gasgemisch wird in der Folge entweder in Abgassammelbeutel geleitet, deren Inhalt nach Abschluss des Tests mittels eines Gasanalysators hinsichtlich CO, CO_2 und NO_x-Konzentration untersucht wird, oder an einem kontinuierlich messenden Abgasanalysator vorbeigeleitet. Die HC-Bestimmung erfolgt dagegen in der Regel über eine separate, beheizte Probenleitung, die das Abgas zu einem kontinuierlich messenden Flammen-Ionisationsdetektor führt.

Die Rauch- und Partikelemissionen werden an Hand der Schwarzrauchzahl, der Abgastrübung sowie der Partikelemission erfasst. Die erste Größe wird mittels der kalibrierten Schwärzung eines Filterpapiers sowohl im stationären als auch dynamischen Motorbetrieb ermittelt. Die Abgastrübung ist auf eine (kalibrierte) Verminderung der Lichtdurchlässigkeit des Abgases durch Ruß-, Kraftstoff-, Schmieröl- und Wasserdampfteilchen zurückzuführen und ermöglicht somit auch eine kontinuierliche Messung, wodurch dynamische Vorgänge besonders gut aufgelöst werden können. Die Partikelemissionsmessung stellt die gravimetrische Erfassung der auf einem Filter abgeschiedenen Masse aus Ruß und daran angelagerten löslichen (Kraft- und Schmierstoffe) und unlöslichen

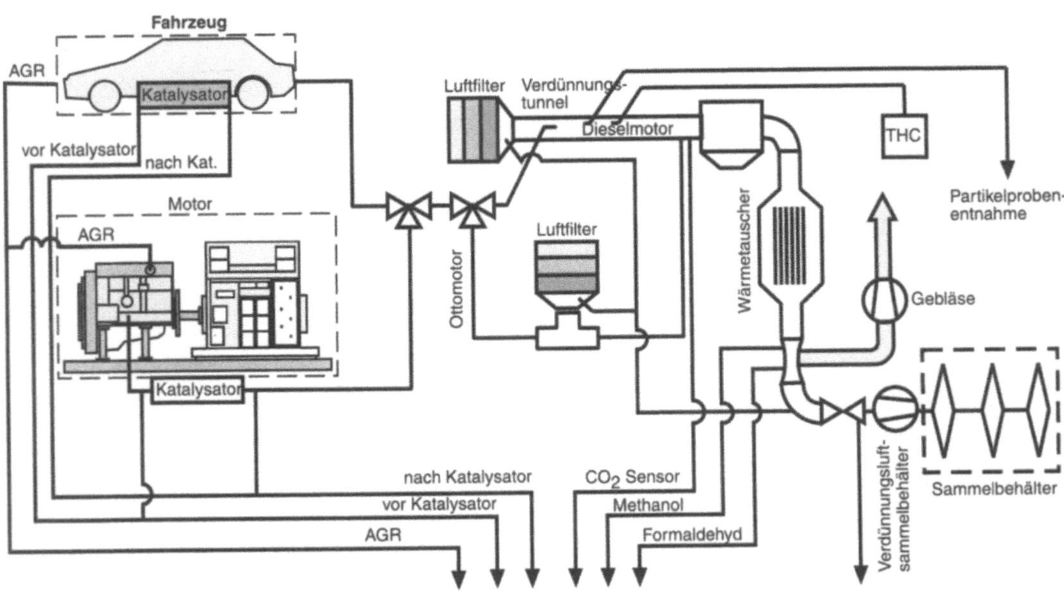

Abb. 10.12. Prinzip-Schaltbild einer Abgasanalyse-Messanlage für Motorprüfstände und Fahrzeugmessungen

(Schwefelverbindungen, Wasser, Asche und Verschleißteilchen) Komponenten dar.

Letztlich sollen Partikelanalyse-Messmethoden angeführt werden, mit denen im stationären und transienten Motorbetrieb die Partikelemissionen hinsichtlich Partikelzahl und -größe in Form von Verteilungsspektren (Partikelgrößen als Funktion der Partikelgrößenklassen) gemessen werden können. Messgeräte, mit denen diese Messaufgaben durchgeführt werden können, sind Mobilitätsspektrometer (DDMPS, dual differential mobility particle spectrometer, oder TDMPS, transient differential mobility particle spectrometer).

Der prinzipielle Aufbau einer derartigen Abgasmessanlage ist in Abb. 10.12 zusammengestellt.

11 Mechanik von Aufladegeräten

In diesem Kapitel werden vor allem die mechanischen und produktionstechnischen Eigenschaften von Aufladegeräten beschrieben.

11.1 Verdrängerlader

Unter Verdrängerlader werden vorzugsweise Kolbenverdichter in jeglicher Form (Drehkolbenverdichter o. Ä.), Schraubenverdichter sowie Spiralverdichter verstanden. Als Beispiel ist in Abb. 11.1 ein Spirallader (Ecodyno) für zwei Fördergrößen gezeigt. Damit soll nochmals verdeutlicht werden, dass bei Verdrängerladern die Baugröße in etwa linear zum geforderten Durchsatz ansteigt. In Abb. 11.1a ist dazu der Typ S-100/35 dargestellt, der ein geometrisches Fördervolumen von ca. 700 cm^3 aufweist und hier mit einer wirksamen Verdichterbaubreite von 100 % ausgewiesen wird. In Abb. 11.1b ist der Typ S-100/50 dargestellt, der ca. 1000 cm^3 Fördervolumen hat, also ca. 40 % mehr als der S-100/35, wobei dessen Baubreite um etwa denselben Betrag zunimmt.

11.1.1 Gehäuse und Rotoren: Dichtung und Kühlung

Gehäuse und Läufer von Verdrängerladern, die mit Ausnahme des Spiralladers alle als Drehkolbenlader – mit und ohne innere Verdichtung – ausgeführt werden, sind heute größtenteils in Druckguss hergestellt.

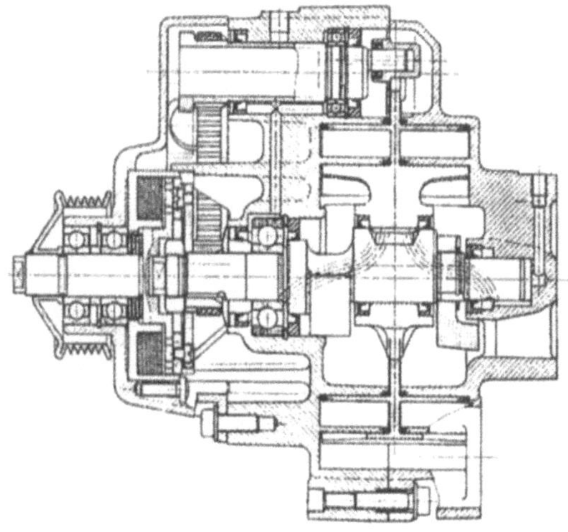

a

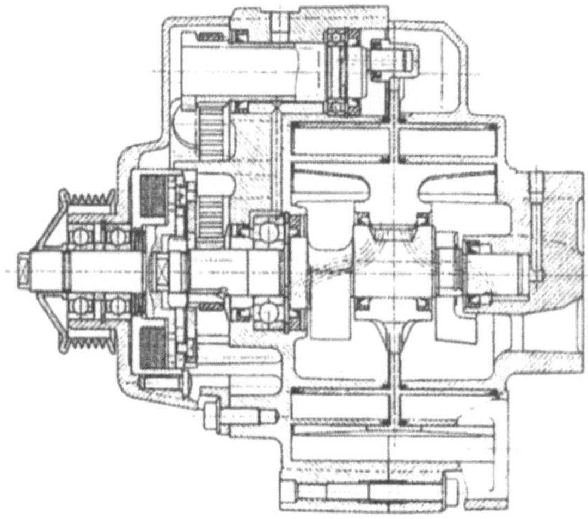

b

Abb. 11.1. Größenvergleich zweier Baugrößen von Spiralladern (Ecodyno): **a** Typ S-100/35 mit geometrischem Fördervolumen von ca. 700 cm^3; **b** Typ S-100/50 mit Fördervolumen von ca. 1000 cm^3

Die Bearbeitung der Laderrotoren ist einmal wegen der zwischenzeitlich aus Geräuschgründen meist stark verwundenen und auf weite Strecken ineinander greifenden Drehflügelkonfigurationen und zum anderen aus Gründen der meist etwas unterschiedlichen Wärmeausdehnungen von Gehäuse und Rotoren nicht unproblematisch. Dies gilt umso mehr, als dazu noch eine gute Abdichtungsqualität zwischen Rotor und Gehäuse einerseits und andererseits zwischen den Rotoren selbst zur Erreichung hoher Wirkungsgrade und kleiner Spaltverluste zwingend erforderlich ist. Das Gehäuse selbst wird aus Steifigkeitsgründen mit starken Verrippungen ausgeführt, was wiederum eine ähnliche Wärmeabfuhr von Gehäuse und Rotoren zum Zweck gleicher Bauteilerwärmumg und damit -ausdehnung erschwert.

Die Dichtung zwischen Gehäuse und Rotor sowie von Rotor zu Rotor wird heute meist durch Aufbringen einer abrasiven schmierfähigen Schicht (graphithaltige Pasten) auf Läufer und/oder Gehäuse erreicht, wobei in der Erstlaufphase des Laders durch Abrasion der Dichtbeschichtung ein gleichmäßig engstes Spiel zwischen Gehäuse und Rotor und von Rotor zu Rotor erreicht wird. Dieses Spiel stellt sich nach den größten Ausdehnungsunterschieden und den größten im Betrieb vorkommenden Temperaturdifferenzen der jeweiligen Bauteile ein und bleibt nur so lange konstant, wie keine übermäßige Bauteilerwärmung durch z. B. Überlastung des Laders auftritt. Damit sind die engsten Spalte nur für den ungünstigsten Betriebsfall optimal einzustellen und alle anderen Betriebszustände müssen mit diesen Dichtspaltmaßen auskommen.

Die Laderbauartauswahl muss deshalb auch unter den Gesichtpunkten
der Anzahl der Dichtflächen im Stirn- und Umfangsbereich des Laders sowie
der auftretenden Gleitgeschwindigkeiten
erfolgen. Dabei werden heute maximale Gleitgeschwindigkeiten von ca. 60 m/s zugelassen.

11.1.2 Lagerung und Schmierung

Für Drehkolben- und Spirallader werden heute ausschließlich Wälzlager verwendet. Einmal aus Gründen der engstmöglichen Lagerspiele, die ja auch die möglichen Dichtspaltmaße mit bestimmen, und zum andern wegen der einfacheren Schmierung.

11.2 Abgasturbolader

Man muss bei der Behandlung der Abgasturboladerbauarten und -fertigungsmethoden unterscheiden zwischen den in großen Stückzahlen produzierten und äußerst kostenkritischen Kleinladern [96], wie sie für Pkw- und Nfz-Motoren verwendet werden, und den auf höchste Wirkungsgrade und Druckverhältnisse hin entwickelten und allenfalls in Kleinserie gefertigten Großladern für Groß- und Größtmotoren.

11.2.1 Kleinlader

11.2.1.1 Gehäuse: Aufbau, Kühlung und Dichtung

Das Gehäuse von Abgasturboladern besteht heute bei Großseriengeräten aus drei Teilen, dem eigentlichen Lagergehäuse und den an ihm befestigten Gehäusen für den Verdichter und die Turbine.

Verdichtergehäuse

Das Verdichtergehäuse umschließt das Verdichterrad und beinhaltet zusätzlich den Lufteintrittsstutzen in den Lader, den meist unbeschaufelten Diffusor, die Luftsammelspirale sowie eventuell zusätzliche Luft- und Rezirkulationskanäle für kennfeldstabilisierende Maßnahmen (KSM). Das Verdichtergehäuse wird heute überwiegend aus Aluminium oder Magnesium gegossen.

Turbinengehäuse

Das Turbinengehäuse umschließt sinngemäß die meist als Zentripetalrad ausgeführte Turbine und beinhaltet den Abgaseintritt und die ins Gehäuse integrierte Zulaufdüse für die Turbine bei Starrgeometrie-Ladern sowie meist das Waste-Gate oder die Eintrittsbeschaufelung inklusive Verstellmechanismus bei Turbinen mit variabler Eintrittsgeometrie. Auch die Turbinengehäuse werden heute gegossen. Für Sonderfälle, z. B. Marineanwendungen, in denen die Oberflächen des gesamten Auspuffsystems nur bestimmte Grenztemperaturen erreichen dürfen, ist eine Wasserkühlung möglich (siehe „Lagergehäuse").

Die verwendeten Werkstoffe können entsprechend den auftretenden Abgastemperaturen ausgewählt werden. Für Temperaturen bis ca. 750 °C, also die meisten Dieselmotoranwendungen, wird heute GGGX-SiMo 51 verwendet, für höhere Temperaturen bis ca. 850 °C wird meist GGG NiCr 20 2 (D2) eingesetzt und für höchste Abgastemperaturen bis max. 1050 °C, also den Ottomotorenbereich, verwendet man GGG NiCr 35 5 2 (D5). Da im Falle eines Verdichter- oder Turbinenradberstens die Radtrümmer die jeweiligen Gehäuse nicht durchschlagen dürfen, sind beide Gehäuse von der Materialwandstärke her auch nach diesem Gesichtspunkt zu dimensionieren.

Zur Nachprüfung dieser Eigenschaft wird der so genannte **Containment-Test** durchgeführt. Dazu wird das jeweilige Rad so weit beschleunigt, bis es birst. Nach dem Bersten werden die Gehäuse hinsichtlich ihrer Containment-Sicherheit beurteilt. Die Berstdrehzahl liegt bei den verwendeten Werkstoffen ca. 50 % über der maximal zulässigen Betriebsdrehzahl.

Lagergehäuse

Das Lagergehäuse beinhaltet die Lagerung des Laderlaufzeuges, die entsprechende Schmier- und Kühlölzufuhr, die Wellenabdichtung gegen Verdichter- und Turbinengehäuse und den Wärmeschutz der Lagerung. Für diesen **Wärmeschutz** gilt in jedem Falle, dass bei der meist verwendeten Innenlagerung des Laderlaufzeuges durch den geringen Abstand zwischen Lager- und heißem Turbinengehäuse erhebliche Wärmeströme zum turbinenseitigen Lager – verstärkt durch den Wärmestrom durch die Laderwelle – hin auftreten. Dies kann zu Ölverkokungen mit der Folge von Mangelschmierung und/oder Festkörperreibung führen und damit in jedem Falle zu erhöhtem Lagerverschleiß. Als Abhilfemaßnahmen sind, wieder gestaffelt nach den auftretenden Höchsttemperaturen, die folgenden Konstruktionsvarianten realisiert.

Durch geeignete Lagergehäusegestaltung (Abb. 11.2) wird der der Turbine zugewandte Lagerstuhl mittels maximierter **Wärmeleitwege** thermisch entkoppelt. Hierzu wird die Lagerstuhlanbindung an das Lagergehäuse weit auf die Verdichterseite und hinter die Ölzufuhr verlegt. Weiter verbessert wird die Wärmedämmung der Lagerung durch ein so genanntes **Hitzeschild** hinter dem Radrücken der Turbine, das den direkten Kontakt zwischen den heißen Abgasen und dem Lagergehäuse weitgehend verhindert. Durch eine zusätzliche **Spritzölkühlung** der Laderwelle auf der heißen Seite wird der Wärmeeintrag durch diese Welle in die Lagerung reduziert.

Kühlung

Bei Ladern für Ottomotoren, für die die auftretenden Temperaturen nochmals 200–300 °C höher liegen als bei den Dieselmotoren, werden meist zusätzlich wassergekühlte Lagergehäuse verwendet (Abb. 11.3). Dabei ist dann das Lagergehäuse in den Kühlkreislauf des Motors integriert. Treten

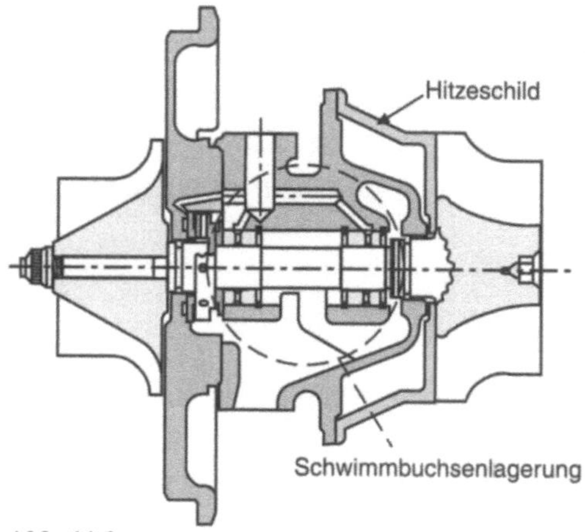

Abb. 11.2

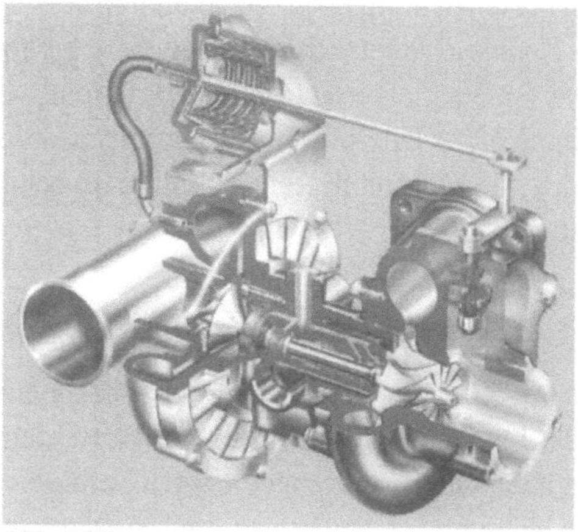

Abb. 11.3

Abb. 11.2. Lagergehäusegestaltung mit maximaler Wärmeentkoppelung und Schwimmbuchsenlagerung

Abb. 11.3. Waste-Gate-Turbolader mit wassergekühltem Lagergehäuse für Ottomotoren

trotzdem, z. B. beim Abstellen des Motors aus hoher Last, Probleme durch Wärmestau auf, so muss eine kleine, thermostatisch geregelte Zusatzwasserpumpe verwendet werden.

Überprüft wird die thermische Belastung eines Laders durch den **Start-Stop-Test**. Dazu wird der Lader an den bekannt kritischen Stellen mit Temperaturmesseinrichtungen versehen und für eine bestimmte Anzahl von Zyklen aus der Volllast heraus abgestellt. Nur wenn dabei weder die zulässigen maximalen Bauteiltemperaturen überschritten noch nennenswerte Mengen von Ölkohle aufgebaut werden, gilt der Test als bestanden.

Abdichtsystem

Das Lagergehäuse ist am Wellendurchtritt zum einen gegen Ölverluste sowohl auf der Verdichter- als auch auf der Turbinenseite abzudichten, zum anderen auch gegen die heißen Abgase, die von der Turbine sonst ins Lagergehäuse strömen könnten. Bewerkstelligt wird das bei Großserienladern durch je einen Kolbenring, der in einer entsprechenden Nut der Läuferwelle sitzt (Abb. 11.4). Diese Kolbenringe drehen sich nicht mit, sondern sind im Lagergehäuse fest verspannt und bilden so eine Art berührungsloser Labyrinthdichtung.

Bei Ladern, die z. B. im Gasmotorenbereich eingesetzt werden, wird häufig aus Gründen der besseren Gasverteilung und damit Gemischbildung die Drosselklappe als Lastregelorgan vor den Verdichter gesetzt. In diesem Fall kann im Verdichtergehäuse ein erheblicher Unterdruck entstehen, der von der beschriebenen Kolbenringlabyrinthdichtung nicht mehr bewältigt werden kann. Es muss dann eine zusätzliche Dichtung, meist ein Kohlegleitring, eingesetzt werden.

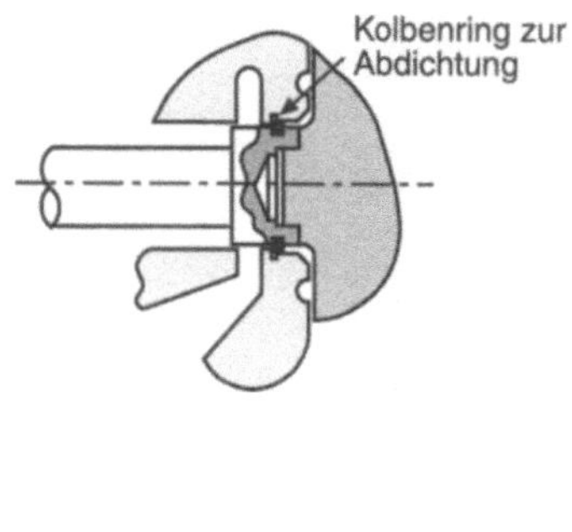

Abb. 11.4. Kolbenringabdichtsystem der Laderwelle

Für all diese Dichtungen gibt es Funktionstests. Dazu wird der Lader an einem realen Motor im gesamten Kennfeld untersucht, wobei für die Überprüfung des verdichterseitigen Dichtringes der Unterdruck am Verdichtereintritt so weit erhöht wird, wie ihn ein verschmutzter Luftfilter verursachen könnte. Zur Überprüfung der turbinenseitigen Abdichtung wird der Kurbelgehäusedruck einer verstopften Motorentlüftung simuliert. In beiden Fällen darf kein Öl zu den jeweiligen Rädern hin austreten.

11.2.1.2 Laufzeug: Materialauswahl und -beanspruchung

Die kritischte Komponente heutiger Abgasturbolader ist – unabhängig von seiner Baugröße und Bauart – das Laufzeug, bestehend aus der Welle, dem auf der einen Seite aufgesetzten Verdichterrad und dem auf der Gegenseite angeordneten Turbinenrad. Bei Kleinladern für Pkw- und Nfz-Motoren handelt es sich bei den Verdichter- und Turbinenrädern heute zum größten Teil um radial durchströmte Räder; vereinzelt sind so genannte Mixed-flow-Turbinen, eine Mischbauform von Axial- und Radialturbine, im Einsatz.

Verdichterrad

Bei der Materialauswahl für das Verdichterrad wird bei den heutigen Pkw- und Nfz-Großserienladern, aber auch für schnelllaufende größere Motoren mit mehreren Ladern ausschließlich auf vergießbare Aluminiumlegierungen zurückgegriffen. Die dabei zulässigen Umfangsgeschwindigkeiten liegen im Bereich von 550 m/s. Höhere Umfangsgeschwindigkeiten sind bei verkürzter Lebensdauer möglich. Zusätzliche Maßnahmen zur Reduzierung der Spannungsspitzen im Rad selbst, z. B. eine Verstärkung des Radrückens zur Nabe hin (Abb. 11.5), lassen weitere Erhöhungen der Umfangsgeschwindigkeiten zu. Voll bearbeitete Räder aus geschmiedetem Aluminium werden nur in Sonderfällen eingesetzt.

Turbine

Die Turbine wird heute bis zu Durchmessern von ca. 150 mm ausschließlich als Radial- oder Mixed-flow-Tangentialturbine ausgelegt, da diese Bauart mit abnehmendem Durchmesser bessere Wirkungsgrade als vergleichbare Axialturbinen hat. Zudem kann sie in Kombination mit leitringlosen Turbinengehäusen kostengünstig produziert werden. Die verwendeten Werkstoffe müssen bei den auftretenden hohen Temperaturen noch ausreichend Festigkeit bieten, um die erforderlichen

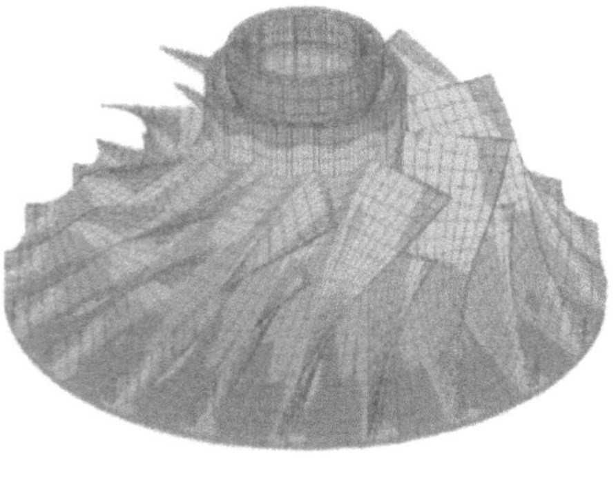

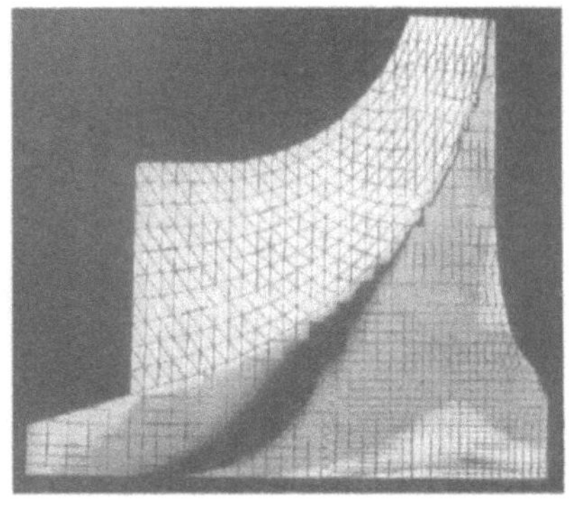

Abb. 11.5. Reduzierung der Spannungsspitzen durch Verstärkung des Radrückens zur Nabe in einem Verdichterrad

Umfangsgeschwindigkeiten des Verdichterrades erzielen zu können. Heute werden für Großserienturbinen im Wesentlichen zwei Werkstoffe verwendet:

- GMR 235 bei Abgastemperaturen bis ca. 850 °C am Turbineneintritt, also vorwiegend für den Einsatz in Dieselmotoren,
- Inconel 713 (73 % Ni, 13 % Cr) bei Abgastemperaturen bis 1050 °C, also für aufgeladene Ottomotoren.

Hauptbestandteil beider gießbarer Legierungen sind Nickel und Chrom.

11.2.1.3 Lagerung, Schmierung und Wellendynamik

Läufer hier beschriebener Großserienlader drehen mit bis zu 200.000 min^{-1} und sollen dabei Laufzeiten bis zu 1 Mio. km (Nfz-Einsatz) erreichen. Nur speziell entwickelte Gleitlagersysteme sind in der Lage, diesen hohen Anforderungen zuverlässig und kostengünstig gerecht zu werden.

Radiallagerung mit schwimmender Buchse

Bei der Radiallagerung mit schwimmender Buchse sind zwischen den verdichterseitig und turbinenseitig angeordneten Lagerstühlen im Lagergehäuse Gleitlagerbuchsen angeordnet, innerhalb deren sich die Welle verschleißfrei auf einem Ölfilm drehen kann. Die Buchse selbst dreht ebenfalls auf einem Ölfilm zwischen Lagerstuhl und Buchse, so dass die aus Messing gefertigte Buchse mit ca. halber Wellendrehzahl rotiert und damit schwimmt. Dadurch kann einmal die Gleitgeschwindigkeit in der Lagerung halbiert werden und zum anderen übt der doppelte Schmierfilm eine gewünschte Dämpfungsfunktion aus, die zu einer stabileren Wellenbahn der Läuferwelle beiträgt (Abb. 11.2).

Durch die Wahl der **Schmierspaltbreiten** von Lagerstuhl zu Buchse und von Buchse zu Welle kann die hydrodynamische Tragfähigkeit der Lagerung einerseits und das Dämpfungsverhalten andererseits optimiert werden. Die Schmierspaltbreite von Welle zu Buchse wird dazu unter dem Gesichtspunkt der Tragfähigkeit ausgelegt, der Spalt zwischen Buchse und Lagerstuhl unter dem Gesichtspunkt einer optimalen Dämpfung. Zunehmende Schmierspaltbreiten erhöhen dabei die Dämpfung und vermindern die Tragfähigkeit.

Einbuchsenlagerung

Die Einbuchsenlagerung wird wieder vermehrt angewandt. Die Läuferwelle dreht sich dabei innerhalb einer einzigen langen und stehenden Buchse, die außen von Öl umspült wird (Abb. 11.6).

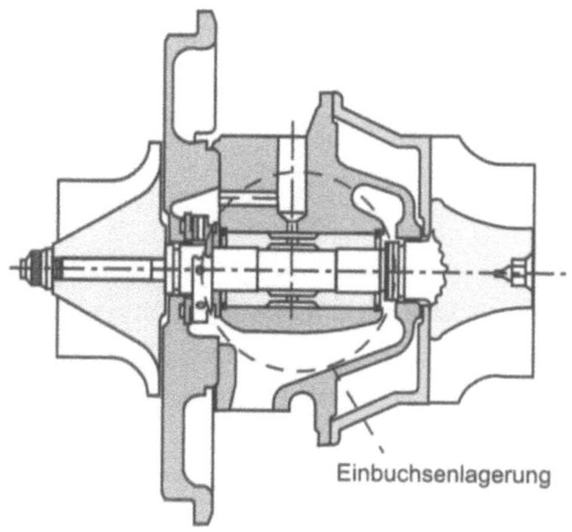

Abb. 11.6. Ausführungsbeispiel schwimmender Einbuchsenlagerung

Dabei kann nun der äußere Spalt der Lagerung speziell auf die Lagerdämpfung hin optimal ausgelegt werden, da keine Drehbewegung stattfindet. Der so mögliche, geringere Lagerabstand in einem Lagerstuhl mittels der beidseitig im Mittelteil hinterdrehten Buchse führt zu einer kürzeren Gesamtbaulänge des Laders. Außerdem ergeben sich Montage- und damit weitere Kostenvorteile.

Weder die Schwimmbuchsen- noch die Einbuchsenlagerung nehmen Kräfte in axialer Richtung auf. Nun wirken aber auf Verdichter- und Turbinenrad im Regelfall unterschiedlich hohe Gaskräfte, was zu einer Verschiebung in axialer Richtung führen würde. Deshalb ist ein weiteres Lager, das Axiallager, erforderlich.

Axiallager

Das Axiallager nimmt Kräfte in axialer Richtung auf. Es wird heute überwiegend als Keilflächengleitlager ausgebildet. Als Anlaufflächen dienen dabei zwei Scheiben, die fest auf der Welle verspannt sind, während das Axiallager selbst im Gehäuse angeordnet wird. Ein Ölabweisblech verhindert dabei, dass zu viel Öl in die Nähe der Wellenabdichtung gelangt.

Schmierung

Alle heutigen Lader sind mit Motoröl geschmiert und in den Motorölkreislauf integriert. Demzufolge gelangt das notwendige Schmieröl mit ca. 4 bar in das Lagergehäuse, wird dort mittels einer Drossel auf ca. 2 bar entspannt und der Lagerung zugeführt. Der Ölablauf erfolgt drucklos. Für einen ungehinderten Ölabfluss muss daher sowohl durch die Dimensionierung der Ölabflussleitung als auch durch den Ort der Ölrückführung in den Motor, d. h. oberhalb des Motorölspiegels, gesorgt werden.

Wuchtung

Dass so hoch drehende Laufzeuge wie das eines Turboladers besonders gut gewuchtet werden müssen, versteht sich von selbst. Die Bauteile Turbinenrotor und -welle werden dabei, ebenso wie das Verdichterrad, einzeln vorgewuchtet und nach dem Zusammenbau im fertigen Lader nochmals feingewuchtet (siehe auch Abschn 11.2.1.4).

Rotordynamik

Das Laufzeug eines jeden Turboladers wird im Betrieb durch die pulsierende Beaufschlagung der Turbine mit Abgas, durch die eigene Restunwucht und die mechanischen Schwingungen des Verbrennungsmotors in seinem Drehbewegungsablauf beeinflusst und zu Schwingungen angeregt.

Diese Rotordynamik und die damit auftretenden **Wellenverlagerungsbahnen** des Laufzeuges in den Lagern werden heute sorgfältig simuliert und auch vermessen, um zu große Auslenkungen des Laufzeugs in den Lagern, die insbesondere beim Zusammentreffen niedriger Schmieröldrücke und hoher Öltemperaturen zu Instabilitäten und metallischer Berührung mit der Folge von erhöhtem Lagerverschleiß führen können, zu verhindern.

Turbinenschaufelschwingungen

Die oben genannten Anregungsformen stellen für die Turbinenschaufeln ähnliche Probleme wie für die Rotordynamik dar und können zu unerwünschten Schaufelresonanzschwingungen mit der Folge einer Gefährdung der Betriebssicherheit und Lebensdauer führen. Die auftretenden dynamischen Belastungen der Turbinenbeschaufelung werden deshalb im Motorenbetrieb bei höchster Belastung mittels geeignet angeordneter Dehnmessstreifen erfasst, beurteilt und hinsichtlich des Schwingungsverhaltens optimiert.

11.2.1.4 Fertigung

Funktion und Einsatzbedingungen von Turboladern stellen einerseits hohe Anforderungen an die Fertigungsgenauigkeit und -qualität. Andererseits unterliegt der gesamte Lader starkem Kostendruck. Der Fertigungsprozess von Turboladern hat sich deshalb seit Beginn der Produktion immer größerer Stückzahlen mit zugleich stetig sinkenden Herstellungskosten fortwährend weiterentwickelt und verfeinert. Im Rahmen dieses Buches kann daher der Fertigungsablauf nur grob und exemplarisch behandelt werden. Das spezielle Fertigungs-Know-how, das heutige Turbolader zu kostengünstigen, langlebigen und zuverlässigen Produkten gemacht hat, liegt im Wesentlichen bei den Herstellerfirmen.

Fertigung des Turbinenrades und Verbindung mit Welle
Turbinenräder bestehen, wie schon dargestellt, aus einer hochwarmfesten Nickellegierung, die im Vakuum erschmolzen und vergossen werden muss. Die dazu notwendigen keramischen Schalenformen werden nach dem Wachsausschmelzverfahren hergestellt. Dazu werden zuerst die für jedes Rad notwendigen Wachsmodelle im Maßstab 1 : 1 zu Gießbäumen zusammengeklebt. Diese werden dann durch mehrmaliges Tauchen in einen Keramikschlicker und anschließendes Besanden mit einer 6–10 mm dicken, feuerfesten Keramikschale versehen. Nach dem Trocknen und Abbinden dieser Schale können die Wachsmodelle ausgeschmolzen und die so entstehenden Gußformen gebrannt werden. Der eigentliche Abguss erfolgt in diese beim Gussvorgang erhitzten Formen. Nach dem Erkalten kann die Schale abgeschlagen und die Gussstücke können vom Baum abgetrennt und bearbeitet werden.

Das fertig geputzte und gegebenenfalls nachgearbeitete Turbinenrad wird durch Reibschweißen mit der Laderwelle verbunden. Dazu wird die Welle gefasst und zusammen mit einer Schwungmasse auf eine Drehzahl von ca. $1000\,\text{min}^{-1}$ gebracht. Dann wird der Antrieb von Welle und Schwungmasse entkoppelt und die Welle definiert gegen das stehende Turbinenrad gepresst. Durch die Reibung erhitzen sich die Welle und das Turbinenrad so stark, dass am Ende beide Teile zuverlässig verschweißt sind.

Nach dem Reibschweißen erfolgt das Spannungsfreiglühen und die Bearbeitung der Welle. Daran anschließend werden die Lagerstellen gehärtet und der gesamte Rotor einer weiteren Wärmebehandlung unterzogen. Das Bearbeiten auf die endgültigen Maße erfolgt durch Schleifen, wobei besonders hohe Anforderungen an Maßhaltigkeit und Rundlauf gestellt werden müssen. Zum Abschluss werden die Turbinenradaußenkontur geschliffen und die Einstiche für die Dichtkolbenringe eingebracht. Die fertige Turbinenwellenkombination wird schließlich auf speziellen Maschinen durch Ansenken der Turbinenrückwand gewuchtet.

Fertigung des Verdichterrades
Die Herstellung des Verdichterrades beginnt mit einem auf einer 5-Achsen-Fräsmaschine hergestellten Urmodell. Von diesem Urmodell wird die Urmatrize, eine Hohlform, hergestellt, aus der dann die so genannten Arbeitsmodelle aus Gummi gezogen werden. Das Gummiarbeitsmodell dient nun auf eine Arbeitsplatte montiert zur Herstellung von Gipsmodellen, aus denen nach dem Trocknen das Gummimodell drehend, in jedem Falle aber unbeschädigt, herausgezogen werden muss.

Dass diese Art der Herstellung die Form des elastischen Gummimodells und damit auch des möglichen Verdichterrades und seiner Konturen beeinflusst, liegt auf der Hand. Die entstandenen Gipsformen werden in der Folge zwischen Platten gespannt als Gussformen für den Aluminium-Druckguss der Räder verwandt. Die Bearbeitung des Verdichterrades beginnt mit dem Einbringen der Mittelbohrung, wobei die Konzentrizität zwischen Radrohling und Bohrung durch spezielle Spannvorrichtungen sichergestellt wird. Anschließend werden Radrücken und Radkontur bearbeitet. Auch das Verdichterrad wird nach Fertigstellung gewuchtet.

Fertigung von Verdichter- und Turbinengehäuse

Die Rohlinge beider Gehäuse werden aus den jeweilig ausgewählten Werkstoffen gegossen. Die nachfolgenden Arbeiten umfassen Dreh-, Bohr- und Fräsarbeiten auf CNC-(computer numerical control-)Maschinen. Die Endbearbeitung mit dem Fräsen der Flanschflächen sowie dem Einbringen von Bohrungen und Gewinden erfolgt auf Rund-Transfermaschinen. Die meist verwendeten Verdichtergehäuse aus Aluminium-Druckguss bedürfen dabei wegen ihrer hohen Gussmaßgenauigkeit und guten Oberflächengüte nur einer geringen Endbearbeitung. Die Turbinengehäuse werden am Ende ihrer Bearbeitung entgratet und gegen Korrosion konserviert.

Bearbeitung des Lagergehäuses

Die Bearbeitung des aus Grauguss gegossenen Lagergehäuses erfolgt, ähnlich dem Turbinengehäuse, auf mehrspindligen CNC-Maschinen. Es müssen die turbinen- und verdichterseitigen Anschlussflansche gedreht sowie die Lagerbohrung eingebracht und geschliffen oder gehont werden. Auch das Lagergehäuse wird gegen Korrosion geschützt.

Montage

Die Montage unterteilt sich in die Rumpfgruppen- und die Endmontage. Dazwischen wird das komplette Laufzeug in der Rumpfgruppe nochmals bei hoher Drehzahl feingewuchtet. Die Rumpfgruppe besteht aus Lagereinheit, Laufzeug unf Verdichterrückwand. Bei dem Montagevorgang werden zuerst die Lagerbuchsen im Lagergehäuse montiert, dann die Turbinenrotor-Wellen-Kombination mit den Dichtkolbenringen in die Lagerung eingesetzt. Anschließend wird das Axiallager montiert und die Verdichterrückwand aufgeschraubt. Auf das noch freie Wellenende wird anschließend das Verdichterrad aufgesteckt und mit einer Wellenmutter verspannt. Die gesamte Rumpfgruppenmontage geschieht bei Großserienladern automatisch.

Bei der folgenden Endmontage werden an Gruppenarbeitsplätzen die Verdichter- und Turbinengehäuse montiert sowie gegebenenfalls der Waste-Gate- oder VTG-Mechanismus angebracht und eingestellt. Damit ist der Lader fertiggestellt und wird als Zuliefermodul an die jeweiligen Motorhersteller geliefert.

11.2.2 Großlader

Bei Groß- und Größtmotoren mit Zylinderleistungen zwischen 1000 und beinahe 10.000 kW ist der heute ausschließlich verwendete Abgasturbolader ein wesentliches Konstruktionelement, das maßgeblich Leistung, Kraftstoffverbrauch und Bauraumbedarf beeinflusst. Sowohl seine Konzeption als auch seine Herstellung unterliegen damit völlig anderen Gesichtspunkten als beim vorher behandelten Großserienlader. Zwischen beiden Eckkonzeptionen gibt es naturgemäß eine Menge Zwischenstufen.

Im Rahmen dieses Buches soll hier nur auf das andere Extrem, den wirklichen Großlader, eingegangen werden.

11.2.2.1 Aufbau, Gehäuse, Kühlung, Dichtung

Aufbau

Während Kleinlader bevorzugt aus vier Bauelementen, dem Laufzeug, dem Lagergehäuse, dem Turbinengehäuse und dem Verdichtergehäuse, zusammengesetzt sind, ist der Aufbau eines Großladers weit komplexer. So werden voll bearbeitete Verdichterräder und beschaufelte Diffusoren sowie Axialturbinen mit äußerer Zu- und zentraler Abgasabströmung verwendet, wodurch auch das Laderlagergehäuse (siehe „Lagerung") völlig anders gestaltet werden muss. Abbildung 5.40 zeigt als Großladerausführungsbeispiel einen NA/S-Lader von MAN.

Lagerung

Die Lagerung muss ebenfalls differenziert von der des Kleinladers behandelt werden. Während bei den Kleinladern heute ausschließlich eine Innenlagerung Verwendung findet, ist bei Großladern die Außenlagerung dominierend. Abbildung 11.7 zeigt die prinzipielle Anordnung. Darüber hinaus wird auch meist eine Wälzlagerung mit eigener Ölversorgung verwendet und zwar aus folgenden Gründen:

niedrigere Verlustleistungen bei den gegebenen Drehzahlen
hohe Kurzzeit-Überlastfähigkeit der Wälzlagerung
hohe Unempfindlichkeit auf kurzzeitige Schwankungen der Ölversorgung

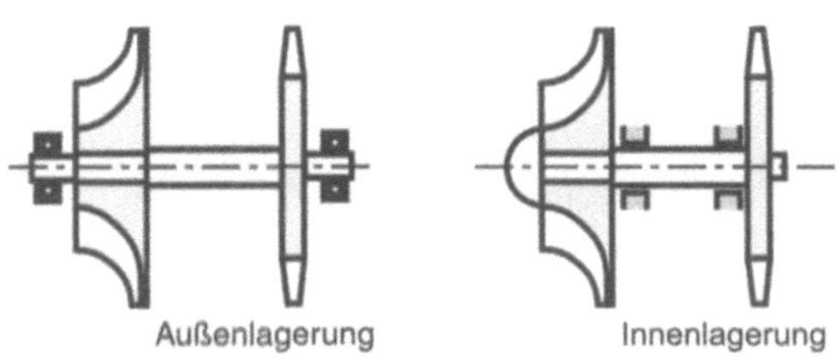

Abb. 11.7. Prinzipielle Anordnung der Lager bei Innen- und Außenlagerung

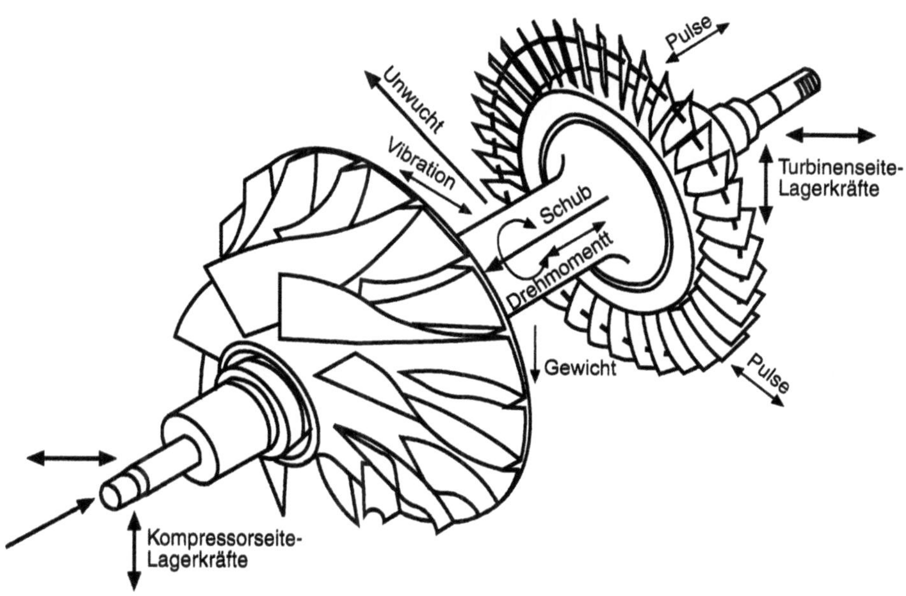

Abb. 11.8. Lagerkräfte und ihre Ursachen am Laderlaufzeug

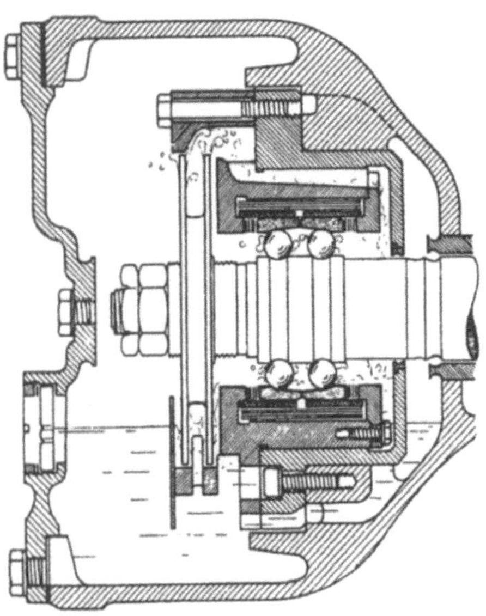

Abb. 11.9

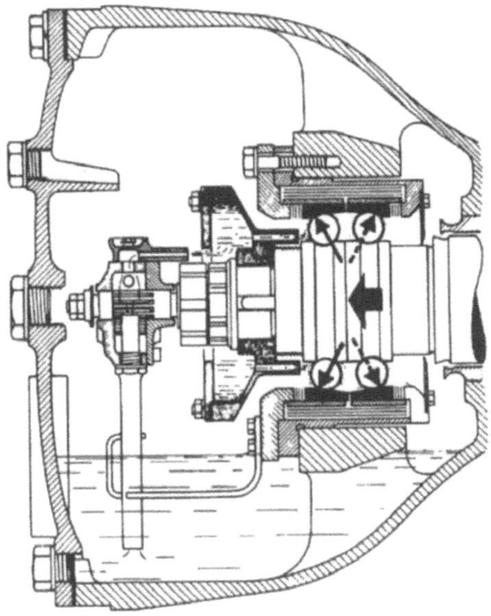

Abb. 11.10

Abb. 11.9. Doppelkugelwälzlagerung eines Großladers

Abb. 11.10. Vierpunktwälzlager mit Spritzölpumpe

eigene Ölversorgung unabhängig vom Motorschmierölkreislauf; keine Ölverschmutzung durch den Motor sowie die Möglichkeit, spezielle Ölqualitäten und -viskositäten zu verwenden

Betrachtet man zusätzlich die Kräfte, die auf das Laufzeug eines Turboladers wirken (Abb. 11.8), und berücksichtigt die Lebendauerforderungen an Größtmotoren, so wird es leicht einsichtig, dass auch in die Lagertechnik dieser Lader ein wesentlich größerer Aufwand investiert werden muss als im Falle von Kleinladern.

Abbildung 11.9 zeigt dazu ein verdichterseitiges Doppelkugellager mit Dämpfungszwischenlage an den Außenringen und einer eigenen Schleuderscheiben-Ölpumpe. Neben der gezeigten Ausführung kommen auch so genannte 4-Punktlagerungen, wie sie Abb. 11.10 in Kombination mit einer Spritzölpumpe zeigt, oder normale Doppelkugellager-Lagerungen (Abb. 11.11) in Kombination mit einer Hohlschaftölpumpe und einer Zahnradölpumpe zur Anwendung.

Verdichtergehäuse

Als erstes komplexes Bauteil soll das Verdichtergehäuse behandelt werden. Es besteht meist aus dem ringförmigen, sich zum Verdichtereintritt hin stark verjüngenden Luftzulauf zum Verdichter und hat als Vorsatz einen koaxial angeordneten Lamellenschalldämpfer zur Dämpfung der Verdichtergeräusche und zur Beruhigung des Ansaugluftstromes (Abb. 11.12).

In dem durch profilierte Tragstreben abgestützten, inneren Gehäuseteil ist nahe dem Verdichterrad das verdichterseitige, am Außenring gedämpfte Wälzlager mit integrierter Ölpumpe und Ölvorratsraum platziert. Es handelt sich meist um ein Doppelkugellager, das auch die Axialkräfte des Laderlaufzeuges aufnimmt. Der meist beschaufelte Austrittsdiffusor und der daran anschließende Luftsammler sind ein weiters Bauteil, das zudem die Verbindung mit dem Abgassammler herstellt.

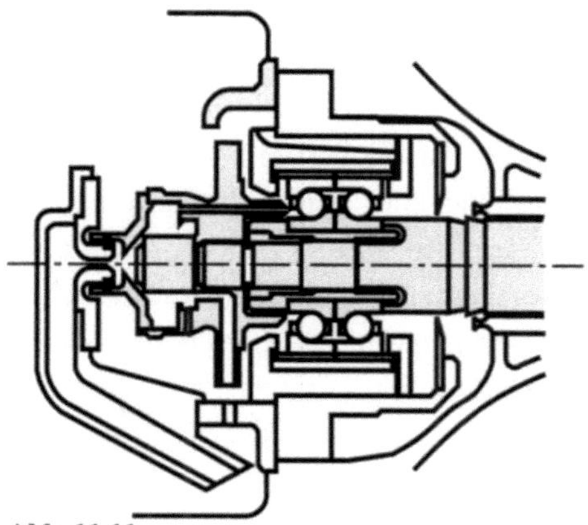

Abb. 11.11

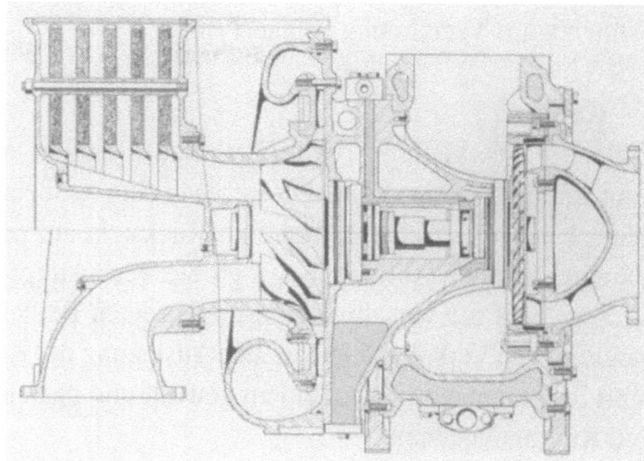

Abb. 11.12

Abb. 11.11. Wälzlagerung mit Hohlschaft- (links) und Zahnradölpumpe (rechts)

Abb. 11.12. Verdichtergehäuse (links), Abgassammel- (Mitte) und Turbinengehäuse (rechts) eines Großladers mit Ansaugschalldämpfer

Abgassammler

Der Abgassammler (Abb. 11.12) sammelt das Abgas, das aus der Axialturbine nach innen auf das Verdichtergehäuse zu ausströmt, und leitet es in der Regel nach oben in das Abgassammelrohr. Er stellt zusammen mit dem Verdichtergehäuse das tragende Element des Laders dar und ist zur Vermeidung von thermischen Verzügen, die einerseits die realisierbaren Spaltmaße zwischen Verdichter und Verdichtergehäuse sowie Turbine und Turbinengehäuse negativ beeinflussen würden und andererseits zu Fluchtproblemen der Lagerung führen könnten, meist wassergekühlt. In seinem Inneren hat er ein zur Laderwelle konzentrisches Schutzrohr mit Flansch, das einmal die durchtretende Laderwelle vor Wärme schützt und zum anderen, zur Sicherung der Lagerflucht, direkt mit dem Turbinengehäuse verschraubt wird. Auf seiner anderen Seite ist das Turbinengehäuse angeordnet.

Turbinengehäuse

Das Turbinengehäuse (Abb. 11.12) hat einen ebenfalls konzentrischen, sich zur Axialturbine hin verjüngenden (Düsenform) Abgaszulauf und trägt als gehäuseseitigen Vorsatz den Leitschaufel- und den Turbinenaußenring. Es stellt weiterhin über einen konzentrischen Hals die fluchtende Verbindung zum Verdichtergehäuse her und schließt damit auch das Rohr zur Wellenabschirmung gegen das Abgas.

In seinem Inneren ist das turbinenseitige Wälzlager angeordnet, meist ein axial verschiebbares, ebenfalls gedämpftes Rollenlager, um die thermische Dehnung der Laderwelle aufzunehmen. Es besitzt ebenfalls eine eigene Schmierölversorgung mit Pumpe und Vorratstank. Das gesamte Gehäuse ist wassergekühlt. Gegen einen Abgaseintritt von der Turbine in das Lagergehäuse schützt eine doppelte Labyrinthdichtung auf der Laderwelle.

Laderwelle

Die Laderwelle ist weit komplexer aufgebaut als bei kleinen Ladern. Auf Grund der außenliegenden Lager und des damit weit größeren Lagerabstands muss sie sehr sorgfältig auf Biegung und Schwingungen hin berechnet und optimiert werden. Da hohe Leistungen an das Verdichterrad übertragen werden müssen, ist dessen Sitz sehr sorgfältig zu dimensionieren. Turbinenseitig trägt die Welle die Fußscheibe für die Axialschaufeln, die in dieser meist mit selbstzentrierender Tannenbaum-Verzahnung gelagert sind.

Kühlung

Während aus Verzugs- und Fluchtungsgründen, ebenso wie zur Sicherstellung ausreichend kühl laufender Lager und Ölreserven, eine großzügige Kühlung aller heißen Bauteile äußerst wünschenswert erscheint, muss mit Rücksicht auf den in diesem Motor- und Ladersegment obligatorischen Schwerölbetrieb mit großer Verkokungs- und Verschmutzungsgefahr darauf geachtet werden, dass die verschmutzungsgefährdeten Bauteile eine genügend hohe Temperatur zur Vermeidung von Verkokung haben. Die Auslegung der Kühlung muss deshalb strategisch erfolgen und führt in diesem Kontext zu einem gewollt und gezielt eingesetzten Nebeneinander von Isolations- und Kühlmaßnahmen.

11.2.2.2 Laufzeug

Verdichterrad

Auch die Strömungskomponenten müssen und werden aus Wirkungsgradgründen sehr viel exakter bearbeitet und mit weniger Auslegungskompromissen belastet. Die Verdichterräder, auch hier immer Radialräder und meist aus Titan gefertigt, werden mit 5-Achsen-Fräsmaschinen aus dem Vollen herausgearbeitet. Stark verwundene, profilierte und rückwärts gekrümmte Schaufeln mit zurückgesetzten Zwischenschaufeln sind hier Stand der Technik (Abb. 11.13).

Es werden Umfangsgeschwindigkeiten in der Größenordnung von 600 m/s zugelassen. Zur weiteren Wirkungsgradsteigerung werden zusammen mit den beschriebenen Hochleistungsverdichterrädern in steigendem Maße profilbeschaufelte Diffusoren eingesetzt. Die so heute erreichten Verdichterwirkungsgrade liegen bei bis zu 88 %.

Turbine

Die Turbine von Großladern wird überwiegend als Axialturbine ausgeführt, die bei Durchmessern über 300 mm klare Wirkungsgradvorteile gegenüber der Radialbauform aufweist. Durch rela-

Abb. 11.13

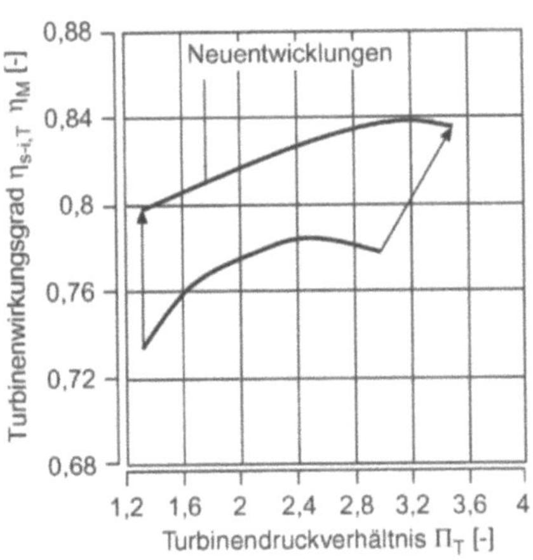

Abb. 11.14

Abb. 11.13. Voll bearbeitetes Verdichterrad

Abb. 11.14. Effektive Turbinenwirkungsgrade moderner Großlader über dem Expansionsverhältnis [122]

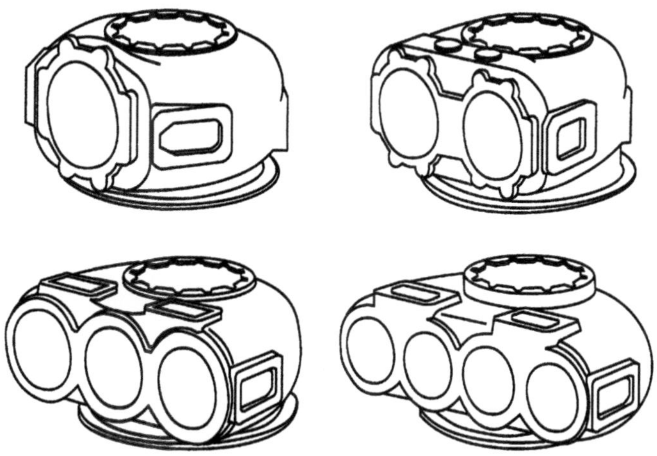

Abb. 11.15. Arten der Auspuffstrangzuführung zum Turbinengehäuse

tiv einfache Änderung der Schaufellänge kann die Turbine optimal an die jeweiligen Laderleistungsanforderungen angepasst werden. Zusammen mit einem vorgeschalteten Leitapparat mit ebenfalls profilierter und – mehr und mehr – verstellbarer Beschaufelung sowie nachgeschalteten Abströmdiffusoren lassen sich heute Turbinenwirkungsgrade von bis zu 85 % erreichen (Abb. 11.14). Verschiedene Arten der Auspuffstrangzuführung zum Turbinengehäuse sind in Abb. 11.15 aufgezeigt.

11.2.2.3 Fertigung

Die vorstehend beschriebenen Großlader sind immer Kleinstserienlose, die auf modernsten Komplett-Bearbeitungszentren gefertigt werden, wo höchste Ansprüche an die Fertigungsgenauigkeit und Reproduzierbarkeit erfüllt werden können.

12 Ladeluftkühler und Ladeluftkühlsysteme

Da, wie in Kap. 2 ausführlich hergeleitet, die Ladeluftkühlung bei der Realisierung von hohen Leistungsdichten sowie niedrigen Kraftstoffverbräuchen und Emissionswerten eine entscheidende Rolle spielt, muss dem Ladeluftkühlsystem und seinen Komponenten die entsprechende Bedeutung bei der Ausahl für bestimmte Motorkonzepte und Einsatzfälle zugemessen werden. Dazu sind die Kenntnis von Kühlerbauarten sowie die Auswahl eines geeigneten Ladeluftkühlsystems ebenso wichtig wie die der jeweils entsprechenden Kennzahlen.

12.1 Grundlagen und Kennzahlen

Die Dichte der vom Motor angesaugten Luft hängt von deren Druck und Temperatur ab ($\rho = p/RT$). Ziel muss es daher sein, eine Druckerhöhung mit möglichst geringer Temperatursteigerung zu erreichen.

Da reale Verdichter mit Wirkungsgraden $\eta_{\text{s-i,K}} < 1$ (verglichen zum idealen isentropen Verdichtungsvorgang) arbeiten, erfolgt bei realer Verdichtung der Motoransaugluft eine Temperaturerhöhung in Abhängigkeit von gewähltem Druckverhältnis und Verdichterwirkungsgrad, wie in Abb. 12.1 dargestellt und mit folgender Gleichung beschrieben:

$$\Delta T = T_2 - T_1 = (T_2 - T_1)_{\text{s}}/\eta_{\text{s-i,K}} = T_1\left[(p_2/p_1)^{(\kappa-1)/\kappa} - 1\right]/\eta_{\text{s-i,K}}. \tag{12.1}$$

Man erkennt, dass auch mit besten erreichbaren Wirkungsgraden von $\eta_{\text{s-i,K}} = 0,8$ bei einem Druckverhältnis von $\Pi = 3$ eine Temperaturerhöhung um ca. 135 °C auftritt. Dies hat zur Folge, dass bei

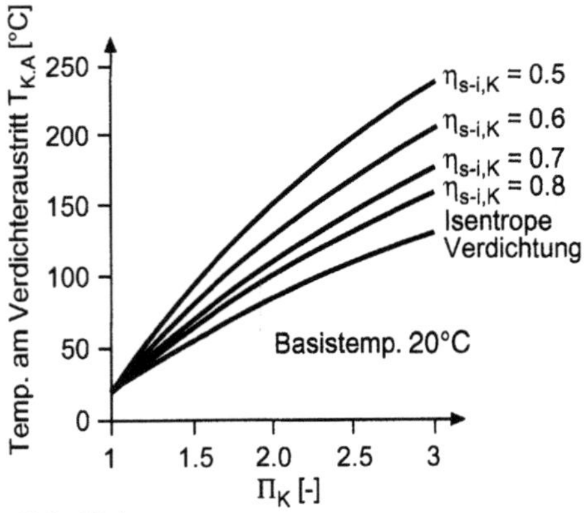

Abb. 12.1

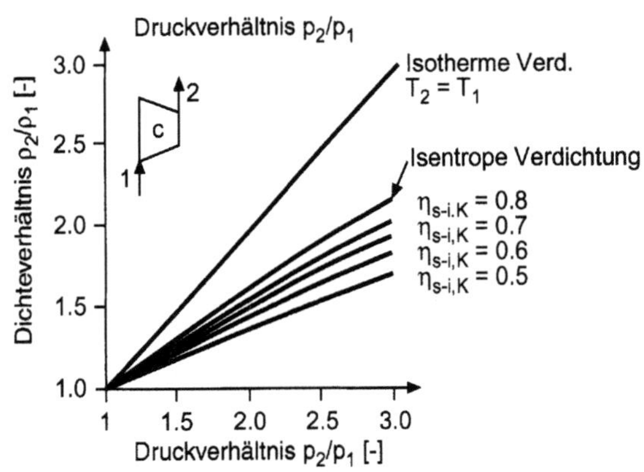

Abb. 12.2

Abb. 12.1. Ladelufttemperaturerhöhung in Abhängigkeit von Druckverhältnis und Verdichterwirkungsgrad

Abb. 12.2. Dichtesteigerung der Ladeluft in Abhängigkeit von Druckverhältnis und Verdichterwirkungsgrad

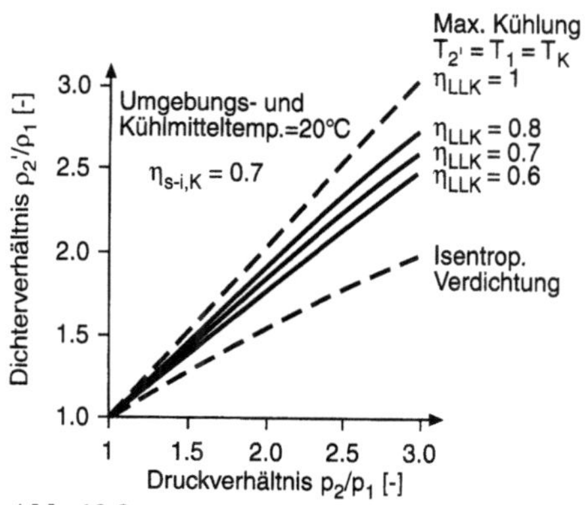

Abb. 12.3

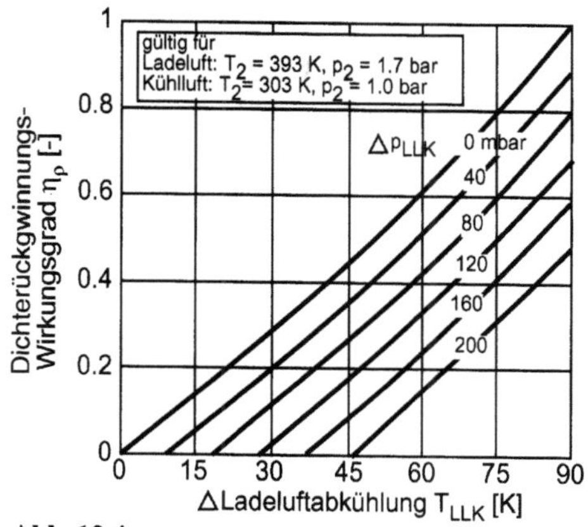

Abb. 12.4

Abb. 12.3. Verhältnis der Ladeluftdichte vor und nach Kühlung in Abhängigkeit von Druckverhältnis und Kühlerwirkungsgrad

Abb. 12.4. Erreichbares Dichteverhältnis in Abhängigkeit von Druckverlust, Kühlerwirkungsgrad und Rückkühlrate

dem gewählten Druckverhältnis nur eine Dichtesteigerung ρ_2/ρ_1 von ca. 2 erreicht werden kann (Abb. 12.2).

Soll nun eine höchstmögliche Dichteanhebung erzielt werden, so muss die Ladeluft gekühlt und damit ein Dichterückgewinn erreicht werden. Als Kühlstoffe kommen dafür die natürlichen Medien Luft oder Wasser infrage. Zur Beurteilung der Qualität der Ladeluftkühlung wird eine Kennzahl für den Kühler, der Kühlerwirkungsgrad als das Verhältnis der erreichbaren Wärmeabfuhr zur maximal möglichen Wärmeabfuhr, definiert:

$$\eta_{\mathrm{LLK}} = (T_2 - T_{2'})/(T_2 - T_{\mathrm{K}}), \tag{12.2}$$

wobei T_2 und $T_{2'}$ die Ladelufttemperatur vor und nach dem Ladeluftkühler und T_{K} die Kühlmitteltemperatur beschreiben.

Damit sind bei einem angenommenen Verdichterwirkungsgrad von $\eta_{\mathrm{s\text{-}i,K}} = 0{,}7$ und einer Umgebungs-, d. h. Kühlmitteltemperatur T_{K} von 20 °C in Abhängigkeit vom Kühlerwirkungsgrad η_{LLK} bei einem Druckverhältnis von 3 Dichtesteigerungen von bis zu 2,7 möglich (Abb. 12.3).

Man kann auch, und das ist heute der bevorzugte Weg, einen Dichterückgewinn-Wirkungsgrad η_ρ definieren:

$$\eta_\rho = \Delta\rho/\Delta\rho_{\max}. \tag{12.3}$$

Abbildung 12.4 zeigt diesen Wirkungsgrad für bestimmte Druckverluste Δp_{LLK} im Kühlnetz über der Ladeluftrückkühlrate ΔT_{LLK}.

12.2 Ladeluftkühlerbauarten

Ladeluftkühler bestehen prinzipiell aus einer Anzahl von Wärmeaustauschflächen, welche die Ladeluft- und Kühlmittelströme einerseits so führen. dass zwischen ihnen keine Vermischung stattfinden und andererseits ein möglichst großer Wärmeaustausch erfolgen kann. Deshalb werden in den jeweiligen Strömungskanälen zur Oberflächenvergrößerung und damit verbundenen Erhöhung des Wärmeübergangs Rippen angeordnet. Der Wärmeaustausch erfolgt unmittelbar über die genannten Wände und Rippen, die demzufolge aus einem gut wärmeleitenden Material, im Allgemeinen

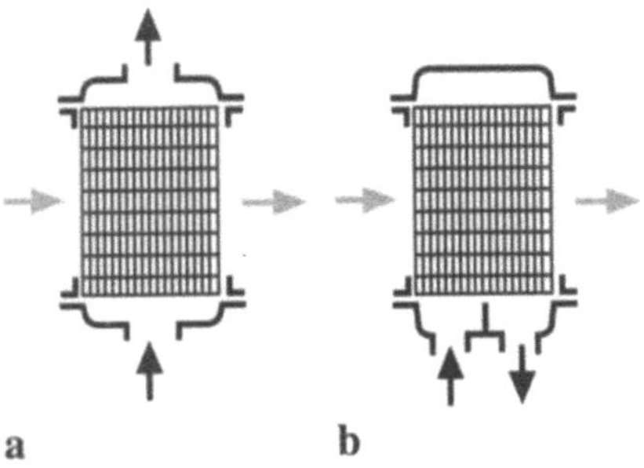

Abb. 12.5. Ausführungen von Ladeluftwärmetauschern: **a** 1-Fluss-Kreuzstrom-, **b** 2-Fluss-Kreuzgegenstromwärmetauscher

Metall, bestehen. Zur Minimierung des Bauaufwandes werden die Stoffströme dabei nach dem Kreuzstrom- oder Kreuzgegenstromprinzip geführt (Abb. 12.5). Der Ladeluftkühler soll eine möglichst große Wärmeleistung übertragen, d. h. abführen können. Die übertragbare Wärmeleistung errechnet sich wie folgt:

$$\dot{Q} = k \cdot A_K \cdot \Delta T, \tag{12.4}$$

wobei k den Wärmedurchgangskoeffizient und A_K die Kühlfläche beschreiben. Die Faktoren k und A_K sind von der Kühlergröße und -bauart abhängig, während ΔT als Randbedingung vorliegt.

$k \cdot A_K$ wird als Wärmeübergangswert bezeichnet. Er hängt von den folgenden Faktoren,

α_i Wärmeübergangskoeffizient auf der Kühlmittelseite,
α_a Wärmeübergangskoeffizient auf der Ladeluftseite,
A_i Kühlfläche auf der Kühlmittelseite,
A_a Kühlfläche auf der Ladeluftseite,
δ Dicke der Austauschwand,
λ Wärmeleitfähigkeit der Austauschwand,

nach folgendem Zusammenhang ab:

$$\frac{1}{kA_k} = \frac{1}{\alpha_i A_i} + \frac{\delta}{\lambda} + \frac{1}{\alpha_a A_a}. \tag{12.5}$$

Die Gleichung zeigt die Einflüsse der Ladeluft, des Kühlmittels und der Wände in Bezug auf den Wärmeübergang. Die Größe dieses Wertes wird von den Summanden im Nenner bestimmt, die wiederum vom Kühler selbst abhängen:
Größe der Kühlflächen A_i auf der Kühlmittel- und A_a auf der Ladeluftseite

Wärmeübergangskoeffizienten α_i und α_a
Quotienten δ/λ aus Wanddicke und Wärmeleitzahl der Wand

Aus Gl. (12.5) folgt auch, dass die Produkte $\alpha \cdot A$ möglichst groß sein müssen, um einen hohen Wert $k \cdot A_K$, also einen hohen Wärmeübergangswert, zu erreichen. Diese Erkenntnis bestimmt demzufolge Kühlerbauart und -größe. Für die möglichen Kühlstoffe Luft oder Wasser ergeben sich daraus sehr unterschiedliche Anforderungen an die Kühlerbauart.

Bei Luft-Luft-Ladeluftkühlung müssen auf Grund der in etwa gleich großen α-Werte der Kühl- und Ladeluftseite auch die Kühlflächen A_i und A_a annähernd gleich groß sein.

Bei einer Kühlung der Ladeluft mit Wasser ist das Verhältnis der α-Werte von Wasser zu Luft etwa 10 : 1. Somit stellt die Kühlfläche auf der Luftseite immer die kritische Größe dar. Eine Verrippung ist deshalb auf der Wasserseite nicht notwendig. Es tritt eine Sättigung des Kühlers auf der Luftseite ein.

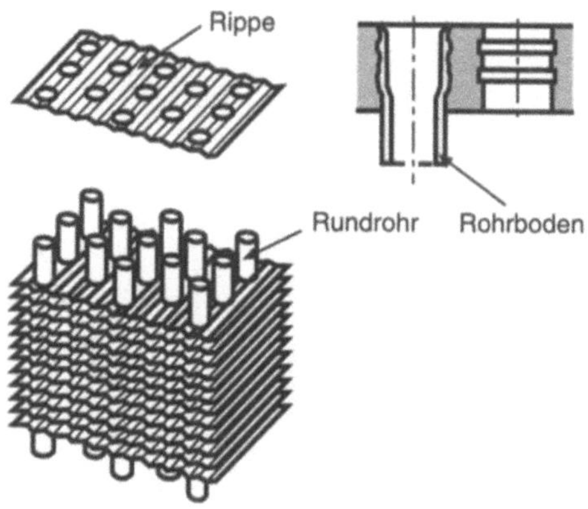

Abb. 12.6. Rundrohrkühler [113]

Je nach Kühlmittelwahl sind also sehr unterschiedliche Kühlerbauarten möglich. Dies gilt umso mehr, wenn man die Betriebseinflüsse von Luft oder Wasser als Kühlmittel in Bezug auf Verschmutzung und Korrosion berücksichtigt.

12.2.1 Wassergekühlte Ladeluftkühler

Man unterscheidet entsprechend der Bauform zwischen Rundrohr- und Flachrohrkühlern.

Rundrohrkühler
Der Kühlerblock des Rundrohrkühlers besteht aus einer Vielzahl von Rippenblechen, welche von Rohren durchkreuzt werden (Abb. 12.6). Die Rohre sind ihrerseits mit den Kragen der Rippen wärmeleitend verbunden. Diese Verbindung erfolgt entweder durch ein hydraulisches oder mechanisches Aufweiten der Rohre oder durch Weichverlöten der Rippenkragen mit den Rohren. In Bezug auf die Qualität der Wärmeübertragung besteht dabei zwischen den Verfahren kein merklicher Unterschied. Sehr wohl aber hinsichtlich der möglichen Werkstoffkombinationen. Bei der hydraulischen Aufweitung können auch nichtlötbare Paarungen wie rostfreier Stahl, Kupfer, Messing oder Titan (Rohre) mit Rippen aus Kupfer oder Aluminium ausreichend wärmeleitend verbunden werden. Rohrkühler werden überwiegend bei einer direkten Beaufschlagung mit Roh- oder Seewasser (härteste Einsatzbedingungen) verwendet. Das Kühlwasser muss dabei vor Kühler mindestens gesiebt werden. Auch eine regelmäßige Kühlerreinigung ist unerlässlich. Darüber hinaus sind Mindest- und Höchstwasserdurchsätze wegen Schmutzablagerung und Korrosion einerseits und Erosionschäden auf der Rohreintrittsseite andererseits zu beachten und einzuhalten.

Rundrohrkühler erreichen hinsichtlich ihres Gütegrades $\eta_{G,LLK} = \dot{Q}/\Delta p_{Verlust}$ gewisse Grenzen. Diese können mit Flachrohrkühlern bei gleichen Abmessungen deutlich ausgeweitet werden.

Flachrohrkühler
Flachrohre verursachen auf Grund ihrer strömungsgünstigeren Form geringere Druckverluste auf der Ladeluftseite, wodurch sie intensiver berippt werden können. Die relativ engen Rohrkanäle sind allerdings für Schmutzwasser ungeeignet und sollten deshalb nur in geschlossenen Kühlsystemen (Abschn. 12.3) verwendet werden. Flachrohrkühler können in zwei Bauweisen dargestellt werden.

Als Kombination von Flachovalrohren und dünnwandigen Rohrböden (Abb. 12.7) sind die Rohre (mit oder ohne innere Berippung) mit den Luftlamellen, Seitenteilen und Rohrböden durch Lötung verbunden. An den Kühlerblockenden sind Wassersammelkästen angeschweißt oder

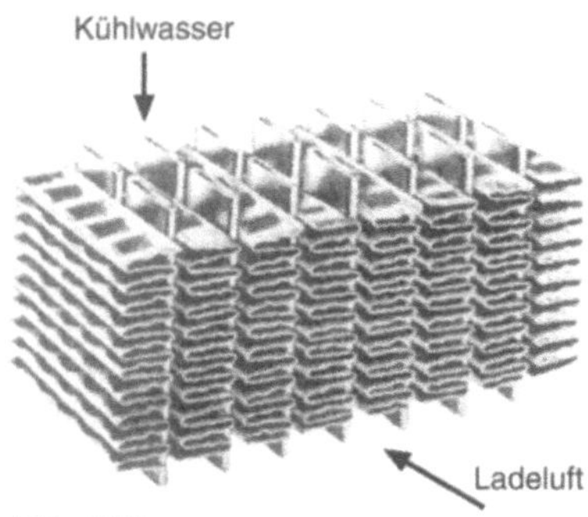

Abb. 12.7

Abb. 12.8

Abb. 12.7. Flachovalrohr-Lamellenkühler ohne Innenberippung [113]

Abb. 12.8. Flachrohrkühler in Stab-Plattenbauweise [113]

angeschraubt. Das geschilderte Bauprinzip erfordert Spezialstanzwerkzeuge für die Rohrböden und ist damit nur für größere Stückzahlen wirtschaftlich umsetzbar.

Als Kombination von Rohrwandblechen und Abschlussleisten (Abb. 12.8) besteht der komplett hartverlötete Kühlerblock aus Blechen, Stäben und Stützlamellen, welche die Wasserkanäle bilden, sowie luftseitigen Lamellen und deren Seitenteile. An den Blockenden werden Wasserkästen angeschweißt. Diese Bauweise ist auch und vor allem für kleine und mittlere Stückzahlen geeignet, da keine teuren typgebundenen Werkzeuge erforderlich sind.

12.2.2 Luft-Luft-Ladeluftkühler

Für den Einsatz in Luft- und vor allem Boden-Fahrzeugen, wo Wasser als Kühlmittel nicht direkt zur Verfügung steht, müssen Luft-Luft-Ladeluftkühler verwendet werden. Bei Luft-Luft-Ladeluftkühlern strömt, im Gegensatz zu den wassergekühlten, die Ladeluft durch die meist auch innen berippten Flachrohre. Zwischen diesen Rohren sind Kühlluftlamellen angeordnet. Abbildung 12.9 zeigt einen solchen Kühler in Stab-Platten-Bauweise mit innenverripptem Flachrohr, Abb. 12.10 einen in Flachovalrohr-Lamellen-Bauweise ebenfalls mit innenverripptem Flachovalrohr.

12.2.3 Ganzaluminium-Ladeluftkühler

Um die Leistungsfähigkeit, das Gewicht und die Herstellungskosten weiter zu optimieren, kommen in zunehmenden Maße Kühler in Ganzaluminiumbauweise zur Anwendung. Auch hier werden zwei unterschiedliche Bauformen gewählt:

- Kühlerbauart mit geringer Blocktiefe (ca. 30 mm) und Rohren ohne Innenrippe für mittlere Ladeluft-Massenströme;
- Bauart mit Blocktiefen von ca. 50–100 mm mit Turbulenzeinlagen in den Rohren für besonders hohe Leistungsanforderungen bei gleichzeitig kompakter Bauweise.

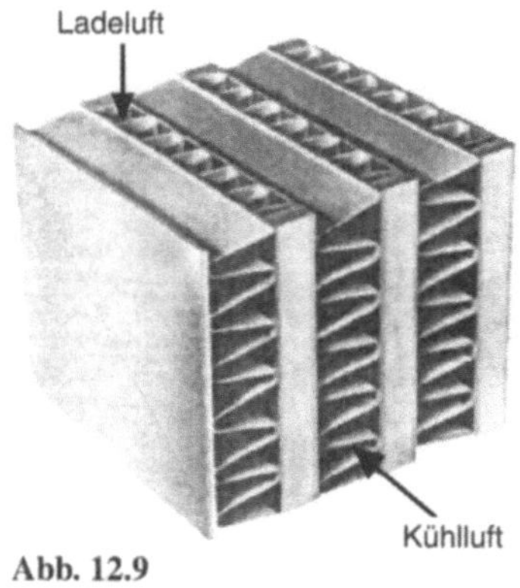

Abb. 12.9

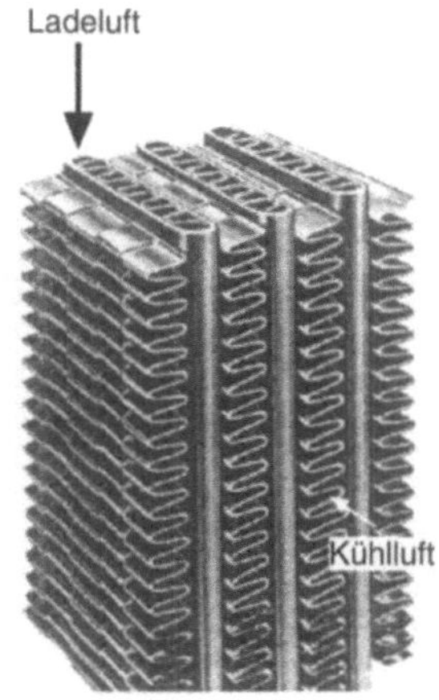

Abb. 12.10

Abb. 12.9. Luft-Luft-Ladeluftkühler in Stab-Plattenbauweise [113]

Abb. 12.10. Luft-Luft-Ladeluftkühler in Flachoval-Lamellenbauweise mit Innenberippung [113]

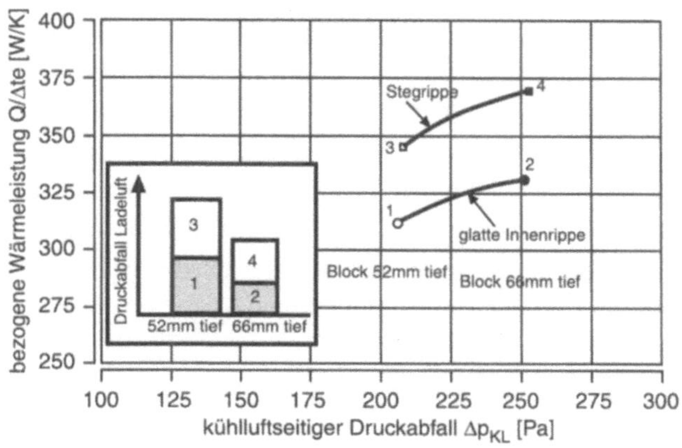

Abb. 12.11. Behr-Diagramm zur Ladeluftkühlerauslegung [83]

Abbildung 12.11 zeigt die Leistungsfähigkeit verschiedener Rohr-Rippen-Kombinationen bei unterschiedlichen Blocktiefen. Mit diesen Bauweisen können auch mehrere Wärmeübertragerkomponenten zu einer Einheit – zu einem so genannten Monoblock – zusammengefasst werden.

12.3 Ladeluftkühlsysteme

Die entsprechenden Kühlsysteme setzen sich immer aus dem Ladeluftkühler selbst, den entsprechenden Rohrleitungen, oder allgemeiner: Verbindungen, sowie allfälligen Zusatzkomponenten für ein Ladeluftwärmemanagement zusammen. Dabei kommen vorzugsweise zwei Systeme zum Einsatz: direkte Ladeluftkühlung mit luft- oder wasserbeaufschlagtem Kühler oder indirekte Ladeluftkühlung mit entsprechenden Kühler-Kombinationen.

Abbildung 12.12 zeigt das Prinzipschaltbild für die **direkte Ladeluftkühlung**. Bei Luft-Luft-Ladeluftkühlung hängt die erreichbare Rückkühlung und der damit erreichbare Dichterückgewinn im Wesentlichen von der Kühlergröße und von seiner Effizienz ab. Werte für ΔT von ca. 15–20 °C über Umgebungs-, d. h. Kühlmitteltemperatur sind erreichbar. Bei Roh- oder Seewasserkühlung

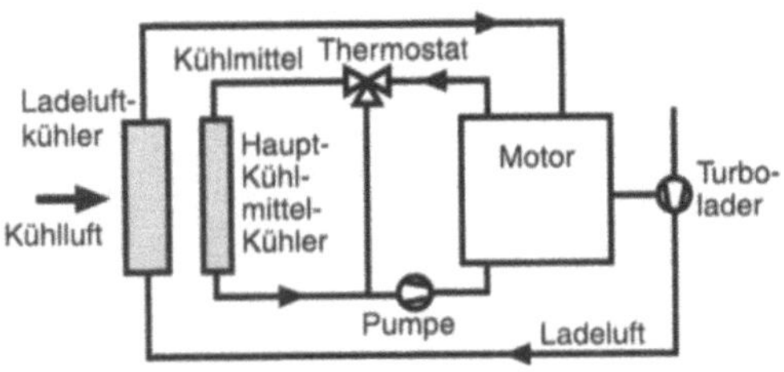

Abb. 12.12

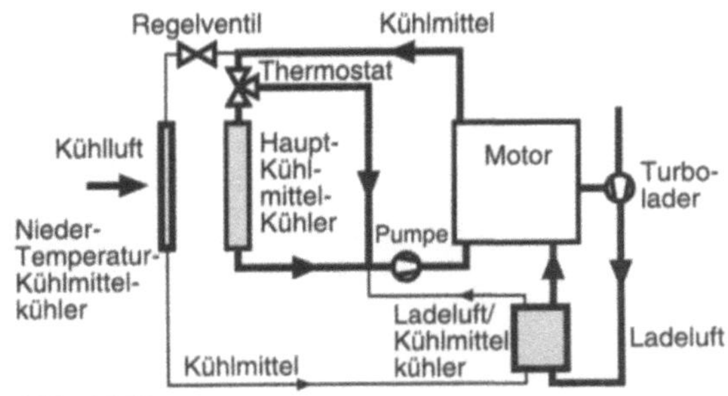

Abb. 12.13

Abb. 12.12. Prinzip-Schaltbild für direkte Ladeluftkühlung [83]

Abb. 12.13. Prinzip-Schaltbild für indirekte Ladeluftkühlung [83]

sind Werte von 5–10 °C über Kühlmitteltemperatur realisiert. Ein Wärmemanagement der Ladeluft (Kühlung z. B. nur bei hohen Lasten o. Ä.) ist nur mit erheblichem Zusatzaufwand zu realisieren. Das Grundsystem ist dagegen einfach, robust und preisgünstig.

Wie Abb. 12.13 für die **indirekte Ladeluftkühlung** zeigt, wird der eigentliche Ladeluftkühler als Luft-Wasserwärmetauscher in möglichst kompakter Bauweise ausgeführt. Dieser wird mittels eines zweiten Kühlkreislaufs rückgekühlt. Es ist damit bei gegebenen Kühlflächen im Fahrzeug eine höhere Rückkühlrate mit verbessertem Dichterückgewinn und gleichzeitig kleinerem ladedruckseitigem Druckverlust möglich. Darüber hinaus kann die Ladelufttemperatur durch eine ventilgesteuerte Verbindung mit dem Motorkühlmittelkreislauf sehr gut geregelt und ein sehr flexibles Motorwärmemanagement realisiert werden. Nachteilig ist die Notwendigkeit einer zusätzlichen Kühlmittelpumpe. Das System ist insgesamt komplexer, schwerer und teurer.

13 Aussichten und Weiterentwicklung der Aufladung

In diesem Kapitel soll der Versuch eines Ausblickes auf mögliche künftige Entwicklungen – ausgehend vom aktuellen Stand der Aufladetechnik – unternommen werden, wobei möglichst realistische Szenarien zugrunde gelegt werden.

13.1 Status und Perspektiven der Aufladetechniken

Wie bereits im geschichtlichen Überblick angedeutet, hat die Aufladung bei den Verbrennungsmotoren einen Siegeszug ohnegleichen angetreten und alle Motorkategorien bis auf Billig- und Kleinmotoren sowie den Pkw-Ottomotor praktisch zu 100 % erobert.

Dabei kommt es vor allem auf preisgünstige Aufladetechniken an. Dies könnte sich bei weiter verschärften Gesetzesauflagen für Verbrennungskraftmaschinen im Hinblick auf Geräusch- und Schadstoffemissionen einerseits und erhöhten Anforderungen an niedrigstmögliche Kraftstoffbetriebsverbräuche andererseits in naher Zukunft dramatisch ändern.

Als Beispiel dafür möge die Situation bei den mittleren und schweren Nutzfahrzeug- aber auch den modernen Direkteinspritz-Pkw-Dieselmotoren dienen. Beide Motortypen sind ohne Aufladung und Ladeluftkühlung nicht mehr in der Lage, die gesetzlichen Schadstoffemissionsgrenzwerte zu erfüllen.

Dazu kommen neue Forderungen von der Fahrzeugseite, z. B. nach stark erhöhten Motorbremsleistungen bei Nutzfahrzeugen und besserem transientem Verhalten bei Pkw-Motoren. All dies wird zu einer Verlagerung der Kosten vom Basismotor, der billiger werden muss, hin zu leistungsfähigeren, multifunktional einsetzbaren Aufladesystemen führen. Dies um so mehr, als der stetige Kostendruck zu weiter erhöhten Aufladegraden führen wird. Damit wird sich aber auch der Pkw-Ottomotor dem Trend zur Aufladung nicht mehr lange widersetzen können, auch weil hier die Kraftstoffverbraucheinsparpotentiale weitaus am größten sind.

13.2 Weiterentwicklungstrends der einzelnen Aufladesysteme

13.2.1 Mechanische Lader

Die mechanische Aufladung, d. h. die Aufladung mittels mechanisch vom Motor angetriebener Verdrängerlader, erlebt beim klassischen Ottomotor zur Zeit eine bemerkenswerte Renaissance. Die Gründe dafür sind einmal in der ausführlich beschriebenen Problematik der Abgasturboaufladung des Ottomotors zu suchen. Zum anderen wird hier mit der Aufladung meist nur die Spitzenmotorisierung einer Motorfamilie realisiert, so dass die Aufladung als Add-on-Lösung dargestellt werden muss. Dies ist aber mit einem die heiße Seite des Motors nicht tangierenden Aufladesystem

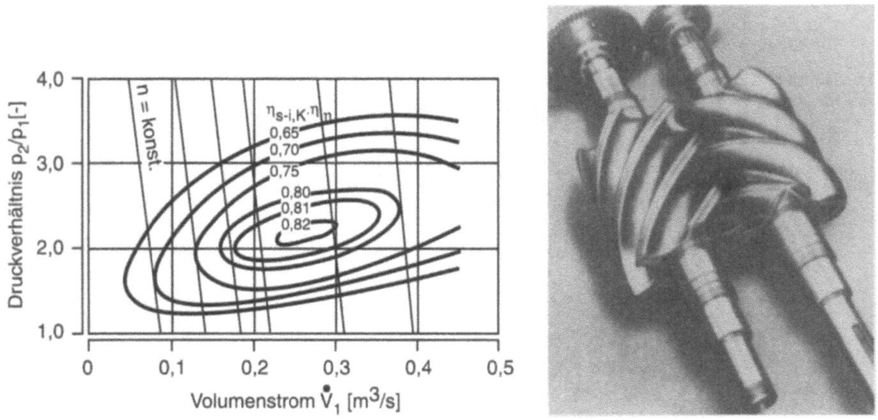

a b

Abb. 13.1. Kennfeld (**a**) und Läuferpaar (**b**) eines modernen Schraubenverdichters

sehr viel einfacher zu realisieren als mit einer tief in das Gesamtmotorkonzept eingreifenden Abgasturboaufladung. Es können sich darüber hinaus auch Einbauvorteile für den mechanischen Lader ergeben.

Dazu kommt noch der Verkaufsaspekt im sehr emotional geprägten Pkw-Markt, wo der Zusatz Kompressor sehr viel wirksamer zu sein scheint als die weit verbreitete und mit dem Diesel-Pkw verknüpfte Abgasturboaufladung.

Wie auch immer, die Aufladung mittels eines mechanisch angetriebenen Verdrängerladers ist für kleine Ottomotoren dann eine sehr sinnvolle Maßnahme, wenn die Verdrängerlader im Hinblick auf ihren natürlichen Ladedruckverlauf über der Motordrehzahl einerseits und auf die erreichbaren Druckverhältnisse und Wirkungsgrade andererseits weiterentwickelt werden. Darüber hinaus darf auch die heute noch immer sehr problematische Geräuschentwicklung mechanischer Aufladesysteme nicht vergessen werden.

Die Gesamtproblematik einer mechanischen Aufladung wäre z. B. mit einem gut entwickelten Schraubenverdichter, der einerseits hohe Druckverhältnisse und andererseits hohe Gesamtwirkungsgrade (Abb. 13.1 a) erreichen kann (aufgrund der hohen inneren Verdichtung und der quasikontinuierlichen Förderung), bei niedrigen Geräuschpegelwerten sehr gut zu lösen.

Abbildung 13.1 b zeigt das hochpräzise Läuferpaar eines solchen Verdichters. Es wird darauf ankommen, ob solch ein **Präzisionslader** dauerhaltbar und mit kleinem Toleranzfeld für einen Großserienmotor hinreichend kostengünstig dargestellt werden kann. Auch der so genannte Spirallader kann bei entsprechender Weiterentwicklung in Kosten und Toleranzfeld durchaus eine Lösung für zukünftige kleine Auflade-Ottomotoren sein (Abb. 11.1).

Ob für die gängigen Roots-Ladertypen aus Gründen eines besseren Ladedruckverlaufes über der Motordrehzahl eine variable Drehzahlkoppelung an den Motor mittels eines Vario- oder zumindest Schaltgetriebes notwendig werden wird, ist noch nicht absehbar. Es wird dies zumindest keine Billiglösung sein können.

13.2.2 Abgasturbolader

Wie bereits mehrfach erwähnt, hat der Abgasturbolader heute bereits alle Motorgrößen bis herab zu den Dieselmotoren für leichte Nutzfahrzeuge d. h. bis herab zu ca. 3–4 l Hubvolumen zu 100 %

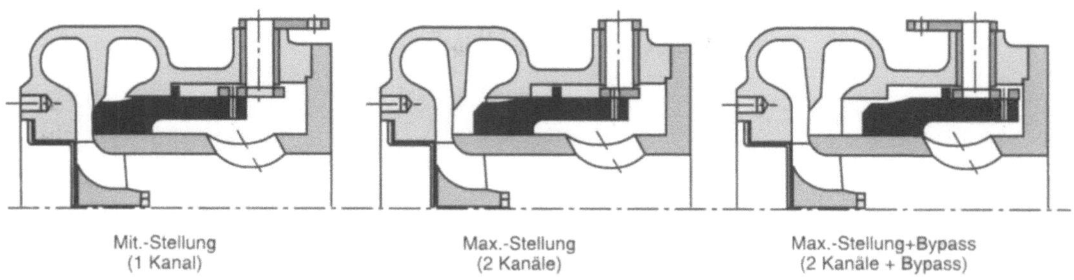

Abb. 13.2. Schiebehülsen-VTG von 3K-Warner

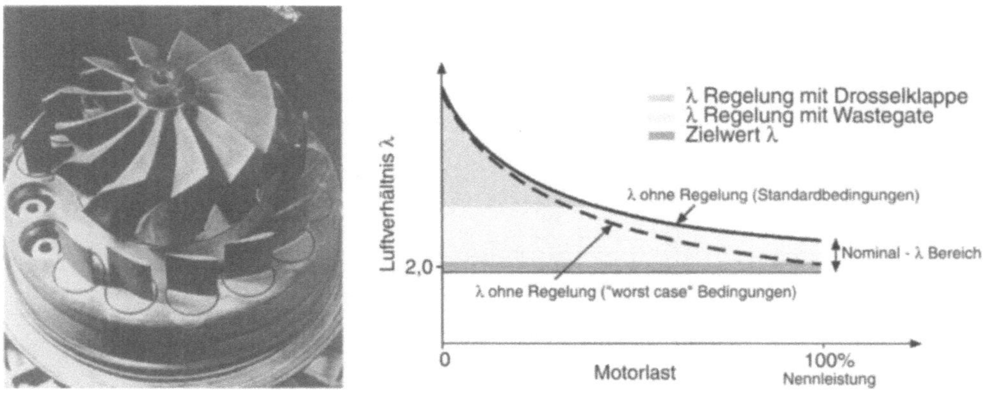

Abb. 13.3. Großmotor-VTG für Gasbetrieb [ABB]

erobert. Seine Entwicklung geht, dessen ungeachtet, gerade zum jetzigen Zeitpunkt mit bisher nicht für möglich gehaltenem Tempo voran. So ist zwischenzeitlich auch der Pkw-Dieselmotor weitgehend abgasturboaufgeladen und es gilt noch die bisher nicht oder nur schwach bedienten Volumenmärkte der Ottomotoren zu erobern.

Die Weiterentwicklung variabler Turbineneintrittsgeometrien (VTG) wird dabei eine wichtige Rolle spielen, sowohl von der funktionalen als auch von der Kostenseite. Abbildung 13.2 zeigt als Beispiel eine kostengünstige Verstellturbinenschieberlösung, wie sie von 3K-Warner entwickelt wurde.

Dies gilt auch für den Großmotorensektor, mit z. B. dem in Abb. 13.3 dargestellten VTG-Lader für einen Großgasmotor, und für Größtmotoren, wie die in Abb. 13.4 gezeigte 2-stufige VTG-Axialturbine eines Großladers.

Eine beinahe ebenso große Rolle werden Maßnahmen zur weiteren Druckverhältnis-Steigerung bei gleichzeitiger Verbreiterung des nutzbaren Kennfeldbereichs auf der Verdichterseite spielen. Abbildung 13.5 zeigt als Beispiel dafür die Entwicklung der möglichen maximalen Verdichterdruckverhältnisse in den Jahren 1946–1990.

Auch auf dem Gebiet der zulässigen Abgastemperaturen werden weitere Fortschritte erzielt werden, wobei keramische Turbinenwerkstoffe interessante Perspektiven bietet. Abbildung 13.6 zeigt eine mögliche Verbindung eines Keramikturbinenrades mit der metallischen Laderwelle.

Zur Verbesserung des Ansprechverhaltens von Lader und Katalysator befinden sich auch Blechturbinengehäuse mit geringer Wärmekapazität in Entwicklung.

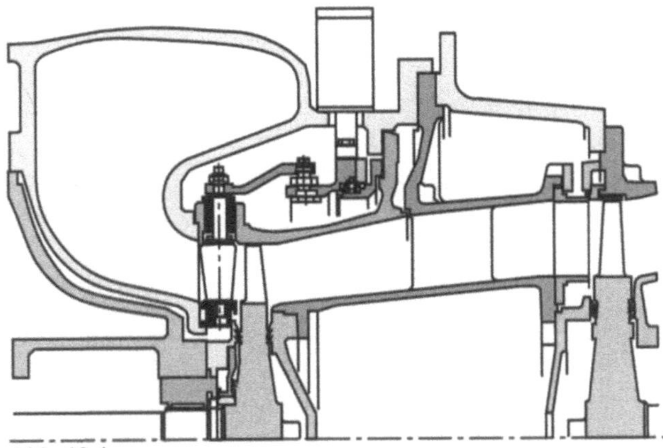

Abb. 13.4

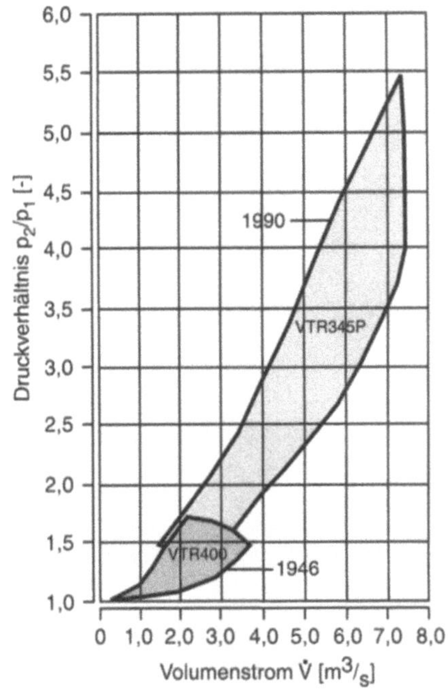

Abb. 13.5

Abb. 13.4. 2-stufige Axialturbine für Größtmotoren mit VTG in 1. Stufe [156]

Abb. 13.5. Entwicklung der möglichen Verdichterdruckverhältnisse von Radialverdichtern [75]

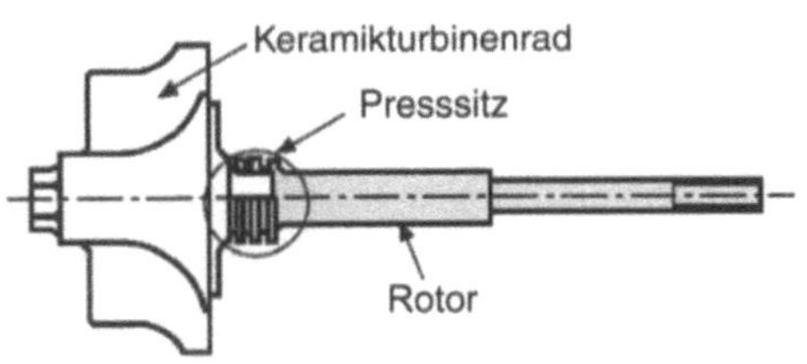

Abb. 13.6. Verbindung von Keramikturbinenrad mit Laderwelle [KKK]

13.2.3 Aufladesysteme und -kombinationen

Vor allem beim Einsatz der Aufladung für Nfz- und Pkw-Motoren werden in Zukunft spezifischere Aufladegesamtsysteme zur Anwendung kommen, um die sehr unterschiedlichen Anforderungen der beiden Fahrzeuggruppen noch besser befriedigen zu können.

Registeraufladung

Die Registeraufladung wird bei Großmotoren bereits weit verbreitet eingesetzt, könnte aber auch im Nfz-Bereich an Bedeutung gewinnen, wenn die Dauerhaltbarkeit des VTG-Laders die für Nfz-Einsätze notwendigen Werte nicht erreichen kann. Dabei muss allerdings über andere Schaltungsstrategien nachgedacht werden.

So ist bei der Verwendung im Fahrzeugeinsatz an eine Laderumschaltung im Hauptbetriebsbereich des Motors aus Sicherheitsgründen (Leistungseinbruch in kritischen Fahrsituationen) nicht zu denken. Vielmehr könnte eine mögliche Schaltphilosophie so aussehen, dass mit einem Lader nur der Anfahrbereich – dann mit sehr viel höherem Drehmoment – bedient wird und im gesamten übrigen Fahrbetriebsbereich mit zwei Ladern gefahren wird.

Bei modernen 4-Ventilmotorkonstruktionen könnte es darüber hinaus reizvoll sein, zusammen mit variablen Ventilsteuerungen pro Ventil einen eigenen Abgasstrang vorzusehen, um so auch die gasdynamischen Verhältnisse – Zweiflutigkeit und Zylinderzusammenfassung – für beide Lader zu optimieren.

Zweistufige geregelte Aufladung

Der zweistufig geregelten Hochaufladung muss mindestens die gleiche Chance wie der Registeraufladung eingeräumt werden. Lassen sich doch mit ihr nicht nur sehr hohe Ladedrücke bei niedrigen Motordrehzahlen, sondern darüber hinaus auch ein verbessertes Lastaufnahmeverhalten und Vorteile in der Schadstoffemission durch höhere realisierbare Luftüberschusswerte erreichen. Vor allem schnelllaufende Großmotoren könnten von diesen Vorteilen in Zukunft profitieren, da schon heute in dieser Motorkategorie sehr hoch entwickelte und dementsprechend teure Aufladesysteme zur Anwendung gelangen.

Zweistufige Abgasturbolader

Es sind Entwicklungen im Gange, zweistufige Lader kompakt in einem Gehäuse und angetrieben von einer Turbine darzustellen, was zu erheblichen Einbauvorteilen führen würde.

Turbocompound-Betrieb

Der Turbocompound-Betrieb ist heute, um mit den kleinsten Motoren zu beginnen, schon beim Nfz vereinzelt in Anwendung. Eine breitere Einführung hängt hier allerdings maßgeblich von der Entwicklung der Kraftstoffpreise einerseits und von einer weiteren Wirkungsgradverbesserung der Strömungskomponenten andererseits ab. Eine Faustformel für den Einsatz all dieser wirtschaftlichkeitssteigernden Abgasenergienutzungssysteme heißt zumindest auf dem Nutzfahrzeugsektor: Der Mehrpreis muss sich für den Betreiber in höchstens einem Jahr amortisieren. Eine neue Perspektive bietet dabei auch der einstufige Compound-ATL-Betrieb, über den noch berichtet wird.

Bei Größtmotoren ist der Compoundbetrieb ebenfalls von großer Bedeutung, geht es doch hier im Sinn der Wirtschaftlichkeit um niedrigstmögliche Betriebs- und damit vor allem Kraftstoffkosten. Allerdings ist man von der mechanischen Lösung zwischenzeitlich zugunsten der elektrischen Energierückspeisung (d. h. man lässt die Nachschaltturbine direkt auf einen Generator wirken, um so das elektrische Bordnetz günstig und effektiv zu versorgen) abgekommen. Ein Problem stellt sich neuerdings allerdings durch die weiter gestiegenen Wirkungsgrade des Grundmotors mit der Folge, dass bei Verwendung einer Nachschaltturbine die Restabgasenergie zu weit absinkt, um das Schweröl damit ausreichend vorwärmen zu können.

Unterstützung des Abgasturboladers

Zurzeit zielen sehr viele Anstrengungen und Forschungsaktivitäten darauf, durch eine Unterstützung des Abgasturboladers das Abgasturboaufladesystem in seiner Funktionalität deutlich zu verbessern und zu erweitern. Dabei muss zwischen Anwendungen im Pkw und Nfz sowie bei Stationär- und Großmotoren unterschieden werden.

Für die **Anwendungen im Pkw** geht es vorzugsweise darum, die selbst bei Einsatz eines VTG-Laders vorhandene Anfahrschwäche von Turbomotoren zu beseitigen. Beim Anfahrvorgang steht naturgemäß nämlich nur das Saugdrehmoment des jeweils verwendeten Motors zur Verfügung, da

Abb. 13.7. Elektrisch angetriebener Garrett-Strömungslader von Honeywell

Ladedruck erst nach einer erhöhten Drehmomentanforderung, sprich: Erhöhung der dem Motor zugeführten Kraftstoffmenge, aufgebaut werden kann.

Als Lösung bietet sich hier eventuell sogar ein Zusatzlader an, der billig ins Saug- und Ladedrucksystem integriert und ohne weiteres elektrisch mit Strom aus der Bordbatterie angetrieben werden könnte. Es handelt sich ja nur um einen sehr kurzzeitigen Betrieb, bei dem der Ladedruck nach Erkennen des Fahrwunsches durch Zuschaltung des Zusatzladers (vor dem Einkuppeln und der Lasterhöhung zum Anfahren des Fahrzeugs) bei niedrigen Motordrehzahlen erhöht wird. Es genügen hier Druckverhältnisse von 1,4–1,6, um das Anfahrmoment zu verdoppeln.

Turbodyne/Honeywell hat ein solches Anfahrsystem mit dem Namen Turbopac in Entwicklung (Abb. 13.7).

Weitere Möglichkeiten ergeben sich mit einem solchen System in der Kaltstart- und Warmlaufphase von Diesel- und Ottomotoren durch Vorheizen der Ansaugluft, was beim Ottomotor zum Verzicht oder zu einer starken Reduktion der Startanfettung, beim Dieselmotor zu einem verbesserten Kaltstart und eventuell sogar zu einer Absenkung der notwendigen Kaltstart-Verdichtungsverhältnisse und damit Spitzendrücke im Normalbetrieb führen könnte.

Für die **Anwendungen im Nfz** erfordert die Anfahrproblematik den Einsatz von Motoren mit genügend Hubraum, um mit dem Saugdrehmoment auch am Berg anfahren zu können. Somit könnte ein Zusatzlader Abhilfe schaffen. Beim Nfz gibt es aber noch weitere interessante Anwendungsaspekte, die für einen Zusatzantrieb des ohnehin notwendigen Abgasturboladers sprechen. Gelingt es, den Abgasturbolader im gesamten Last- und Drehzahlbereich des Motors mechanisch oder elektrisch mit dem Gesamtsystem zu koppeln, so ergibt das Verbesserungsmöglichkeiten im Lastaufnahmebetrieb, durch einstufigen Turbocompound-Betrieb sowie im Motorbremsbetrieb.

Der Turbolader wird für den **Lastaufnahmebetrieb** durch einen Elektromotor, der entweder auf der Laderwelle angeordnet oder mit ihr durch eine Kupplung verbunden werden kann, auf Drehzahlen beschleunigt, bei denen er in der Lage ist, den in diesem Betriebsbereich eigentlich gewünschten Ladedruck (z. B. zum Anfahren eines voll beladenen Nfz am Berg) zur Verfügung zu stellen – unabhängig von der zur Verfügung stehenden Abgasenergie. Die Unterstützungszeit wird dabei in der Regel sehr kurz sein, da mit verfügbarem Ladedruck auch die Turbinenleistung sehr schnell ansteigt und dann die Leistungsforderung des Verdichters abdecken kann.

Neben der Nutzung einer auf der Turboladerwelle angeordneten E-Maschine als Zusatzantrieb (auch zur Steigerung der Ladedrücke im untersten Drehzahlbereich) kann im **einstufigen Turbocompound-Betrieb** dieses Aggregat als stationärer Generator genutzt werden. In all jenen Betriebszuständen, in denen z. B. ein Waste-Gate zur Ladedruckregelung eingesetzt wird, kann nun die Laderdrehzahl (und damit der Ladedruck) mittels des Generators reduziert und die gewonnene

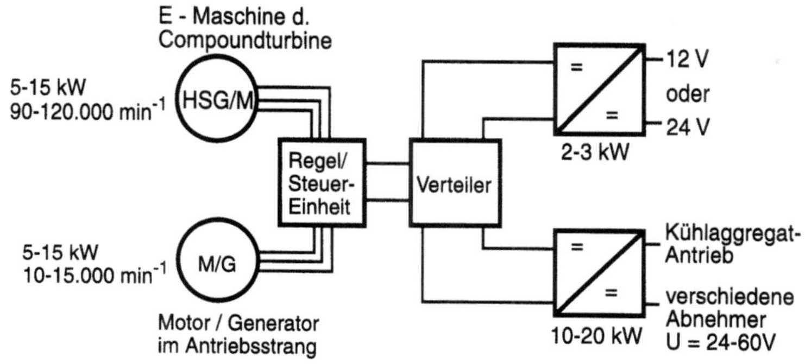

Abb. 13.8. Elektrisches Schaltschema für 1-stufigen Turbocompound

elektrische Leistung ins Bordnetz rückgespeist werden. Dazu sind allerdings geeignete Steuerungen sowie Leistungselektronikbauteile und Energiespeicher erforderlich. Überdies müssen die eingesetzten Turbinen dieser zusätzlichen Anforderung entsprechend neu ausgelegt werden, um dann auch bei veränderten Druck-Massenstromverhältnissen ausreichend hohe Wirkungsgrade bereitzustellen (Turboladerdrehzahl weicht deutlich von der Freilaufdrehzahl ab!). Theoretisch ist es auch denkbar, die elektrische Energie wieder dem Antriebsstrang z. B. mittels eines E-Booster-Motors oder Kurbelwellen-Startergenerators zuzuführen. Der Erfolg derartiger Systeme hängt naturgemäß von den Wirkungsgraden vor allem aller elektrischen Komponenten stark ab. Abbildung 13.8 zeigt ein mögliches Schaltungsbeispiel eines derartigen elektrischen Compound-Systems.

Benutzt man den beschriebenen autarken elektrischen Laderantrieb auch im **Motorbremsbetrieb**, so kann die Motorbremsleistung deutlich gesteigert werden, weil ein weit höherer Luftdurchsatz durch den Motor erreicht wird. Dieser kann z. B. mittels einer heute schon serienmäßigen Konstantdrossel in höhere Bremsleistungen umgesetzt werden. Dazu kommt noch die elektrische Leistung des Wellengenerators, die hier als Zusatzbremsleistung anfällt. Man kann sich noch weitere Zusatzfunktionen eines solchen Systems überlegen, wie z. B. eine Vorwärmung der Ladeluft beim Kaltstart durch einen Umluftbetrieb des Laders vor dem Start. Ein ähnliches System lässt sich eventuell auch mechanisch realisieren, darauf soll hier aber nicht näher eingegangen werden.

Mechanische Zusatzaufladung

Für den Nfz-Einsatz wurden Systeme, die einen mechanischen Lader mit einer Abgasturboaufladung kombinieren, von DaimlerChrysler und Volvo bereits vorgestellt. Sie stellen jedoch ein sehr aufwändiges, eventuell auch störungsanfälligeres System mit zwei unterschiedlichen Laderbauarten dar, das man auch aus Kostengründen nur in Sonderfällen einsetzen wird. Völlig anders stellt sich die Lage bei Zweitaktmotoren dar, wobei hier besonders auf die mittelschnell- und langsamlaufenden Motoren hingewiesen werden soll, bei denen diese Kombination aus mechanischem Spülgebläse und Turbolader (Abb. 14.59) heute Stand der Technik ist.

13.3 Zusammenfassung

Die Aufladung von Hubkolbenverbrennungsmotoren hat sich zwischenzeitlich als sinnvollstes Mittel zur Steigerung von Leistungsdichte und Wirkungsgrad sowie zur Schadstoffemissionsabsenkung weitestgehend durchgesetzt. Sie wird auch noch den Ottomotor zu einem hohen Prozentsatz erobern, wenn weiter verschärfte Forderungen zur **Emissionsabsenkung** einerseits und zur gleichzeitigen **Steigerung der Wirtschaftlichkeit** andererseits von Gesellschaft und Politik erhoben werden. Sie wird darüber hinaus ein sinnvolles Downsizing vor allem im hochdynamischen Fahrzeugeinsatz weiter voranbringen, sobald letztendlich die heute noch vorhandenen Schwächen der Abgasturboaufladung im dynamischen Betrieb beseitigt sind.

14 Beispiele ausgeführter Auflademotoren

14.1 Aufgeladene Ottomotoren

Die Geschichte aufgeladener Ottomotoren begann mit Rennsporteinsätzen, wobei bereits in den 1920er, vor allem aber in den 1930er Jahren mittels mechanischer Aufladung sowohl von Auto-Union- als auch Mercedes-Benz-Rennmotoren beachtliche Literleistungen im Bereich von 120 kW/l erreicht wurden.

Mit dem Fortschreiten der Turboladertechnik begann der Einsatz dieser Technologie auch bei Rennmotoren. Eines der bekanntesten Beispiele ist der legendäre Porsche 917. Im Jahr 1975 wurde von Porsche schließlich ein 2-l-Serien-4-Zylindermotor mit Abgasturboaufladung für den 924er vorgestellt. Der verwendete K26-Lader von 3K (vormals KKK) besaß saugseitig ein integriertes Umluftventil, abgasseitig wurde der Turbinenmassenstrom mittels eines externen Waste-Gates geregelt, wie dies in Abb. 14.1 gut erkennbar ist.

Turbomotoren wurden in den 70er Jahren in der Folge u. a. von Saab (2-l-4-Zylinder), Audi und BMW vorgestellt. Zu dem in Abb. 14.2 gezeigten 5-Zylindermotor ist als Besonderheit der Auspuffkrümmer zur Turbine zu erwähnen. Auf Grund der spezifischen Zündfolge des 5-Zylindermotors ist dieser Krümmer dreiflutig ausgeführt, so dass die Abgasführung bis zum Turbinenflansch für die Zylinder 1, 2 und 5 bzw. 3 und 4 getrennt erfolgt. Als Beispiel eines frühen Serien-6-Zylinder-Reihenmotors soll hier der 3,2-l-BMW-Motor gezeigt werden (Abb. 14.3), wobei neben Turboaufladung zur Steigerung der Leistungsdichte und des Drehmomentenverlaufs auch eine Ladeluftkühlung und Einzelschwingrohre eingesetzt wurden, wie dies Abb. 14.4 entnommen werden kann.

Abb. 14.1

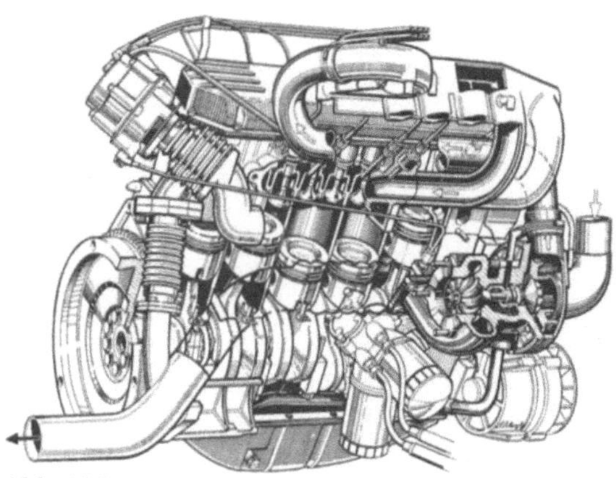

Abb. 14.2

Abb. 14.1. Ansicht des 2-l-4-Zylinder-Turbomotors für 924-Turbo von Porsche [156]

Abb. 14.2. Schnittansicht des 2,14-l-5-Zylinder-Turbomotors für Audi 200 [156]

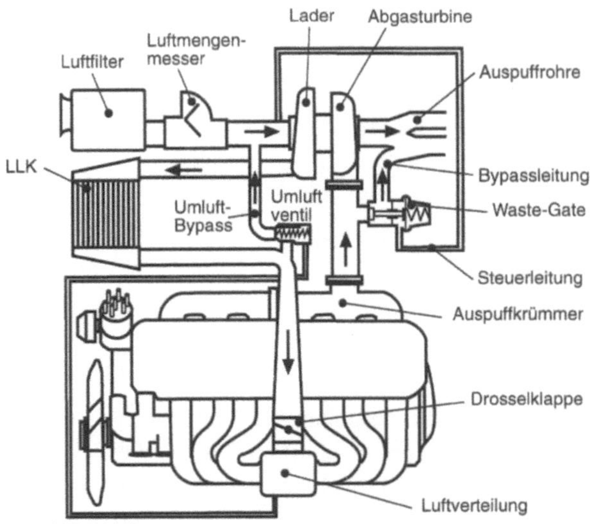

Abb. 14.4

Abb. 14.3. Ansicht des 3,2-l-Reihensechszylinder-Turbomotors mit Ladeluftkühlung von BMW [156]

Abb. 14.4. Schemabild der Ladeluft- und Abgasführung des 3,2-l-Reihensechszylinder-Turbomotors von BMW [156]

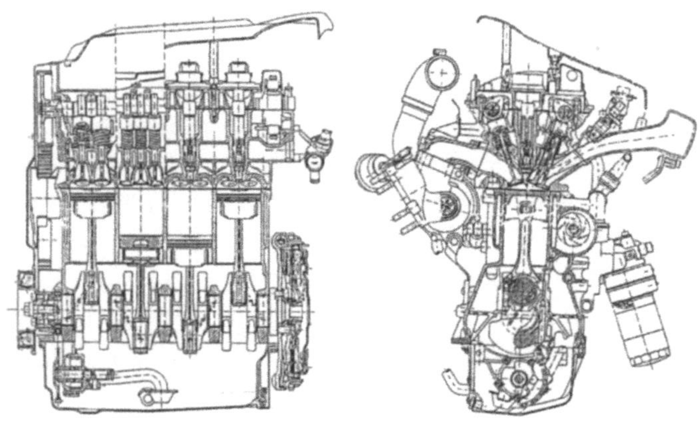

Abb. 14.5. Schnittbild des 5-Ventil-Ottomotors in der 4-Zylinderausführung als Turbomotor von Audi [115]

In den 90er Jahren verstärkte sich der Trend hin zu turboaufgeladenen Benzinmotoren, wobei durch die verbesserte Turboladertechnologie das berüchtigte Turboloch weitgehend eliminiert und damit die Kundenakzeptanz deutlich verbessert werden konnte. In der Folge sollen einige Beispiele für diese modernen aufgeladenen Motoren genauer beschrieben werden.

Im Jahr 1994 wurde von Audi die bekannte 5-Ventil-Ottomotorenbaureihe in der 4-Zylinderausführung als Turbomotor vorgestellt (Abb. 14.5). Die wichtigsten Kenn- und Leistungsdaten des Motors sind in Tabelle A.1 im Anhang zusammengefasst.

Die Aufladeeinheit besteht aus einem Turbolader von 3K, Baureihe K03, und einem nachgeschalteten Ladeluftkühler. Die Ladedruckregelung erfolgt mittels eines im Turbinengehäuse integrierten Abblaseventils. Verdichterseitig ist ein Umluftregelventil (Kurzschluss des Verdichterkreislaufes) angeordnet, damit bei Lastwechseln mit schnellem Schließen der Motordrosselklappe der Verdichter nicht außerhalb der Pumpgrenze betrieben wird.

Die Auslegung des Turboladers erlaubt die Erzielung des maximalen Ladedruckes bereits bei ca. $1750\,\text{min}^{-1}$ unter stationären Volllastbedingungen. Dementsprechend steht ab diesem

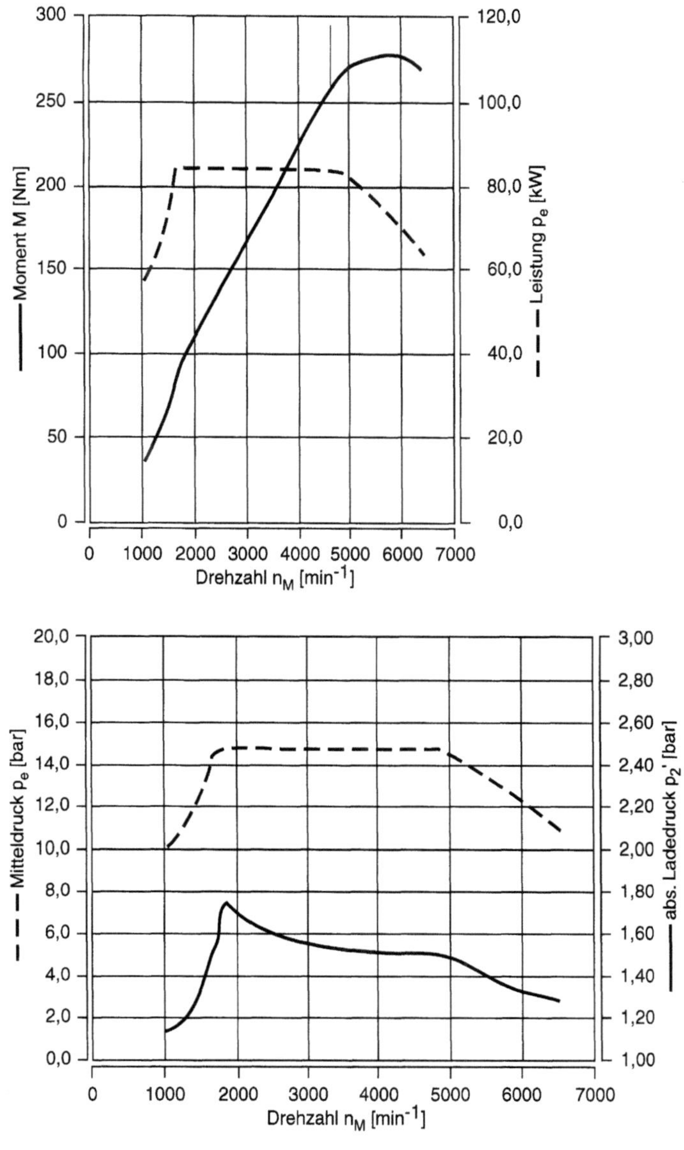

Abb. 14.6. Volllastbetriebsdaten des Turbo-Ottomotors in der 4-Zylinderausführung von Audi [115]

Drehzahlbereich auch das Nenndrehmoment des Motors von 210 Nm (entsprechend ca. 15 bar effektivem Mitteldruck) zur Verfügung (Abb. 14.6).

Der MCC-Smart-Pkw erfordert auf Grund der extremen Bauraumrandbedingungen eine sehr kompakte Ausführung der gesamten Motors (Abb. 14.7) und speziell der Aufladegruppe. Für den turboaufgeladenen M160-3-Zylindermotor wurde diese Aufgabe konstruktiv sehr zielführend durch Integration des Turbinengehäuses in den Abgaskrümmer gelöst (Abb. 14.8), wie dies bereits zuvor von Opel im aufgeladenen 2,0-l-4-Ventil-Ottomotor gezeigt wurde. Durch die Turboaufladung kann der Motor mit 0.66 l Hubraum 80 Nm Drehmoment ab ca. 2000 min^{-1} Motordrehzahl zur Verfügung stellen. Unter Berücksichtigung des Motorgesamtgewichtes von 59 kg erreicht der Motor mit 40 kW Nennleistung ein spezifisches Leistungsgewicht von 1.48 kg/kW.

Höchste Leistungsdichten wurden im F1-Rennsport mit turboaufgeladenen 1,5-l-Ottomotoren erzielt, wie sie erstmals von Renault im Jahr 1977 im Renneinsatz gezeigt wurden. Den Abschluss dieser Entwicklung markierte der Honda-RA168E-Motor, der im letzten vom Reglement zuge-

Abb. 14.7. Smart-0,66-l-3-Zylindermotor von Daimler Benz [81]

Abb. 14.8. Integration des Turbinengehäuses in den Abgaskrümmer des Smart-0,66-l-3-Zylindermotor von Daimler Benz [81]

lassenen Jahr auch die F1-Weltmeisterschaft mit 15 von 16 möglichen Siegen gewann. In diesem letzten Jahr, 1988, der F1-Turbomotoren war der Ladedruck mit 2,5 bar begrenzt, wohingegen im Jahr zuvor Ladedrücke bis zu 4 bar erlaubt waren. Damit konnten Leistungen von ca. 740 kW aus 1.5-l-Hubraum, d. h. unvorstellbare 495 kW/l Hubraum erreicht werden.

Wurden die ersten F1-Turbomotoren noch mittels eines Laders aufgeladen, so ging Renault bereits 1979 auf eine Bi-Turboanordnung über, wobei jede Zylinderbank einen eigenen Turbolader besaß (Abb. 14.9). Bei 2 bar Ladedruck konnte der in Abb. 14.6 dargestellte Motor in seiner Ausführung für die Rennsaison 1982/83 eine maximale Leistung von 470 kW bei 11000 min^{-1} Nenndrehzahl zur Verfügung stellen.

Der bereits angesprochenen Höhepunkt der Entwicklung von F1-Turbomotoren soll am Beispiel des Honda-RA168E gezeigt werden (Abb. 14.10). Die beeindruckenden Drehmoment- und Leistungskurven dieser Motoren in der Variante mit 4 und mit 2,5 bar maximalen Ladedruck können

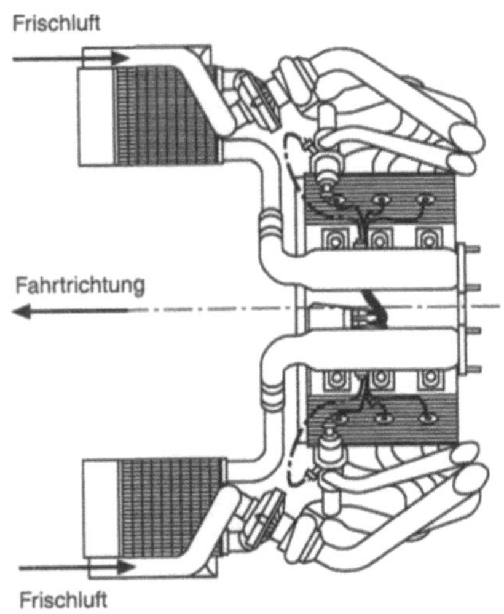

Abb. 14.9. Bi-Turboanordnung des 1,5-l-F1-6-Zylinder-Rennmotors von Renault [72]

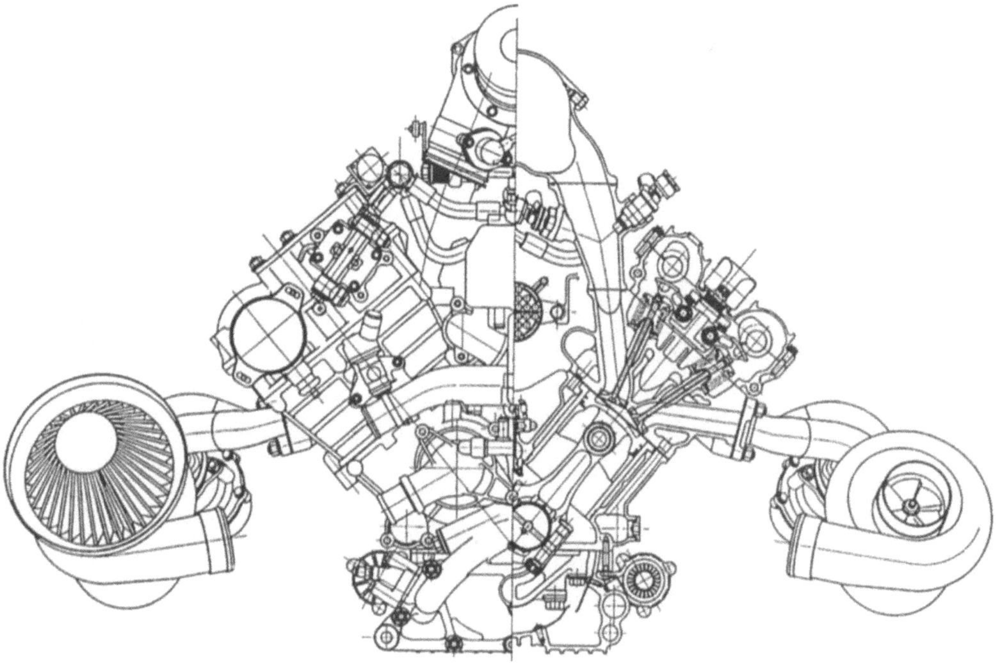

Abb. 14.10. Schnittbild des RA168E-1,5-l-F1-6-Zylinder-Rennmotors von Honda [105]

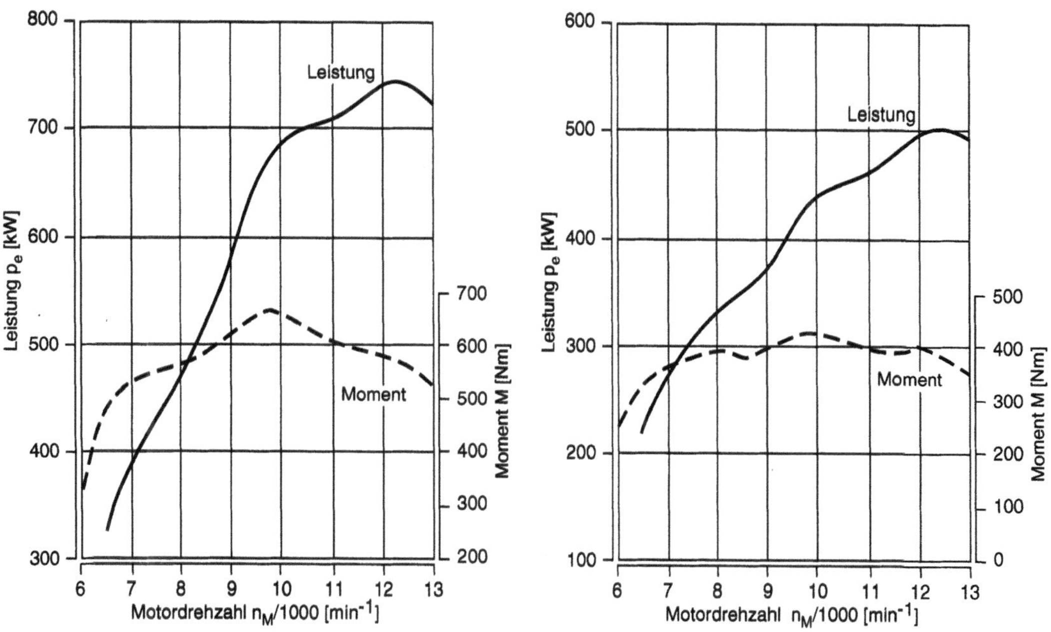

Abb. 14.11. Volllastdaten der RA167E- und RA168E-1,5-l-F1-6-Zylinder-Rennmotoren von Honda [105]

Abb. 14.11 entnommen werden, wobei neben den bei ca. 12500 min^{-1} abgegebenen Nennleistungen auch das maximale Drehmoment des Motors von 664 Nm bei 4 bar Ladedruck beeindruckt. Dies entspricht einem spezifischen Wert von 443 Nm/l Hubraum. Die hohe Qualität dieser Motoren wird überdies durch die guten spezifischen Verbräuche im Bereich von 280–300 g/kWh

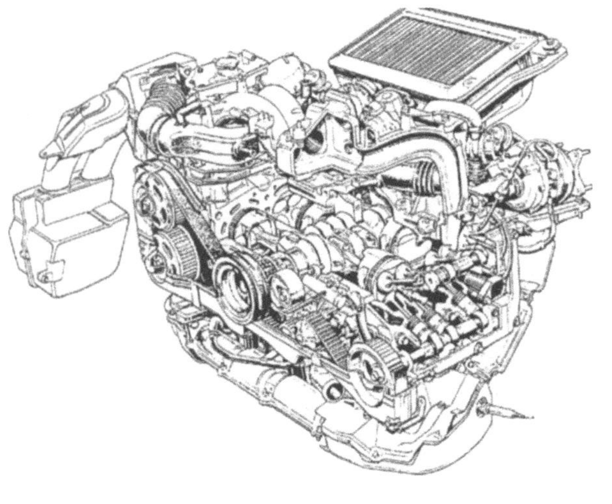

Abb. 14.12. Schnittansicht des 2-l-4-Zylinder-Boxermotors mit Registeraufladung von Subaru [8]

unterstrichen (trotz der relativ hohen Reibungsverluste von Rennmotoren aufgrund der hohen Kolbengeschwindigkeiten im Nenndrehzahlbereich).

Für die zuvorgenannten Rennmotoren war es notwendig, keramische Turbinenräder zu entwickeln, die den hohen Temperaturbeanspruchungen im Renneinsatz widerstehen konnten. Darüber hinaus reduziert der Einsatz keramischer Werkstoffe das Läuferträgheitsmoment und verbessert folglich das Ansprechverhalten des Laders.

Subaru stellte im Jahr 1993 auf der Tokyo Motor Show erstmals den 2-l-Boxermotor in einer Variante mit Registeraufladung vor. Zusammen mit dem ins Packaging integrierten Ladeluftkühler stellt der Motor eine sehr kompakte Bauform bei einer hohen Leistungsdichte von 92 kW/l dar (Abb. 14.12). Die Betriebsstrategie des Motors und der Aufladegruppe ist dabei so ausgelegt, dass bis ca. 2500 min^{-1} die erste Stufe allein den Ladedruckaufbau bewerkstelligt, ab 2500 min^{-1} der zweite Turbolader auf Betriebsdrehzahl angehoben wird, um dann ab ca. 3000 min^{-1} mit beiden Turboladern den gewünschten Ladedruck von 1,8 bar zu erreichen. Das höchste Drehmoment wird in dieser Betriebsart bei ca. 5000 min^{-1} mit 310 Nm erzielt. In Abb. 14.13 sind nochmals die drei angesprochenen Betriebsbereiche der Registeraufladegruppe in entsprechenden Schaltbildern zusammengestellt.

Der legendäre luftgekühlte 6-Zylinder-Boxermotor von Porsche (Abb. 14.14) wurde in einer Hochleistungsvariante mit einer Porsche-Register-Turboaufladung (siehe Abschn. 6.3) ausgerüstet. Die beeindruckenden Leistungsdaten des Motors können wiederum dem Anhang entnommen werden. Insbesondere die spezifische Leistung dieses Motors von 115.8 kW/l unterstreicht das hohe Leistungspotential aufgeladener Ottomotoren. Die dafür vom Verdichter bereitgestellten Ladedrücke bewegen sich im Bereich von 1,9 bar absolut. Im Rennbetrieb konnten mit diesem Motor durch Anhebung des Ladedruckes Leistungen über 500 kW erreicht werden. Auch beim Serienmotor kam die für den Renneinsatz konzipierte Trockensumpfschmierung zur Anwendung.

Ebenfalls im Rennbetrieb war der M 119 HL von Daimler Benz sehr erfolgreich eingesetzt. Der Motor basierte auf dem Aluminium-V8-5-l-Motor für die Mercedes-Benz-Pkw-Modelle der E- und S-Klasse. Durch konsequente Weiterentwicklung der Motormechanik und der Kühlung einerseits und der Anwendung damals bestverfügbarer Aufladekomponenten andererseits konnten Leistungen bis ca. 700 kW mit Drehmomenten bis über 1000 Nm erreicht werden. Durch eine konsequente Flutentrennung für optimale Stoßabgasturboaufladung, eine selektive Zündzeitpunktregelung und den Einsatz eines mittels Keramikhochleistungsturbine und Magnesiumverdichter im Trägheitsmoment

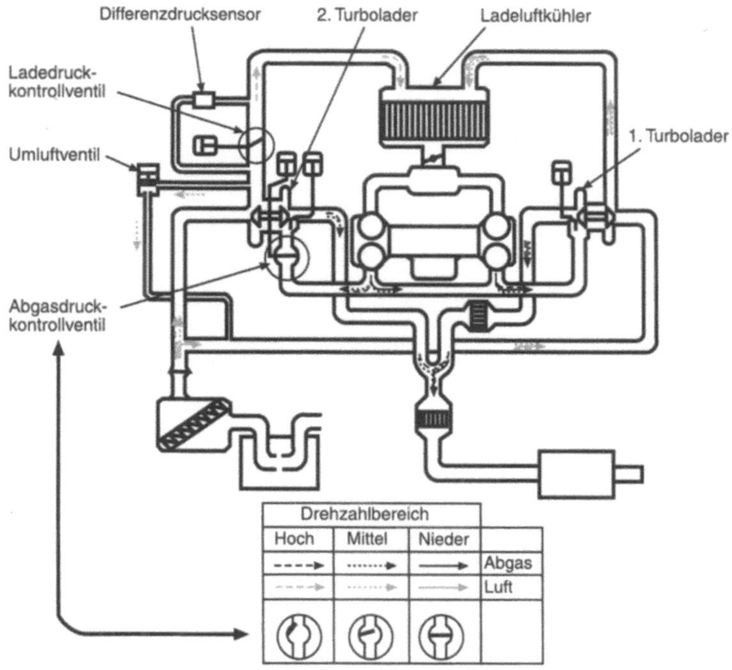

Abb. 14.13. Schaltbilder der Registeraufladung-Betriebsstrategie des 2-l-4-Zylinder-Boxermotors von Subaru [8]

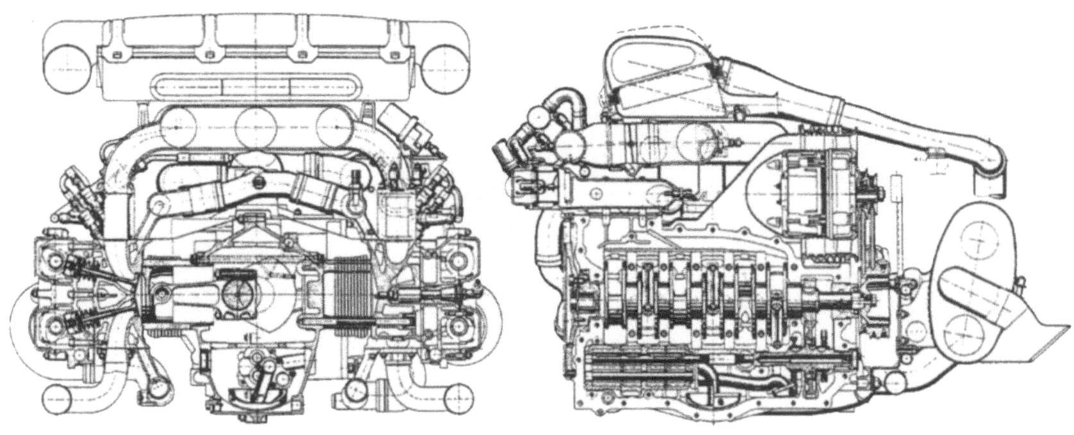

Abb. 14.14. Längs- und Querschnitt des 6-Zylinder-Boxermotors des Porsche 959 mit Porsche-Registeraufladung [15]

minimierten Laderlaufzeuges gelang es, einen sehr harmonischen Drehmomentenaufbau mit Druckaufbauzeiten von ca. 1 s zu erreichen (Abb. 14.15). Die spezifischen Kraftstoffverbräuche waren mit Werten von 255 g/kWh bei Nennleistung konkurrenzlos niedrig. Abbildung 14.16 zeigt das Kraftstoffverbrauchskennfeld, Abb. 14.17 die Motoransicht.

Die Aufladung mittels mechanisch angetriebener Verdichter war speziell in den frühen Jahren der Motorenentwicklung und ganz besonders im Bereich der Flugtriebwerke weit verbreitet. DaimlerChrysler hat Mitte der 90er Jahre dieses Aufladeprinzip wieder sehr erfolgreich an dem Pkw-Ottomotor M 111 K (Abb. 14.18) für die C-Klasse und den SLK umgesetzt, wobei die ausreichende Grundmotorisierung weite Bereiche des realen Fahrbetriebes ohne Zuschaltung der mechanischen Aufladung abdecken kann. Dadurch ist das Emissionsverhalten (Katalysator

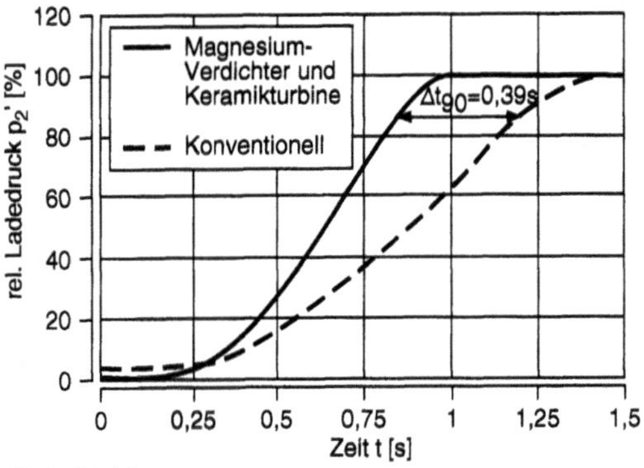

Abb. 14.15

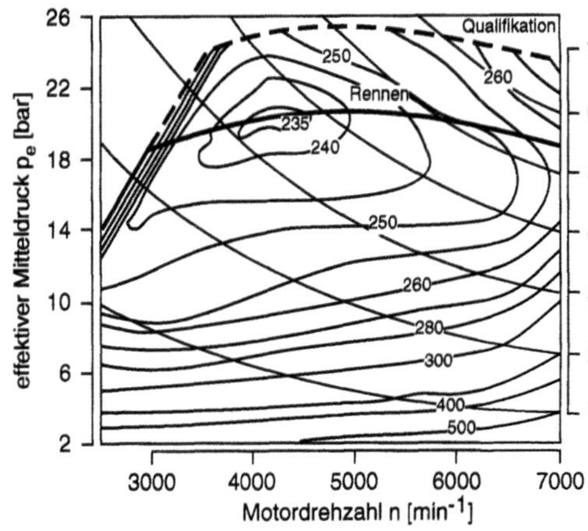

Abb. 14.16

Abb. 14.15. Vergleich der Ladedruckaufbauzeit bei Lastaufschaltung beim M 119 HL von Mercedes Benz mit konventionellem und im Trägheitsmoment optimiertem Laderlaufzeug [62]

Abb. 14.16. Kraftstoffverbrauchskennfeld des M119 HL von Mercedes Benz [62]

Abb. 14.17. Motoransicht des M119 HL von Mercedes Benz [62]

Abb. 14.18. Ansicht des M-111-Kompressormotors von DaimlerChrysler

Light-Off), aber auch der Fahrverbrauch durch den Downsizing-Effekt besser als mit einem leistungsgleichen Saugmotor, der spezifisch viel niederer belastet wäre und damit höhere spezifische Kraftstoffverbräuche aufweisen würde. Andererseits kann durch die mechanische Aufladung der Ladedruck praktisch verzögerungsfrei entsprechend dem Fahrerwunsch zur Verfügung gestellt werden. Damit ist ein saugmotorähnliches Fahrverhalten erzielbar. Der Drehmomentenverlauf über der Drehzahl ist flach und erreicht nicht die Überhöhungswerte und damit Motorelastizität von abgasturboaufgeladenen Motoren.

Auch Mazda führte Mitte der 90er Jahre einen Ottomotor mit mechanischer Aufladung im Programm. Als Aufladeorgan kam ein Schraubenlader zur Anwendung (Abb. 14.19). Das Triebwerk wurde nicht ganz korrekt als Miller-Zyklus-Motor bezeichnet (frühes Schließen der Einlassventile und Ladungskühlung mittels Expansion im Zylinder bis UT; siehe Abschn. 6.4), da im konkreten Fall der Einlass erst spät nach UT im Kompressionstakt geschlossen wurde. Damit wird der effektive Kompressionshub im Vergleich zur Expansion verkürzt und so der thermodynamische Innenwirkungsgrad verbessert. Diese Art der Prozessführung muss allerdings korrekterweise entsprechend seinem Erfinder als Late-Atkinson-Zyklus bezeichnet werden.

Der schlechte Ladungswechselwirkungsgrad (Liefergrad) des Motors muss allerdings durch höhere Ladeluftdichten kompensiert werden (hoher Ladedruck und niedere Ladelufttemperaturen), weshalb der verwendete Schraubenlader auch das ideale Aufladeorgan darstellt. Aus der Kombination einer geeigneten Ladedruckregelung an der Volllast sowie der relativen Expansionsverlängerung konnte sowohl eine Leistungssteigerung als auch eine Fahrzyklus-(Teillast-)Verbrauchsverbesserung gegenüber dem Basismotor erzielt werden (Abb. 14.20).

Eine weitere interessante Sonderbauform eines aufgeladenen Ottomotors stellt der 3-Scheiben-Wankelmotor von Mazda mit Registeraufladung dar. Das Schaltbild des Motors mit der Aufladegruppe ist in Abb. 14.21 gezeigt. Durch die gewählte Registeraufladetechnik konnte das Drehmoment- und Ladedruckverhalten dieses Wankelmotors gegenüber einer einfachen konventionellen Turboaufladung deutlich, d. h. im unteren Drehzahlbereich um bis zu 36 % verbessert werden.

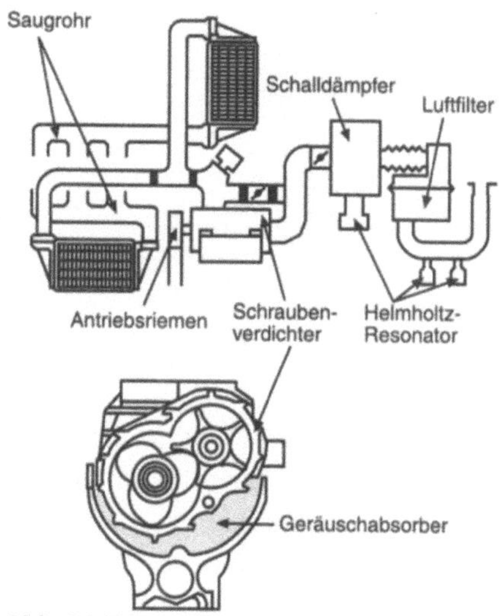

Abb. 14.19

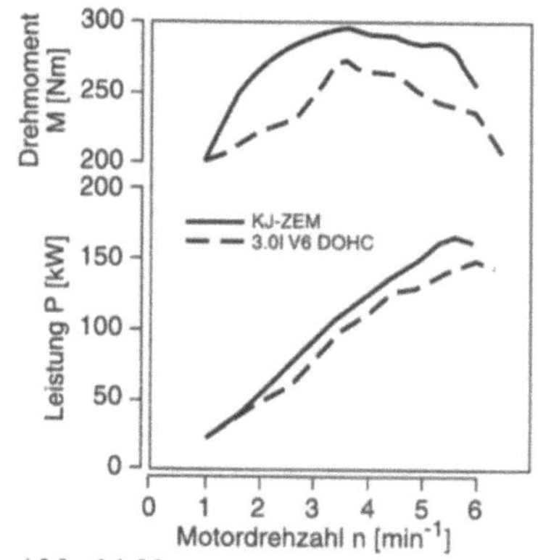

Abb. 14.20

Abb. 14.19. Schaltbild der mechanischen Aufladung des KJ-ZEM-Miller-Cycle-Motors von Mazda [31]

Abb. 14.20. Leistungscharakteristik des KJ-ZEM-Miller-Cycle-Motors von Mazda [31]

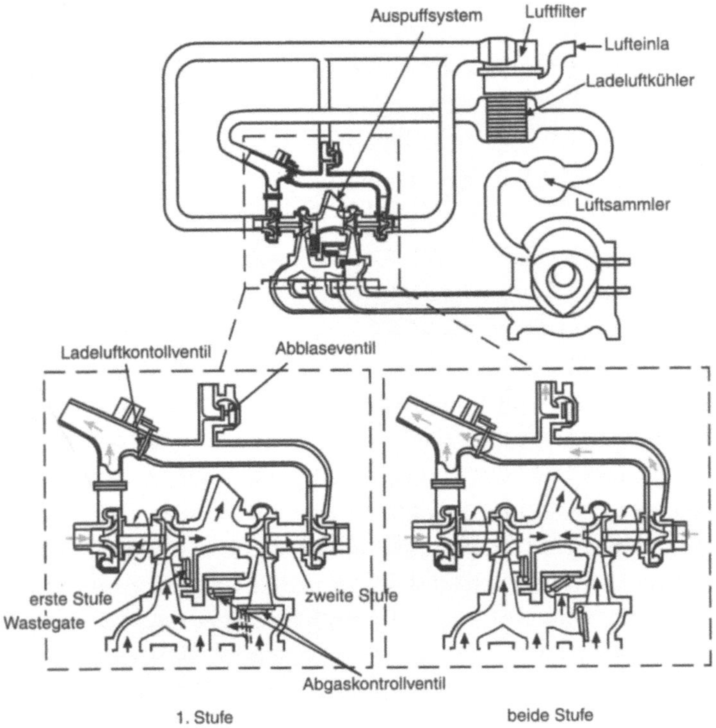

Abb. 14.21. Schaltbild der Registeraufladung des 20B-RE-3-Scheiben-Wankelmotors von Mazda [137]

14.2 Pkw-Dieselmotoren

Bereits Ende der 70er Jahre zeichnete sich der Trend zur Aufladung von Pkw-Dieselmotoren ab, nachdem absehbar war, dass die spezifische Leistung freisaugender Vorkammermotoren mittelfristig zur Abdeckung der Fahrleistungsanforderungen moderner Fahrzeuge nicht ausreichen würde. Von Daimler Benz wurde in diesem Sinn der 3,0-l-OM-617-5-Zylindermotor mit Turboaufladung ausgerüstet. Die Leistungsdaten des Motors sind im Anhang zusammengefasst. Die Leistung des Motors konnte gegenüber dem Saugmotor (59 kW) um 26 kW angehoben werden. Der aus dem Saugmotor entwickelte Auflademotor war mit einem Waste-Gate-Lader ausgerüstet und nicht ladeluftgekühlt. Er wurde zuerst aus Flottenverbrauchsgründen in Fahrzeugen der S-Klasse (W116) in den USA eingesetzt. Abbildung 14.22 zeigt die Ansicht des Motors von der Laderseite.

In der Folge wurden zahlreiche turboaufgeladene Pkw-Dieselmotoren am Markt eingeführt, wobei diese Motoren alle mit Vorkammerbrennverfahren ausgestattet waren. Zur weiteren Absenkung des Fahrverbrauchs wurde in den 80er Jahren – unter maßgeblicher Beteiligung der Firma AVL – mit der breit angelegten Entwicklung direkteinspritzender Pkw-Dieselmotoren begonnen, so dass in den 90er Jahren schließlich diese Technologie einen echten Marktdurchbruch erzielen konnte. Die Pionierrolle in diesem Technologiebereich wurde von Audi übernommen, wobei im Jahr 1989 mit dem 2,5-l-5-Zylinder-Motor der erste turboaufgeladene Pkw-Serien-Dieselmotor mit Direkteinspritzung am Markt eingeführt wurde. Europaweit ist der Anteil aufgeladener Pkw-Dieselmotoren Ende der 90er Jahre bis auf fast 25 % angestiegen und in manchen EU-Staaten werden Neuzulassungsanteile bis zu 50 % erreicht (Österreich, Italien). Es sollen nun einige dieser modernen, direkteinspritzenden Dieselmotoren mit Abgasturboaufladung vorgestellt werden.

Abb. 14.22

Abb. 14.23

Abb. 14.22. Ansicht des 3-l-5-Zylindermotors OM 617 A von Mercedes Benz, Motoransicht von der Laderseite

Abb. 14.23. Ansicht des turboaufgeladenen 1,95-l-R4-Pkw-Dieselmotors mit Direkteinspritzung von BMW [6]

Im Jahr 1998 erfolgte die Markteinführung des direkteinspritzenden 4-Zylinder-Dieselmotors mit Turboaufladung von BMW (Abb. 14.23). Dieser 4-Ventilmotor löste das IDI-2-Ventilvorgängermodell aus dem Jahr 1994 ab und erbrachte mit einer Leistung von 100 kW aus einem Hubraum von 1,95 l erstmals für einen DI-Diesel-Pkw-Motor eine spezifische Leistungsdichte von mehr als 50 kW/l (51,3 kW/l). Die technischen Daten des Motors sind im Anhang zusammengefasst.

Das Leistungspotential dieser DI-Dieselmotorbaureihe wurde im Renneinsatz bei Langstreckenrennen im Jahr 1998 eindrucksvoll unter Beweis gestellt. Durch Modifikation des Basisserienmotors im Bereich der Ventilsteuerzeiten (späteres Schließen der Einlassventile), des Brennraumes (Reduktion des Verdichtungsverhältnisses) und des Turboladers (VTG-Lader für gesteigerten Massendurchsatz) sowie Verstärkungen im Kurbeltrieb konnte ein Fahrzeug mit diesem Motor das 24-h-Rennen auf dem Nürburgring 1998 vor allen anderen, mit Ottomotoren ausgerüsteten Fahrzeugen gewinnen. Neben der geschätzten Leistung von 180 kW und einem maximalen Drehmoment von ca. 400 Nm waren der niedere Kraftstoffverbrauch des Motors (195 g/kWh im Bestpunkt und 225 g/kWh bei Nennleistung) und die damit – verglichen zu Fahrzeugen mit Ottomotoren – geringere Anzahl von Tankstopps ein Hauptgrund für den Sieg in diesem Langstreckenrennen.

Nach der Direkteinspritzung des Kraftstoffes in den Brennraum mittels Verteilerpumpen begann bereits Mitte der 80er Jahre die Entwicklung einer neuen Generation von Druckspeicher-Einspritzsystemen (Common-Rail), die auf Grund weitergehender Variationsmöglichkeiten bei der Kraftstoffzumessung Verbesserungen des Emissions- und Leistungsverhaltens von DI-Dieselmotoren ermöglichte. Die ersten Pkw-Serienmotoren mit dieser Technologie waren die 4- und 5-Zylindermotoren der Fiat-Typenbezeichnung JTD aus dem Jahr 1997. Die technischen Daten der entsprechenden 5-Zylindervariante sind wiederum im Anhang zusammengestellt.

Abbildung 14.24 kann sowohl die Anordnung der Aufladegruppe als auch des Druckspeicher-Einspritzsystems (max. Speicherdruck ca. 1350 bar) entnommen werden. Mittels dieses Einspritzsystems konnten neben den Leistungszielwerten und den gesetztlich geforderten EU3-Abgasgrenzwerten durch den Einsatz von Kraftstoffvoreinspritzung deutliche Absenkungen des Verbrennungsgeräusches – im untersten Drehzahl-Lastbereich um bis zu 8 dB(A) – erreicht werden. Der Komfortgewinn durch derartige Maßnahmen steigerte damit auch die Attraktivität dieser Motortypen im Pkw-Einsatz ganz deutlich.

Abb. 14.24. Ansicht des turboaufgeladenen 2,4-l-R5-Pkw-Dieselmotors mit Druckspeicher-Direkteinspritzung von Fiat [90]

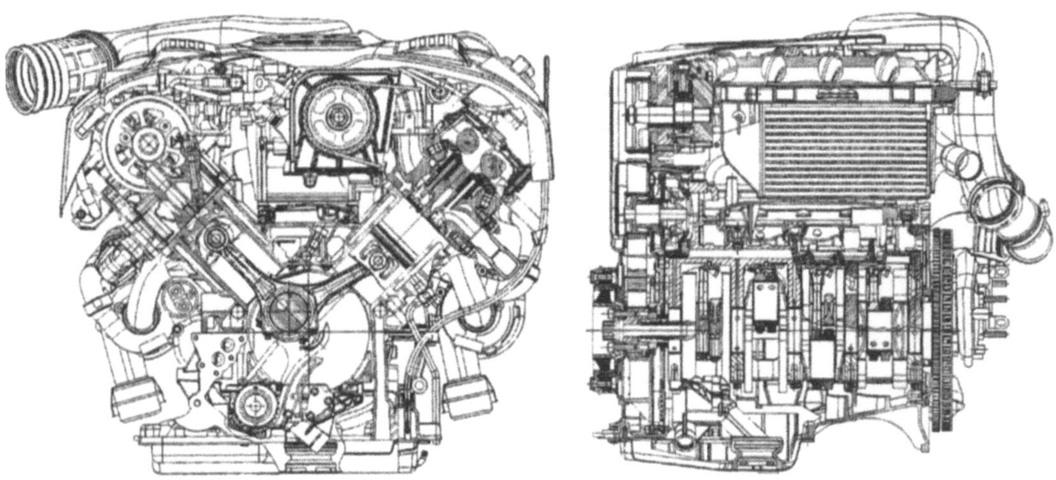

Abb. 14.25. Schnittbilder des turboaufgeladenen 3,3-l-V8-TDI-Pkw-Dieselmotors von Audi [17]

Im Jahr 1997 wurde von Audi in Form des V6-Turbomotors mit Vierventiltechnik erstmals ein Pkw-DI-Dieselmotor in V-Bauart am Markt eingeführt, dem 1999 der Audi-8-Zylinder-V-Motor mit Common-Rail-Dieseldirekteinspritzung und VTG-Bi-Turboaufladung nachfolgte. Letzterer ist in Abb. 14.25 dargestellt. Die äußerst kompakte Abgasanlage mit beiden Ladern ist in Abb. 14.26 gezeigt – luftseitig ist die Ladeluftkühlung im V des Motors integriert (Abb. 14.27). Zusammen mit der guten Kraftstoffaufbereitung der Common-Rail-Einspritzanlage ermöglicht der Motor hohe Drehmomente bei niedrigsten Drehzahlen sowie eine hohe Leistungsdichte (Abb. 14.28). Mit dieser Auslegung wurden überdies ebenfalls die strengen EU3-Abgasvorschriften erfüllt. Der gesamte Motor weist eine sorgfältige Auswahl der Materialen sowie Produktionsverfahren hinsichtlich eines geringen Motorgesamtgewichtes auf. Neben den Aluminiumzylinderköpfen ist der Kurbelkasten und Zylinderblock als GGV-Dünnwandguss ausgeführt, so dass neben dem erwähnten geringen Baugewicht hohe Spitzendrücke bis zu 160 bar zugelassen werden können, wodurch trotz einer Verbrennungsauslegung für EU3-Abgasvorschriften der gute spezifische Verbrauch des Motors erklärbar ist.

Im Jahr 1999 wurde erstmals ein serienmäßiger Pkw (VW Lupo TDI) mit einem NEDC-Fahrzyklus-Kraftstoffverbrauch von weniger als 3 l (2,99 l) vorgestellt, wobei das Antriebssystem aus einem 3-Zylinder-1,2-l-DI-Dieselmotor mit VTG-Turbolader und einem speziell für diesen

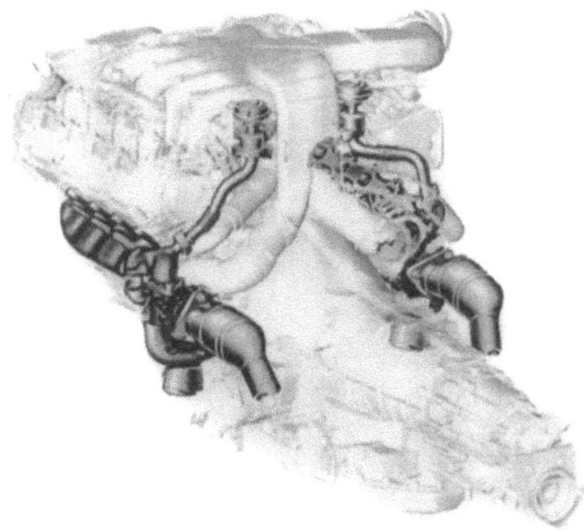

Abb. 14.26

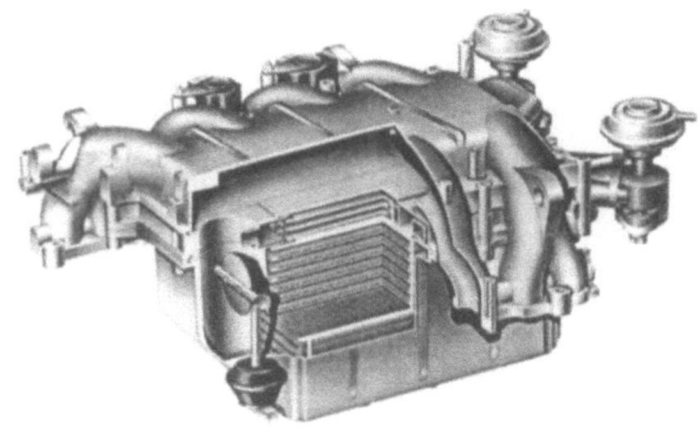

Abb. 14.27

Abb. 14.26. Ansicht der kompakten VTG-Bi-Turboaufladung (Audi; 3-l-V8-TDI) [17]

Abb. 14.27. Ladeluftkühlung im V des Motors (Audi; 3,3-l-V8-TDI) [17]

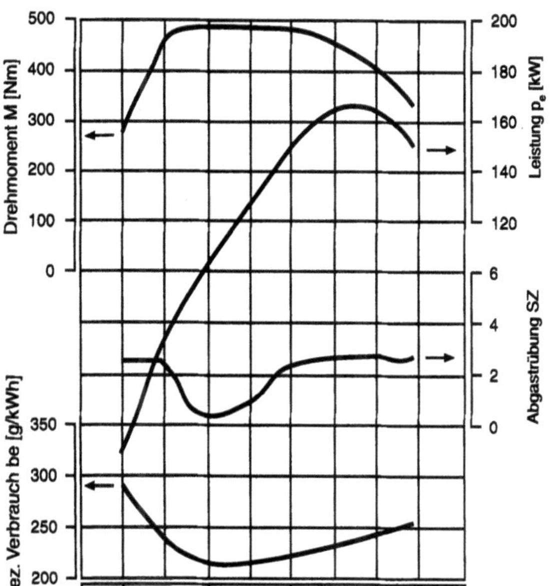

Abb. 14.28. Motorvolllastdaten des 3,3-l-V8-TDI-Motors von Audi [17]

Anwendungszweck weiterentwickelten Triebstrang (automatisches Schaltgetriebe und Leerlaufabschaltung) aufgebaut wurde.

Der Garrett-VNT12-Lader ermöglicht dabei durch die Verstellturbine hohe Drehmomente bei niederen Drehzahlen, so dass die Motorbetriebspunkte im Fahrzyklus in Verbindung mit dem automatisierten Schaltgetriebe in den verbrauchgünstigen Kennfeldbereich verschoben werden konnten. Längs- und Querschnitt des Motors können Abb. 14.29 entnommen werden. Neben der innovativen Vollaluminium-Bauweise des Motors – der Kraftschluss für die hohen Zünddruckkräfte zwischen Zylinderkopf und Hauptlagerverband wird durch integrierte Zuganker gewährleistet – stellt auch die Hochdruckeinspritzanlage in Form von nockengetriebenen Pumpen-Düse-Elementen einen neuen Weg in der Pkw-Dieselmotortechnologie dar. Durch die mit diesem System realisierbaren hohen

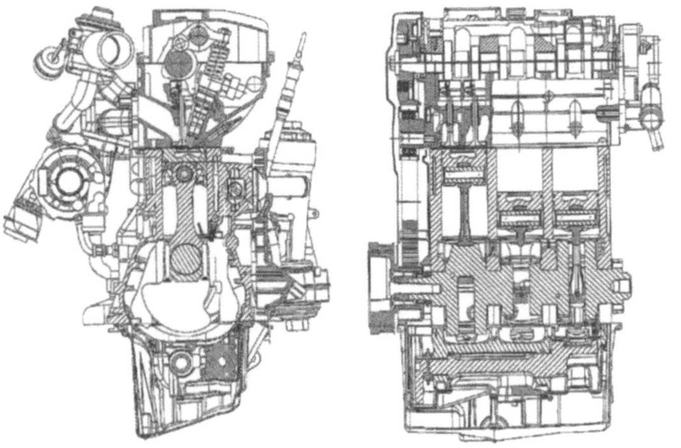

Abb. 14.29. Längs- und Querschnitt des 1,2-l-PDE-Dieselmotors mit VTG-Aufladung von VW [50]

Einspritzdrücke von über 2000 bar kann eine Verbrennungsabstimmung erreicht werden, die neben den bereits erwähnten guten Verbrauchswerten auch sehr niedere Abgasemissionswerte (EU3 sowie D4) ermöglicht.

Die wichtigsten technischen Daten des Motors sind im Anhang zusammengestellt. Zur Erzielung der genannten Motoreigenschaften verfügt der Motor neben einer konventionellen Luft-Luft-Ladeluftkühlung auch über ein wassergekühltes Abgasrückführsystem. Durch die Summe aller Maßnahmen konnte der CO_2-Ausstoß des Lupo in der 870-kg-Fahrzeugversion im NEDC-Fahrzyklus auf 81 g/km abgesenkt werden.

Einer der modernsten Vertreter aufgeladener Pkw-Dieselmotoren ist der neue 6-Zylinder-Reihen-Direkteinspritz-Dieselmotor OM 613 von DaimlerChrysler als Top-Motor einer Baureihe mit 4-, 5- und 6-Zylinder-Motoren. Ausgerüstet mit einer Common-Rail-Einspritzanlage, VTG-Abgasturbolader, Luft-Luft-Ladeluftkühlung, geregelter, gekühlter Abgasrückführung sowie geregelter Einlasskanalabschaltung, mit der das Ladungsdrallniveau den unterschiedlichen kennfeldspezifischen Anforderungen angepasst werden kann, repräsentiert er den Stand der aktuellen Pkw-DI-Diesel-Motorenentwicklung. Abbildung 14.30 zeigt eine Motoransicht von der Laderseite.

Abb. 14.30. OM-613-3,2-l-6-Zyl.-Auflademotor von DaimlerChrysler mit VTG, AGR und CR-Einspritzung

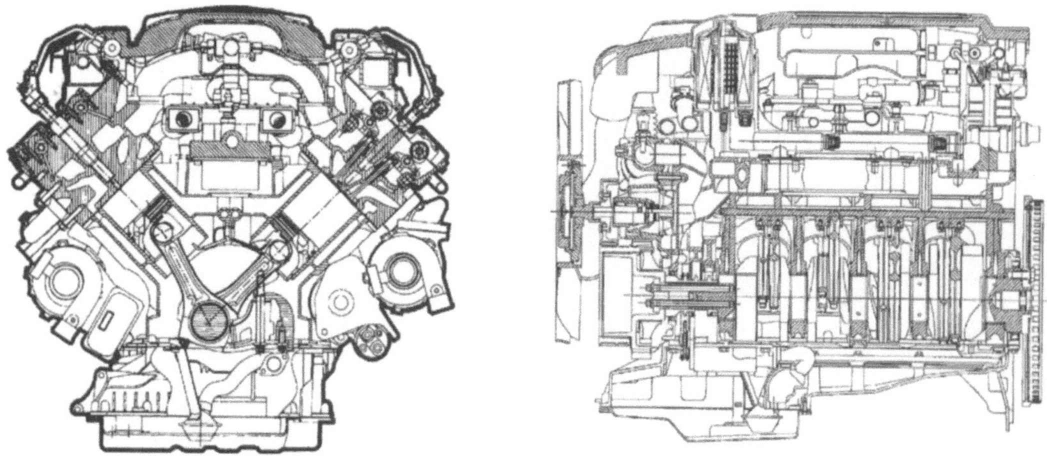

Abb. 14.31. Ansicht und Schnittzeichnungen des bi-turboaufgeladenen V8-Pkw-DI-Dieselmotors von BMW [5]

Ein weiterer Entwicklungsschritt in der Aufladetechnik wurde von BMW bei der Einführung des V8-DI-Dieselmotors (Abb. 14.31) gemacht, bei dem die VTG-Regelung nun über elektrische Schrittmotoren (Abb. 14.32) erfolgt. Mit dieser Technologie können die beiden VTG-Lader (je ein Lader pro Zylinderbank) im gesamten Betriebsbereich – vor allem im transienten Motorbetrieb und unteren Drehzahlbereich – zuverlässig im stabilen Kompressor-Kennfeld gehalten werden (bessere Ausnutzung des Kompressor-Kennfeldes bis nahe zur dynamischen Pumpgrenze).

Einen logischen Einsatzbereich der Aufladetechnik stellen Zweitaktmotoren dar, die einerseits zur Umsetzung einfacher und kostengünstiger Motorisierungen (Motorfahrräder o. Ä.) oder andererseits zur Erzielung extremer Leistungsdichten bei geringsten Baugewichten (Motorradrennsport) eingesetzt werden. Ferner wurden bereits in den Anfängen des Automobilbaues Zweitaktmotoren auf Grund ihrer Leistungsdichte und der hohen Laufruhe (doppelte Zündfolge verglichen zum Viertaktmotor) eingesetzt. AVL hat speziell hinsichtlich der letzteren Eigenschaften im Jahr 1996 einen Zweitakt-Dieselmotor mit Direkteinspritzung und Turboaufladung vorgestellt (Abb. 14.33). Auf das Betriebsverhalten und die Aufladetechnologie dieses Motors wurde in Abschn. 6.6.6 näher eingegangen. Die mit diesem Motor erzielten Betriebsdaten sowie die

Abb. 14.32. Elektrischer Stellmotor der VTG-Leitschaufelverstellung des V8-DI-Dieselmotors von BMW [5]

Abb. 14.33. Ansicht des 2-Takt-DI-Dieselmotors von AVL List mit kombinierter Aufladung

wichtigsten Motorkennwerte sind im Anhang aufgelistet. Durch die Verbindung der Eigenschaften der Längsspülung (bester Fanggrad aller Spülverfahren) mit dem Konzept einer kombinierten Aufladung (geringe Spülverluste und hohe Ladungsdichte durch Turbinengegendruck) konnten maximale Mitteldrücke von 11 bar erzielt werden. Dies entspricht einem Viertaktmitteldruck von 22 bar. Der Motor diente als Versuchsträger zur Entwicklung des Aufladesystems sowie eines neuartigen Zweitaktspülverfahrens im Längsstromprinzip, das viertaktähnliche Zylinderabstände erlaubt, indem Spülschlitze in den Stegen zwischen den Zylindern vermieden wurden. Ein ähnlicher Motor als Vorstufe einer möglichen Serienrealisierung wurde 1999 von Daihatsu auf der IAA in Frankfurt vorgestellt.

Wie beim Ottomotor (Abschn. 14.2) wurden von DaimlerChrysler auch vergleichende Untersuchungen an einem 2,5-l-Dieselmotor mit mechanischer und Turboaufladung veröffentlicht. Neben dem Aufladesystem wurden hier auch Vor- und Nachteile von Roots- und Spiralladern an einem Motor untersucht. Für den Spirallader sprechen das geringe Trägheitsmoment und die besseren Wirkungsgrade bei höheren Verdichtungsverhältnissen, die beim Roots-Lader ohne inneres Verdichtungsverhältnis deutlich schlechter sind (Abb. 14.34). In dem für Pkw-Motoren besonders

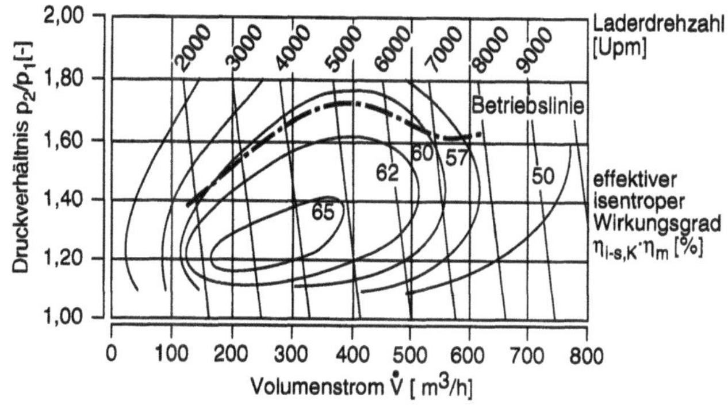

Abb. 14.34. Wirkungsgradkennfeld des Roots-Laders mit Motorvolllastkennlinie [111]

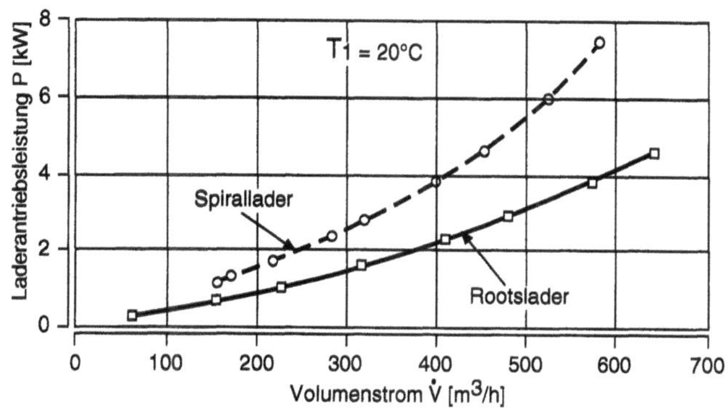

Abb. 14.35. Laderantriebsleistung von Roots- und Spirallader [111]

relevanten Teillastbereich kehren sich die Verhältnisse um, wodurch mit dem Roots-Lader auf Grund der geringeren Laderantriebsleistungen (Abb. 14.35) bessere Teillastverbräuche erzielt werden konnten. Die überwiegende Mehrzahl der heutigen Pkw-Dieselmotoren ist aber so ausgelegt, dass der Anteil der Betriebszeit mit Aufladung am gesamten Lastkollektiv relativ groß ist, so dass die letztgenannten Feststellungen nicht verallgemeinert werden dürfen.

Als letztes Beispiel eines aufgeladenen Pkw-Dieselmotors soll der im Mazda 626 eingesetzte IDI-Dieselmotor mit Druckwellenaufladung (Abb. 14.36) vorgestellt werden. Dieser aufgeladene Wirbelkammer-Dieselmotor, der aus der älteren Saugmotorvariante entwickelt wurde und zum Zeitpunkt der Markteinführung im Jahr 1987 mit der IDI-Technologie durchaus dem Stand der Technik entsprach, verhalf dem Mazda-626-Fahrzeug zu vergleichbaren Fahrleistungen, wie sie ansonst mit dem 2,0-l-DOHC-Benzinmotor erreicht wurden. Der Kraftstoffverbrauch konnte mit dem Comprex-Dieselmotor allerdings um ca. 20 % gegenüber der Benzinvariante abgesenkt werden.

Zum besseren Verständnis ist in Abb. 14.37 das abgasführende Röhrenwerk des Motors nochmals dargestellt. Da die Comprex-Aufladetechnik besonders sensibel auf den Abgasgegendruck reagiert, ist eine entsprechend großzügige Dimensionierung der Abgasanlage (Rohrdurchmesser, Schalldämpferdruckverlust) vorzusehen, was auch aus Abb. 14.37 erkennbar ist. Die gesammelten Leistungsdaten des Motors können dem Anhang entnommen werden.

Als Anmerkung soll hier festgehalten werden, dass das in Tabelle A.1 gezeigte Kennfeldverbrauchsminimum den deutlichen Nachteil der Vorkammermotoren gegenüber Dieselmotoren mit Direkteinspritzung unterstreicht.

Abb. 14.36

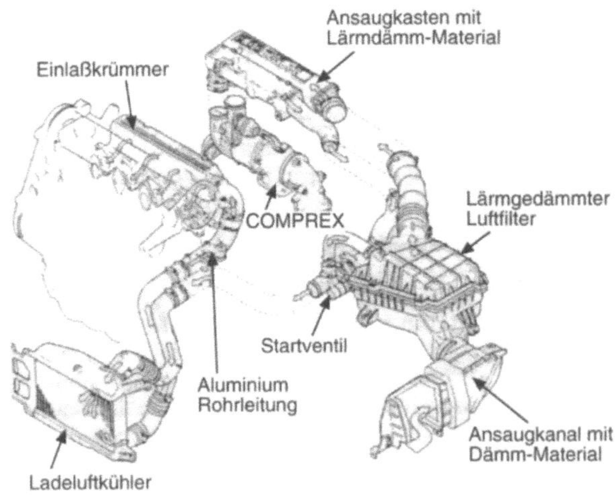

Abb. 14.37

Abb. 14.36. Ansicht des RF-Comprex-IDI-Dieselmotors von Mazda mit Druckwellenaufladung [71]

Abb. 14.37. Abgasführendes Röhrenwerk des RF-Comprex-IDI-Dieselmotors von Mazda [71]

14.3 Nfz-Dieselmotoren

Einer der ersten serienmäßig aufgeladenen Nfz-Motoren war der Dieselmotor D1 KL der Adolph Saurer AG mit einem Schraubenlader (Abb. 14.38), der später durch den abgasturboaufgeladenen Motor D1 KT (Abb. 14.39) ersetzt wurde.

In den USA wurden in Nfz und Bussen sehr lange Zweitaktmotoren der Detroit Diesel Corporation wie der 8V-92T mit Abgasturbolader und vorgeschaltetem mechanischem Rootsgebläse eingesetzt. Die entsprechende Motoransicht zeigt Abb. 14.40. Gestiegene Anforderungen an die Abgasemissionswerte und die Notwendigkeit gesteigerter Wirtschaftlichkeit haben diese Motoren

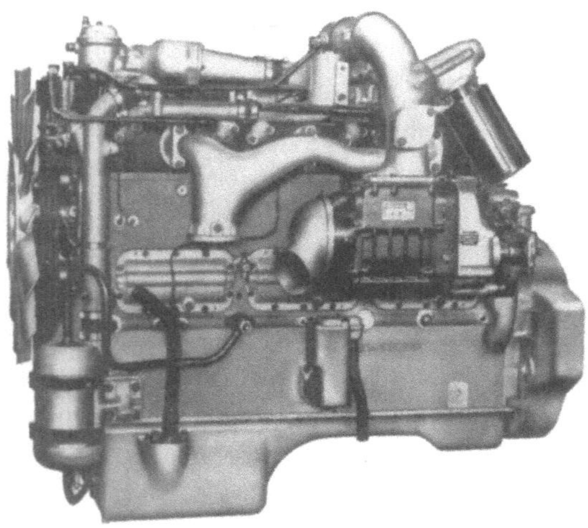

Abb. 14.38

Abb. 14.39

Abb. 14.38. Mechanisch aufgeladener Saurer-Nfz-Motor D1 KL

Abb. 14.39. Saurer-Nfz-Motor D1 KT mit Abgasturboaufladung

Abb. 14.40. 8V-92-T-Zweitakt-Nfz-Motor der Detroit Diesel Corporation mit mechanischer und Abgasturboaufladung

Abb. 14.41. Motoransicht des D-2876-LF-R-6-V4-Nfz-Motors von MAN mit Abgasturboaufladung

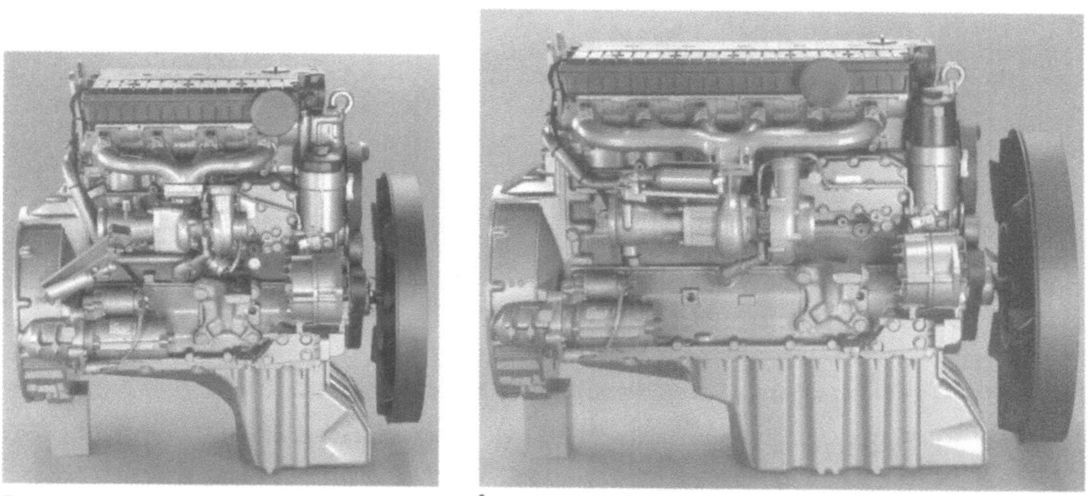

a b

Abb. 14.42. Ansichten des OM-904/6-LA-Reihe-4- (**a**) und -6-Zylindermotors (**b**) von DaimlerChrysler mit Abgasturboaufladung

Nun sollen einige Beispiele moderner Nfz-Motoren vorgestellt werden. Als erstes Beispiel der D 2876 LF von MAN; ein wassergekühlter Reihen-6-Zylinder mit 4-Ventil-Zylinderkopf, der eine maximale Leistung von ca. 340 kW bei 1700–1900 min^{-1} und ein maximales Drehmoment von 2100 Nm zwischen 900 und 1300 min^{-1} entwickeln kann. Abbildung 14.41 zeigt eine Ansicht dieses Motortyps.

DaimlerChrysler hat Ende der 90er Jahre eine neue Baureihe 900 mit Reihen-4- und -6-Zylinder Motoren für den Einsatz in leichten und mittleren Nutzfahrzeugen mit Leistungen von 90 bis 230 kW bei 2300–2500 min^{-1} entwickelt. Der OM 904 (Abb. 14.42a) entwickelt eine maximale Leistung von 90–125 kW bei 2300 min^{-1} und ein maximales Drehmoment von 470–660 Nm

Abb. 14.43. Motoransicht des FH-12-R-6-V4-Nfz-Dieselmotors von Volvo mit ATL

Abb. 14.44

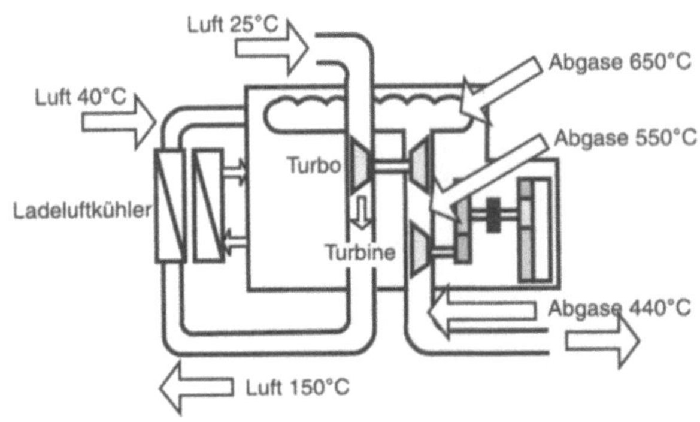

Abb. 14.45

Abb. 14.44. R124-470-Turbocompound-Nfz-Motor von Scania [158]

Abb. 14.45. Aufladegruppe mit Compound-Turbine des R124-470-Dieselmotors von Scania [158]

bei 1200–1500 min^{-1}. Der OM 906 (Abb. 14.42b) weist ein Leistungsspektrum von 170–230 kW bei 2300 min^{-1} und $M_{\text{d, max}}$-Werte von 810–1300 Nm bei 1200 min^{-1} auf.

Der D12C 460 von Volvo (Abb. 14.43) ist ein 6-Zylinder-Reihenmotor mit 4 Ventilen, obenliegender Nockenwelle und Pumpe-Düse-Einspritzelementen. Er leistet in der gezeigten Ausführung 340 kW bei 1800 min^{-1} und entwickelt ein maximales Drehmoment von 2200 Nm im Bereich von 1000–1300 min^{-1}.

Als Beispiele für Turbocompoundmotoren sollen die Motoren R124-470 von Scania und OM 442 LAT von Daimler Benz vorgestellt werden.

Der Motor R124-470 von Scania (Abb. 14.44) hat mit der gewählten Auslegung – die Aufladegruppe mit Compound-Turbine zeigt Abb. 14.45 – eine Leistung von 346 kW bei 1900 min^{-1} sowie ein maximales Drehmoment von 2200 Nm im Drehzahlbereich von 1050–1350 min^{-1}. Der Wirkungsgrad des Motors konnte im Bestpunkt mittels der Nutzturbinentechnologie von 44 auf 47 % verbessert werden.

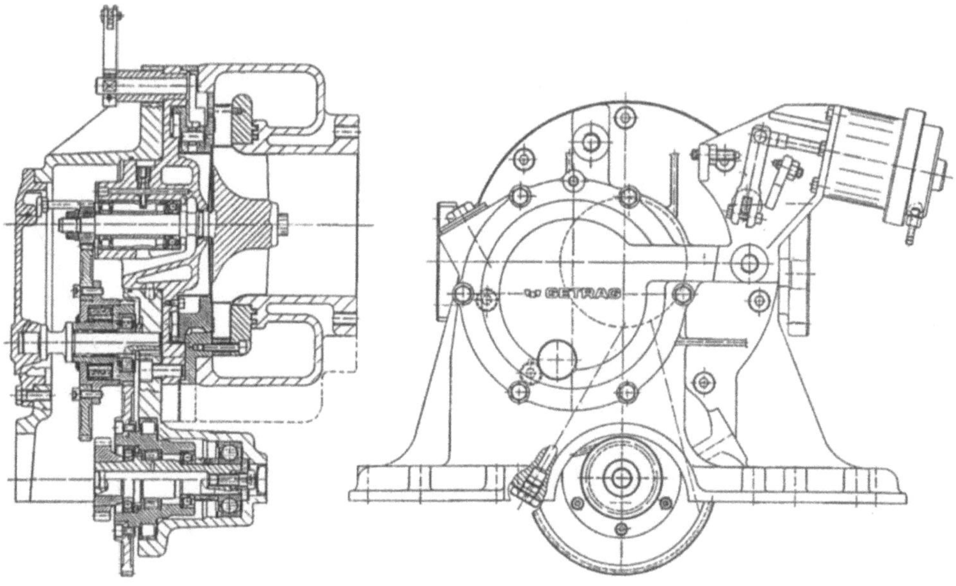

Abb. 14.46. Nutzturbine des OM-442-LAT-V8-Turbocompound-Motors von Daimler Benz

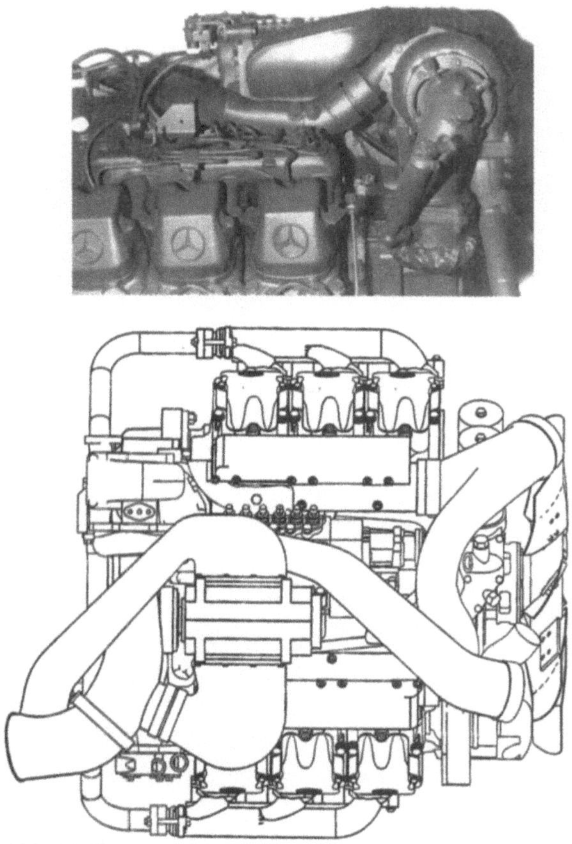

Abb. 14.47

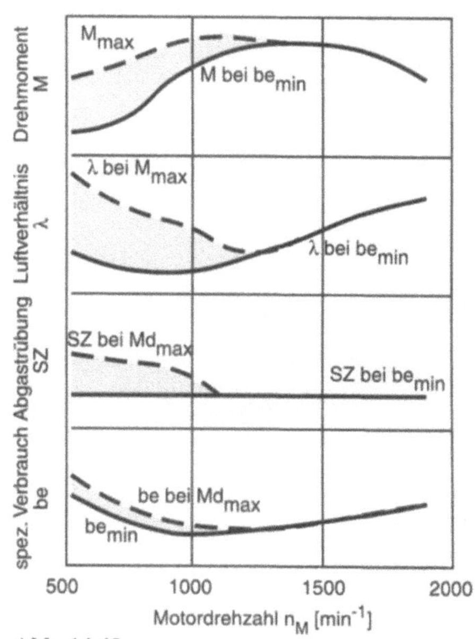

Abb. 14.48

Abb. 14.47. Abgasturboaufgeladener OM-441-LA-Nfz-Motor von Daimler Benz mit mechanischer Zusatzaufladung

Abb. 14.48. Verbesserung des Betriebsverhaltens des OM-441-LA-Turbomotors von Daimler Benz durch mechanische Zusatzaufladung

Von Daimler Benz wurde bereits 1991 solch ein Compoundmotor auf Basis der V8-Version der Baureihe 440 vorgestellt. Es konnten Verbesserungen des Kraftstoffverbrauchs im Nennleistungsbereich in der Größenordnung von 5 % erzielt werden, wobei sich dieser Verbrauchsgewinn erst durch eine Isolation des Auspuffstranges darstellen ließ [82].

Eine mögliche konstruktive Ausführung des für alle Turbocompoundmotoren mit mechanischer Energierückspeisung erforderlichen Reduziergetriebes sowie der integrierten Nachschaltturbine, hier mit variabler Turbineneintrittsgeometrie, zeigt Abb. 14.46.

Ein Beispiel für eine kombinierte Aufladung am Nutzfahrzeugmotor stellt der 10.9-l-V-6-Zylindermotor OM 441 LA von Daimler Benz dar (Abb. 14.47). Die Aufladegruppe besteht dabei aus einem konventionellen Turbolader, der mit einem mechanisch angetriebenen Roots-Lader kombiniert ist. Der mechanische Lader unterstützt die Motorluftversorgung bis zu einer Motordrehzahl von 1250 min^{-1}. Darüber wird der Lader mittels einer Bypass-Leitung umgangen und die Ladeluftversorgung des Motors erfolgt ausschließlich über den Turbolader. Mit derartig kombinierten Aufladesystemen können beachtliche Mitteldrucksteigerungen im unteren Drehzahlbereich (Abb. 14.48) sowie deutliche Verbesserungen des transienten Ansprechverhaltens erreicht werden.

14.4 Flugmotoren

Hubkolbenverbrennungsmotoren finden heute nur noch in Kleinflugzeugen Anwendung. Als einer der meist verbauten Motoren sei hier der GSO-480-Motor von Lycoming genannt, ein 6-Zylinder-Boxermotor mit mechanisch angetriebenem Turbolader (Abb. 14.49). Der Motor hat eine Startleistung von 250 kW bei 3400 min^{-1}, eine Dauerleistung von 235 kW bei 3200 min^{-1} und wiegt 225 kg.

Porsche erhielt 1988 ebenfalls für einen abgasturboaufgeladenen 6-Zylinder-Boxermotor, den PFM 3200, die erforderlichen Flugzulassungen. Der Motor hatte eine Startleistung von 180 kW bei 5300/2343 min^{-1} Motor-/Propeller-Drehzahl. Er kam aber – wohl hauptsächlich aus Logistikgründen – kaum zum Einsatz. Abbildung 14.50 zeigt eine Ansicht dieses damals modernsten Kleinflugmotors.

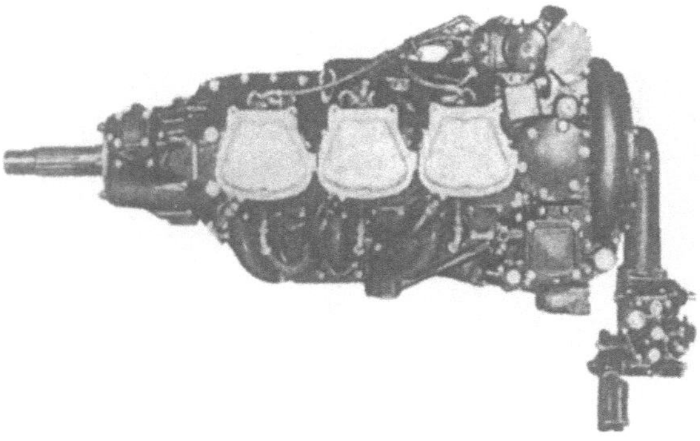

Abb. 14.49

Abb. 14.50

Abb. 14.49. GSO-480-6-Zylinder-Boxer-Flugmotor von Lycoming mit mechanisch angetriebenem Strömungslader

Abb. 14.50. Porsche-Flugmotor

14.5 Hochleistungsschnellläufer (Lokomotiv- und Bootsmotoren)

Bei den schnelllaufenden Dieselmotoren ($n_{max} \approx 800$–$2000\,\text{min}^{-1}$) für vorwiegend Schienenfahrzeuge, schnelle Boote und Militär-Einsatzzwecke ist die Anwendung des Zweitakt-Verfahrens stark zurückgegangen, da diese Motoren zur Erzielung der erforderlichen Leistungsdichten praktisch zu 100 % aufgeladen sind und der Viertaktmotor sich leichter aufladen lässt. Das Zweitaktverfahren bringt deshalb im Drehzahlbereich der hier zu behandelnden Motoren weder einen Vorteil in der Zylinderleistung noch im Bauraum oder Motorgewicht. In Bezug auf die Beherrschung der thermischen Motorbeanspruchungen ist das Viertaktverfahren dagegen eindeutig überlegen.

Deshalb wird hier als Zweitakt-Beispiel nur der Motor 16-645 E5 der GM Electro-Motive Division, LaGrange, Illinois, beschrieben. Dieser Motortyp hat lange den amerikanischen Lokomotivmarkt beherrscht und besitzt die in Abschn. 7.4.4 (Abb. 7.12) beschriebene Unterstützung des Laders mittels eines Antriebs von der Kurbelwelle über Getriebe und Freilauf. Der Motor leistet bei $900\,\text{min}^{-1}$ ca. 2500 kW und hat die Zylinderabmessungen von 230 mal 255 mm (Bohrung mal Hub). Eine Motoransicht zeigt Abb. 14.51.

Die überwiegende Zahl von Motoren werden heute als hochaufgeladene und hochausgelastete Viertaktmotoren angeboten, so z. B. der V 538 TB von MTU. MTU baut diesen Motortyp mit den Zylinderabmessungen von 185 mal 200 mm als 12-, 16- und 20-Zylinder. Eine Besonderheit sind dabei die im V mit lotrechter Welle angeordneten Abgasturbolader, was besonders kurze Auspuffleitungen mit kleinem Volumen und damit günstige Voraussetzungen für eine Stoßaufladung ergibt. In der 16-Zylindervariante leistet dieser Motortyp 3000 kW bei $1900\,\text{min}^{-1}$. Abbildung 14.52 zeigt eine Ansicht des Motors mit Blick auf die senkrecht stehenden Lader.

Die Doppel-Motorbaureihe V 956/1163 von MTU weist in beiden Fällen den gleichen Zylinderdurchmesser von 230 mm auf, hat aber verschiedene Hübe von 230 und 280 mm, was zu den die Bezeichnung charakterisierenden Zylinderhubräumen von 9,56 und 11,63 l/Zylinder führt. Abbildung 14.53 zeigt eine Ansicht des kurzhubigeren 20 V 956 TB, der bei einer Drehzahl von $1500\,\text{min}^{-1}$ als Schiffsantrieb 4900 kW leistet, was einem Mitteldruck von 20,5 bar und einer Einzelzylinderleistung von 245 kW entspricht.

Abb. 14.51

Abb. 14.52

Abb. 14.51. 16-645-E5-Lokomotivmotor von General Motors mit mechanisch unterstütztem Abgasturbolader

Abb. 14.52. 16-V-538-TB-Hochleistungsdieselmotor von MTU mit senkrecht stehenden Abgasturboladern

Abb. 14.53. 20V-956-TB-Hochleistungs-Schiffs-Dieselmotor von MTU

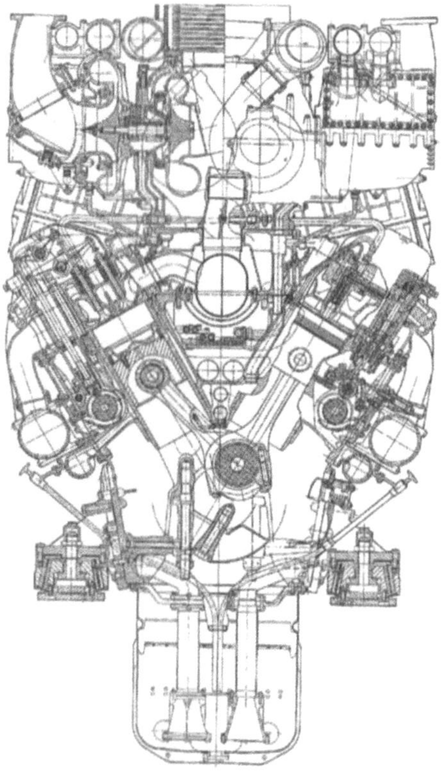

Abb. 14.54. Motorquerschnitt des MTU-Motors 1163 mit 2-Stufen-Registeraufladung

Abbildung 14.54 zeigt einen Querschnitt durch den langhubigeren V 1163, wobei in diesem Bild gut die kompakte Anordnung der Hoch- und Niederdruck-Abgasturbolader (2-stufige Registeraufladung) zu erkennen ist. Der Motor hat bei 1300 min^{-1} eine Zylinderleistung von 370 kW, was einem sehr hohen Mitteldruck von 29,5 bar entspricht. Mit der maximalen Zylinderzahl von 20 realisiert diese Motorbaureihe damit eine Spitzenleistung von 7400 kW.

14.6 Mittelschnellläufer (Gas- und Schwerölbetrieb)

Mittelschnelllaufende Motoren ($n \approx 200$–$800\,\text{min}^{-1}$) decken auf dem Stationär- und Schiffseinsatzgebiet ein sehr weites Drehzahl- und Leistungsgebiet ab. Entsprechend breit gefächert ist das

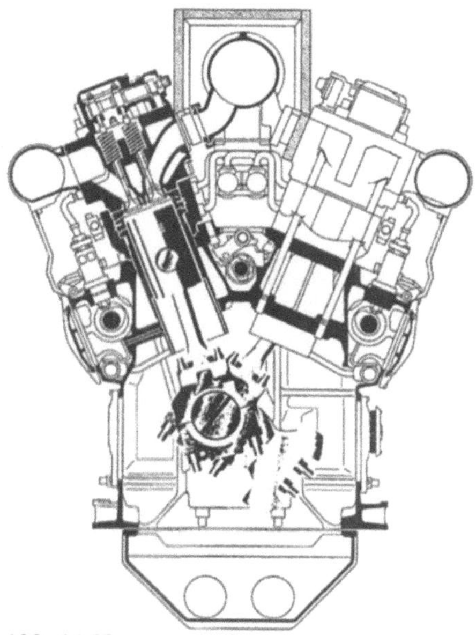

Abb. 14.55

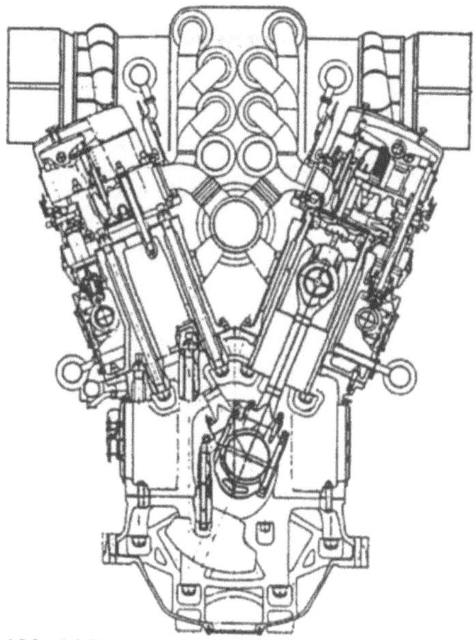

Abb. 14.56

Abb. 14.55. Motorquerschnitt des MAN-B&W-32/40 mit 440 kW/Zylinder

Abb. 14.56. Motorquerschnitt des MAK-M-552-AK mit 590 kW/Zylinder

Angebot an Motoren in diesem Sektor. Als typische Beispiele seien mit steigender Zylinderleistung die folgenden Motoren genannt.

Die MAN-B&W-Baureihe 32/40 (Zylinderbohrung mal Hub, 320 mal 400 mm) umfasst Reihen- und V-Motoren mit einer Zylinderleistung von einheitlich 440 kW bei 720–750 min^{-1}. Abbildung 14.55 zeigt einen Querschnitt des V-Motors.

Der MAK-Motor M552AK soll als Beispiel für den Aufwand dienen, der auspuffseitig für eine optimale Stoßaufladung in Kauf genommen wird. Interessant ist an dieser Konstruktion, die bei einer Bohrung von 450 mm und einem Hub von 520 mm eine Zylinderleistung von ca. 600 kW bei 500 min^{-1} entwickelt, dass Auspuff- und Einlasskanäle im V des Motors angeordnet sind, was sowohl zu besonders kurzen und damit für eine Stoßaufladung günstigen Auspuffrohren führt als auch durch die innen liegenden Ladedruckleitungen die Motorbaubreite günstig beeinflusst. Abbildung 14.56 zeigt einen Querschnitt des Motors.

Der MAN-Motor L 52/52 (Abb. 14.57) stellt einen schon an der oberen Zylindergröße angesiedelten Reihenmotor mit einer ausgeprägten Auslegung der Abgasanlage für Stauaufladung dar. Er hat eine Zylinderleistung von 885 kW bei 500 min^{-1}.

Der SEMT-Pielstick-Motor PC4-570 (Abb. 14.58) hat Zylinderabmessungen von 570 mal 620 mm und erreicht bei 400 min^{-1} eine Zylinderleistung von 1100 kW. Dies entspricht einem sehr hohen Mitteldruck von ca. 21 bar, der sicher auch auf die sorgfältige Auspuffanlagenkonzeption für eine optimale Stoßaufladung zurückzuführen ist.

Als Beispiel dafür, dass auf dem Gebiet der Mittelschnellläufer sowohl Zwei- als auch Viertaktmotoren eingesetzt werden, seien hier die MAN-Motoren KV 45/66 und DZ 53/76 beschrieben. Der KV 45/60 (Abb. 14.59a) steht dabei für einen einfach aufgebauten Viertaktmotor, während der DZ 53/76 (Abb. 14.59b) die Komplexität eines doppelt wirkenden, umkehrgespülten Zweitaktmotors mit mechanischem Roots-Spülgebläse und Stauaufladung zeigt.

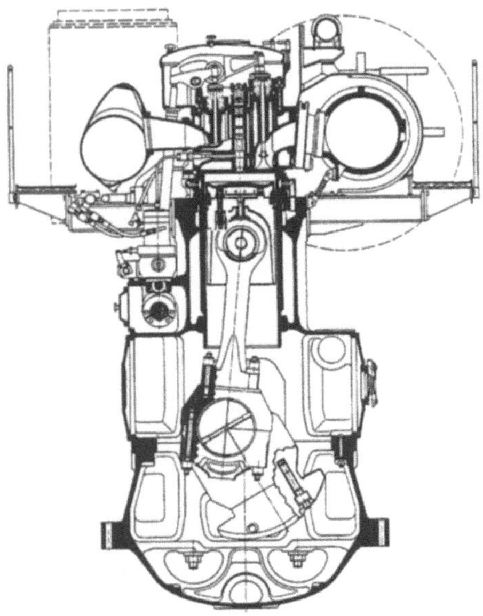

Abb. 14.57

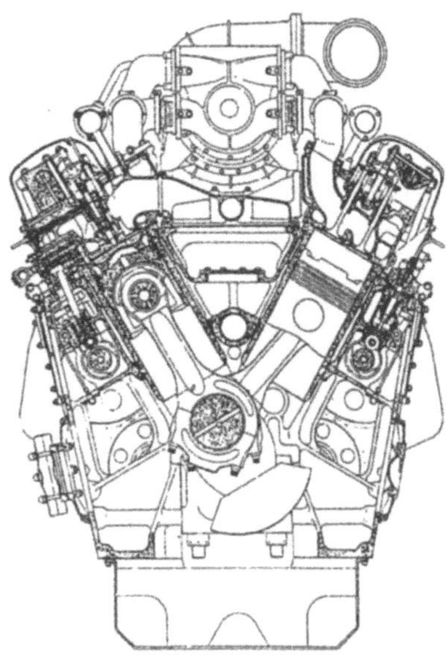

Abb. 14.58

Abb. 14.57. Motorquerschnitt des MAN-L-52/52 mit 890 kW/Zylinder

Abb. 14.58. Motorquerschnitt des SEMT-PC-4-V-570 mit 1100 kW/Zylinder

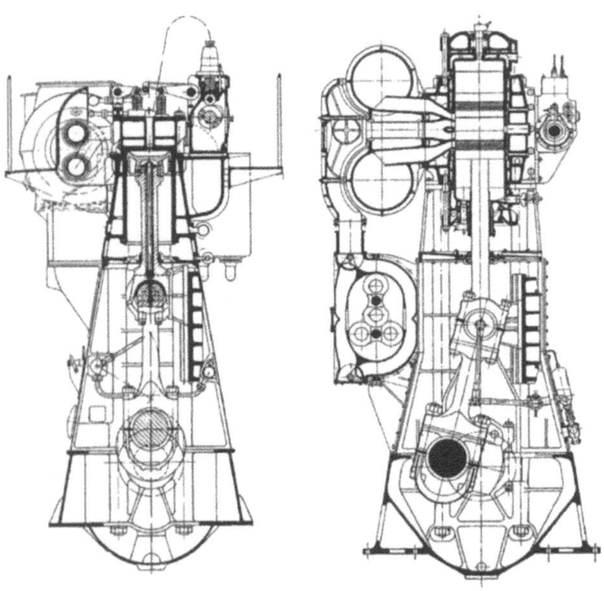

a b

Abb. 14.59. Viertaktkreuzkopfmotor KV45/66 (**a**) und Zweitaktkreuzkopfmotor DZ 53/76 (**b**) von MAN mit mechanisch angetriebenem Roots-Spülgebläse vor dem Abgasturbolader

14.7 Langsamläufer (Stationär- und Schiffs-Größtmotoren)

Langsamlaufende Großmotoren ($n \approx 60$–$150\,\text{min}^{-1}$) werden heute ausschließlich zur Stromerzeugung oder als Schiffshauptantriebe mit direkter Propellerkoppelung eingesetzt. Dabei kommt sowohl aus Gründen der Leistungsdichte als auch der immer schlechter werdenden Schweröl-

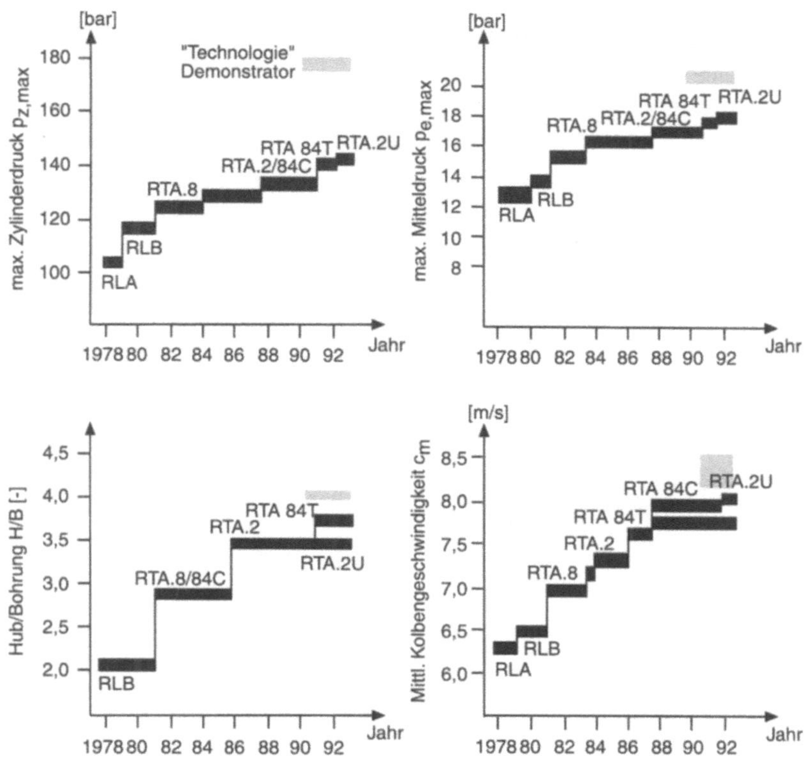

Abb. 14.60. Entwicklung der Hauptmotorkennwerte von New-Sulzer-Motoren seit 1987

qualitäten, die im Kreuzkopfzweitaktmotor besser verarbeitet werden können als in Viertakttauchkolbenmotoren, nur noch das Zweitaktprinzip zur Anwendung.

Darüber hinaus sind zum Direktantrieb heutiger Schiffspropeller aus Wirkungsgrad- und damit Kraftstoffverbrauchsgründen sehr niedrige Drehzahlen bis herunter zu ca. 60 min^{-1} notwendig, die nur von Zweitaktmotoren erfüllt werden können. Die Entwicklungen der letzten Jahre waren dabei durch immer längere Hübe mit Hub-Bohrungsverhältnissen von über 4 einerseits und immer höhere Aufladegrade mit gleichzeitig steigenden Mitteldrücken andererseits gekennzeichnet.

Abbildung 14.60 zeigt die Entwicklung der wichtigsten Motorauslegungsparameter für die Großmotoren von New Sulzer zwischen den Jahren 1978 und 1992. Erstaunlich, aber aus Gründen des Kraftstoffverbrauches offenbar unbedingt notwendig, ist dabei vor allem die Steigerung der Spitzendruckwerte auf 180 bar.

Der MAN-Motor KZ 105/180 stand Mitte der 60er Jahre am Ende der Entwicklung umkehrgespülter Zweitaktmotoren und markierte mit einer Bohrung von 1050 mm den größten bis heute realisierten Kolbendurchmesser. Der Querschnitt dieses Motors, der bei einem Hub von 1800 mm eine Zylinderleistung von ca. 2950 kW entwickelt, ist in Abb. 14.61 dargestellt.

Der Motor VEC 52/105 von Mitsubishi war ein längsgespülter Zweitaktmotor mit drei Auslassventilen und hatte als Besonderheit eine 2-stufige Aufladung, wobei für die Hochdruckturbine die Stoßaufladung zur Anwendung kam. In Abb. 6.3 ist der Querschnitt dieses Motors dargestellt, der eine Zylinderleistung von ca. 1000 kW bei 175 min^{-1} aufwies. Die Entwicklung ging ab diesem Zeitpunkt ganz klar zum längsgespülten Langhubmotor mit Zentral-Auslassventil (meist hydraulisch angesteuert) und hochentwickelter Stauaufladung.

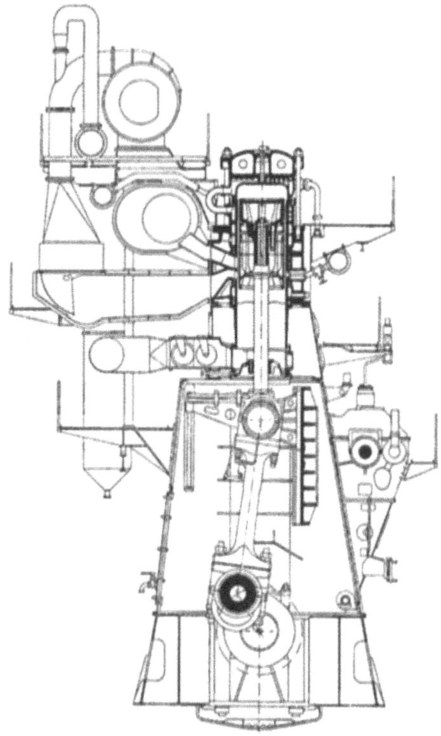

Abb. 14.61

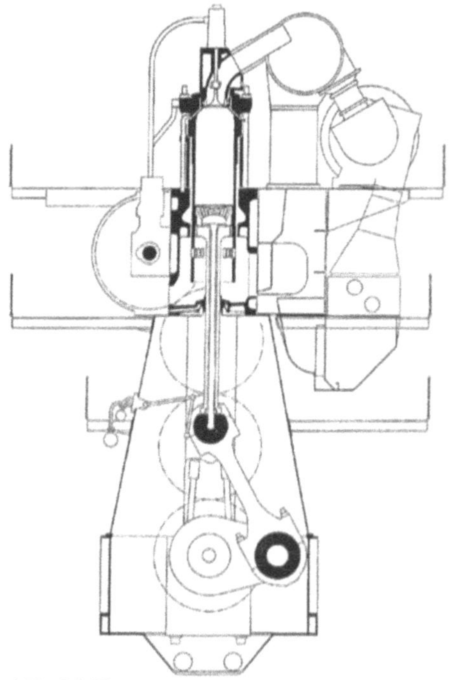

Abb. 14.62

Abb. 14.61. MAN-KZ-105/180-Größtmotor mit Umkehrspülung; ca. 3000 kW/Zylinder

Abb. 14.62. New-Sulzer-RT-84-T-Motorquerschnitt; ca. 4000 kW/Zylinder

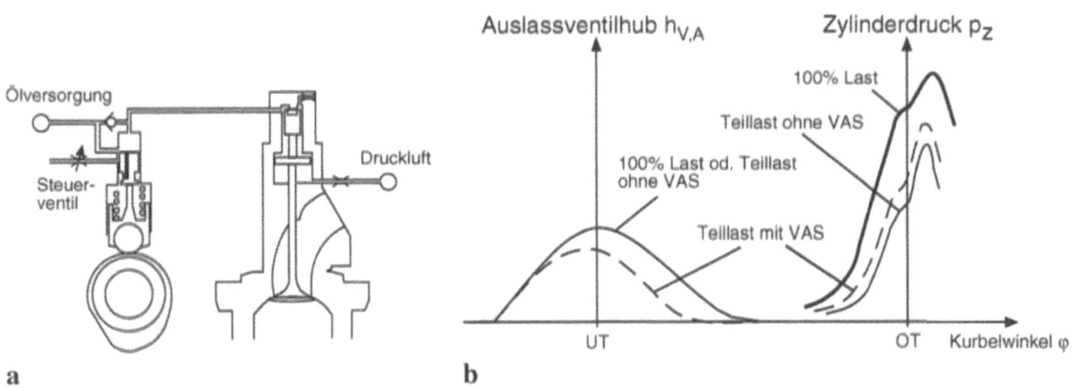

Abb. 14.63. Teillastventilhub- und Steuerzeitverstellung (**a**) sowie zugehöriger Verbrennungsdruckverlauf (**b**). VAS, variable Auslassventilschließzeit

Den aktuellen Stand der Technik zeigt der Motor RT 84 T von New Sulzer. Es handelt sich dabei um einen längsgespülten Kreuzkopfzweitaktmotor mit zentralem, hydraulisch betätigtem Turbolator-Auslassventil, dessen Steuerzeit und Hub variiert werden können (VEC, variable exhaust closing), was zusammen mit einer Verstellung des Einspritzzeitpunktes (VIT, variable injection timing) zu einem sehr guten Teillastverhalten mit optimalen Kraftstoffverbräuchen führt. Der sehr einfache Aufbau des Motors ist aus der entsprechende Querschnittszeichnung (Abb. 14.62)

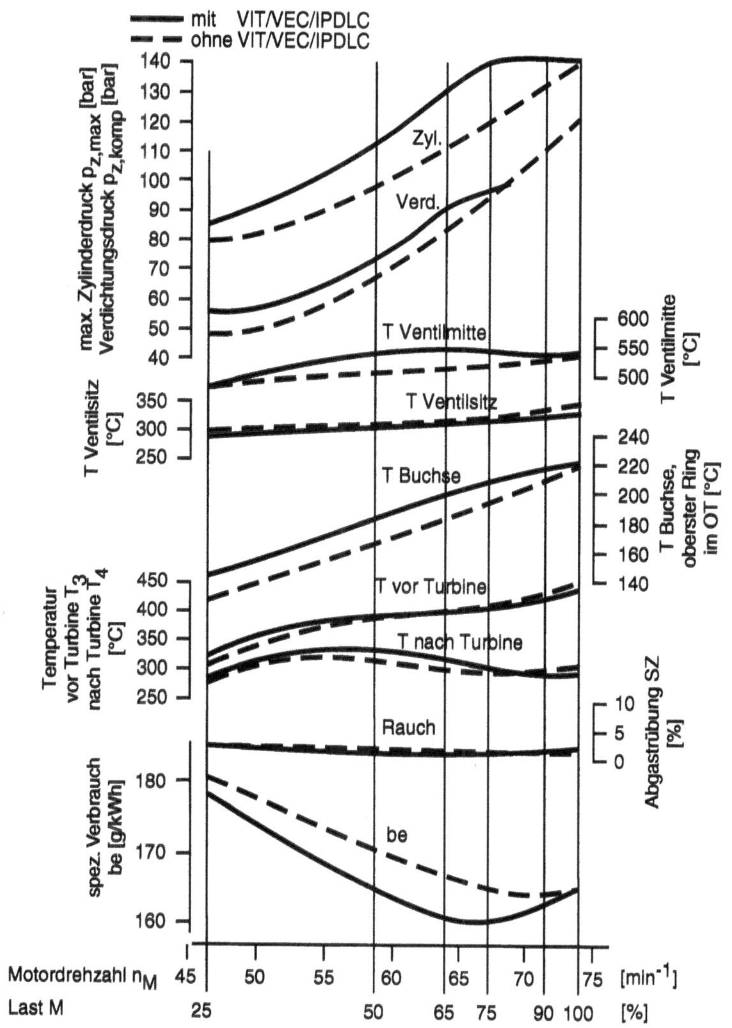

Abb. 14.64. Leistungs-, Kraftstoffverbrauchs- und ATL-spezifische Motordaten des New-Sulzer-RT-84-T

erkennbar. In Abb. 14.63a ist die hydraulische Ventilbetätigung mit der Einrichtung zur Hub- und Steuerzeitänderung, in Abb. 14.63b die Auswirkung der Ventilhub- und Steuerzeitänderung „Auslass schließt" auf den Zylinderdruckverlauf dargestellt. Abbildung 14.64 zeigt die erreichbaren Motorleistungswerte mit und ohne die geschilderten Eingriffe VIT und VEC.

Als eine Besonderheit sei zum Schluss noch auf die von MTU entwickelte Verbundkraftanlage des Schiffes Fritz Heckert (Freikolben-Gaserzeuger mit integrierten Kolbenspül- und Aufladepumpen) verwiesen (Abb. 14.65).

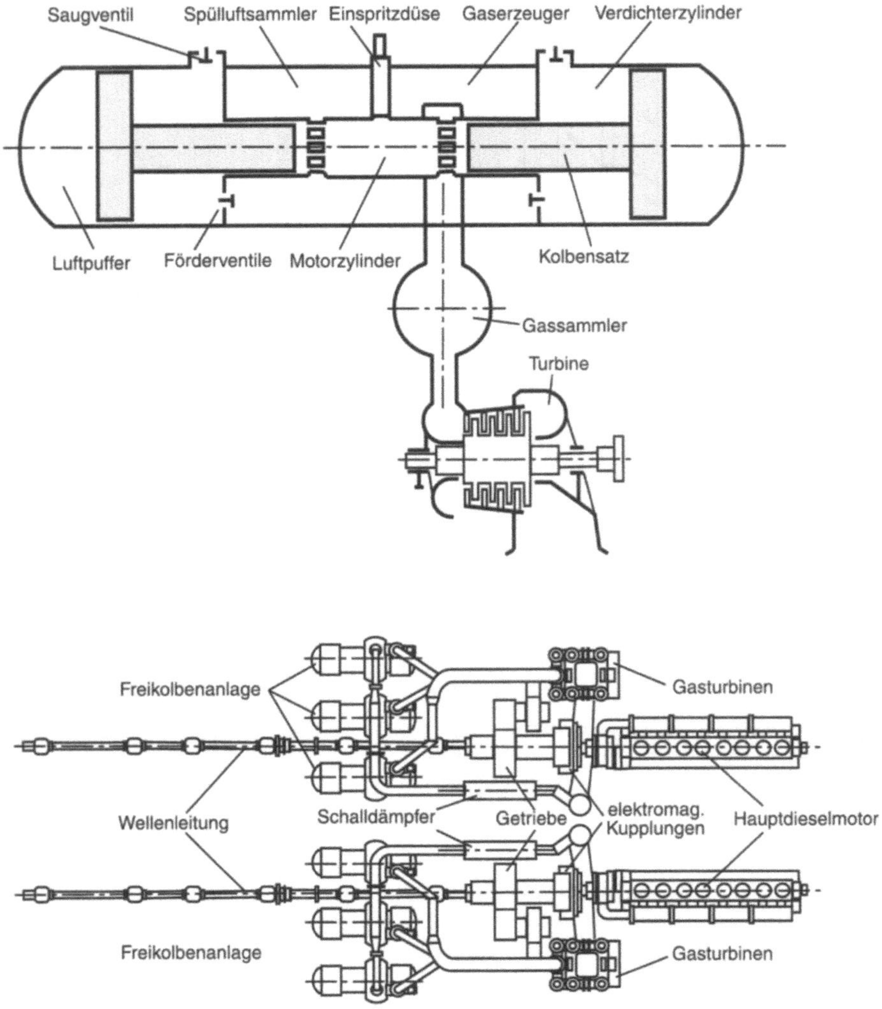

Abb. 14.65. Verbundkraftanlage des Schiffes Fritz Heckert mit Freikolbengaserzeugern mit integrierten Kolbenspül- und Aufladepumpen von MTU

Anhang

Tabelle A.1. Kenn- und Leistungsdaten ausgeführter Auflademotoren

Type	Bauart	V_H [l]	Bohrung mal Hub [mm]	ε [-]	Ventiltrieb	ATL	LLK	P_{max} bei min^{-1} [kW/min]	$M_{d,\,max}$ bei min^{-1} [Nm/min]	$b_{e,\,min}$ [g/kWh]
Ottomotoren										
Audi 1,8-l-5V-Turbo	Reihe-4	1,781	81 × 86,4	9 : 1	5V DOHC mit VVT	3K K03	1 × Luft-Luft	110 bei 5700	210 bei 1750	
Porsche 959	6-Zyl.-Boxermotor	2,85	95 × 67	8,3 : 1	4V DOHC	2 × wassergekühlt KKK K26	2 × Luft-Luft	331 bei 6500	500 bei 5500	
Mercedes Benz M 119 HL	8-Zyl.-V-Motor mit Alu-KG und TS-Schmierung	5,00	96,5 × 85	9 : 1	4V DOHC	2 × KKK K 27 K	2 × Luft-Luft (Behr)	680 bei 7000	1020 bei 4800	235 (Kennfeldmin.)
Dieselmotoren										
Daimler-Benz OM 617	5-Zyl.-Reihenmotor	3,00	90,9 × 92,4	21 : 1	2V OHC	Garrett	Reihenpumpe mit LDA	100 bei 4000	245 bei 2500	220 (Volllast)
BMW M47	4-Zyl.-Reihen-Motor	1,95	84 × 88	19 : 1	4V DOHC	Garrett	Verteilerpumpe	100 bei 4000	280 bei 1750	202 (Kennfeldmin.)
Fiat JTD	5-Zyl.-Reihen-Motor	2,387	82 × 90,4	18,45 : 1	2V OHC	Garrett VTG	Common Rail	100 bei 4200	304 bei 2000	205 (Kennfeldmin.)
Audi W11 Bi-Turbo	8-Zyl.-V-Motor	3,328	86,4 × 78,3	18,5 : 1	4V DOHC	2 × Garrett VNT15	Common Rail	165 bei 4000	480 bei 1800	205 (Kennfeldmin.)
VW PDE	3-Zyl.-Reihen-Motor mit Ausgleichswelle	1,196	86,7 × 76,5	19,5 : 1	2V OHC	Garrett VNT12	nockengetriebenes Pumpen-Düsen-Element	45 bei 4000	140 bei 2000	210 (Kennfeldmin.)
Daimler Chrysler OM 613 CDI-Motor	6-Zyl.-Reihenmotor	3,224	88 × 88,34	18 : 1	4V DOHC	Garrett VNT	Bosch-Common-Rail-System	145 bei 4200	470 bei 1800–2600	203 (Kennfeldmin.)
AVL-List Zweitakt-DI-Dieselmotor	3-Zyl.-Zweitakt-Reihenmotor mit Längsspülung	0,98	72 × 80	18,5 : 1	Auslass: 4V DOHC, Einlass: 2 × 5 Schlitze	Garrett VNT15	Common Rail	49 bei 3500	167 bei 1500–2500	235 (Volllast)
Mazda RF-Comprex-IDI-Dieselmotor mit Druckwellen-Aufladung	4-Zyl.- Reihen-Motor mit Wirbelkammer	1,998	86 × 86	21,1 : 1	2V OHC	Comprex-DWL	Verteiler Einspritzpumpe	61 bei 4000	182 bei 2000	265 (Kennfeldmin.)

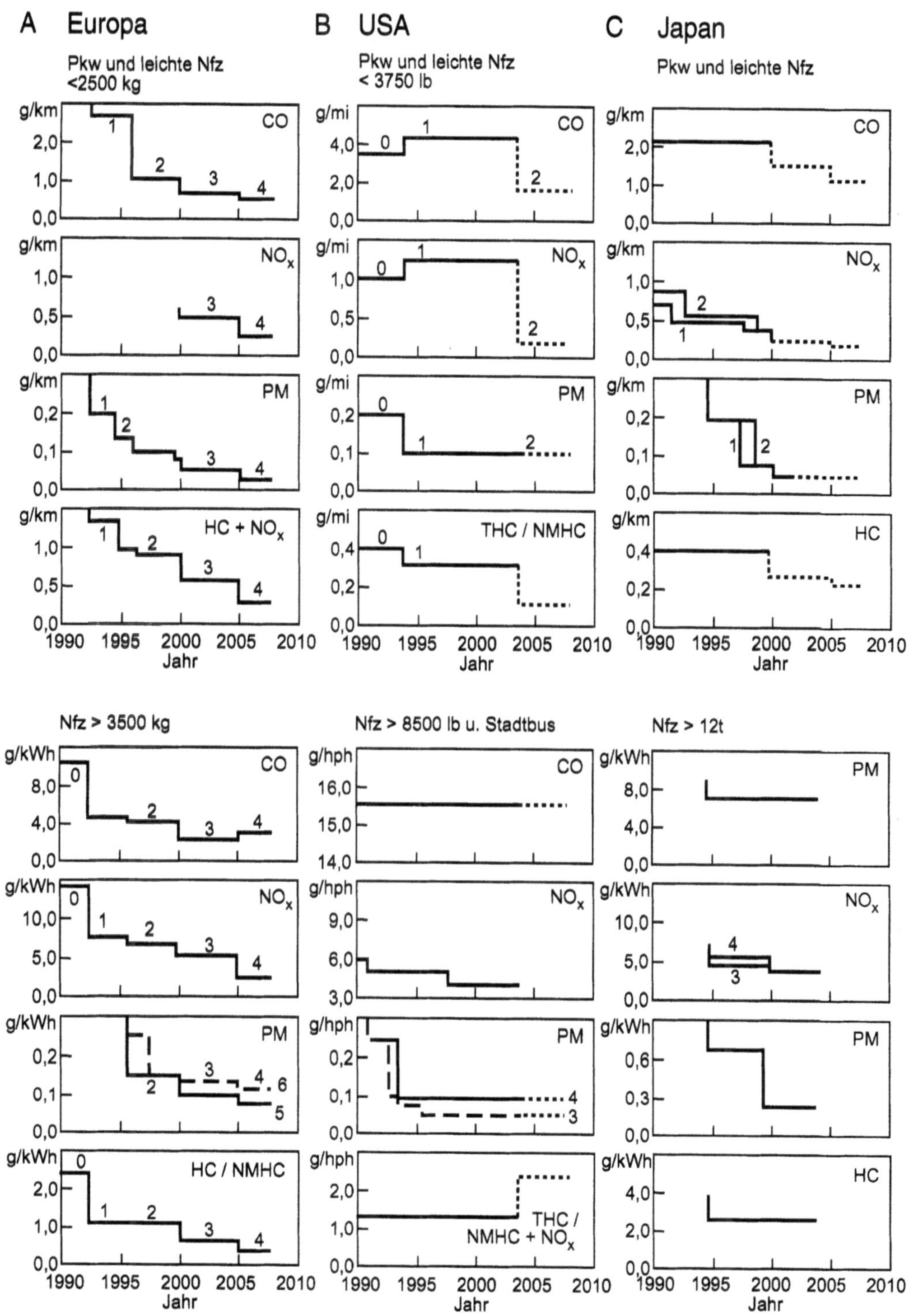

Abb. A.1. Abgasgrenzwerte für Dieselmotoren von Pkw und Nfz in Europa, den USA und Japan [Kraftfahrtechnisches Taschenbuch, 23. Aufl.]. **A** 0, Euro-0; 1, Euro-1; 2, Euro-2; 3, Euro-3; 4, Euro-4; 5, >85 kW; 6, <85 kW. **B** 0, Tier 0; 1, Tier 1; 2, Tier 2; 3, Schwerlastkraftwagen; 4, Stadtbus. **C** 1, >1265 kg Fahrzeugausgangsgewicht; 2, <1265 kg Fahrzeugausgangsgewicht; 3, indirekte Einspritzung; 4, direkte Einspritzung

Tabelle A.2. EU-Abgasgrenzwerte für Ottomotoren gemessen im ECE/EG-Testzyklus [Kraftfahrtechnisches Taschenbuch, 23. Aufl.]

Standards	Einführung	CO (g/km)	HC (g/km)	NO_x (g/km)	HC + NO_x (g/km)
EU Stufe I	Juli 1992	2,72			0,97
EU Stufe II	Januar 1996	2,2			0,5
EU Stufe III	Januar 2000	2,3	0,2	0,15	
EU Stufe IV	Januar 2005	1,0	0,1	0,08	

Tabelle A.3. Abgasgrenzwerte für Ottomotoren in USA (49 Staaten) und Kalifornien gemessen im FTP-78-Testzyklus [Kraftfahrtechnisches Taschenbuch, 23. Aufl.]

Gültigkeitsbereich	Modelljahr	Standards[a]	CO (g/mi)	HC (g/mi)	NO_x (g/mi)
USA (49 Staaten)	1994	Tier 1	3,4	0,25	0,4
	2004[b]	Tier 2	1,7	0,125[c]	0,2
Kalifornien[d]		TLEV	3,4	0,125[c]	0,4
		LEV	3,4	0,075[c]	0,2
		ULEV	1,7	0,04[c]	0,2

[a] TLEV, transitional low-emission vehicles; LEV, low-emission vehicles; ULEV, ultralow-emission vehicles
[b] Vorschlag
[c] Organische Gase ohne Methan
[d] Die Einführung ist vom Durchschnittswert der organischen Gase ohne Methan der Fahrzeugflotte eines Herstellers abhängig (er zertifiziert das Fahrzeug und die gesamte Fahrzeugflotte)

Tabelle A.4. Abgasgrenzwerte für Ottomotoren in Japan gemessen im Japan-Testzyklus[a] [Kraftfahrtechnisches Taschenbuch, 23. Aufl.]

Testverfahren	CO	HC	NO_x	Verdunstung (HC)
10–15-mode (g/km)	2,1–2,7 (0,67)	0,25–0,39 (0,08)	0,25–0,48 (0,08)	
11-mode (g/Test)	60,0–85,0 (19,0)	7,0–9,5 (2,2)	4,4–6,0 (1,4)	
SHED (g/Test)				2,0

[a] In Klammern angegeben sind geplante Werte

Tabelle A.5. Abgasgrenzwerte gemäß TA-Luft für Stationärmotoren (gültig seit 1992)

Motorart	PM[a,b] (g/m_n^3)	SO_2[b] (g/m_n^3)	Formaldehyd (g/m_n^3)	HC ohne CH_4 (g/m_n^3)	CO[b] (g/m_n^3)	NO_x[b,c] 2-Takt (g/m_n^3)	NO_x[b,c] 4-Takt (g/m_n^3)
Diesel-Gas-Motor	0.05	0.42	0.02	0.15	0.65	0.8	0.5
Gas-Motor		0.42	0.02	0.15	0.65	0.8	0.5

[a] Partikelemission
[b] 5 % O_2
[c] Trocken

Literatur

1 Aeberli, K.: The Sulzer containership engines: the RTA84C and the RTA96C. New Sulzer Diesel, Winterthur, 1996

2 Aerzener Maschinenfabrik: Drehkolbengaszähler zur zuverlässigen Messung gasförmiger Medien. Firmeninformation, Aerzener Maschinenfabrik, Aerzen

3 AG Kühnle, Kopp & Kausch: Die 2-stufige geregelte Aufladung von KKK: ein neues Aufladesystem für Nfz-Motoren. Firmeninformation, 3K-Warner, Kirchheimbolanden

4 Anisits, F., Borgmann, K., Kratochwill, H., Steinparzer, F.: Der neue BMW Sechszylinder-Dieselmotor. MTZ 59: 698–709, 1998

5 Anisits, F., Borgmann, K., Kratochwill, H., Steinparzer, F.: Der erste Achtzylinder Dieselmotor mit Direkteinspritzung von BMW. MTZ 60: 362–372, 1999

6 Anisits, F., Borgmann, K., Kratochwill, H., Steinparzer, F.: Der neue BMW Vierzylinder-Dieselmotor. ATZ/MTZ-Sonderheft Der neue 3er: 104–116, 1998

7 Annand, J.D.: Heat transfer in the cylinders of reciprocating internal combustion engines. Proc. Inst. Mech. Eng. 177: 973–990, 1963

8 Ashby, D.: Subaru two stage twin turbo 2 litre engine. SAE Pap. 1994-10-0004

9 Bach, M., Bauder, R., Endres, H., Pölzl, H.-W.: Die konsequente Fortführung der 10-jährigen TDI Tradition bei AUDI: der neue V8 TDI. Presseinformation, AUDI, Neckarsulm, 1999

10 Bach, M., Bauder, R., Mikulic, L., Pölzl, H.-W., Stähle, H.: Der neue V6-TDI-Motor von Audi mit Vierventiltechnik. MTZ 58: 372–382, 1997

11 Backhaus, R.: Diesel-Rennmotor mit Direkteinspritzung von BMW. MTZ 59: 578–580, 1998

12 Baets, J., Codan, E., Meier, E.: Off-design operation of large diesel engines, a challenge to the turbocharging system. CIMAC Pap. D 72, 1993

13 Baines, N.C.: A meanline prediction method for radial turbine efficiency. Inst. Mech. Eng. C554/006, 1998

14 Bammert, K., Rautenberg, M.: Radialverdichter, Messungen an beschaufelten Diffusoren, Abschlußbericht. FVV Forschungsber. 184, 1975

15 Bantle, M., Bott, H.: Der Porsche Typ 959-Gruppe B: ein besonderes Automobil – Teil 1. ATZ 88: 265–270, 1986

16 Bargende, M., Hohenberg, G., Woschni, G.: Ein Gleichungsansatz zur Berechnung der instationären Wandwärmeverluste im Hochdruckteil von Ottomotoren. In: 3. Tagung „Der Arbeitsprozess des Verbrennungsmotors". Mitteilungen des Instituts für Verbrennungskraftmaschinen und Thermodynamik, Graz, S. 171–190, 1991

17 Bauder, R.: Der neue V8 TDI-Motor mit Common Rail von AUDI. In: Bargende, M., Essers, U. (Hrsg.): Dieselmotorentechnik 2000. Expert Verlag, Renningen-Malmsheim, S. 160–182, 2000 (Kontakt & Studium, Bd. 580)

18 Beineke, E., Woschni, G.: Rechnerische Untersuchung des Betriebsverhaltens ein- und zweistufig aufgeladener mittelschnellaufender Viertaktdieselmotoren. MTZ 39: 93–98, 1978

19 Biaggini, G., Buzio, V., Ellenson, R., Knecht, W.: Der neue Dieselmotor Cursor 8 von Iveco. MTZ 60: 640–649, 1999

20 Blair, G.P.: The correlation of theory and experiment for scavenging flow in 2-stroke cycle engines. SAE Pap. 881265, 1988

21 Borila, Y.G.: Some aspects of performance optimization of the sequentially turbocharged highly-rated truck diesel engine with turbochargers of unequal size and a pulse converter. Inst. Mech. Eng. C105/86, 1986

22 Bozung, H.G.: Die MAN-NA und -NA-VP-Turboladerbaureihe zur ein- und zweistufigen Abgasturboaufladung. MTZ 41: 125–136, 1980

23 Bozung, H.G., Nachtigal, J.: An electrical auxiliary drive system for turbochargers. Motorship Sept. 1979: 71–76, 1979

24 Bromnick, P.A., Pearson, R.J., Winterbone, D.E.: Intercooler model for unsteady flows in engine manifolds. Proc. Inst. Mech. Eng. D 212: 119–132, 1998

25 Büchi, A.: Exhaust turbocharging of internal combustion engines. Franklin Institute, Philadelphia, Pa., 1953 (Journal of the Franklin Institute Monograph, Nr. 1)

26 Büchi, A.: Über die Entwicklungsetappen der Büchi-Abgasturbo-Aufladung. MTZ 13: 25–28, 1952
27 Bulaty, T.: Spezielle Probleme der schrittweisen Ladungswechselrechnung bei Verbrennungsmotoren mit Abgasturboladern. MTZ 35: 177–185, 1974
28 Bulaty, T., Skopil, M., Codan, E.: A flexible program system for the simulation of tubocharged diesel engines. ABB Rev. 1994/95: 28–35, 1994
29 Buratti, R., Carlo, A., Lanfranco, E., Pisoni, A.: DI Diesel engine with variable turbine turbocharger (VTG): a model based boost pressure control strategy. Meccanica 32: 409–421, 1997
30 Chesse, P., Hetet, J.-F., Tauzia, X., Frayret, J.-P.: Influence of the alteration of the compressor surge line on the operation limit of a turbocharged marine diesel engine. In: Proceedings of the 17th annual fall technical conference of the ASME Internal Combustion Engine Division, September 24–27, 1995, Milwaukee, Wisconsin, Bd. 2. American Society of Mechanical Engineers, New York, S. 51–57, 1995 (ICE-Vol. 25-2)
31 Choshi, M., Asanomi, K., Abe, H., Okamoto, S., Shoji, M.: Development of V6 Miller cycle engine. JSAE Rev. 15: 195–200, 1994
32 Christensen, H.H.: Two problems and how to „bypass" them (part load by-pass-systems for Diesel engines). ABB Turbo Mag. I/1998: 13–15, 1998
33 Christensen, H.H.: Variable turbine geometry turbocharger in gas engines. ABB Turbo Mag. I/1997: 11–12, 1997
34 Codan, E.: Optimierung des Aufladesystems und Betriebsverhaltens von Großdieselmotoren durch Computersimulation. In: 5. Aufladetechnische Konferenz, 11.–12. 10. 1993, Augsburg, S. 19–36, 1993
35 AVL: CRUISE, user manual. Firmeninformation, AVL List, Graz, 1999
36 Cser, G.: Resonanz-Saugsysteme für moderne Pkw-Motoren. In: 4. Aufladetechnische Konferenz. VDI, Düsseldorf, S. 277–296, 1991 (VDI-Berichte, Bd. 910)
37 Brown Boveri: Das Comprex-Funktionsprinzip. BBC, Baden, Druckschrift Nr. CH-Z123220D
38 Dibelius, G.: Teilbeaufschlagung von Turbolader-Turbinen. BBC Mitt. 52: 180–189, 1965
39 Dommes, W., Naumann, F.: Der aufgeladene Fünfzylindermotor des Audi 200. ATZ 82: 49–58, 1980
40 Durst, B., Thams, J., Görg, K.: Frühzeitige Beurteilung des Einflusses komplexer Bauteile auf den Ladungswechsel mittels gekoppelter 1-D-3D-Strömungsberechnung. MTZ 61: 218–223, 2000
41 Eberle, M.: Beitrag zur Berechnung des thermodynamischen Zusammenwirkens von Verbrennungsmotor und Abgasturbolader. Dissertation, Eidgenössische Technische Hochschule Zürich, Zürich, Schweiz, 1968
42 Eckardt, D.: Untersuchung der Laufradströmung in hochbelasteten Radialverdichterstufen. FVV Forschungsber. 154, 1974
43 Eckert, B., Schnell, E.: Axial- und Radialkompressoren, 2. Aufl. Springer, Berlin Göttingen Heidelberg, 1961
44 Eiser, A., Erdmann, H.-D., Grabow, J., Mikulic, L.: Der neue AUDI V6-biturbo-Ottomotor. Presseinformation, AUDI, Neckarsulm, 1998
45 Eitel, J.: Ladeluftkühlung mit Niedertemperatur-Kühlmittelkreisläufen für Kfz.-Verbrennungsmotoren. MTZ 53: 122–126, 1992
46 Engels, B.: Abgasturboaufladung. FVV Forschungsber. 287, 1981
47 Engels, B.: Untersuchung zur Verbesserung des Drehmomentverhaltens abgasturboaufgeladenener Fahrzeugdieselmotoren. Dissertation, TH Aachen, Aachen, Bundesrepublik Deutschland, 1981
48 Ermisch, N., Dorenkamp, R., Neyer, D., Hilbig, J.: Das Antriebsaggregat des 3-L-Lupo. In: Bargende, M., Essers, U. (Hrsg.): Dieselmotorentechnik 2000. Expert Verlag, Renningen-Malmsheim, S. 1–7, 2000 (Kontakt & Studium, Bd. 580)
49 Ermisch, N., Neyer, D., Hilbig, J., Scheliga, W.: Der neue 1,2-l-Zylinder-Dieselmotor von Volkswagen. In: Technologien um das 3-Liter-Auto. VDI, Düsseldorf, S. 461–485, 1999 (VDI-Berichte, Bd. 1505)
50 Esch, H.-J., Zickwolf, P.: Comparison of different exhaust gas turbocharging procedures on Porsche engines. Inst. Mech. Eng. C112/86, 1986
51 Gersdorff, K. von, Grassmann, K., Schubert, H.: Flugmotoren und Strahltriebwerke, 3. Aufl. Bernhard & Graefe, Bonn, 1995
52 Giannattasio, P., Dadone, A.: Applications of a high resolution shock-capturing scheme to the unsteady flow computation in engine ducts. Inst. Mech. Eng. C430/055, 1991
53 Glamann, P.W.: Das Aufladesystem mittels Verteilergetriebe in seiner Entwicklung zum schaltungsfreien Treibwerk hoher Leistungskonzentration. MTZ 26: 151–159, 1965
54 Görg, K.A.: Berechnung instat. Strömungsvorgänge in Rohrleitungen an Verbrennungsmotoren unter besonderer Berücksichtigung der Mehrfachverzweigung. Dissertation, Ruhr-Universität Bochum, Bochum, Bundesrepublik Deutschland
55 Gunz, K.: Dynamisches Verhalten von Dieselmotoren in einem CODOG Antriebssystem am Beispiel einer Fregatte. In: 7. Aufladetechnische Konferenz, Oktober 1997, Dresden, S. 73–80, 1997
56 Haider, G.: Die mechanische Aufladung, 2. Aufl. Selbstverlag, Wien, 2000

57 Harr, T., Mack, E., Schulze, R.: Der neue Sechszylinder-Dieselmotor OM 906 LA von Daimler Benz. MTZ 59: 526–539, 1998
58 Harten, A., Engquist, B., Osher, S., Chakravarthy, S.R.: Uniformly high order accurate essentially non-oscillatory schemes, III. J. Comput. Phys. 71: 231–303, 1987
59 Hawley, J.G., et al.: Comparison of a variable geometry turbocharging (VTG) over conventional wastegated machines to achieve lower emissions. Inst. Mech. Eng. C524/070/97, 1997
60 Hiereth, H.: Untersuchung über den Einsatz aufgeladener Ottomotoren zum Antrieb von Personenkraftwagen. Dissertation, Technische Universität München, München, Bundesrepublik Deutschland 1978
61 Hiereth, H., Eisele, E., Polz, H.: Investigations into the use of the Comprex® supercharger-system on a high speed Diesel-car-engine. SAE Pap. 75.994, 1975
62 Hiereth, H., Müller, W., Withalm, G.: The Mercedes-Benz Group C engines for the World-Sports-Car-Prototype Racing Championships 1989 and 1990. SAE Pap. 92.0674, 1992
63 Hiereth, H., Withalm, G.: Some special features of the turbocharged gasoline engine. SAE Pap. 79.0207, 1979
64 Hiereth, H., Withalm, G.: Das Instationärverhalten des aufgeladenen Ottomotors. MTZ 43: 71–75, 1982
65 Hiereth, H.: Eignungsabschätzung neuerer Aufladesysteme für Fahrzeugmotoren. MTZ 46: 397–402, 1985
66 Hiereth, H.: New results of passenger car Diesel engine pressure-wave-charges with and without a particulate trap, SAE Pap. 88.0005, 1988
67 Hiereth, H.: Registeraufladung bei Pkw-Motoren. Vortrag an der Technischen Universität Hannover, Hannover, 1982
68 Hiereth, H.: Testing methods for the transient behaviour of charged vehicle engines. SAE Pap. 86.0451, 1986
69 Hiereth, H.: Car tests with a free-running pressure-wave-charger: a study for an advanced supercharging system. SAE Pap. 89.0453, 1989
70 Hiroyasu, H., Kadota, T., Arai, M.: Development and use of a spray combustion modeling to predict Diesel engine efficiency and pollutant emissions; part 1, combustion modeling; part 2, computational procedure and parametric study. Bull. JSME 26: 569–575, 1983
71 Hitomi, M., Yuzuriha, Y., Tanaka, K.: The characteristics of pressure wave supercharged small Diesel engine, SAE Pap. 890454, 1989
72 Hoefer, C.: Renault Gordini EF 1: erster Formel-1-Motor mit Abgasturboaufladung. MTZ 45: 415–418, 1984
73 Hohenberg, G.: Experimentelle Erfassung der Wandwärme von Kolbenmotoren. Habilitationsschrift, Technische Universität Graz, Graz Österreich, 1983
74 Jenny, E., et al.: BBC-Sonderheft, Nr. 3, Aufladung, August 1987
75 Jenny, E.: Der BBC-Turbolader, Geschichte eines Schweizer Erfolges. Birkhäuser, Basel, 1993
76 Jungbluth, G., Noske, G.: Ein quasidimensionales Modell zur Beschreibung des ottomotorischen Verbrennungsablaufes, Teil 1 und Teil 2. MTZ 52: 262–267, 318–328, 1991
77 Kern, J.: Neue Wärmeübertrager: kompakt und vollständig rezyklierbar. ATZ 101: 670–674, 1999
78 Kessel, J.A., Schaffnit, M., Schmidt, M.: Modelling and real-time-simulation of a turbocharger with variable turbine geometry (VTG). SAE Pap. 98.0770, 1998
79 Knoll, R., Prenninger, P., Feichtinger, G.: Zweitakt-Prof. List Dieselmotor, der Komfortmotor für zukünftige kleine PKW. In: Lenz, H.P. (Hrsg.): 17. Internationales Wiener Motorensymposium. VDI, Düsseldorf, S. 96–110, 1996 (Fortschritt-Berichte, Reihe 12, Bd. 267)
80 Kolb, W.: Einstufige Zentripetalturbinen. MTZ 25: 103–105, 1964
81 Kollmann, K., Heil, B., Bruchner, K., Klein, R.: Das 3-Zylinder-Motorenkonzept für den Smart: eine kompetente Lösung für eine außergewöhnliche Aufgabenstellung. In: Lenz, H.P. (Hrsg.): 19. Internationales Wiener Motorensymposium. VDI, Düsseldorf, S. 103–145, 1998 (Fortschritt-Berichte, Reihe 12, Bd. 348)
82 Körner, W.D., Bergmann, H. et al.: Neue Wege beim Turbocompoundantrieb. ATZ 93: 242–248, 1991
83 Behr: Ladeluftkühlung. Behr, Stuttgart
84 Lange, K.H., et al.: Ein aufgeladener BMW-Sechszylinder-Ottomotor. MTZ 40: 575–578, 1979
85 Laustela, E., Müller, R.: Turbocharging modern heavy duty diesel engines. In: Heavy duty engines: a look at the future. American Society of Mechanical Engineers, New York, S. 99–106, 1994 (ICE-Vol. 22)
86 Lee, M.S.K., Watanabe, S., Nagakura, H., Shiratuchi, M., Sugihara, H., Ienaga, M.: Improvement of a turbocharged and intercooled Diesel engine powered vehicle's startability by means of a three wheel turbocharger. SAE Pap. 945018, 1994
87 Lindner, E.: Ein Entwurfsverfahren für diagonale Turboverdichterlaufräder. VDI-Ber. 947, 1992
88 Lustgarten, G., Hashimoto K., Brown, D.T.: Sulzer RTA84T, the modern VLCC-engine. New Sulzer Diesel, Winterthur, 1993

89 Lustgarten, G., Miculicic, N.: Zweitakt – langsam laufende Dieselmotoren – eine Potentialabklärung. In: 4. Aufladetechnische Konferenz. VDI, Düsseldorf, S. 225–253, 1991 (VDI-Berichte, Bd. 910)

90 Maiorana, G., Sebastiano, G., Ugaglia, C.: Die Common-Rail-Motoren von Fiat. MTZ 59: 582–588, 1998

91 Malobabic, M.: Das Betriebsverhalten leitschaufel- und bypassgeregelter PKW-Abgasturbolader. Dissertation, Universität Hannover, Hannover, Bundesrepublik Deutschland, 1989

92 Mayer, A., El-Nasar, I., Komauer, C.: Kennfeldverhalten und Auslegungsmethode beim druckwellenlader Comprex, Teil 1 und 2. ATZ 87: 149–154, 291–298, 1985

93 Mayer, M.: Abgasturbolader: sinnvolle Nutzung der Abgasenergie. Moderne Industrie, Landsberg/Lech, 1994 (Bibliothek der Technik, Bd. 103)

94 Meier, E.: Die Anwendung von Pulse-Convertern bei Viertakt-Dieselmotoren mit Abgasturboaufladung. BBC-Mitt. 55: 420–428, 1968

95 Meier, E.: Zweistufige Aufladung. BBC-Mitt. 52: 171–179, 1965

96 Meier, E., Czerwinski J., Streuli, A.: Vergleich verschiedener Aufladesysteme mit Hilfe von Kenngrößen. MTZ 51: 54–62, 1990

97 Meier, E., Czerwinski, J.: Turbocharging systems with control intervention for medium speed four stroke Diesel engines. ASME 89-ICE-12, 1989

98 Melchior, J., Thierry, A.T.: Hyperbar system of high supercharging. SAE Pap. 74.0723, 1974

99 Meurer, S.: Der neue MAN-Größtmotor mit 4000 PS Zylinderleistung. MTZ 28: 415–419, 1967

100 Mezger, H.: Turbocharging engines for racing and passenger cars. SAE Pap. 78.0718, 1978

101 Miller, R., Weberkerr, H.U.: The Miller supercharging system for diesel and gas engines. Proc. CIMAC 1957

102 Morel, T., et al.: A new approach to integrating performance and component design analysis through simulation. SAE Pap. 88.0131, 1988

103 N.N.: New Fuji four stroke engine with two-stage turbocharging. Motorship July 1971: 155, 1971

104 Obländer, K., Fortnagel, M., Feucht, H-J., Conrad, U.: The turbocharged five-cylinder Diesel engine for the Mercedes Benz 300 SD. SAE Pap. 78.0633, 1978

105 Otobe, Y., Goto, O., Miyano, H., Kawamoto, M., Aoki, A., Ogawa, T.: Honda Formula One turbocharged V-6 1.5L engine. SAE Pap. 89.0877, 1989

106 Pfleiderer, C., Petermann, H.: Strömungsmaschinen, 5. Aufl. Springer, Berlin Heidelberg New York Tokyo, 1986

107 Pflüger, F., AG Kühnle, Kopp & Kausch: Die 2-stufige geregelte Aufladung: ein neues Aufladesystem für NFZ-Motoren. In: 2. Stuttgarter Symposium, 18.–20. Februar 1997, S. 268–286, 1997

108 Pischinger, R., Kraßnik, G., Taucar, G., Sams T.: Thermodynamik der Verbrennungskraftmaschine. Springer, Wien New York, 1989 (Die Verbrennungskraftmaschine, N.F., Bd. 5)

109 Pucher, H.: Vergleich der programmierten Ladungswechselrechnung für Viertaktdieselmotoren nach der Charakteristiken-Theorie und der Füll- und Entleermethode. Dissertation, Technische Universität Braunschweig, Braunschweig, Bundesrepublik Deutschland, 1975

110 Pucher, H., Eggert, T., Schenk, B.: Experimentelle Entwicklungswerkzeuge für Turbolader von Fahrzeugmotoren. In: 6. Aufladetechnische Konferenz, 1.–2. Oktober 1997, Dresden, S. 227–240, 1997

111 Pütz, W.: Untersuchungen zur mechanischen Aufladung am PKW-Dieselmotor. In: 5. Aufladetechnische Konferenz, 11.–12. Oktober 1993, Augsburg, S. 271–291, 1993

112 Rautenberg, M., et al.: The charging of Diesel engines for passenger cars using turbochargers with adjustable turbine guide vans. ASME 82-GT-41, 1982

113 Reimold, H.W.: Bauarten und Berechnung von Ladeluftkühlern für Otto- und Dieselmotoren. MTZ 47: 151–157, 1986

114 Rohne, K.H., Hinden, H., et al.: VTR/C..4P: a turbocharger with high pressure ratio for highly supercharged 4-stroke Diesel engines. CIMAC Pap. D 62, 1991

115 Rudolph, H.-J., Königstedt, J., Brunken, R., Teufel, H., Binder, T.: Der Vierzylinder-Turbomotor für den AUDI A3. MTZ 58: 416–420, 1997

116 Rupp, M.: Turbocharging marine diesel engines. ABB Turbo Mag. II/96: 20–26, 1996

117 Rupp, M., Nissen, M.: Power turbines for an energy bonus from diesel engines. ABB Rev. 1994/95: 22–27, 1994

118 Scherenberg, H.: Abgasturbo-Aufladung für Personenwagen-Dieselmotoren. ATZ 79: 479–486, 1977

119 Schmidt, E.: Einführung in die technische Thermodynamik und in die Grundlagen der chemischen Thermodynamik, 7. Aufl. Springer, Berlin Göttingen Heidelberg, 1958

120 Schmitz, T., Holloh, K.D., Jürgens, R.: Potentiale einer mechanischen Zusatzaufladung für Nutzfahrzeugmotoren. MTZ 55: 308–313, 1994

121 Schorn, N.: Potentialabschätzung von Abgasturboaufladeverfahren. In: 5. Aufladetechnische Konferenz, 11.–12. 10. 1993, Augsburg, Beilage zum Vortragsband, 1993

122 Schrott, K.H.: Die neue Generation der MAN-B&W-Turbolader. MTZ 56: 596–601, 1995
123 Schwarz, C., Woschni, G., Zeilinger, K.: Die Gesamtprozessanalyse für Fahrzeuge mit aufgeladenen Dieselmotoren: ein schnelles Simulationswerkzeug durch die Darstellung der Arbeitsprozessrechnung als *N*-dimensionales Kennfeld. In: 5. Aufladetechnische Konferenz, 11.–12. 10. 1993, Augsburg, S. 315–343, 1993
124 Schweitzer, P.H.: Scavenging of 2-stroke cycle Diesel engines. Macmillan, New York, 1949
125 Seifert, H., und Mitarbeiter: Die Berechnung instationärer Strömungsvorgänge in den Rohrleitungssystemen von Mehrzylindermotoren. MTZ 74: 421–428, 1972
126 Seifert, H.: Instationäre Strömungsvorgänge in Rohrleitungen an Verbrennungskraftmaschinen: die Berechnung nach der Charakteristikenmethode. Springer, Berlin Göttingen Heidelberg, 1962
127 Sieber, R.: Bewertung von Kühlsystemen mit wasser- und luftgekühlten Ladeluftkühlern. MTZ 34: 512, 1984
128 Smith, A.: Integrierte Programmwerkzeuge zur Simulation bei der rechnergestützten Motorenentwicklung. MTZ 58: 702–705, 1997
129 Sod, G.A.: A survey of several finite difference methods for systems of nonlinear hyperbolic conservation laws. J. Comput. Phys. 27: 1–31, 1978
130 Spinnler, G: „Ecodyno®“: a new supercharger for passenger car engines. ABB Techn. Beschreibung, 1991
131 Stephan, K., Mayinger, F.: Thermodynamik, Bd. 1, 14. Aufl. Springer, Berlin Heidelberg New York Tokyo, 1992
132 Stihl, M.: Flexible manufacturing of ABB turbochargers. ABB Rev. 1994/95: 36–44, 1994
133 Swain, E.: A simple method for predicting centrifugal compressor performance characteristics. Inst. Mech. Eng. C405/040, 1990
134 Swain, E.: Turbocharging the submarine Diesel engine. Mechatronics 4: 349–367, 1994
135 Swain, E., Elliott, C.: Controlling a variable-geometry turbine nozzle on a turbocharger fitted to a diesel engine in a submarine environment. Inst. Mech. Eng. C484/026, 1994
136 Swain, E., Meese, H.: Extension of a centrifugal compressor performance prediction technique. Inst. Mech. Eng. C554/008, 1998
137 Tashima, S., Taqdokora, T., Niwa, Y.: Development of sequential twin turbo system for rotary engine. SAE Pap. 910624, 1991
138 Tauzia, X., Hetet, J.F., Chesse, P., Grosshans, G., Mouillard, L.: Computer aided study of the transient performances of a highly rated sequentially turbocharged marine diesel engine. Proc. Inst. Mech. Eng. A 212: 185–196, 1998
139 Traupel, W.: Die Theorie der Strömung durch Radialmaschinen. Braun, Karlsruhe, 1962
140 Traupel, W.: Thermische Turbomaschinen, Bd. 1 und 2, 3. Aufl. Springer, Berlin Heidelberg New York, 1988 und 1982
141 Truscott, A., Porter, B.C.: Simulation of a variable geometry turbocharged diesel engine for control algorithm development. Inst. Mech. Eng. C524/127/97, 1997
142 N.N.: Variable Ansaugsysteme. Krafthand 13/14 (1994): 906–910, 1994
143 Von der Nüll, W.T.: Zunehmende Einführung des Abgasturboladers auch für Ottomotoren. MTZ 24: 321–325, 1963
144 Watson, M., Janota, M.S.: Turbocharging the internal combustion engine. Macmillan, London, 1982
145 Will, G.: Modellvorstellungen zur Strömung in radialen Laufrädern. Dissertation, Technische Universität Dresden, Dresden, Deutsche Demokratische Republik 1970
146 Winkler, G.: Ein geschlossenes Diagramm zur Bestimmung der Betriebspunkte von Abgasturboladern an Viertakt-Motoren. MTZ 41: 451–57, 1989
147 Woschni, G.: A Universally applicable equation for the instantaneous heat transfer coefficient in the internal combustion engine. SAE Pap. 67.0931, 1976
148 Woschni, G.: Einfluss von Rußablagerungen auf den Wärmeübergang zwischen Arbeitsgas und Wand im Dieselmotor. In: 3. Tagung „Der Arbeitsprozess des Verbrennungsmotors“. Mitteilungen des Instituts für Verbrennungskraftmaschinen und Thermodynamik, Graz, S. 149–169, 1991
149 Woschni, G.: Verbrennungsmotoren. Skript zur Vorlesung, 1. Aufl., Technische Universität München, München, 1980
150 Woschni, G., Anisitis, F.: Eine Methode zur Vorausberechnung der Änderung des Brennverlaufs mittelschnellaufender Dieselmotoren bei geänderten Betriebsbedingungen. MTZ 34: 106–115, 1973
151 Woschni, G., Bergbauer, F.: Verbesserung von Kraftstoffverbrauch und Betriebsverhalten von Verbrennungsmotoren durch Turbocompounding. MTZ 51: 108–116, 1990
152 Wunsch, A.: Aufladung von Fahrzeug-Dieselmotoren mit Abgasturbolader und mit der Druckwellenmaschine Comprex®. MTZ 31: 17–23, 1970
153 Zehnder, G., Mayer, A.: Comprex pressure-wave supercharging for automotive diesels. SAE Pap. 84.0132, 1984
154 Zehnder, G., Mayer, A.: Supercharging with Com-

prex to improve the transient behaviour of passenger car Diesel engines. SAE Pap. 86.0450, 1986

155 Zeitzen, F.: Hightech, Vorstellung SCANIA R124-470 mit Turbocompound und Hpi-Einspritzung. Lastauto Omnibus 2001(4): 20–22, 2001

156 Zellbeck, H., Friedrich, J., Berger, C.: Die elektrisch unterstützte Abgasturboaufladung als neues Aufladekonzept. MTZ 60: 386–388, 1999

157 Zinner, K.: Aufladung von Verbrennungsmotoren, 3. Aufl. Springer, Berlin Heidelberg New York Tokyo, 1985

158 Zinner, K., Eberle, M.K.: Die Leistungsumrechnung und Prüfung aufgeladener Diesel- und Gasmotoren bei geänderten atmosphärischen Bedingungen. MTZ 34: 67–71, 1973

Namen- und Sachverzeichnis

Springer-Verlag und Umwelt

ALS INTERNATIONALER WISSENSCHAFTLICHER VERLAG sind wir uns unserer besonderen Verpflichtung der Umwelt gegenüber bewußt und beziehen umweltorientierte Grundsätze in Unternehmensentscheidungen mit ein.

VON UNSEREN GESCHÄFTSPARTNERN (DRUCKEREIEN, Papierfabriken, Verpackungsherstellern usw.) verlangen wir, daß sie sowohl beim Herstellungsprozeß selbst als auch beim Einsatz der zur Verwendung kommenden Materialien ökologische Gesichtspunkte berücksichtigen.

DAS FÜR DIESES BUCH VERWENDETE PAPIER IST AUS chlorfrei hergestelltem Zellstoff gefertigt und im pH-Wert neutral.

MIX
Papier aus verantwortungsvollen Quellen
Paper from responsible sources
FSC® C105338

If you have any concerns about our products,
you can contact us on
ProductSafety@springernature.com

In case Publisher is established outside the EU,
the EU authorized representative is:
Springer Nature Customer Service Center GmbH
Europaplatz 3, 69115 Heidelberg, Germany

Printed by Libri Plureos GmbH
in Hamburg, Germany